AF342852

LES AGREMENS DE LA CAMPAGNE,

OU

REMARQUES PARTICULIERES

Sur la conſtruction des MAISONS de CAMPAGNE plus ou
moins magnifiques;

Des JARDINS de PLAISANCE, & des PLANTAGES,

Avec les Ornemens qui en dépendent : tant pour les bâtir avec tout l'avantage
poſſible, que pour en préparer les fonds, en corriger les défauts, les planter de bons Arbres fruitiers &.autres pour former de belles allées, &
enfin pour y pratiquer avec ſuccès de grands Reſervoirs d'eau,
des Canaux & des Viviers.

ON Y A AJOUTÉ

Un Traité touchant la manière de couper & de multiplier les ARBRES FRUI-
TIERS & SAUVAGES, avec une deſcription exacte des moyens qu'il faut
employer pour avoir chaque année beaucoup de RAISINS EN PLEIN
AIR, ou pour en faire venir de précoces dans des Serres artificiellement échaufées, ſoit par le feu ou autrement.

ON Y APPREND ENCORE

Comment on peut cultiver & multiplier, dans ce Païs froid, les
ANANAS, les CITRONIERS, les LIMONIERS, les ORANGERS,
& autres Plantes des Climats chauds.

ON Y TROUVE DE PLUS

Une inſtruction ſur la manière de conſtruire les THERMOMETRES néceſſaires
en pareils cas ; avec des obſervations ſur la culture des FRUITS de
TERRE & des LEGUMES, &c. &c.

Le tout orné des Planches néceſſaires, & fondé ſur l'expérience & ſur des obſervations fai-
tes avec ſoin pendant l'eſpace de cinquante ans.

A LEYDE, Chez SAMUEL LUCHTMANS et FILS.
A AMSTERDAM, Chez MEYNARD UYTWERF.

MDCCL.

Avec Privilege.

L'EDITEUR

AU

LECTEUR.

ON se trompera bien fort, si l'on pense que ces *A-musemens de la Campagne, ou Remarques sur la manière d'arranger & de construire des Maisons de Campagne &c.*, paroissent sans nom d'Auteur, parce que celui qui les a faites n'en croit pas le sujet assez inté-ressant; car il pourroit donner pour garand de son bon goût à cet égard des exemples de Rois & de Princes, qui ont employé leurs heures de loisir & de délassement, à cette agréable étude. Mais comme cela a été très souvent allégué dans des Préfaces & des Dédicaces de semblables Ouvrages, je le passerai ici sous silence, & me contenterai uniquement de dire, que la seule raison qui l'a empêché de mettre son nom à la tête de cet Ou-vrage, c'est qu'il ne se propose en le publiant ni reconnoissance, ni éloges, ni gain, ce qui n'est que trop souvent l'unique but d'un certain ordre d'Ecrivains. La raison pour laquelle on a publié cet Ouvrage, c'est que l'Auteur ayant été instamment prié par une Personne de considération de lui communiquer ces Remarques, on en avoit donné d'avance une Copie, sur la de-mande que je lui en avois aussi faite. Lorsque j'en fis la lec-ture, j'y trouvai un grand nombre d'observations inconnues jus-qu'à présent sur la culture des Plantes & des Fruits, ce qui me fit naître la pensée de les communiquer, non seulement à la

Per-

Perſonne en queſtion, mais auſſi à tous ceux qui ſe plaiſent à s'occuper du Jardinage. Dans cette vue je n'ai pas ceſſé de prier inſtamment l'Auteur de m'en donner la permiſſion, laquelle il m'a enfin accordée, plus pour s'épargner la peine de tirer pour un chacun des deſſeins de ſes Serres à Vignes, tant de celles qui ſont échaufées par le Soleil que de celles qu'on échaufe artificiellement, &c. que pour toute autre raiſon. En conſéquence de quoi j'ai pris la peine d'arranger ces Remarques, toutes fondées ſur l'expérience, dans l'ordre où on les trouvera ici, ſans attendre de ce travail d'autre récompenſe, que celle de voir que je me ſuis expliqué d'une manière intelligible & claire, afin que ceux qui aiment cette ſorte d'étude puiſſent y trouver réunis l'utile & l'agréable. Il me ſeroit facile de prouver par diverſes choſes remarquables contenues dans cet excellent Ouvrage, qu'il ne peut que produire cet effet; mais comme c'eſt l'Ouvrage même qui doit en décider, j'y renvoie ſans aucune crainte le Lecteur, de même qu'à la Lettre inſtructive qui lui ſert d'Introduction, laiſſant le tout à ſon propre examen, pourvu qu'il le faſſe ſans aucune partialité, & qu'il ſoit uniquement fondé ſur l'expérience & ſur l'uſage.

Je m'étois propoſé d'abord de me contenter de ce que je viens de dire; mais j'apris que quelques Libraires ayant auſſi imprimé des Ouvrages de ce genre, s'étoient donné beaucoup de peine pour obtenir de L. L. N. N. P. P. des Privilèges, ſous prétexte que les principales choſes contenues dans celui-ci avoient été tirées & copiées des leurs, & que même un d'entre eux s'étoit muni d'une telle pièce. Ainſi tant pour tranquiliſer ces Libraires, que pour détruire les préjugés qu'ils pourroient faire naître dans l'eſprit des autres, quoiqu'il n'y ait qu'à examiner légerement cet Ouvrage, pour reconnoitre d'abord la fauſſeté de telles inſinuations, j'ai cru qu'il étoit néceſſaire d'ajouter, que

le

le Livre qui a pour titre, *l'Art de tailler les Arbres fruitiers, expliqué selon les règles par Mr. Goethals (a)*, depuis la page 9 jufqu'à la fin, n'eft autre chofe qu'une fimple Traduction de la quatrième Partie de l'*Inftruction pour les Jardins fruitiers par Mr. de la Quintinye*. De plus que le Livre intitulé, *Le nouveau & parfait Jardinier Hollandois (b)*, lequel bien des gens avec moi ont cru avoir été compofé par un Hollandois, guidé par la raifon & par une expérience de plus de cinquante années (favoir par feu Mr. le Profeffeur *Frédéric Dekkers*; & cela avec beaucoup de fondement, puifque le Libraire en lui dédiant ce Livre, dit entre autres chofes que c'eft un fruit de fon travail); que ce Livre, dis-je, eft une Traduction de Mr. *de la Quintinye*, auquel l'on a ajouté très peu de remarques qui concernent les fonds de terre de Hollande & de Zéelande; & qui en tout ne vont pas à huit pages. Je m'étois d'abord propofé de prouver ce que j'avance, en mettant ces deux Ouvrages en parallèle; mais voyant que cela fe découvre du prémier coup d'œil, j'ai abandonné ce deffein. On n'a qu'à commencer à la prémière page, Article fecond, par ces mots, *la Culture*, &c. & l'on trouvera que les trois Articles fuivans, le 6, le 7, & le 28 du prémier Chapitre, & tous les autres Articles & Chapitres, ne font autre chofe que des Traductions du fecond & troifième Chapitres de Mr. *de la Quintinye*. On trouvera de même que la 2, la 3 & la 4 parties, depuis la vingt & unième pages jufques à la deux cent-quarante-cinquième font tirées, même jufqu'aux Sommaires des Chapitres parallèlles, de la 2, 3, & 4 parties de cet Auteur. On trouvera de plus que l'*Introduction au Traité de la manière de cultiver les Jardins potagers*, contenue dans le Livre

en

(a) *Snoei-konft der Ooft-boomen, regelmatig ontworpen door den Heere* Goethals.
(b) *De Nieuwe en Nauwkeurige Nederlandfe Hovenier.*

* 3

en queſtion, laquelle l'Imprimeur n'a pu obtenir qu'avec peine, comme il le reconnoit dans ſa Préface, n'eſt autre choſe que la Préface traduite de la 6. Partie de Mr. *de la Quintinye*; que la deſcription générale des Légumes eſt pareillement tirée de cet Auteur, & celle de leurs vertus, de *Dodonée*; que tout ce qui ſuit depuis la page 65 juſqu'à la fin, eſt pris mot pour mot du 3, 4, 5, & 7 Chapitres de la même ſixième Partie. Enfin on trouvera que le ſecond Volume du Livre intitulé, *Le Parterre de Hollande par Henri van Ooſten* (a), (pour ne pas parler de celui qui a pour titre, *L'art de cultiver les Tulipes & les Oeillets à la manière des François (b)*; car cela paroit par le titre même), eſt une Traduction de celui qui a pour titre, *L'art de tailler les Arbres fruitiers*; & que l'Eſſai du *nouvel Heſperides de Hollande* (c) qui ſuit, & que j'avois cru ſûrement être un Ouvrage nouveau, eſt tiré entierement du *Traité de la Culture des Orangers* par Mr. *de la Quintinye*, ſi l'on en excepte les Remarques qui ſont au deſſous du texte.

Les Libraires en queſtion s'appercevront aiſément par ce petit échantillon, & ne pourront s'empêcher de convenir que, ſi quelqu'un avoit envie de publier en Hollandois tous les Ecrits de Mr. *de la Quintinye*, qui ont déja paru avant l'an 1690, il lui ſeroit libre de le faire à tous égards; mais ſi en ſuivant les idées de cet Ecrivain, on peut ſe flatter dans ce Climat d'un heureux ſuccès, je m'en raporte ſur cela à l'expérience même. Mais ce qu'il y a de certain, c'eſt qu'en faiſant uſage de ces Remarques, on trouvera que bien loin d'avoir été copiées des Auteurs François, elles ont été faites dans ce Païs même ſur des obſervations particulières.

LET-

(a) *Nederlandſe Bloemhof van Henr. van Ooſten.*
(b) *Behandelinge der Tulpen en Angelieren naar de Franſe wys.*
(c) *Nieuwe Nederlandſe Heſperides.*

LETTRE

A

N. N.

Qui sert d'Introduction aux Amusemens de la Campagne, ou Remarques particulières sur la manière de construire & d'arranger une Maison de Plaisance avec ses Plantages.

Lorsque .... me donna une légère idée du dessein qu'il avoit de construire ...., & me pria de considérer que le fond sur lequel il s'agissoit de travailler, tant pour ses qualités que pour sa situation, étoit de la même nature que les terres qui environnent la Ville d'Amsterdam, je ne pensois pas qu'il seroit d'une aussi vaste étendue, que je l'ai apris par le raport qu'on m'en a fait depuis: cela change tellement le prémier Plan, qu'il faut présentement faire une disposition nouvelle & en étendre proportionnellement toutes les parties.

C'est un défaut assez général, lorsqu'on fait bâtir des Maisons considérables, d'en former d'abord les plans si resserrés, qu'on est obligé ensuite de les agrandir a différentes reprises; ce qui non seulement cause infiniment plus de fraix, mais en diminue même beaucoup l'ornement & la beauté. Je me flatte d'avoir remédié à cet inconvénient dans les Plans ci-joints, où j'ai tâché de réunir tout ce qui peut contribuer à la magnificence & au bon goût.

On verra dans le Plan général, qu'on a pratiqué des Aqueducs qui peuvent porter l'eau de la grande Rivière par des con-

duits

duits souterrains jusques auprès des Maisons & des Jardins, ce qui fournit l'occasion de faire naturellement des Jets-d'eau & des Cascades magnifiques ; mais comme il pourroit arriver que dans des Etés fort secs cette Rivière ne suffiroit pas pour fournir une juste quantité d'eau, on y remédiera alors par les Moulins indiqués, lesquels dans des années pluvieuses serviront aussi à la faire écouler.

Il est à remarquer encore que dans le dessein général tout est en petit, excepté les parties détachées, qui y sont en grand exactement mesurées sur le pié de Rhinlande. Ainsi l'on voit le terrain avec ses Etangs, ses Canaux, ses Bassins larges & étroits, ses Viviers & autres coupures d'eau : ensuite les lieux & la manière qui est présentement en usage de planter des Bois, des Parcs, des Labirinthes, des allées d'Arbres tant à couronne que taillés ; les Jardins fruitiers & potagers, les Parterres, les Pepinières, les Théatres, les Berceaux, les ornemens de Gazon & de Buis, des Haies tondues, & des Terrasses. Les Bâtimens tant en plan qu'en élévation, tous les ornemens requis, comme Pavillons, Grottes, Cascades, Jets-d'eau, Groupes grands & petits, Statues, Bains, Bustes, Vases, Tentes, Pyramides, &c.

Quant au détail des Remarques que j'ai faites sur le Jardinage, dont vous me demandez une Copie, je dois avant toutes choses vous dire que d'abord elles ont été dressées sur les avis & les écrits de gens que je croyois fort versés dans cette étude ; mais ma propre expérience m'a bientôt fait voir que la plupart de ces Ecrivains ne sont que de simples Copistes, non seulement des Anciens, mais même de ceux qui ont écrit dans des tems plus voisins du nôtre ; que les meilleurs·mêmes se contentent souvent de faire remarquer la figure des Plantes, sans donner aucune direction efficace pour

les

les cultiver, deforte que leurs Livres font peu ou point du tout utiles pour ceux qui fouhaitent paffer de la fpéculation à la pratique.

C'eft ce qui m'a engagé à ne rien noter que ce dont je m'étois affuré par des expériences réïtérées, & ce font ces diverfes expériences raffemblées qui forment cet Ouvrage. Il ne s'étend pas à toutes les Plantes, & beaucoup moins encore à toutes leurs diverfes efpèces : cela feroit une chofe impraticable, puifqu'une exacte obfervation m'a fait découvrir dans les Plantes qui viennent de femence, des variétés fi confidérables, que leurs efpèces fe multiplient à l'infini; d'ailleurs trouvant fi peu d'utilité & tant de peine dans une pareille recherche, j'en laiffe le foin à ceux qui traitent des Simples & des Grains, comme une chofe qui n'a pas le moindre rapport avec mon but. Mon deffein eft uniquement de donner ici des directions pour avoir en toute faifon un Verger, un Potager, un Parterre garnis des plus excellens Fruits, de bons Légumes & de belles Fleurs ; & cela non feulement de ceux qui croiffent dans ces Climats fans le fecours de l'art, mais auffi de ceux qui, tranfportés des Pais étrangers & chauds dans le nôtre, peuvent par artifice y être cultivés, y croître & y meurir tout comme les Plantes du Païs même.

J'avois dabord divifé ces Remarques en deux Parties, dont la prémière traitoit des Arbres, & l'autre de la manière de prématurer les fruits ; enfuite venoit la culture des Légumes. Mais depuis que vous m'avez fait l'honneur de me confulter fur l'arrangement de votre Maifon de Plaifance & fur vos Jardins, je me fuis attaché à confidérer tout ce qui doit compofer une telle Maifon, tant ce qui regarde la conftruction du Bâtiment, la charpente, la maçonnerie, les matériaux, &c. (à l'égard defquels on doit obferver fur toutes chofes de ne pas employer

* *

du

du bois coupé dans le fort de sa pousse, mais quand la sève en est arrêtée), que le moyen de l'embellir par diverses perspectives & plusieurs autres ornemens.

C'est ce qui m'a obligé de donner beaucoup d'étendue à mes Remarques, & de faire un changement dans la disposition que j'en avois faite d'abord en deux Parties, que j'ai divisées depuis chacune en divers Livres & Chapitres, comme on le verra ci-après.

Dans le corps de l'Ouvrage on trouvera des choses bien surprenantes, que j'ai jugées être obligé d'indiquer pour réussir dans la culture en général; aussi je ne doute pas qu'on ne découvre bientôt par la nouvelle méthode dont je me sers, que je n'ai point fait usage de ce que d'autres ont écrit avant moi; & pour que l'on ne m'accuse pas de présomption (défaut si ordinaire à la plupart des Jardiniers), j'avoue naturellement mon ignorance sur une infinité de choses, & principalement sur les causes qui les font naître, dans lesquelles je trouve souvent des difficultés insurmontables.   Par exemple:

Comment il est possible que des matières aussi déliées & aussi fluides que l'eau & les particules aériennes, puissent s'unir si étroitement, qu'elles se transforment en toutes sortes de corps les plus solides, & aquièrent des propriétés entierement différentes de celles qu'elles avoient auparavant, comme cela se voit dans les Métaux, les Minéraux, les Bois, les Plantes, les Animaux, & en général dans tout ce qui a vie.

Comment il est possible que des Arbres, dont la crue, la subsistance, & la conservation dépendent de ces subtances fluides, puissent les recevoir sur des Montagnes arides & sur des Rochers où à peine on trouve de la terre.

Comment il se peut que plusieurs Plantes situées dans ces lieux aussi sécs qu'élevés, produisent des fruits très rafraichis-

sans

fans & remplis de jus; tandis qu'au contraire la plupart des Plantes aquatiques, même celles dont les racines font au fond de l'eau, foient échaufantes.

D'où vient que divers fruits font plus fecs & ont plus de goût dans des années humides & pluvieufes, que dans celles où le tems a été beaucoup moins pluvieux & beaucoup plus chaud ; que même dans des années extrêmement chaudes & très peu pluvieufes, certaines Plantes fe pourriffent par une humidité qu'elles reçoivent hors de terre.

Par quelle raifon il fe fait que des grains de femence d'une même Plante en produifent des efpèces toutes différentes; & que, foit en les femant, foit en les tranfplantant, &c. il faille fe fervir à leur égard de différentes méthodes.

Pourquoi un infinité de Plantes femées d'elles-mêmes fans aucun fecours humain viennent mieux, que lorfqu'on les feme & qu'on les cultive avec tout le foin imaginable.

Quelle eft la caufe de la grande diverfité qui fe trouve entre les faveurs, les couleurs, & les vertus des Plantes & des autres corps.

Comment il arrive que des Plants, qui ont été femés, plantés, ou qui viennent de Bouture, & cela dans le même tems, fous le même Climat & dans le même terroir; qui de plus, à mefure qu'ils pouffent, font expofés au même air, à la même pluie, neige, grêle, rofée, foleil, vent & aux mêmes frimats; &c. comment, dis-je, il arrive que de pareils Plants diffèrent fi fort les uns des autres lorfqu'ils croiffent; car les Pêches, les Prunes, les Raifins, les Cerifes, les Grozeilles donnent, fous une peau mince & fine, une chair pleine d'un fuc délicieux & agréable, tandis que les Pommes de Pin, les Chateignes, les Noix, les Amendes, &c. plantées dans leurs voifinage, produifent fous une écorce dure, fèche, aftringen-

** 2

te,

te, & qui n'eſt bonne à rien, des fruits extrêmement ſecs.

D'où vient que de gros troncs ou de groſſes branches d'Arbres changent leurs propriétés naturelles, en prenant celles d'une petite branche, ou, ce qui eſt encore plus étonnant, d'une petite écorce, où il y a un petit œil ou bouton ligneux, comme cela ſe voit dans les Grefes en fente, en écuſſon, ou à œil dormant & en aproche. Et, ce qu'il y a encore de plus remarquable ſur ce ſujet, c'eſt que ſouvent ce ne ſont pas ſeulement les branches qui changent ainſi leur nature, mais même les racines, enſorte que le Sauvageon ſe dépouille de ſes vieilles racines & prend à meſure qu'il pouſſe celles des Entes mêmes ou des Grefes. De plus, ſi l'Abre avant que d'être enté a beaucoup de racines, & que l'Ente dont on s'eſt ſervi en ait naturellement peu, l'Arbre en aura peu auſſi; & par la raiſon du contraire, l'Arbre en aura beaucoup, ſi la nature de l'Ente eſt d'en avoir plus que l'Arbre même. Cependant cela n'eſt pas univerſellement vrai, puiſqu'il arrive quelquefois que l'Ente ſe conforme à l'Arbre ſur lequel on l'a grefée, & qu'elle en prend toutes les propriétés, comme on le pourra voir dans le Chapitre qui traite de la manière d'enter.

On voit encore que certains Arbres, ſans être entés ni grefés, changent ſi fort de nature, que celui qui produiſoit d'abord des Pommes, donne enſuite des Poires; ou bien que celui qui produiſoit prémierement des Poires, donne après cela des Pommes; ou bien encore des Pommes & des Poires dans un ſeul & même fruit; de manière qu'on peut diſtinguer à la vue, à l'odeur & au goût, les propriétés de ces deux fruits dans un ſeul, comme il paroit par le Cédrat Hermaphrodite, ou dans le Citron & l'Orange qu'on nomme Biſarré, ce qui eſt cauſé pour l'ordinaire par la taille de leur bois plus ou moins vigoureux; car le plus vigoureux produira le plus ſouvent des

Oran-

Oranges, & celui qui l'eſt moins, produira des Citrons. On peut auſſi augmenter la force du bois de ces Arbres, par la taille, pourvu qu'on ait ſoin d'en retrancher les jets languiſſans & mal-nourris, comme on peut la diminuer en retranchant les jets les plus vigoureux & en laiſſant les plus foibles.

Enfin j'ai obſervé, dans l'étude que j'ai faite du Jardinage, une infinité d'autres choſes ſingulières, les unes comme je l'avois prévu, les autres contre mon attente, dont je n'ai pu connoître ni les cauſes ni les effets, quoique j'aie conſulté ſouvent ceux qui ſe ſont rendus fameux par la deſcription des Plantes, comme Malpighi, Grew, & autres : ils nous apprennent bien :

Que toutes ſortes de Plantes & d'Arbres ſont d'une ſtructure organiſée, ayant des eſpèces de Poumons & des branches pour attirer & expulſer les parties aériennes néceſſaires à la vie ; ils ajoutent encore que les Plantes ont, auſſi bien que les Animaux, des Veines, des Nerfs, des Muſcles, de la Chair, de la Moelle, des Os, &c. (a).

Que la ſemence diverſement formée, à meſure qu'elle germe, ſe trouve intérieurement dans de certains fruits & extérieurement dans d'autres.

Que les ſemences revêtues de diverſes écorces, quelques-unes d'une, de deux, de trois, de quatre, de cinq, de ſix, étant gonflées par les ſucs, ſe ſéparent enſuite, lorſque les ſucs ayant pénétré juſqu'à la prémière écorce intérieure, commencent pour lors à ſe purifier & à fermenter dans les pores de la ſeconde écorce, où ils produiſent deux petits rejettons, dont l'un part de la racine, l'autre de la tige, ayant chacun des veines & des fibres, &c. ; que de plus ces deux rejettons deviennent l'un racine & l'autre tronc, & ſont compoſés l'un & l'autre de

par-

(a) Malpighi, *Anatomie des Plantes.* Grew, *Anatomie des Plantes.* Chap. 2. & 3.

parties charnues, moelleuses, ligneuses, avec leurs parties intermédiaires, lesquelles diffèrent des parties charnues en largeur, & sont pourvues de veines & de fibres. Que les Pores des parties intermédiaires dans les racines se trouvent le plus souvent en largeur, quelquefois cependant en longueur; au-lieu que les Pores du bois ne se remarquent jamais en largeur; mais toujours en longueur perpendiculairement. Que chaque partie opère selon ses propriétés particulières, en recevant les sucs, en les faisant fermenter, en les filtrant, en les séparant & en les dispersant, selon leur nature, dans les pores dont nous venons de donner la description (*a*).

Ils rendent raison pourquoi les racines croissent vers le bas, & deviennent tortues par la dureté de la terre : ils font voir pourquoi le tronc pousse en en-haut, & jette des branches par les côtés, & de quelle manière il grossit & s'alonge à mesure qu'il croît ; pourquoi certains Arbres poussent des racines hors du tronc même, par dessus la terre, & d'où viennent leurs vrilles (*b*).

Ils font voir que les branches croissent avec des nœuds & des excrescences, de petits piquans, des poils, &c.; qu'outre l'usage de la Moelle, du Bois, qui consiste à conserver la sève & les sucs de la Plante, & à les repandre dans toutes ses parties, la cavité où elle est renfermée lui donne aussi plus de force (*c*).

Ils font la description de la figure des feuilles; ils font voir qu'une seule & même Plante en produit de différentes fortes; pourquoi les unes font plattes, les autres unies tout autour,

quel-

(*a*) Malpighi, *de la Végétation des Semences.* Grew, *Anatomie des Plantes.* Chap 1. & 7.
(*b*) Malpighi, *de la racine des Plantes.* Grew, *Anatomie des Plantes.* Chap. 2.
(*c*) Grew, *Anatomie des Plantes.* Chap. 4.

quelques-unes dentelées, & d'autres plus ou moins crénelées dans leur contour (*a*).

Il font pareillement une defcription des fleurs, & difent qu'elles font compofées d'envelopes, de feuilles, d'un cœur, &c. avec leurs étamines, leur piftile, & des poils tant intérieurs qu'extérieurs; ils parlent auffi de la différence qu'il y a entre elles, & de leurs diverfes couleurs (*b*).

De plus ils donnent l'anatomie de plufieurs fortes de fruits, & en indiquent les ufages, de même que la raifon pourquoi les fruits font meilleurs à manger que les autres parties des Plantes: ils font voir auffi pourquoi les fruits croiffent ronds, & pourquoi les plus ronds ont auffi le plus de goût (*c*).

Ils indiquent la caufe d'un grand nombre de particularités dans les Arbres, dans les Plantes, & autres Végétaux; celle des maladies auxquelles ils font fujets, comme auffi celle des Infectes qu'elles renferment, ou qu'on trouve fur elles & autour d'elles.

Cependant Malpighi & Grew n'ont pas pouffé leurs découvertes par le fecours de leurs microfcopes affez loin, pour voir dans les femences, des Arbres parfaits chargés de fruits; non plus que l'ingénieux Leeuwenhoek, qui ayant écrit après ces Grands-hommes, prétend avoir perfectionné ces verres au point d'avoir pu faire cette découverte & d'autres encore; mais laiffant à d'autres à faire cette recherche, je dois me contenter d'avouer à mon grand regret, que je n'ai pu encore parvenir par cette anatomie à prévenir, en cultivant les Plantes, les maladies qui les font languir, & que je n'ai rien trouvé qui pût les délivrer des Infectes qui leur caufent du dommage.

Par

(*a*) Grew, *Anatomie des Plantes*. Chap. 4.
(*b*) Grew, *ibid*.
(*c*) Le même, Chap. 6.

Par conséquent ces Curieux me paroissent être inventeurs de nouveautés qui ne font bonnes que dans la spéculation; puisque les Anciens ont écrit d'une manière beaucoup plus simple, plus instructive & plus utile. Mais il seroit à souhaiter que dans les monumens qu'ils nous en ont laissés, ils eussent décrit les Plantes & la manière de les cultiver avec plus d'étendue; car quoiqu'une infinité de leurs noms soient devenus aujourdhui inconnus par le tems, cela nous donneroit beaucoup de lumière, & même nous aurions pu en avoir encore plus si l'Imprimerie & la gravure avoient été connues dans ces tems-là; mais cela n'ayant pas été connu, nous ne sommes pas seulement privés des desseins de superbes Jardins & de Maisons étrangères avec leurs ornemens, mais nous sommes obligés de nous servir de copies très défectueuses de ces Auteurs, dans lesquelles on trouve visiblement des fautes, tant à l'égard du sens qu'à l'égard de l'ortographe; sans compter encore que le tems qui ruine tout, nous a enlevé plusieurs Ecrits aussi instructifs qu'utiles. Je remarque cependant qu'on auroit tort de croire que le tout a été mal copié, & plus encore de condamner les Auteurs anciens, lorsqu'ils ne s'accordent pas avec nous dans la spéculation ou dans la pratique, tant à l'égard des fonds, de la manière de les travailler & de les amender, qu'à l'égard des propriétés du fumier, &c. de la culture des Plantes, comme semer, planter, arroser, tailler, & ce qu'elles requièrent de plus. On ne doit pas non plus les condamner avant qu'on ait une parfaite connoissance de leurs climats, de leurs fonds, des alimens dont se nourrissoient les Animaux qui leur fournissoient du fumier, du mêlange de ce dernier, de même que de leurs Plantes & de plusieurs autres diverses circonstances rélativement aux nôtres; car il faut être bien attentif à cet égard, & faire plusieurs changemens dans l'exécution.

Ainsi

Ainſi on auroit tort de les blâmer de ce que pour mieux faire croître certains Arbres, ils les plantent ſur de hautes Montagnes, ou dans des endroits voiſins de la Mer, quoique nous ne réuſſiſſions jamais en les plantant dans de pareils lieux; car lorſqu'on fait attention à l'extrême différence qu'il y a entre leur Climat & le nôtre, à la nature de leurs fonds de terres & que leurs vents de Mer (qui nuiſent ſi fort chez nous aux Plantes, lorſqu'elles n'en ſont pas à l'abri) ſont beaucoup moins nuiſibles; & que même on voit aujourdhui dans de certains Païs des Arbres plantés près de la Mer croître d'une manière fort vigoureuſe: alors on ſera obligé de conclurre, que toutes ces diverſités viennent de nos Climats, & que dans les effets de la Nature il y a des profondeurs que nous ne ſaurions pénétrer. On verra pareillement qu'on ne peut aquérir la connoiſſance de ce qu'il faut faire ou laiſſer, que par des obſervations exactes ſur les ſuccès de nos entrepriſes.

On ne doit pas regarder non plus comme une choſe impoſſible que dans le fumier d'une même eſpèce d'Animaux il y ait des propriétés ſingulières de communiquer plus ou moins de chaleur; d'où il ſuit par conféquent qu'il faut ſe ſervir de différentes méthodes pour le mêler & le rendre utile: cela peut être cauſé par le genre de vie de ces Animaux, & ſur-tout par leurs alimens: c'eſt ainſi qu'on voit une grande différence dans les effets du fumier de Cheval, celui des Chevaux entiers ou des Jumens ſera même plus fort & plus chaud, à proportion que ces Animaux auront beaucoup travaillé ou bien qu'ils auront été dans l'inaction après avoir mangé beaucoup de fêves ou d'avoine; car il ſera moins fort & moins chaud lorſqu'ils auront mangé ſimplement du Foin & de la paille, ou bien lorſqu'ils auront mangé dans une crêche mouillée, du ſon, & de la mauvaiſe farine détrempée dans beaucoup d'eau. Cela dépend

✳✳✳

auſſi

auffi de l'état où il eft, lorfqu'on s'en fert, frais ou pourri, mêlé avec plus ou moins de paille. C'eft ainfi que le fumier de Cochon qui eft fi chaud felon Théophrafte, peut avoir eu ces propriétés, caufées par les alimens dont on les nouriffoit dans fon Païs; quoique celui des Cochons qu'on nourrit chez nous dans les étables, de petit lait & de farine détrempée, ne rechaufe pas du tout.

Quoique notre Climat diffère beaucoup du leur, ce Païs étant fujet à des hivers fort rudes & à de fortes gelées, & n'y ayant guère ou point d'Etés où le tems foit fixe; nos fonds étant auffi plus unis, plus légers & plus faciles à remuer, que leurs fonds de montagnes, de vallées, & autres; je ne laiffe pas de trouver qu'ils employent dans la culture des Plantes plufieurs chofes femblables à nos ufages, & qui peuvent auffi être fort utiles dans ce Païs.

C'eft ainfi qu'ordinairement un tems tempéré en hiver accompagné de beaucoup de neige, étoit chez les Anciens un figne d'une Saifon fertile. Pareillement des vents de Nord en Eté, quoique froids, & des pluies froides purifioient davantage chez eux, l'air, & préparoient mieux les fonds de terre pour rafraichir les Hommes, les Bêtes & les Plantes, que les petits vents de Midi accompagnés de petites pluies chaudes qui corrompoient l'air par leur chaleur étouffante, le rendant ainfi très nuifible, fouvent même mortel aux Hommes, aux Bêtes & aux Plantes. Il en eft de même chez nous. Cela n'empêche pourtant pas que des gelées extrêmement fortes & hors de faifon, des vents de Nord violens & froids, des pluies pareilles, de la neige hors de faifon, de la grele, &c. ne puiffent être très pernicieux & mortels.

Les Anciens trouvoient que les pluies qui tombent la nuit

en

en Eté étoient beaucoup plus propres à faire croître, à cause
de leur fraicheur, & fur-tout lorfqu'elles n'étoient pas fuivies
d'une chaleur fubite & étouffante, comme il arrive en Eté a-
près les pluies qui tombent pendant le jour. Ils n'approuvoient
pas non plus qu'on fe fervît d'eau tiède pour arrofer les Plantes.
Je trouve aufli que l'eau tiède eft extrêmement nuifible, même dans l'Hiver, & qu'un air qui devient fubitement chaud a-
près la pluie, eft contraire à toutes les Plantes & à leurs fruits,
excepté à l'herbe feule, parce que les petites pluies chaudes
les font moifir & pourrir. Ceci paroitra fans doute à tout le
monde un paradoxe, puifque c'eft une chofe abfolument contraire à tout ce que les Ecrivains de notre Siècle & du précédent en ont écrit, établiffant de la manière la plus expreffe, &
recommandant qu'en tout tems, il faut arrofer avec de l'eau
tiède, pendant l'Eté rechaufée par le Soleil, & pendant l'Hiver par le moyen du feu; ajoutant que des pluies chaudes ou
tièdes font d'autant meilleures, qu'elles font propres à faire
croître; mais j'en appelle à l'examen & à l'expérience, auxquels
ces Ecrivains modernes ne doivent avoir fait aucune attention,
puifqu'ils ont enfeigné des chofes fi contraires à la vérité. Ils
débitent qu'il ne faut jamais cultiver des fonds de terre fitués
dans un Climat mal-fain, ou ftériles par eux-mêmes; mais
qu'il faut s'en défaire, les vendre ou les abandonner, fi on les
poffède par héritage. La même chofe doit être pratiquée chez
nous, puifque de pareils fonds ne promettent jamais rien de bon;
au contraire un fonds qui eft naturellement fertile le deviendra encore davantage, s'il eft frais & fi pendant quelques années il a été en friche.

C'eft aufli une chofe inconteftable, & non moins néceffaire chez nous que chez les Anciens, de planter & de femer dans
une terre légère; cependant il faut fe régler à cet égard fur la

*** 2

natu-

nature des fonds & fur les Saifons. C'eft ainfi que la terre de nos Jardins potagers eft très légère, poreufe, & divifible dans fes parties, par le long ufage qu'on en a fait, & par un mêlange perpétuel de fumier (comme auffi les terres graffes, préparées outre cela avec du fable). Mais on fe tromperoit fort, fi on vouloit remuer cette terre pour la deuxième ou troifième production pendant le même Eté, lorfque par le défaut de pluie requife & néceffaire elle feroit devenue dure, entierement réduite en pouffière; parce que la femence, ou ce qu'on y auroit planté ne recevant point d'alimens à caufe de la féchereffe & de la légereté de la terre, ne pourroit pas pouffer des racines, ni croître; par conféquent on ne doit point remuer la terre pendant la fécghereffe, ni y faire d'autre labour que de la nettoyer avec la main ou avec le farcloir, enfuite y femer ou y planter; après quoi on aura foin de bien mêler la femence avec la terre par le moyen d'un rateau à larges dents. On doit pourtant prendre garde de ne pas faire ce labour d'Eté chez nous à l'égard des terres légères, où l'on a planté des Arbres ou des Vignes, parce que cela les deffécheroit trop, & que les rayons du Soleil & la pluie peuvent fuffifamment y pénétrer fans qu'on les remüe.

Ils proportionnoient la quantité, la qualité, auffi bien que le mêlange du fumier, à la nature des fonds & aux propriétés des Plantes, fe fervant pour cela de fumier plus ou moins chaud, de plus ou de moins de parties nitreufes, huileufes, & de pourriture. Ils vouloient qu'on fe fervît de beaucoup de fumier pour les herbes & pour les terres enfemencées, & point pour celles qui étoient plantées de jeunes Arbres. C'eft ce que j'approuve pareillement; cela ne dit pas cependant qu'on ne puiffe trop fumer les Potagers & les labourages, & que les Arbres fruitiers n'en aient jamais befoin; quoique plufieurs de nos Ecrivains modernes s'oppo-

fent

ſent à cette dernière choſe, diſant que le fumier eſt toujours nuiſible aux Arbres, & qu'il fait perdre le bon goût aux fruits. Théophraſte & Columelle penſent bien autrement; car le prémier (a) aſſure que le fumier de Cochon donne un goût plus fin aux pommes de Grenade, & rend les Amandes amères, douces & meilleures: pendant que l'autre nous apprend (b) que de l'urine vieille de ſix mois, mêlée avec de la lie d'huile & employée en guiſe de fumier, ne fait pas ſeulement pouſſer les Arbres avec plus de vigueur, mais qu'elle rend même le Vin & les Pommes beaucoup meilleures & plus agréables; ce que je n'ai garde de leur conteſter, puiſque dans ce Païs même, les Aſperges & les Melons en fourniſſent des preuves évidentes, étant de toutes les Plantes celles qui demandent le plus de fumier: or ſi le fumier rendoit les choſes plus inſipides, de tous les fruits il n'y en auroit point qui s'en reſſentiroit davantage que ceux-ci & pluſieurs autres à queue molle, qui ont des pores fort larges & qui croiſſent ſur le fumier même; mais cela n'étant pas, il n'y a guère d'apparence que les fruits des Arbres puiſſent perdre de leur goût par le fumier. Je n'ignore pas cependant que le fumier eſt nuiſible aux petites racines glutineuſes & germantes des Arbres nouvellement plantés, à cauſe du Salpêtre mordant & des parties acides, huileuſes, groſſières & gluantes, qu'il contient: je n'ignore pas non plus que les vieux Arbres fruitiers dont les racines ſont plus ſeches, plus dures & plus ligneuſes, ont ſouvent beſoin de fumier par lequel ils reçoivent auſſi quelquefois une vigueur nouvelle; car des Arbres dont on recueille annuellement des fruits, & qu'on empêche de pouſſer des feuilles, comme il arrive dans les Vergers

où

(a) De la cauſe des Plantes. Liv. III. Chap. 12.
(b) De la Vie champêtre. Livre. II. Chap. 15.

*** 3

où on laiſſe croître l'herbe, où on la fauche pour l'emporter enſuite; ces Arbres, dis-je, deviennent ſi languiſſans, que la pluie
ne ſauroit ſuffire à les nourrir; par conſéquent il eſt néceſſaire
de leur communiquer par le fumier d'autres parties nourriſſantes:
du reſte ils indiqueront aſſez d'eux-mêmes, après avoir pouſſé
vigoureuſement pendant quelques années dans une bonne terre, ſoit en faiſant du bois peu vigoureux, ſoit en perdant
leurs feuilles qui jauniſſent avant la ſaiſon, quand ils auront beſoin de fumier; les fruits devenant auſſi pour lors plus petits &
plus inſipides, tandis que ceux à noyaux ſe fendent & deviennent pierreux & âpres.

Tous les Ecrivains Anciens & Modernes (à l'exception d'un
petit nombre) recommandent d'avoir égard au cours de la Lune rélativement aux Plantes, & de ſe régler là-deſſus, lorſqu'on
ſeme, qu'on plante, qu'on grefe, ou qu'on taille, &c. Quant
à moi, je puis aſſurer que je n'ai jamais trouvé la moindre différence à l'égard de ce que j'ai ſemé ou planté, ſoit pendant le
croiſſant ou pendant le déclin de la Lune: il eſt vrai que pendant le croiſſant de la Lune les Melons ſe nouent ſouvent, &
qu'ils coulent pendant ſon déclin, mais j'ai fait plus d'une fois
l'expérience du contraire, & j'ai vu qu'ils ſe nouoient peu pendant le croiſſant & beaucoup pendant le déclin de la Lune.

Vous trouverez ce que je penſe des vertus analogues & op-
poſées des Plantes dans l'endroit où je traite amplement de la
crûe des Arbres & de la manière de les cultiver.

Je dois vous dire auſſi que ne prétendant nullement faire paſſer mes remarques pour inconteſtables, je les ſoumets à votre
examen & à celui du Public. Mon deſſein n'eſt pas non plus
d'obliger qui que ce ſoit à ſuivre le plan que j'y ai tracé touchant la conſtruction & l'arrangement d'une Maiſon de Campagne, avec ſes Jardins, ſes Plantages & ſes Ornemens; car

ce

ce qui plait à l'un, peut déplaire à l'autre. Je dis la même chofe du choix qu'on doit faire lorfqu'il eft queftion de planter des Arbres fruitiers & autres, puifqu'il eft rare que tous aient le même goût & les mêmes vues.

J'ai déja dit que je n'ai rien tiré ni copié des autres, & que je n'ai fait mention que de ce que j'ai trouvé par mon expérience avoir prefque toujours les mêmes effets, après m'être fervi de la même méthode; ce qui pourtant ne fignifie pas que les autres n'ayent jamais fait mention de ce qu'on verra ici, puifqu'on trouvera le contraire. Je me flatte cependant que vous y découvrirez un grand nombre de Remarques fur le Jardinage, qui, fi je ne me trompe, n'ont été faites par perfonne. Je ne crois pas non plus qu'on ait jamais écrit fur la manière d'avancer les Saifons, encore moins qu'on ait enfeigné exactement celle de cultiver les Plantes des Climats plus chauds que le nôtre, & de les élever à fouhait dans ce Païs par le moyen des Serres tant naturellement qu'artificiellement échaufées. Cela feul montre donc déja que ces Remarques font beaucoup plus étendues; quelquefois même j'ai cru devoir les repéter, lorfqu'elles m'ont paru être fort importantes.

J'ai de plus exactement décrit dans la feconde Partie (comme on le peut voir par l'Avertiffement qu'il y a à la tête) la manière de conftruire des Serres naturellement ou artificiellement échaufées & autres, comme auffi des Thermomètres, dont on ne fauroit fe paffer lorfqu'on cultive les Plantes dans des Serres. J'ai parlé enfuite fort amplement de l'air, des vents, de la terre, de l'eau, & de la chaleur artificielle. Après avoir parlé de la culture des Potagers, je fais auffi mention des Semences, & je montre encore comment il faut cultiver les Orangers, les Citronniers, les Limonniers & autres.

Après quoi je décris de la manière la plus fimple, le moyen

in-

infaillible d'avoir des Raisins en abondance par le secours des Serres échaufées par le feu; comme aussi celui d'élever les Ananas & les Tubereuses. Je me flatte donc, Monsieur, d'avoir à cet égard, répondu à votre attente. Je suis, &c.

T A.

TABLE
DES
CHAPITRES.
I. PARTIE.

LIVRE PREMIER.

LIVRE SECOND.

****

CHAP.

CHAP.

TABLE DES CHAPITRES.

***** 2   *ner*

Fin de la Table des Chapitres.

PRIVILEGIE.

DE Staten van Holland ende Weſt-Vriesland, doen te weten: Alzo Ons te kennen is gegeven by Abraham Kallewier, Jan en Hermanus Verbeek, en Pieter vander Eyk, Boekverkoper binnen de Stad Leyden, dat zy Supplianten bezig waren, met zwaare koſten, te drukken zeker Werk, waar van de Titul was, *Byzondere Aanmerkingen over het aanleggen van Pragtige en Gemeene Landhuyzen, Luſtboven, Plantagiën, en aanklevende Cieraden, zoo, om de zelve, ten meeſten nutte en voordeel te Timmeren en Metzelen, als om de Gronden te bearbeyden: Vyvers en Waters te graven: Vrugt en Wilde boomen, ook Laaningen te planten en beſnoeyen, nevens eene nette en klaare beſchryvinge, om de Wyngaarden, door Zomer- en Winter-ſnoeijinge, jaarlyks, overvloedige Druyven, zoo wel in open lucht, als, by vervroeginge, in koude en Stook-kaſſen, volgens aanwyzinge van Weer-glazen, en het geene daar verder aanborig is, voort te brengen; midsgaders, om zekerlyk Ananas-vrugten, Citroen, Limoen- en Oranje-boomen voort te teelen; Nog eene verhandeling, om Aard- en Warmoes-vrugten voort te queeken: Alles in den tyd van Vyftig Jaren ondervonden en aangetekent: ook, door cierlyke Plaaten opgebeldert in Quarto.* En, dewyl de Supplianten bedugt zynde, dat eenige baatzoekende menſchen, 't zy binnen of buitens Lands, tot hunne groote ſchade, het voorſz. Werk, in het geheel, of ten deele, mogten komen na te drukken: zoo keerden zy Supplianten zig tot Ons, ootmoediglyk verzoekende Octroy en Privilegie, om het voorſz. Werk, voor den tyd van Vyftien volgende Jaren, met Secluſie van alle andere, hier te Lande alleen te mogen drukken, uitgeven en verkopen, in allerhande Taalen en Formaaten, zoo als zy Supplianten zouden komen goed te vinden: met expres Verbod, waar aan allen en eenen yegelyk, buiten hen Supplianten, of, die hunne Actie of Regt in dezen, namaals mogten verkrygen, verboden word het voorſz. Werk, in eenigerhande Taalen, Formaaten, in het groot of klein, in het geheel, of, ten deele, met, of zonder plaaten, onder wat prætext, 't zy van vermeerdering, verbetering, of verandering, het ook mogte wezen, te drukken, te doen drukken, te verhandelen ofte verkoopen, of, buyten dezen Lande gedrukt zynde, in te brengen, te verhandelen ofte verkoopen, en dat t'elkens op een verbeurte van alle de nagedrukte, ingebragte, verhandelde, of verkogte exemplaren, midsgaders daar en boven eene boete van Drie duyzend guldens, zoo als Wy tegen zodaanige Contraventeurs gewoon waren te ſtatuëren, en dat zoo menigmaal, als zy daar aan ſchuldig zouden bevonden worden: ZOO IS 'T, dat Wy de zake en 't voorſz. verſoek overgemerkt hebbende, en geneegen wezende ter bede van de Supplianten, uyt Onze regte wetenſchap, Souveraine Magt en Authoriteyt, de zelve Supplianten geconſenteert, geaccordeert en geoctroyeert hebben, conſenteren, accorderen en octroyeeren haar by deze, dat zy, geduurende den tyd van Vyftien eerſt agter een volgende Jaren, het voorſz. Werk, genaamt *Byzondere Aanmerkingen over het aanleggen van Pragtige en Gemeene Landhuyzen, Luſtboven, Plantagiën, en aanklevende Cieraden, zo om de zelve, ten meeſte nutte en voordeele, te Timmeren en Metzelen, als om de gronden te bearbeyden, Vyvers en Waters te graven: Vrugt- en Wildeboomen, ook Laaningen te planten en beſnoeyen: nevens eene nette en klaare beſchryvinge, om de Wyngaarden, door Zomer- en Winter-ſnoeijinge, jaarlyks overvloedige Druyven, zo wel in open lucht, als by vervroeginge, in koude en Stook-kaſſen, volgens aanwyzinge van Weer-glazen, en het geen daar verder aanborig is, voort te brengen: midsgaders om zekerlyk Ananas-vrugten, Citroen-, Limoen- en Oranje-boomen voort te teelen: Nog eene verhandeling om Aard- en Warmoes-vruchten voort te queeken: alles in den tyd van Vyftig Jaren ondervonden en aangetekent: ook door cierlyke Plaaten opgebeldert, in Quarto.* In dier voegen, als zulx by de Supplianten is verzogt, en hier vooren uytgedrukt ſtaat, binnen den voorſz. Onzen Lande alleen zullen mogen drukken, doen drukken, uytgeven en verkoopen: verbiedende daaromme allen ende eenen yegelyken, het zelve werk in het geheel of-

**** 3

te

te ten deele , te drukken , na te drukken , te doen na drukken , te verhandelen ofte
verkoopen , ofte elders na gedrukt , binnen den zelven Onzen Lande te brengen,
uyt te geven , ofte te verhandelen en verkoopen , op verbeurte van alle de na ge-
drukte, ingebragte, verhandelde, ofte verkogte Exemplaren , ende een boete van
Drie duyzend guldens , daarenboven te verbeuren, te appliceren een Derde-part
voor den Officier , die de calange doen zal , een Derde part voor den Armen der
Plaatze , daar het Cafus voorvallen zal, ende het refterende Derde-part voor de Supplianten , en dit telkens, zoo menigmaal als de zelve zullen werden agterhaald ; Alles in dien verftande, dat Wy de Supplianten met dezen Onzen Octroye alleen wil-
lende gratificeren, tot verhoedinge van haare fchade , door het na drukken van het
voorfz. Werk, daar door, in geenigen deele, verftaan , den innehouden van dien te
authoriferen, ofte te advouëren, ende veel min het zelve , onder Onze protectie en
befcherminge, eenig meerder credit, aanzien, ofte reputatie te geven , nemaar de
Supplianten, in cas daar inne iets onbehoorlyks zoude influeren , alle het zelve tot
haren lafte, zullen gehouden wezen te verantwoorden : tot dien eynde wel expreffe-
lyk begerende, dat, by aldien zy dezen Onze Octroye voor het zelve Werk zullen
willen ftellen, daar van gene geabbreviëerde ofte gecontraheerde mentie zullen mogen maken, nemaar, gehouden wefen het zelve Octroy in 't geheel, en, zonder eenige omiffie , daar voor te drukken , ofte te doen drukken , ende dat zy gehouden
zullen zyn, een Exemplaar van het voorfz. Werk , op groot Papier , gebonden en
wel geconditioneert, te brengen in de Bibliotheecq van Onze Univerfiteyt tot Leyden , binnen den tyd van Ses weken , na dat fy Supplianten het zelve Boek zullen
hebben beginnen uyt te geven , op een boete van Ses hondert guldens , na expiratie
der voorfz. Ses weken, by de Supplianten te verbeuren ten behoeven van de Neder-
duytfe Armen van de Plaats alwaar de Supplianten woonen , en voorts op pæne van
metter daad verfteken te zyn van het effect van dezen Octroye; Dat ook de Supplianten, fchoon, by het ingaan van dit Octroy, een Exemplaar gelevert hebbende aan
de voorfz. Onze Bibliotheecq , by zoo verre zy , geduurende den tyd van dit Octroy, het zelve Werk zouden willen herdrukken met eenige Obfervatien, Noten,
Vermeerderingen, Veranderingen , Correctien, of anders, hoe genaamt; of ook in een
ander formaat, gehouden zullen zyn, wederom een ander Exemplaar van het zelve
Werk, geconditioneert als vooren, te brengen in de voorfz. Bibliotheecq, binnen de
zelve tyd, en op de Boete en Pænaliteyt, als voorfz.; Ende, ten eynde de Supplianten
dezen Onzen Confente ende Octroye mogen genieten , als naar behooren, Laften
Wy allen ende eenen yegelyken , dien het aangaan mag, dat zy de Supplianten van
den innehoude van dezen doen, laten ende gedoogen, rüftelyk, vredelyk ende
volkomentlyk genieten ende gebruyken : cefferende alle belet ter contrarie. Ge-
daan in den Hage, onder Onzen grooten Segele, hier aan doen hangen op den Se-
ftienden Mey, in 't Jaar Onfes Heeren ende Saligmakers Duyzend Sevenhondert Se-
ven en dertig.

J. H. V. WASSENAAR vt.
Ter Ordonnantie van de Staten
WILLEM BUYS.

Het regt van deeze Copy en Privilegie
is getranfporteert aan Samuel Luchtmans en Hermanus Uytwerf den 18 De-
cember 1742, en door Hermanus Uytwerf
voor zyne Portie aan zyn Zoon Myndert
Uytwerf den 24 Juny 1743.

AVIS

AVIS AU RELIEUR

Pour placer les Figures.

LES

LES AGREMENS DE LA CAMPAGNE,

OU

REMARQUES PARTICULIERES

Sur la manière de conſtruire & d'arranger des MAISONS de CAMPAGNE plus ou moins magnifiques ; des JARDINS de PLAISANCE, & des PLANTAGES, avec leurs Ornemens convenables.

⬥(❀)⬥⬥(❀)⬥⬥(❀)⬥⬥(❀)⬥⬥(❀)⬥⬥(❀)⬥⬥(❀)⬥⬥(❀)⬥⬥(❀)⬥⬥(❀)⬥

LIVRE I.

CHAPITRE I.

Des Maiſons de Plaiſance, de leur ſituation, & de leur circuit en général.

Toutes les Maiſons de Campagne & les Jardins de Plaiſance, pour être agréables, doivent être entourées & renfermées par des foſſés, des murailles, des cloiſons, des paliſſades, des haies, &c. Il ne faut pas pourtant qu'elles ſoient d'une trop vaſte étendue (a) pour plaire à des Propriétaires habiles. Plus on peut faire valoir un petit terrain par les variations de vues ex-

___

(a) *Laudato ingentia rura, exiguum colito,* Virgil. *Lib.* II. Georgic. vſ. 412.
C'eſt-à-dire :
Louez chez les autres les vaſtes Campagnes, mais cultivez-en une petite pour vous-même.

Partie I.   A

extraordinaires quoique naturelles, & d'ornemens, plus les Spectateurs admireront le bon goût & le bon ordre de ceux qui en ont fait la difpo-fition ; & fur-tout fi fon entretien ne les expofe pas à une grande dépenfe : car ce qu'on peut appeller à jufte titre des Maifons de Plaifance, ce font celles où les Propriétaires fe font propofés d'imiter par art en toutes cho-fes la Nature, de réjouir le cœur à peu de fraix, de chatouiller la lan-gue, & de plaire aux yeux par la contemplation de toute forte de plai-firs champêtres : comme des allées confiftant dans de grands arbres de haute futaye, bien foignés, des haies tondues, des petits Bois, des Berceaux toufus, des arbres en efpalier, plufieurs fortes de grands & de petits arbres fruitiers, des eaux pures, & telles autres chofes propres à orner les Jardins ; ce qui plaira davantage à des Curieux verfés dans cette connoiffance, que les beautés fuperficielles des fuperbes Bâtimens, des Cafcades artificielles, des Jets-d'eau, des Grottes, & de plufieurs autres ornemens ruineux.

Pour fe procurer un tel Lieu de Plaifance, il faut fur-tout bien pren-dre garde, que ces trois qualités s'y trouvent réunies ; prémierement, qu'il foit bien fitué : en fecond lieu, que ce foit une bonne terre bien fertile ; & en troifième lieu d'une fuperficie bien unie. Cette dernière condition n'eft cependant pas affez intéreffante pour faire abandonner un fonds d'ailleurs bien fitué & bien fertile, ce qu'on feroit abfolument ob-ligé de faire, fi l'une ou l'autre des deux prémières qualités ne s'y trou-voient pas.

Ce qu'il y a de plus effentiel quant à fa fituation, c'eft qu'on ait foin de choifir un air fain (a), & de ne pas fe déterminer pour des terres fituées dans le voifinage de la Mer ; les vapeurs qu'elle exhale étant extrême-ment nuifibles : on doit éviter par la même raifon les lieux fitués aux en-virons des endroits que le reflux de la Mer laiffe à découvert, & qui ex-halent de la puanteur, comme auffi le voifinage des Etangs & des Ma-rais, & celui d'une grande Ville fort peuplée, dont la fumée & les ex-
                                                                    halai-

____

(a) *Porcius quidem Cato cenfebat in emendo infpiciendoque agro præcipue duo effe confi-deranda, falubritatem Cœli, & ubertatem loci : quorum fi alterum deeffet, ac nibilo minus quis vellet incolere, mente effe captum, &c.* Columella, de Re Ruftica. Lib. I. Cap. 3.

C'eft-à-dire :

Porcius Cato difoit que lorfqu'on veut examiner & acheter une terre, il faut fur-tout faire attention à ces deux chofes, fi elle eft fituée dans un air fain, & fi elle eft fer-tile : que fi malgré le défaut de l'une de ces conditions, quelqu'un trouvoit pourtant à propos de l'habiter, il faudroit qu'il fût frappé dans fon efprit.

halaiſons peuvent corrompre un air d'ailleurs fort ſain. Ajoutez à cela que le Propriétaire y ſeroit ſouvent expoſé aux violences du petit-peuple voiſin, & à être continuellement incommodé par les viſites trop fréquentes de ſes amis. Il faut pourtant tâcher de ſe placer à une juſte diſtance, c'eſt-à-dire pas trop loin de quelque Ville conſidérable, afin de pouvoir participer aux avantages, que procure la Société d'un auſſi grand nombre de gens aiſés, parmi leſquels ceux-ci ne ſont pas les moindres, ſavoir qu'on y peut vendre ce qu'on a de ſuperflu plus cherement qu'ailleurs, & y acheter le néceſſaire à un prix fort modique.

Un bon fond de terre bien gras & bien fertile, ſitué près d'une Rivière d'eau douce, pas trop rapide dans ſon cours, eſt préférable à tout, pourvu que renfermé dans des levées, il ne ſoit pas ſujet aux inondations, qu'il y ait par-tout autour des Canaux, pour y pouvoir conduire & en tranſporter tout ce qui eſt néceſſaire à peu de fraix. Ayant fait aquiſition d'un tel fond de terre, il faut avoir ſoin de placer tellement la Maiſon que l'on y veut bâtir, que les arbres plantés le long de la Rivière qui ſerpente, ne bornent ni ne gênent point la vue, mais qu'ils la mettent à couvert des vents qui règnent le plus & qui ſont les plus nuiſibles. Si on a le bonheur de réuſſir en cela, on aura ſans fraix pluſieurs points de vue variés, qu'il n'eſt pas poſſible d'avoir autrement. On tâchera donc de choiſir un tel fond, ſitué à l'un ou à l'autre côté d'une Rivière, & s'il eſt poſſible à l'Orient ou à l'Occident de la Ville, pour être moins ſujet aux exhalaiſons & à la fumée qu'elle envoie. Il ſeroit auſſi à ſouhaiter que le devant & le derrière de la Maiſon puſſent être expoſés l'un au Midi & l'autre au Nord, parce qu'il eſt conſtant que des Maiſons ainſi ſituées, ſont plus fraiches que celles qui ſont expoſées à l'Orient & à l'Occident. C'eſt encore une choſe fort commode & fort néceſſaire d'être ſitué de manière, qu'en tout tems, ſoit l'hiver ou l'Eté, on puiſſe aller à la Ville en voiture, par des chemins de ſable & de terre-graſſe.

Joignons à cela, que les Anciens ont toujours fait grand cas, & avec raiſon, d'un bon voiſinage.

Ayant réuſſi juſques-là à ſouhait, il faut tâcher que le fond ſoit tel, qu'il eſt décrit dans le *quatrième Chapitre.* En général les terres élevées, unies, au niveau ou à peu près, ſont préférables de beaucoup à des terres baſſes ou qui ont de la pente: ces dernières étant beaucoup moins fertiles, parce qu'elles ne retiennent pas les eaux; c'eſt outre cela encore une choſe fort remarquable qu'on ne ſauroit planter plus de bois ſur la

A 2

ſuperfuperficie de fa pente que fur le fond uni & de niveau, que comprend dans fon enceinte le pied d'une montagne, ce qu'on peut démontrer incontestablement en tirant des lignes depuis le deffous du pied jufques à la cime. J'examinerai-ici comment doit être la fituation d'une terre bien ordonnée, pour paroître à l'œil plus grande, & pour procurer de plus belles & de plus longues vues.

Un Quarré parfait eft bien de tous les fonds le plus reglé, mais non pas à préférer pour une Perfonne, qui veut arranger & planter un Lieu de Plaifance fur un petit terrain; car un tel fond occupe réellement plus de place, qu'il ne le paroit à la vue.

Un Quarré oblong vaut mieux, on y peut faire une bonne difpofition de belles allées, & une meilleure partition d'ornemens d'un autre genre; outre qu'on peut en apparence lui donner plus d'étendue.

Un Triangle qui a tous les côtés égaux eft la plus favorable figure pour tromper la vue, fur-tout quand il s'agit de terrains d'une petite étendue: quoique les allées n'y plaifent pas autant, parce qu'elles finiffent en pointe, au-lieu que les autres en finiffant font leurs angles droits.

Un terrain qui a deux côtés égaux, occupe plus de place, & ne fait pas de fi longues vues; outre que les allées extérieures finiffent pareillement en pointe.

Un terrain qui a tous les côtés inégaux eft encore moins favorable.

Un terrain creux, ou bien convèxe comme une boule, n'eft nullement propre à être planté.

Un terrain en cercle occupe le plus de place, & fait les plus courtes vues.

Deforte que je me déterminerois pour un Quarré oblong, comme le plus propre à un beau tour, à moins que quelqu'un ne voulût planter un très petit terrain, & en faire un Lieu de Plaifance rempli d'ornemens; auquel cas je pancherois plus pour un Triangle, qui a tous les côtés égaux, tel qu'il eft repréfenté dans la Planche ci-jointe *Fig. I*, dans laquelle je me borne à trois arpens de terre jufqu'au bord du foffé, & où je place la maifon au Midi & au Nord, ayant au devant des arbres à couronne, pour la garantir des ardeurs du Soleil; ce qui fait que les autres Bâtimens, comme l'Orangerie, l'Ecurie, la Remife n'y font pas placés comme ils le devroient être autrement. La difpofition en eft faite de la manière fuivante.

a L'avenue par une porte grillée fur un pont de pierre qui traverfe l'avant-foffé large de quatre toifes, les Foffés des côtés en ayant trois de largeur.   *b* L'en-

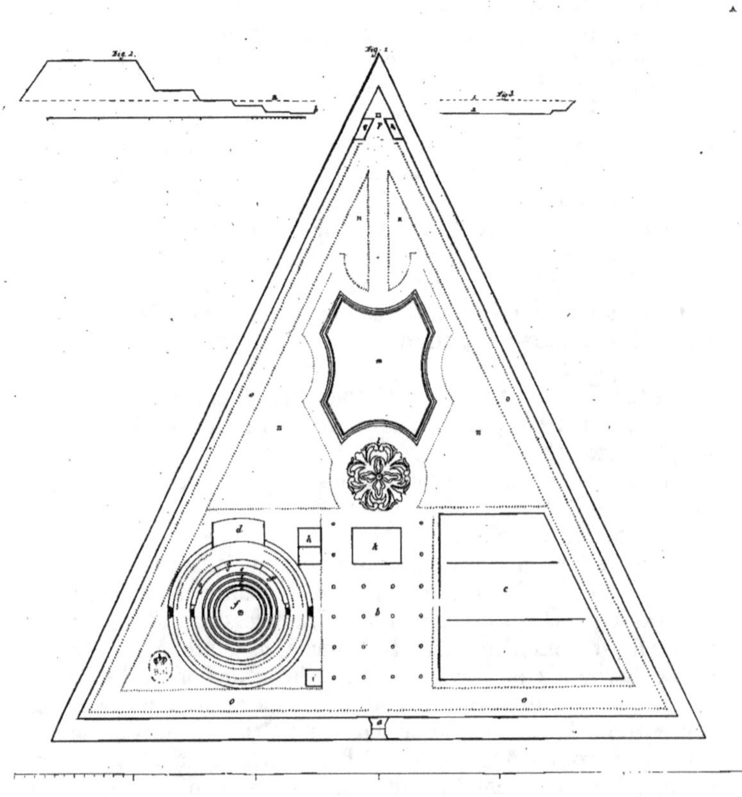

Fig. 2.
Fig. 1.
Fig. 3.

b L'entrée plantée avec seize Tilleuls à couronne, & aux deux côtés avec des haies tondues.

A l'Orient de l'entrée *c* un Jardin Potager & une Melonnière, entourés & coupés dans le milieu par deux cloisons. On pourroit à leur place y construire au midi des Serres à Vignes, artificiellement réchaufées.

A l'Occident *d*, une Orangerie (sous laquelle on pourroit pratiquer une Grotte ou bien une Glacière), située sur une Terrasse élevée de neuf pieds au-dessus du terrain de la Campagne, & maçonnée en dedans & en dehors. Elle a une pente de neuf pouces sur chaque pied, & quatre Banquettes *e* propres à y placer les Orangers pendant l'Eté, y ayant au pied de la dernière *f* un Bassin rempli d'eau, au milieu duquel il y a un Jet. Sur la prémière ou la plus haute Banquette, il y a au Midi des Serres à Vignes *ggg*, lesquelles étant faites en pente, ont largement huit pieds de haut.

La Remise & l'Ecurie *b* à côté de la Terrasse; comme aussi la Maison du Jardinier *i*.

La Maison du Seigneur *k*, qui a la vue sur un Parterre *l* situé par derrière & sur un grand Vivier *m*, autour duquel est plantée une Haie tondue de Hêtre.

Des deux côtés du Parterre & du Vivier, aussi par derrière, des endroits propres *nnnn* pour de petits arbres fruitiers en pleine terre.

Les Allées *oooo* ont quatre toises de largeur, formées de grandes Haies tondues, désignées dans la Planche par des points.

Au bout des Allées extérieures des deux côtés il y a dans le milieu une grande Statue *p*, & à chacun de ses côtés un petit Pavillon *qq*: lesquels doivent être tellement placés qu'on y ait un point de vue de trois côtés.

La *Fig. II* fait voir le profil de la Terrasse à quatre Banquettes, *a* exposant le terrain du Jardin, & *b* la hauteur de l'eau pendant l'Eté.

Là *Fig. III* est le profil du Vivier: 1 étant le terrain du Jardin, & 2 la hauteur de l'eau pendant l'Eté, & son petit rivage. Le Lecteur attentif pourra mesurer le tout sur le pied de Rhynlande qu'on y a ajouté, & dont on se sert dans tout cet Ouvrage.

CHA-

CHAPITRE II.

De la manière d'arranger les Maisons de Plaisance. De ce qu'on doit ob-
ferver à cet égard. De la manière dont on les arrangeoit autrefois, &
de celle qui est en usage présentement. Ce qu'on doit observer en géné-
ral à l'égard des Plantages & des Ornemens. Qu'on doit tâcher, qu'à
la vue des grandes & des petites Allées, chacun puisse appercevoir la
magnificence du Propriétaire & de sa Campagne. Remarques sur des
Ornemens particuliers.

QUelque tyrannique que soit la mode, on ne sauroit secouer entierement son joug, sans s'exposer à la critique d'un chacun ; mais d'un
autre côté c'est une pure folie que de s'y soumettre volontairement en
toutes choses. C'est pourtant ce qui arrive à différentes personnes, lorsqu'en arrangeant des Jardins & des Maisons de Plaisance, elles veulent imiter en petit les exemples des Rois & des Princes, qui ne se
proposent autre chose que le faste, par où elles se procurent très peu de
commodités, & s'exposent à de prodigieuses dépenses pour leur entretien.

Qui est-ce qui ne préférera les Maisons de Campagne de nos Ancêtres
à celles d'aujourdhui ? s'il fait attention qu'ils ne se proposoient autre
chose, soit en les arrangeant, soit en les entretenant, que de se procurer à
peu de fraix un repos délicieux ; c'est-pourquoi ils bâtissoient pour l'ordinaire sur des Voûtes, des Maisons à peu d'étages, dans lesquelles ils ne
posoient qu'autant de croisées, soit en nombre soit en grandeur, qu'il en
falloit pour recevoir dans une juste quantité l'air & la lumière, dont les
vitres tant celles d'en-haut que d'en-bas étoient à petits carreaux, &
pourvues au dehors de bonnes & d'épaisses fenêtres propres à empêcher que les vapeurs nuisibles n'y pénétrassent. Leurs murailles é-
toient, pour la plupart du tems, doubles, & massonnées de bonnes
briques avec du ciment, afin que la pluie ne les pénétrât point. Ces
Bâtimens étoient de plus environnés d'Arbres de haute futaye, dont l'ombrage leur procuroit une fraicheur merveilleuse, & les mettoit à l'abri
des vents furieux & pénétrans, & des mauvaises odeurs de l'air. Ce qui
diminuoit les fraix du Propriétaire pour leur entretien, & rendoit son
Domicile plus sain & plus agréable.

Les

Les Maiſons de Campagne modernes ont au contraire plus d'étages, des murailles plus minces & ſimples, dans leſquelles on fait de grandes ouvertures pour y mettre des chaſſis qui ont au dedans des volets ſi minces, qu'à peine ils empêchent l'entrée de la lumière, & qui n'ont point de fenêtres dehors; ayant outre cela des vues découvertes ſur des Parterres, Terraſſes, Viviers & autres ſuperficies non plantées; deſorte que (ſans compter qu'elles ſont bâties à la légère), elles ſont d'un ſort grand entretien & très mal-ſaines: la chaleur accablante de l'Eté & le froid pénétrant de l'Hiver, & principalement encore les murailles humides dans le Printems & dans l'Autonne, étant très nuiſibles & très contraires à la ſanté des Perſonnes qui les habitent, de même qu'aux meubles dont ces Maiſons ſont ornées. Ajoutez encore à cela que la plupart des Bâtimens modernes, de même que leurs Ornemens, ſe fabriquent ſouvent ſi fort à la hâte & hors de ſaiſon, qu'ils commencent à dépérir, avant que le véritable tems d'en faire uſage ſoit venu.

Ils avoient de tout autres vues nos Ancêtres dans la manière de conſtruire leurs Campagnes: ils ſe propoſoient de ſe procurer par ce moyen un agréable amuſement & un repos des plus tranquilles dans leur vieilleſſe; tâchant en même tems de dédommager, par d'autres petits avantages, des dépenſes annuelles, néceſſaires pour leur entretien. Pour cet effet ils plantoient avant toute choſe des Arbres de haute futaye, qui à meſure qu'ils croiſſoient, les encourageoient à bâtir.

Aujourdhui on ne ſe propoſe autre choſe, ſi ce n'eſt de faire tout d'une manière ſuperbe, magnifique, avec art, pour ſatisfaire aux Etrangers, ſans ſonger aux dépenſes & à l'entretien que cela demande, bien moins encore à ſes aiſes & à ſes revenus, deſorte que de telles Maiſons de Campagne (ſans compter les dépenſes cauſées par les ſplendides repas qu'on y donne), doivent être appellées à juſte titre des fardeaux, plutôt que des Lieux de Plaiſance. On ne peut cependant pas nier que des Haies bien hautes & bien tondues, de grands Parterres d'herbes & autres, des Terraſſes, des Eaux bien larges avec des bords proprement coupés, des Caſcades, des Jets-d'eau, des Grottes, des ouvrages à treillis, & d'autres ornemens qui coutent beaucoup à entretenir, ne plaiſent infiniment à la vue; mais auſſi c'eſt tout: on ſe prive d'un autre côté par-là du plaiſir de pouvoir ſe promener à l'ombre; & comme l'eſpèce d'Arbres dont on fait des Haies ne ſauroient jamais devenir des Arbres de quelque valeur, on pourroit à peine payer de leur produit le travail, ſi l'on vouloit tôt ou tard faire quelque changement à leur égard, ſoit en les
cou-

coupant , foit en les extirpant :   dans le tems qu'on peut jouïr d'une vue des plus agréables & d'une fraicheur exquife pendant les chaleurs, à l'ombre de grands arbres à couronne bien conduits, outre que les Ormes, les Frênes, les Hêtres & les Chênes, étant devenus vieux, procurent au Propriétaire un bon profit.

Des Parterres au niveau de terre , fur-tout de gazon, ne font pas à beaucoup près fi agréables à voir, dans ce Païs uni, bas, herbeux, que dans les Païs de Montagnes, où il n'y a point de Prés.   Je dis la même chofe des Canaux & des Viviers, ce Païs étant par-tout entrecoupé d'eau.

Les Terraffes tirent leur origine des Montagnes panchées, qu'on met à l'uni, afin de s'y promener plus à l'aife , & de les planter après les a- voir mifes au niveau : ce qui fournit continuellement occafion de faire des Parterres au niveau de terre, qui gagnent beaucoup à être contemplés de deffus un lieu élevé : la terre de ces Montagnes étant trop dure , on ne fauroit en faire des Prés herbeux ; mais par cela même elle eft plus propre à tenir ferme les bords qui vont en talus, quoique l'on foit obli- gé quelquefois de les maffonner.   Dans nos terres légères les bords des Terraffes doivent néceffairement être maffonnés , fans quoi il eft impof- fible d'y entretenir du gazon court, quelques fraix qu'on faffe pour cela, parce que l'herbe fe flêtrit d'abord par la chaleur du Soleil, quand, à cau- fe du talus des bords, la terre ne fauroit pendant l'Eté retenir aucune humidité.   On a même fouvent dans ce Païs affez de peine pour garan- tir les fentiers unis, de l'herbe groffière & fauvage, & de la mouffe, ce qui fait auffi qu'on eft obligé de renouveller fouvent ces ouvrages.

Je conviens que les Terraffes , les Cafcades , les Jets-d'eau & les Grottes, étant affez rares dans ce Païs, plaifent davantage, que dans ceux qui les produifent naturellement; mais ce plaifir ne fera pas peu é- mouffé, fi d'un autre côté on fait réfléxion quelles prodigieufes dépen- fes il faut faire pour les conftruire & pour les entretenir , & que, pour qu'une Fontaine ait des Jets nombreux & gros , il faut faire conftruire de grandes machines artificielles pour élever une quantité d'eau requife; outre que les tuyaux plus minces font bientôt bouchés par l'eau de puits de ce Païs qui eft extrèmement chargée, & que, dans le fond, des Jets fi minces font plutôt pitié que parade. On doit s'attendre au même incon- vénient de nos Cafcades, qui proviennent ordinairement des Jets-d'eau, parce qu'elles ne reçoivent pas une affez grande quantité d'eau , ce qui fait, lorfqu'elles tombent d'un lieu élevé, qu'elles la diftillent goute à goute,

te, au-lieu que les Cascades naturelles donnent beaucoup d'eau, & coutent très peu d'entretien.

La beauté & la propreté des Grottes consistent dans une bonne disposition de pierres étrangères & de Coquillages de diverses couleurs bien assorties, qui coutent prodigieusement à aquerir, outre qu'elles sont d'une dépense très ruineuse, principalement quand elles sont en plein air, les plus belles & les plus brillantes couleurs se changeant bientôt dans une vilaine couleur uniforme, à force de se mouiller & de se sécher, ce qui fait aussi périr en peu de tems les Coquillages.

Les Ouvrages à treillis satisfont très peu à proportion de ce qu'ils coutent; & comme leur plus grand ornement consiste dans la vivacité de la couleur qu'on leur donne, il faut les repeindre très souvent, sans quoi ils sont fort sujets à se pourrir.

Toutes ces raisons que je viens d'alléguer, ont empêché, à mon avis, nos anciens Campagnards de donner dans le goût de ces ornemens ruineux. Si, malgré tout cela, on veut participer au faste qui règne aujourdhui, qu'on ne fasse du moins dans ses Campagnes qu'autant de Parterres, de Canaux, de Viviers, de Terrasses, de Jets-d'eau, de Cascades, de Grottes, d'Ouvrages à treillis, qu'il en faut pour satisfaire à la mode; qu'on ait soin aussi que la disposition qu'on en fera ne contienne pas des petitesses, mais de grandes partitions; sans quoi il vaudroit infiniment mieux négliger de pareils ornemens, & laisser aux Rois & aux Princes à en embellir leurs Lieux de Plaisance.

Je tâcherai présentement d'examiner en peu de mots ce qu'on doit observer pour faire un bon arrangement dans les Maisons de Plaisance. Il me paroit donc qu'il faut placer tout près de la Maison, ce qui peut faire le plus de plaisir à la vue, récréer le corps par des promenades, &, par la raison du contraire, écarter ce qui plait le moins à l'œil.

Il faut aussi disposer toutes choses de manière que les vues paroissent, autant qu'il est possible, s'éloigner & non pas s'approcher.

Tous les fonds unis, de niveau, ou à peu près, paroitront beaucoup mieux en les regardant de dessus un lieu élevé: delà on verra pareillement dans toute leur beauté les Parterres d'herbe & les autres, les Bassins & les Viviers, ronds, ovales & autres; comme aussi toutes les Plantes dont l'ornement consiste dans la couronne ou dans la sommité.

D'un autre côté toutes les vues qui paroissent s'éloigner, comme des allées & de longs Canaux, plaisent davantage quand on les considère simplement de la hauteur ordinaire d'un homme.

Partie I. B

Il faut toujours avoir grand soin de placer la Maison dans un lieu élevé, afin d'en pouvoir considérer agréablement les Parterres. Pour cet
effet on fera faire au devant de la Maison une grande place plantée a-
vec des arbres de haute futaye ; & par derrière un Parterre. Il y a
des gens qui font faire des Parterres aux deux côtés de la Maison ; mais
c'est ce que je n'approuve point, parce qu'on ne sauroit les voir que difficilement du haut de la Maison, comme on voit ordinairement ceux qui
sont situés par derrière, sur-tout si la Maison contient un vaste Salon,
ou tel autre appartement percé de deux côtés à jour. C'est pour cela
que je préfère une Entrée spatieuse par devant, & que je place par derrière les Parterres, aimant mieux faire des deux côtés de la Maison un
Jardin entouré de murailles, à telle distance cependant qu'ils ne choquent
& ne gênent pas la vue : l'un de ces Jardins pouvant servir de Mélon-
nière & de Jardin à fleurs, l'autre de petit Verger d'Arbres nains, à
moins qu'on ne voulût destiner l'un à mettre les Orangers pendant l'Eté,
& l'autre à une Ménagerie, supposé qu'ils soient d'une hauteur qui permette de les voir & de s'y promener.

Les Plantages sauvages sont très agréables quand on se promène à
leur ombre ; il faut donc les faire tout près de la Maison, afin de n'être
pas déja brulé par le Soleil avant que d'y arriver. On peut ménager
dans de pareils Plantages, des endroits non plantés & séparés par des
Hayes tondues, propres pour les plus fines herbes potagères (parmi lesquelles je comprens les Melons), comme aussi pour des Arbres nains.

On ne fait plus guère des Vergers avec de grands Arbres fruitiers :
si cependant l'on en vouloit un, il faut le placer aux environs du Potager
ordinaire & du Plantage, le plus loin de la Maison qu'il est possible, en
ayant soin néanmoins qu'il soit à l'abri des vents les plus nuisibles.

Tout Plantage d'Allées & de Hayes tondues, qu'on peut envisager du
même coup d'œil, doit être de la même sorte d'Arbres, du même verd,
& d'une même couleur de feuillage ; car rien n'est plus desagréable,
que lorsqu'un Arbre est toufu, tandis que l'autre pousse de grands jets &
croît vigoureusement : on doit observer la même chose à l'égard de toutes les autres sortes de Plantes.

Celui qui veut avoir toute sorte de Hayes & de Plantes vertes, doit a-
voir soin que chaque espèce soit plantée séparément : cela ne plaira pas
seulement davantage à l'œil ; mais dans ce cas-là on peut aussi, sans que
cela porte le moindre préjudice, détruire les arbres qui ne poussent
pas comme ils devroient, ou qui ne sont pas d'un assez beau verd : les
Ha-

Hayes tondues, qui ont les feuilles les moins larges, passent pour être les meilleures. Ce qui concerne de plus les Plantages & les Arbres, & l'usage auquel chacun d'eux convient le mieux dans son espèce, se trouve dans le *I Chap. du II Livre*, où l'on traite amplement des Plantages sauvages.

Les Canaux, les Fossés, les Viviers, les Bassins, &c. doivent être soigneusement nettoyés de toute sorte de saleté & de verdure : ils prennent leur origine des terres basses : quand on veut planter ces dernières, on ne sauroit les rehausser à moins de fraix qu'en se servant de la terre qu'on tire des fonds, delà vient aussi qu'on les voit toujours près des endroits plantés. Mais quand on veut pratiquer des napes d'eau sur des terrains plus élevés, alors cela fait naître des Terrasses, d'où l'on peut voir avec le plus d'agrément les Parterres, les Orangers, & les Oiseaux aquatiques. Quand un tel Bassin d'une eau pure & claire sera ainsi environné d'une Terrasse, dont les bords sont extrêmement en talus, presque de niveau, ornés de Parterres, cela plaira infiniment plus à le regarder de la Maison, qu'un Parterre sec : mais des Parterres de cette nature ne peuvent guère être pratiqués avec succès que dans de superbes Jardins de Plaisance, à cause de la grande étendue de terrain qu'ils demandent. Par la même raison, on devroit bannir des Campagnes ordinaires, les Plantages de cet ordre, comme Théatres, Labirinthes, Garennes, &c.

On doit de plus pouvoir, dès l'entrée, juger par les grandes & petites allées qui conduisent à la Maison de Plaisance, de la magnificence du Propriétaire, comme aussi de ce à quoi on doit s'attendre à l'égard de l'arrangement des Bâtimens & des ornemens intérieurs de sa Campagne, si l'on doit s'attendre à voir un Lieu de Plaisance ou une Maison de Chasse appartenans à des Têtes couronnées ou à de moindres Princes Souverains ; ou bien à y en trouver appartenans à des Princes moins puissans, à des Comtes, à des Personnes de grande & de moindre qualité, ou à des Particuliers.

Il faut s'y prendre tout autrement pour l'arrangement des Maisons de Chasse, que pour celui des Maisons de Plaisance, car rien de ce qui peut servir à recréer des gens fatiguées n'y doit être oublié ; des Labirinthes, des Parcs (le Païs d'alentour & les Plantages tenant lieu de tout cela), n'y conviendroient en aucune manière. Des vues sur des eaux à l'ombre, des Berceaux, sont infiniment plus propres à procurer un délicieux délassement. Les Fontaines qu'on y a pratiquées doivent aussi avoir des Jets plus gros, & les Cascades placées sous des arbres fort épais doivent fournir une plus grande quantité d'eau qu'ailleurs. Quant à la Maison

mê-

même, il n'eft pas néceffaire qu'elle foit fort vafte, pourvu qu'elle foit bien à l'ombre, & qu'il y ait dans les environs quelques autres Bâtimens propres à la Chaffe.

On doit auffi bien être fur fes gardes, lorfqu'on veut conftruire & arranger des Lieux de Plaifance, pour ne fe laiffer pas tromper par des deffeins, & fur-tout par les deffeins où il s'agit d'ornemens & de Parterres, puifqu'il eft fort ordinaire qu'ils déplaifent autant fur le terrain, qu'ils avoient plu fur le papier. De ce nombre font tous ceux qui contiennent des traits fort déliés, & autres petites figures; pendant que ceux, qui préfentent moins de fafte, mais des parties plus groffières, font fur le terrain un effet beaucoup plus beau; quoiqu'il s'en faille bien qu'ils plaifent autant fur le papier.

Les Parterres qui ont des bordures de Bouis ou de Gazon, & qui font parfemés dans les fentiers de coquilles écrafées de différentes couleurs, coutent prodigieufement à entretenir, fur-tout en petit, à caufe du foin qu'on doit prendre continuellement de les nettoyer; outre que les couleurs perdent bientôt leur vivacité par les pluies & par l'humidité des fonds.

On doit penfer auffi que tout paroit plus petit en plein air, & cela encore davantage fur un Terrain découvert, que fur celui qui eft renfermé: par conféquent les Sentiers, les Parterres, les ornemens, &c. doivent être tellement difpofés dans la proportion, que tout foit afforti, que rien ne paroiffe déplacé, ni ne gêne en aucune façon la vue, parce qu'une difpofition en petit fera paroitre l'acceffoire trop grand, &, par la raifon du contraire, qu'une difpofition en grand fera diminuer de beaucoup, & l'acceffoire bouchera des vues, ce qui eft de part & d'autre fujet à de grandes difformités. Il faut de plus bien prendre garde, que la grandeur du Lieu de Plaifance ne fe découvre pas lorfqu'on eft dans fes Promenades. C'eft-pourquoi on aura foin de ménager extrêmement les vues percées, & fur-tout de pratiquer en longueur celles qu'on y veut avoir, comme auffi de diverfifier les Allées & les ornemens; moyennant quoi l'endroit paroitra plus grand.

Les Ouvrages à treillis, les Grottes, les Jets d'eau, les Cafcades, les Groupes, les Statues, les Bains, les Vafes, les Buftes, & autres ornemens, doivent être placés d'une manière qui leur foit propre. Les Ouvrages à treillis, par exemple, font des ornemens oppofés aux Grottes, car ces prémiers repréfentant la gaieté, doivent auffi par cela même être placés dans des endroits ouverts; les Grottes, au contraire, étant de leur nature propres à entretenir une douce mélancolie, doivent être

conf-

conftruites dans des endroits extrêmement ombragés & couverts : outre qu'elles doivent contenir ou avoir dans leur voifinage des Cafcades propres à exciter le fommeil par leur murmure.

Quant aux Jets-d'eau, on les place auffi bien dans des lieux découverts, que dans des endroits qui font à l'ombre ou fermés ; on doit fur-tout bien prendre garde à cet égard de faire enforte que la colonne de leurs Jets foit plus groffe & plus haute, à proportion de la diftance & de l'étendue de l'endroit d'où on les apperçoit ; par conféquent ceux qui font placés dans le milieu d'amples Allées percées, doivent être découverts de loin, ayant un feul Jet faillant d'une Rocaille fort baffe, ou d'une figure de quelque Animal aquatique, qui, pour mieux imiter le naturel, doit avoir fon ouverture près de terre ; on doit faire auffi enforte que tous les Jets d'eau qui fortent hors des figures d'Hommes ou d'Animaux, & non pas hors d'un fimple tuyau, fortent par des endroits convenables, car c'eft une chofe rifible de faire foudre de l'eau hors des parties qui naturellement n'en donnent point. Il en eft de même des chofes qui ne s'emploient qu'avec le feu, aucune d'elle n'a le moindre rapport à tout ouvrage de Fontaine, fi vous en exceptez les cas où l'hiftoire repréfentée exige de l'eau pour éteindre un incendie. On doit éviter auffi de faire des ornemens, repréfentant des chofes qui, felon l'hiftoire, ne font pas arrivées en plein air : il vaudroit même beaucoup mieux qu'on choifît pour cela des lieux qui auroient du rapport avec les évènemens ; deforte qu'on aura foin de ne jamais faire fervir la Sculpture à repréfenter, dans l'intérieur de la Maifon, une chofe qui eft particulière au grand air, ou bien, dans le grand air, une chofe qui eft propre à la Maifon.

On pofe les Groupes de deux Statues, ou même d'un plus grand nombre, comme un ornement, dans les places des Allées percées qui font moins grandes que celles que demandent des Baffins fort vaftes : on doit cependant faire enforte qu'ils ne foient pas trop referrés, de peur de gêner la vue. On doit outre cela encore joindre plus ou moins de Statues qui fe rapportent enfemble, & les difpofer de façon qu'elles paroiffent d'une grandeur naturelle felon la largeur des Allées & de la diftance qu'il y a entre elles : c'eft pourquoi on ne fauroit mieux faire que de choifir une Hiftoire, qui peut foufrir une pareille grandeur naturelle, car tout ce qu'on place en plein air doit du moins être de cette taille ; par cette raifon, la Venus Grèque aura plus de grace dans des Sales & dans des Galeries, que dans des Promenades à découvert ou dans des Parterres, n'é-

B 3

tant

tant pas permis d'augmenter la taille de la Statue d'une belle Femme. Il en eſt de même des Statues des Hommes, que la Fable nous repréſente comme délicats & efféminés, elles ne ſoufrent pas une taille trop grande, ni des muſcles fort groſſiers, comme celles d'un Adonis, d'un Narciſſe, d'un Hiacinthe, &c. Il eſt permis, pour les Statues de Femmes, de donner une plus grande taille à celles de Diane, de Cérès, & des Héroïnes guerrières, parce que leurs exercices rendent tous leurs membres plus robuſtes, deſorte qu'on auroit tort de les repréſenter ſi potelées. Les meilleures grandes Statues d'Hommes ſont celles des Héros, qui ſont connus dans l'Hiſtoire ſous le nom de Géans, parmi leſquels on compte Hercule & Mars, &c. qui doivent être repréſentés avec des muſcles fort robuſtes, quoique toujours dans le naturel.

Un Centaure tiendra plutôt lieu d'un Groupe que d'une ſimple Statue, pouvant être très bien placé dans des endroits percés, trop larges pour de ſimples Statues, quoique grandes, & trop peu pour un Groupe.

On place de ſimples Statues tout autour des Parterres, fermés de toutes parts par des Haies, comme auſſi autour des Baſſins, où elles font, en refléchiſſant dans l'eau, un très bel effet. Mais il ſemble que c'eſt une choſe tout-à-fait déplacée, que de poſer de grands Vaſes autour des Parterres ouverts, comme cela ſe voit cependant dans pluſieurs belles Campagnes. La raiſon en eſt, que les Vaſes repréſentent des Urnes, & que des Urnes ne ſauroient ſouffrir une grandeur auſſi extraordinaire, que l'eſt celle que les Vaſes paroiſſent avoir étant poſés dans ces Parterres; deſorte qu'ils ſont plus convenables dans des lieux enfermés, où, ſelon les particularités de l'Hiſtoire, ils ne doivent pas paroître ſi grands.

CHAPITRE III.

Ce qu'il y a à obſerver quand on commence à arranger des Plantages, à conſtruire des Edifices, des Murailles, des Terraſſes, &c. & ce qu'on doit faire annuellement, juſques à ce que le tout ſoit parfaitement achevé.

IL en eſt des Plantages, & des Bâtimens qui leur ſont propres, auſſi bien que de leurs ornemens, comme de pluſieurs autres choſes dont le ſuccès ne répond point à l'attente; ce qui vient ſouvent de ce qu'on précipite trop le travail. Delà vient auſſi qu'un Propriétaire ſe verra
obli-

obligé de poſſéder bien des choſes imparfaites, puiſque ce n'eſt qu'à force de dépenſe qu'on pourroit y remédier. Cela nous engage, ſi nous ne voulons point en être quelque jour au repentir, à prendre un eſpace de tems convenable pour bien conſtruire & arranger (après de mûres délibérations), nos Plantages, nos Bâtimens, &c. les perfectionner à peu de fraix, & les poſſéder enfin avec une entière ſatisfaction. Dans cette vue, on aura beſoin de dix ans, & même plus, pour bâtir, planter, &c. une ſuperbe Maiſon de Campagne avec ſes Plantages ; & l'on ne s'en repentiroit même point, ſi on pouvoit ſe réſoudre à étendre encore ce tems par raport aux Bâtimens (a).

Pour bien commencer par conſéquent, il faut avant toute choſe rehauſſer nos fonds de terre, qui, en général, ne ſont pas aſſez élevés au deſſus de l'eau pour que les arbres y croiſſent bien, à quoi l'on emploie communément la matière qu'on tire des Viviers & des Foſſés. On ne doit pas planter ces terres avant qu'elles aient eu le tems de ſe raffermir en baiſſant ; on attendra plus longtems encore, ſi on veut y faire des ouvrages de maſſonnerie, & ce tems ſera encore beaucoup plus prolongé, ſi on les veut paver. Il faut de plus que cette matière, dont on ſe ſert pour rehauſſer les fonds, ſur-tout quand elle eſt tirée des terres graſſes, dont le deſſous eſt naturellement trop froid & ſujet à ſe fendre par ſa dureté, ſoit expoſée à la gelée, juſques à ce qu'elle molliſſe ; après quoi on travaillera ces terres, & on les amandera par le moyen du fumier.

La première choſe qu'on doit ſe propoſer, après avoir fait aquiſition d'un pareil fond, c'eſt de l'environner au dehors par de bonnes défenſes contre les vents & le froid, ſans quoi il eſt impoſſible de cultiver des fruits ou des herbes potagères. Cela eſt pareillement d'une néceſſité indiſpenſable pour les Maiſons de Campagne mêmes, qui, ſans ce ſecours, tomberoient bientôt en ruine & deviendroient inhabitables. Il eſt même bon que ces Haies, ou arbres de haute tige ſoient placés, avant
que

(a) *Prima adoleſcentia Patrem familiæ agrum ſtatim conſerere ſtudere, ædificare diu cogitare oportet, conſerere cogitare non oportet, ſed facere : ubi ætas acceſſit ad annos triginta ſex, tum ædificare oportet, ſi agrum conſitum habeas.*
C'eſt-à-dire :
Un Père de famille doit ſemer dès ſa tendre jeuneſſe ſon champ, mais penſer longtems avant que de bâtir : pour ce qui eſt de le ſemer, il ne doit point perdre ſon tems à y penſer, mais le faire : lorſqu'il eſt parvenu à l'âge de trente-ſix ans, c'eſt alors qu'il peut bâtir, ſi ſon champ eſt ſemé. *Cato de la Vie champêtre. Ch.* 3.

que les arbres fruitiers commencent à porter, & que le Bâtiment foit à
fa perfection.

Il eft de plus très bon que l'on donne à la chaux, que l'on emploie aux
Bâtimens, le tems de fe détremper, & que le bois de la charpente ait
celui de bien fécher; deforte qu'on ne doit pas trop fe preffer à les bâtir.   On obfervera les mêmes chofes à l'égard des ornemens & autres
enjolivemens.   Pour amener donc avec fuccès & dans un bon ordre, à
fa perfection, une fuperbe Maifon de Campagne avec fes Plantages &
fes ornemens, on s'y prendra de cette façon.

La Première année, on fera creufer les Canaux & les Foffés extérieurs, enfuite les Viviers, pour en tirer dequoi rehauffer le fond, en féparant comme il faut la bonne terre d'avec la mauvaife, qu'on répandra après cela dans tous les endroits de la Campagne qui en auront le
plus de befoin.

Si l'on veut faire élever des Terraffes, on les commencera en gros, &
l'on n'oubliera point combien elles font fujettes à baiffer; la plus mauvaife terre pourra fervir à en faire les prémières couches.

On achetera la chaux de brique dont on aura befoin pour tous les ouvrages de maffonnerie extérieurs & fur terre, on la fera tamifer, enfuite
tremper dans des Foffés ou dans des Puits.

On achetera les ais de chêne néceffaires, & on aura foin qu'étant
pofés à jour, ils donnent paffage au vent; ils fe fèchent ainfi en plein air.

On fera conftruire des loges pour le travail & pour le bois de charpente, dans lefquelles on fera fécher les Solivaux & les groffes Poutres,
dans la fuppofition que ce fera du bois de Sapin rougeâtre, étant fort
difficile de trouver du bois de Chêne propre à faire des Poutres; car autrement c'eft fous l'eau que l'on doit faire perdre à de tel gros bois de
Chêne fa fève.

On doit fe procurer du fumier & du fable, pour faire un mêlange en
travaillant les terres graffes, & pour en faire de la bonne terre, où les
arbres étant plantés (de manière que leurs racines & leurs cavités
foient bien remplies) croitront infiniment mieux : il ne faut pas cependant que cette bonne terre foit trop graffe dans le tems qu'on y
plante.

Les fonds de terre fablonneux demandent d'être mêlés avec du limon:
on employera à tirer celui-ci des Foffés, les Ouvriers qui travaillent
dans les Tourbières, parce qu'ils font forts entendus pour ces fortes d'ouvrages. Si l'on s'en doit fervir pour des fonds fort fecs & fort élevés, on
fera

fera mettre le limon en monceaux fort grands & fort épais, pour être moins sujets à la gelée.

On fera bêcher le fond des Allées extérieures & de celles qui font le tour, afin que la gelée puisse y pénétrer pendant l'Hiver, & qu'on puisse dès l'entrée du Printems y planter ou semer des arbres.

On commence à arranger la pépinière, tant d'arbres fruitiers que d'autres. On met pareillement en terre des Glands pour les faire germer, de la semence de Hêtres, des noyaux de Cerises, de Merises, & des Noix pour en planter dans la suite les Sauvageons lorsqu'ils feront parvenus à un certain point.

La seconde Année on plantera dès l'entrée du Printems dans une terre bien fouillée, les arbres qui doivent entourer la Campagne au dehors, comme aussi les Vergers d'arbres en plein vent, se donnant à cela tout entier jusqu'au commencement d'Avril; & s'il restoit quelque chose à faire de cet ouvrage, on le renverra à l'Autonne suivante.

On plante diverses séparations d'Aunes, où l'on met en terre des boutures de Saules pour en faire des Haies tondues, pour empêcher que le vent ne charie rien au dehors, & que les vents de Bize ne pénètrent au dedans, de pareilles Haies étant très nécessaires dans des Pépinières, Potagers, Vergers, &c.

On met encore en terre des Glands, des noyaux de Cerises, de Merises & des Noix. Il faut aussi que les plantes sauvages soient plantées avec ordre, pour n'être pas étouffées en croissant avec vigueur, d'autant qu'elles restent toujours dans la même place; les arbres fruitiers doivent être transplantés dans l'Autonne suivante.

On achève tout ce qui restoit à faire, soit à creuser des Viviers, à rehausser le fond, ou à élever des Terrasses.

On continue à fouiller les terres, ce qu'on peut faire à l'égard des terres sablonneuses, jusques vers l'Eté; au-lieu que les fonds de terre grasse, dont la terre est trop dure, sujette à se fendre, d'une sécheresse qui tient de la pierre, ne doit être bêchée qu'au commencement de Septembre, pour aquerir par la gelée une surface plus molle. On doit souvent faire mêler les monceaux de limon avec du fumier & du sable.

On doit d'un bout de l'an à l'autre purger la terre des mauvaises herbes, & arracher les plantes qu'elles ont produites.

Pendant l'Eté & l'Autonne on tâchera de trouver & de goûter chez les Curieux, les meilleurs fruits; après s'être déterminé sur le choix, on remarquera avec soin dans quel fond font plantés les arbres, & on le

Partie I.   C   note-

notera, pour n'être pas trompé.   Et afin d'être encore plus sûr de son fait, il est bon de s'insinuer dans les bonnes graces des Jardiniers, qui cultivent eux-mêmes ces arbres.

Les murailles extérieures doivent être massonnées avec de la chaux de brique, qui a trempé pendant tout un Hiver.

On prépare encore dans l'Autonne autant de chaux de brique qu'on en aura besoin dans la troisième année, pour bâtir l'Orangerie, les Serres à Vignes artificiellement échaufées, & autres murailles; & on aura grand soin de la mettre à l'abri de la gelée.

On prépare tout le bois de charpente pour l'année suivante; & l'on fait tailler dans les Montagnes les pierres de taille.

Comme il est fort nécessaire d'avoir un Inspecteur qui ait l'œil sur les ouvrages, on commencera dès l'entrée du Printems à bâtir la Maison du Jardinier, si cela n'a pas déja été fait dans la prémière année.

La troisième Année on plantera encore; & l'on mettra aussi en terre des Glands & des Semences trempées.

On doit tailler soi-même les Entes des arbres marqués, & comme on n'a pas encore des Sauvageons à soi, on les fera enter par des gens entendus, en sa présence, sur les plants qui leur sont propres, & on le notera exactement; ce qu'il est inutile de faire connoître à celui qui ente.

On plantera les Terrasses & les Berceaux, ou bien, on y mettra de la Semence trempée.

On labourera & on amendera encore les Vergers & les Potagers.

On achevera les Plantages autour des Viviers & d'autres Gazons.

On plantera dans l'Autonne en ordre dans la Pépinière les Sauvageons à fruits, comme Pommes, Poires, Cerises, Noix, &c.

Ou bâtira les Murailles, les Serres à Vigne, tant naturelles qu'artificielles & autres, l'Orangerie, comme aussi les Ecuries, la Remise, si l'on a dessein de bâtir une Maison magnifique, auquel cas ces deux derniers peuvent servir d'endroits propres au travail.

Quand les loges de bois de charpente seront vuidées, on fera à tems de nouvelles emplettes, comme de Solivaux, Poutres, Ais de Chêne & autres, afin que tout se puisse sécher à loisir.

Comme il paroit par l'expérience que des Cloisons peintes en brun valent mieux pour faire meurir les fruits que des murailles, on fera construire un grand nombre des ces prémières, toutes en droite ligne, & non pas des murailles, si ce n'est pour des fruits qui meurissent dans les Serres ou pour des séparations.

La

La quatrième Année on coupe tous les Sauvageons déja tranfplantés, foit dans la Pépinière ou autre part, à la hauteur d'un doigt ou un peu moins de terre : ce qu'on pratique auffi à l'égard de tous les Arbres noués & qui ne croiffent pas droits, pour les faire pouffer avec plus de vigueur; de plus on enterrera ou l'on greffera en écuffon dans l'arrière faifon les Sauvageons qui auront été coupés, tant ceux qui font plantés contre les murailles qu'autre part.

On plante des Vignes & plufieurs autres fruits dans des Serres à Vigne naturellement & artificiellement échaufées, comme auffi contre des Cloifons.

De plus on achève de mettre en ordre les Plantages avec leurs ornemens, après en avoir bien purifié la terre ; à l'exception de la maffonerie contre les Terraffes, parce qu'elles font encore fujettes à baiffer.

La cinquième Année on plantera le Verger avec tout ce qui y appartient; & l'on aura foin de remarquer exactement à quel vent les arbres ont été expofés dans la Pépinière, afin de les planter de nouveau dans la même expofition.

On ente & l'on greffe en écuffon fur fes propres Souvageons, ou fur fes arbres fruitiers.

Dans le deffein de bâtir l'année fuivante la Maifon, on doit dans celle-ci faire provifion de chaux, & préparer pareillement dans l'autonne tout le bois de charpente & autres matériaux. On fait auffi préparer pour les ouvrages durs, que l'on aprête de même actuellement, des Gonds de métal, & tout autre pièce de métal dont on doit fe fervir aulieu de fer.

Dans l'Autonne on pofe les fondemens de la Maifon, & cela jufqu'à un pied par deffus terre, pour leur laiffer le tems de s'amortir pendant l'Hiver; mais il les faut couvrir contre la gelée : bien entendu que les grands égouts fous terre & au travers des murailles foient faits.

La fixième Année on plantera, entera, greffera encore en écuffon, & on fera ce qui fera de plus néceffaire.

On bâtira en diligence le corps du Logis, afin que la Maifon foit à couvert avant l'Hiver, & qu'on la puiffe peindre pour la prémière fois, ayant grand foin à ce dernier égard d'empêcher que la pouffière n'y faffe du dégat.

On place des nattes de rofeaux devant les embrazures pendant l'Hiver, pour que le vent paffant au travers, faffe fécher les murailles.

La feptième Année, la Maifon étant bâtie extérieurement, on pourra

fai-

faire les Voûtes, les ouvrages en terre, comme les Caves profondes & cimentées, Citerne, Puis, Commodités, & ce qui pourroit encore manquer aux égouts.

On pofe d'abord devant les fenêtres, des nattes de rofeaux, qu'on peut rouler & qu'on ôte en Autonne, mettant à leur place, pour la forme, des fenêtres vitrées, qui peuvent fervir enfuite au Melonnières & autres Serres.

On pofe les planches, & l'on commence les ouvrages intérieurs.

On perfectionne les Plantages, quant à leurs ornemens, & l'on y ajoute ce qui pourroit encore y manquer.

La huitième Année on placera, foit aux cheminées, foit aux murailles, tout le marbre qui eft déja préparé.

On fait mettre dans tous les endroits convenables, comme à la cuifine, à la cave, &c. des carreaux blancs.

L'on joint de nouveau tous les Planchers, & après cela on les fait plafonner.

On fera peindre tout l'intérieur.

La neuvième Année, après que tout eft plafonné, on mettra toutes les fenêtres vitrées à la place de celles qu'on y avoit pofées pour la forme feulement.

Le marbre doit être uni & poli.

On fait placer aux cheminées des manteaux de bois, des boifages, des lambris, des ouvrages de fculpture & autres enjolivemens.

On pofera le principal degré, & l'on fera dorer & peindre dans les chambres tout ce qui doit l'être.

La dixième Année, les Terraffes étant baiffées, & par conféquent la muraille dont on doit les environner étant auffi moins fujette à baiffer, on les fera maffonner avec des couches de briques dures; après quoi on les pavera, & l'on mettra ainfi la dernière main au Plantage.

On fera peindre pour la prémière fois extérieurement la Maifon, après quoi on la fera peindre deux fois.

Quand toutes les murailles feront entierement féches, on fera tendre les chambres & on les garnira de miroirs.

CHAPITRE IV.

Qualités requises dans un Jardinier, dans ceux à qui l'on confie l'inspection de nouveaux ouvrages, & dans les Ouvriers.

Avant qu'on faſſe préparer un fond de Terre, on aura ſoin de ſe pourvoir de bons Ouvriers, & principalement d'un bon Inſpecteur ou Jardinier. Ce dernier doit être honnête homme, vertueux & habile. On n'employera jamais ceux qui ſont voleurs, menteurs, yvrognes, paillards, & pareſſeux, ni les faux ſavans, comme il s'en trouve beaucoup parmi les Jardiniers, dont le prétendu ſavoir ne les empêche pas ſeulement d'aquérir de plus grandes connoiſſances *(a)*, mais les engage même ſouvent à faire, de deſſein prémédité, mal réuſſir des choſes qu'ils ont été obligés de faire par un ordre exprès contre leur avis: ils doivent cependant être entendus dans tout ce qui eſt de leur reſſort, & même dans les choſes qui ne regardent point le jardinage.

Quand on veut conſtruire & arranger de belles Maiſons de Campagne, on en donne pour l'ordinaire l'inſpection à une perſonne que l'on choiſit exprès, afin que tout s'y faſſe dans l'ordre: mais il ſeroit à ſouhaiter que l'on pût donner cette commiſſion au Jardinier même, parce qu'il eſt fort naturel de croire que devant reſter dans la ſuite au ſervice du même lieu, il aura d'autant plus de ſoin que chaque choſe s'y faſſe comme il faut, & ſur-tout ſi animé par le point d'honneur, il ſe propoſe l'avantage des Plantes.

Celui dont on fait choix, doit être affable, il doit être en état de pouvoir commander avec ordre & ſavoir ſe faire obéir: deſorte qu'il ne doit pas ſe familiariſer avec les Ouvriers qui dépendent de lui, encore moins badiner avec eux; mais au contraire garder toujours ſon ſérieux quand il leur commande quelque choſe. On doit faire attention aux forces du corps & à l'âge d'un Jardinier, à proportion des ſervices qu'on exige de lui; car dans une Campagne où il doit travailler lui-même,

(a) *Villicus ne plus cenſeat ſapere ſe quam dominum.* Cato de Re Ruſtica. C. V.
C'eſt-à-dire:
Un Païſan ne doit pas s'imaginer d'en ſavoir plus que ſon Maitre.

me , il faut néceſſairement de la vigueur, par conſéquent il faut choiſir pour cela des hommes jeunes & vigoureux ; mais quand il s'agit de lui donner l'inſpection ſur les autres, on doit alors ſe déterminer pour un Jardinier d'âge, parce qu'ayant plus d'expérience, il eſt auſſi plus en é-tat de gouverner des Ouvriers, des Jardiniers plus jeunes que lui, & de ſe faire obéir par eux. Et comme les Jeunes-gens ne ſe font pas de peine d'être gouvernés par un homme d'âge, on trouvera auſſi plus facile-ment des Ouvriers & de jeunes Jardiniers qui veuillent ſe mettre ſous ſa direction : outre qu'un Propriétaire entendu agréera d'autant plus volon-tiers les ſervices d'un tel Jardinier, que celui-ci prévenu en faveur de ſes lumières, ſe conformera avec plaiſir à ſes avis, ce qu'il ne feroit pas à l'égard d'un Propriétaire peu verſé dans l'art de la Culture.

Un Propriétaire entendu trouvera aiſément un Jardinier tel qu'il lui faut, parce que ce dernier (ſachant manier la bêche & la ſerpette ; ayant un corps fort & vigoureux ; étant de plus docile, & attentif aux ſuccès de ſes entrepriſes), pourra ſous la direction d'un tel Propriétaire devenir en peu de tems fort habile : au-lieu qu'un Propriétaire, ou un Seigneur peu verſé dans cet art, aura beaucoup plus de peine à ſe pourvoir d'un Jardinier, parce qu'il lui en faut un, qui ait plus d'expérience, & qui connoiſſe la manière de cultiver les Arbres & les Herbes, celle de tailler, enter, greffer en écuſſon, en fente, en couronne, d'entretenir les Plantes ; comme auſſi la manière de cultiver les Herbes potagères, les fruits de terre, les fleurs, & cela tant naturellement que par art. Mais il ne faut pas s'attendre qu'un Jardinier bien entendu s'occupe à des ou-vrages rudes, parce qu'étant aſſez rare d'en trouver de tels, un chacun les careſſe & les recherche avec empreſſement. Voila pourquoi auſſi l'on peut poſer comme une choſe certaine, qu'à tout habile Jardinier qui cherche à s'engager dans un ſervice rude, il y aura quelque choſe à dire, ſoit infidélité, ſoit yvrognerie, &c. à moins qu'il n'y fût obligé pour ſub-venir aux beſoins d'une nombreuſe famille, ce qui cauſe pour l'ordinaire beaucoup de trouble, & eſt auſſi nuiſible aux fruits & aux jeunes plantes que les inſectes mêmes, outre qu'on ne recevra aucun ſervice de la Jar-dinière, qui ſera obligée de ſe donner toute entière à ſes enfans. C'eſt ce qui conduit naturellement à cette queſtion, ſavoir ſi l'on ſe déterminera pour un Jardinier qui a des enfans, ou pour un qui n'en a point. Je préférerois le prémier, pourvu que ce ſoit une Campagne ſolitaire ; & qu'on puiſſe empêcher les enfans de toucher aux fruits fins, parce qu'il eſt fort vraiſemblable qu'on en ſera d'autant mieux ſervi, qu'il eſt moins

re-

recherché pour l'ordinaire: outre qu'étant forcé au travail, il est à présumer qu'il s'appliquera mieux à observer toutes ses entreprises, & qu'il se rendra par cela même plus habile. On pourra aussi vraisemblablement le garder plus longtems à son service; n'étant pas à craindre, à cause de la charge de ses enfans, qu'on le recherche & qu'on tâche de le corrompre par argent ou par promesses, étant extrêmement nuisible de changer souvent de Jardinier, parce que celui-ci ayant insensiblement appris à connoitre les propriétés du fond, pourra aussi cultiver & entretenir les plantes avec beaucoup plus de succès. Celui qui préférera un Jardinier sans enfans, fera pourtant bien d'en choisir un qui soit marié & posé, parce que (quand même on ne recevroit pas de grands services de sa Femme), il ne quitte pas pour l'ordinaire si souvent la Maison, & qu'il mène une vie plus réglée, sur-tout lorsqu'il a le bonheur d'avoir une Femme vertueuse, saine, attentive & raisonnable. En général, on doit s'attendre à peu de services de la part d'une Jardinière, dont le Mari possède plusieurs qualités vertueuses: l'expérience nous fait voir, que même le plus raisonnable d'entre eux s'imagine qu'en vertu de ses bonnes qualités on ne doit rien exiger de sa Femme, desorte qu'il suffira qu'elle apporte les fruits & les légumes à la Cuisine. Lorsque le contraire a lieu, & que la Jardinière s'occupe à travailler dans les Jardins, on peut compter à coup sûr que cela annonce l'incapacité, ou tels autres défauts du Mari.

Les Jardiniers ont beaucoup d'occasions de devenir infidèles, ce qui fait qu'on ne sauroit assez estimer & considérer un Jardinier qui ferme l'oreille aux sollicitations journalières qu'on lui fait de vendre des fruits. Par conséquent, pour ne lui point donner aucun sujet de le devenir, on ne doit point le chicaner sur son salaire; mais lui donner de quoi vivre honnêtement: car il ne faut pas s'imaginer qu'on sera bien servi de ceux qui s'engagent pour une somme modique, & qui ne se soucient pas d'être rudement traités: il faut compter au contraire qu'il n'y a ordinairement rien de bon à en attendre; car les ames les plus soumises & les plus basses ne sauroient s'accomoder à la rigueur, que sera-ce donc des ames vertueuses? Le Salaire qu'on donne communément par an à un Jardinier est de deux cent cinquante florins; trois florins à la nouvelle année, & autant à la Foire, outre qu'avec une petite provision de tourbes qu'on lui donne, & le mauvais bois qu'il ramasse dans la Campagne, il a suffisamment son chauffage; & qu'il peut se nourrir en partie de ce qui abonde dans le Potager.

Lors-

Lorſqu'une Campagne eſt d'une fort grande étendue, & que les ornemens qu'on y a faits ne ſauroient être entretenus comme il faut par le Jardinier tout ſeul, & qu'il eſt obligé de prendre à ſon ſervice un Aprentif, on lui donne alors quatre cent florins par an; moyennant quoi il doit nourrir à ſes fraix le Jeune-homme, quoiqu'il arrive ſouvent qu'un habile Jardinier qui en a encore un ſous lui, demande plus de gages.

On ſpécifie ordinairement, quand on loue un Jardinier, qu'il s'oblige à faire tout ce qui eſt néceſſaire dans le Verger, dans les Jardins Potagers & à fleurs, & à l'effectuer ſelon les ordres qu'on lui donne, même à fouiller la terre quand il le faut, à couper & à fendre dans l'Hiver, le bois pour le chaufage de ſon Maître, à moins qu'il n'y ait un grand terrain à labourer, auquel cas on prend des Ouvriers à journée.

Les fonctions d'une Jardinière conſiſtent à fournir la Cuiſine d'herbages proprement cueillis & bien triés. Il y a des Propriétaires qui emploient les Jardinières à tirer les mauvaiſes herbes, mais elles s'en aquitent ſouvent très mal par ignorance.

Quand un Jardinier d'une magnifique Campagne a beſoin d'avoir ſous lui un ſi grand nombre d'Ouvriers, qu'il ne ſauroit veiller ſeul ſur tout, on choiſit alors les plus capables d'entre eux, à qui l'on confie l'inſpection ſous les ordres du Jardinier, & l'on augmente leur ſalaire de deux ſous par jour.

Le ſalaire des Ouvriers varie ſelon leur capacité: on ſe ſert communément pour les ouvrages pénibles, de Weſtphaliens, qui gagnent moins, & qui cependant rendent les mêmes ſervices que nos Ouvriers, lorſqu'il s'agit de broueter, fouiller, creuſer des foſſés, &c.; mais parmi nos Ouvriers (entre leſquels il y en a de toutes les ſortes, comme parmi les Jardiniers, mais dont le nombre eſt plus grand que celui des Jardiniers habiles), il s'en trouve pluſieurs ſi capables, qu'on en peut recevoir dans les Jardins des ſervices fort utiles: on paye diverſement leurs journées en Hiver ou en Eté: le ſalaire d'Eté commence le prémier de Mars & finit le prémier de Novembre.

Les qualités d'un bon Ouvrier ſont, qu'il ſoit vertueux, ſobre & vigoureux, afin qu'il veuille & qu'il puiſſe travailler diligemment: car on en trouve communément beaucoup de pareſſeux, qui font un ſi grand tort à la terre où l'on doit planter des arbres, en la fouillant mal, qu'on ne ſauroit dans la ſuite y remédier.

C'eſt de plus une bonne qualité dans un Ouvrier, de pouvoir travailler indifféremment de la main droite & de la gauche; cela eſt très utile &

très

très néceſſaire dans bien des cas, ſur-tout quand il s'agit de bêcher, auquel cas les tranchées ne ſont pas ſi fort foulées. Pour ce qui eſt des
fautes que l'on commet à cet égard, voyez ce qui eſt dit de la manière
de fouiller les terres, comme auſſi de creuſer des Canaux, des Viviers,
des Foſſés, dans le *Chap VI.* de ce Livre, où l'on enſeigne auſſi comme il faut s'y prendre pour que cela ſe faſſe bien, & que pour les ouvrages pénibles, il faut employer force bras, en prenant bien garde
cependant qu'ils ne s'incommodent pas les uns les autres par le nombre; ce qui ſera toujours meilleur & plus profitable, ſur-tout quand l'Inſpecteur eſt capable de les obſerver & d'entretenir le bon ordre parmi
eux. Pour avoir toujours de bons Ouvriers à ſon ſervice, on en engagera d'abord un plus grand nombre, qu'on ne croit en avoir beſoin à la
longue; afin qu'après s'être défait des moins habiles, on conſerve toujours ceux qui ſont bien entendus & propres à avancer l'ouvrage, leſquels ſeront toujours plus animés par quelques louanges que par des injures ou des paroles rudes; car c'eſt preſque une marque certaine d'incapacité dans ceux qui ſouffrent qu'on leur parle rudement; deſorte qu'il
vaut toujours mieux les congédier, que d'être obligé de les harceler
continuellement pour les porter à leur devoir.

Il eſt juſte qu'on s'attende journellement à un travail raiſonnable de la
part d'un Ouvrier, mais il ne faut pas en exiger trop ou plus qu'il n'en
ſauroit faire. Comme tous les Ouvriers ne ſont pas également capables,
l'Inſpecteur aura ſoin de mettre chacun d'eux à l'ouvrage qui lui convient le mieux: les plus habiles à des ouvrages particuliers & les plus diligens pareillement enſemble, comme auſſi de réunir les moins diligens
& de les mettre au même travail. De plus, pour les exciter à la diligence
& au travail, il leur faut donner de tems en tems un tonneau de la plus
forte Bière, & du Tabac, ce qui fait ſouvent de plus vives impreſſions ſur
eux, que toute autre récompenſe, même en argent: & afin qu'ils ſoient
exacts à ſe rendre à leur tems, on les aſſemblera le matin au ſon d'une cloche, & l'on donnera aux prémiers venus un petit verre de liqueur forte, & rien à ceux qui viendront trop tard.

Les Outils dont ces Ouvriers doivent être munis à leurs propres frais,
ſont une paire de bottes à l'épreuve de l'eau, une bêche, une pêle ferrée, un hoyau, une écope à rebords, & une pêle de bois platte, avec
leſquels ils doivent travailler; on n'engagera perſonne qu'autant qu'il aura toutes ces pièces. Enfin tout ce qui eſt praticable, ils doivent le faire
volontairement.

Partie I. D CHA-

CHAPITRE V.

Des Outils.

Uiconque a deſſein d'arranger un magnifique Jardin de Plaiſance, doit faire conſtruire ou acheter les machines qui ſont néceſſaires pour cela, ce qui eſt plus profitable que de les louer, quand même a-près que tout ſeroit parachevé, elles ne ſeroient plus que de peu d'uſage ou de peu de valeur: comme ſont des Chevaux pour charier, des chariots, charettes, brouetes, moulins à eau, des outils pour les digues, des groſ-ſes planches pour broueter deſſus, &c. car l'expérience fait voir qu'un long uſage des outils loués, & les réparations qu'on eſt obligé de tems en tems d'y faire, coutent plus à proportion, que quand on les poſſède en propre; on doit cependant avoir grand ſoin que tout ſoit conſtruit non ſeulement d'une manière bien ſolide, mais auſſi commode, afin qu'on puiſſe s'en ſervir commodément, car des outils trop lourds & trop peſans ne font que retarder l'ouvrage. On aura ſoin pareillement que les Moulins à eau, tant ceux qui vont par le moyen des Chevaux, que par celui des Hommes, & qui tournent ſur un pieu ou autour d'un eſſieu, faſſent leur effet perpendiculairement ſans aucune interruption; & ſi l'on remarque que le contraire arrive, il faut inceſſamment y remé-dier. Pour cet effet, on aura grand ſoin de graiſſer très ſouvent les piè-ces qui ſe correſpondent, comme les Lanternes, les Roues dentées & les Eſſieux des Moulins, ce qu'on ne doit pas auſſi manquer de faire aux fuſeaux des Brouetes & autres. On doit encore faire arron-dir les roues uſées, & faire tourner les fuſeaux dans des formes rondes. On doit de plus faire ſouvent nétoyer les Chariots, les Brouetes, les pe-tites Brouetes, les planches qui ſervent à broueter deſſus, les Bêches, les Pêles, &c. & les nétoyer en ôtant la terre & la craſſe qui s'y attachent inſenſiblement; c'eſt pourquoi toutes-les fois qu'on chargera ou qu'on déchargera, on ſe ſervira pour graiſſer & pour nétoyer d'un pot de graiſ-ſe, dont on ſera toujours pourvu, & d'une petite Pêle de bois qui ne ſoit pas ferrée, ſur-tout quand c'eſt pour nétoyer des planches qui ſervent à la Brouete, parce que le fer y fait des entamures. Après avoir ainſi né-toyé, on répand légerement ſur tout du ſable pour empêcher que la craſſe ne s'y attache trop fort, & afin que les Broueteurs puiſſent y paſſer

d'un

d'un pas plus ferme, car il est essentiellement nécessaire tant pour les Hommes que pour les Bêtes, de prévenir quand ils charient, des passages mal assurés & glissans; ce qu'on fera très commodément par ce nétoyage: c'est pour cela que les planches qu'on a posées pour y passer en guise de pont avec la Brouete, doivent être souvent rehaussées insensiblement, afin qu'elles soient immobiles.

Les Moulins à tonneau, tournés par des Chevaux pour donner plus d'eau, ne doivent pas être posés perpendiculairement, mais obliquement: c'est pour cela qu'on les fait baisser, à proportion que l'eau qu'il s'agit d'élever est basse; car lorsqu'ils sont posés perpendiculairement, ils n'élèvent pas seulement l'eau plus difficilement, mais il leur en échape aussi une plus grande quantité, & par cela même ils en donnent beaucoup moins. Pour cette raison, quand il s'agira d'élever l'eau à plus de six pieds, il est impossible de se servir d'un Moulin à tonneau tourné par un Cheval (c'est-à-dire un Moulin dont l'essieu tourne autour d'une roue dentée, qu'un Cheval fait aller horizontalement, & qu'on appelle communément un Moulin à tonneau); mais dans ce cas on se servira d'un Moulin à roues, qu'un Cheval fait tourner autour de son essieu, lequel après avoir pris l'eau en-bas la verse par en-haut.

Les meilleures *Planches pour broueter* doivent avoir pour le moins deux pouces d'épaisseur, & vingt-sept ou vingt-huit pieds de longueur.

Quand il s'agit de broueter d'un lieu bas vers un lieu élevé, on ne sauroit employer pour lors des Brouetes dont on se sert ordinairement dans les Jardins, parce qu'elles sont trop lourdes, c'est-pourquoi dans ces cas on y employera des petites Brouetes plus légères.

Il en est de même des *Pêles & des Bêches* ordinaires, & de celles qui sont entièrement de fer, vers le haut desquelles on a introduit dans une douille un manche de bois de chêne ou de frêne: celles ci sont pareillement à la longue beaucoup trop pesantes, sur-tout dans des fonds de terre grasse, quand la pêlée doit être élevée un peu haut. C'est aussi pour cela que des Ouvriers entendus au travail de la terre & à creuser des fossés, se servent de Pêles & de Bêches moins larges, qui ne sont pas ferrées si haut, ni avec des lames si épaisses, garnies de manches de saule & non pas de chêne, lesquels cependant doivent être plus gros parce que le saule est plus sujet à se rompre. Un Ouvrier habile avancera plus avec de tels outils légers, qu'avec les outils dont on se sert communément dans les Jardins. Leurs Ecopes avec des rebords & autres ne sont point ferrées, mais du même bois & de la même façon que les nôtres.

D 2 Les

Les *Ecopes* font avec ou fans rebords par derrière, le tout de frêne, celles qui ont un rebord (confiftant dans un petit & menu ais de frêne ou de hêtre plié par derrière autour de la Bêche ou de la Pêle) fervent à élever de quelque lieu bas à un lieu plus haut, de l'eau ou du limon fort mince auquel cas ce rebord empêche l'eau ou le limon de fe répandre; quand il ne s'agit que d'évacuer de l'eau ou du limon, fans être obligé de les porter fi haut, les Ecopes fans rebord fuffifent.

Les *Pêles creufes*, dans lefquelles l'Ouvrier reçoit la terre de celui qui creufe pour la jetter plus haut, ce que ce dernier ne fauroit faire fans de nouveaux efforts, font faites de bois de hêtre, & font moins profondes que les Ecopes avec des rebords, mais un peu plus larges & plus rondes par en-haut & par en-bas, & plus quarrées.

„ Je m'en vais décrire tout de fuite les Outils qui font néceffaires „ pour le Jardinage, la matière & la forme dont ils doivent être faits.

Un *Banc* pour couper également par en-haut & par les côtés les branches des arbres de haute fûtaye, afin que leurs feuilles repréfentent des tapits verts; la forme de ces Bancs ne doit pas feulement être variée, à proportion de leur hauteur; mais on doit auffi avoir foin qu'ils foient affermis par le moyen de bois de traverfes, & que le Tondeur ait un doffier pour lui fervir d'appui.

Une Charue qui fert à farcler, confiftant en deux roues par derrière, une au devant, & en un fer fort large & bien afilé, qu'on peut hauffer & baiffer à mefure que l'on veut labourer la terre plus ou moins profondément: celle-ci eft d'un grand ufage dans les terres fablonneufes, mais elle eft inutile dans les terres graffes.

Une *Herfe* fert en guife de rateau à purger la terre des mauvaifes herbes enlevées par la charue, & n'eft auffi d'aucun ufage que dans des terrains légers. Ces deux machines font ordinairement pouffées ou tirées par des hommes, ce qui vaut mieux que d'y employer un petit Cheval, qui ne tire pas d'une manière affez uniforme ni propre à bien nétoyer la terre.

Une *Brouete* avec fon tour, à l'aide duquel on l'agrandit, quand il s'agit de tranfporter des petites branches ou des feuilles d'arbre détachées. Le *tour* confifte en quatre planches clouées aux coins intérieurs à une double late, qu'on aura foin de ne pas couper trop court, afin que par-là le tour puiffe joindre dans la cavité de la Brouete.

Un *Brancard* dont les pieds doivent être de bois de frêne, & le fond de bois de charonnage fort menu.

Un

Un *Refervoir à eau*, fait de bois de chêne, garni intérieurement de plomb.

Deux *Seaux* avec un joug, auquel font attachées des chaines de fer.

Des *Arrofoirs* pour humecter la terre, les arbres, & les plantes, dont chacun doit contenir un feau; ceux qui font faits de cuivre mince font préférables à ceux de fer-blanc, parce que ces derniers font fujets à la rouille : ils doivent avoir au devant une tête ronde & large, percée de petits trous, près à près, afin que la terre s'humecte naturellement & fans être battue, de même que les feuilles : mais quand on voudra arrofer des pots ou des caiffes, où il y a des arbres qui demandent une plus grande quantité d'eau, ou quand dans des lieux enfermés on eft obligé d'y laiffer imbiber l'eau; on ôte la tête de l'Arrofoir, & on la remplace par un tuyau plus large, au travers duquel l'eau paffe par filets.

Une *Pêle* de bois de chêne, ferrée, avec un manche & une petite anfe, pour travailler ou pour remuer de la terre molle.

Une *Bêche*. Il y en a de deux fortes : les unes font entierement de fer, ayant une douille dans laquelle on introduit un manche de bois; les autres font de bois vers le bout du manche, & du refte, pour la plus grande partie, de fer; on fe fert de celles-ci dans des terres plus dures, & aufli pour déraciner des arbres.

Un *Hoyau*. Sa feuille eft toute de fer, ayant par deffous une pointe afilée, & des côtés tranchans, au haut un manche de bois de frêne : il fert à couper unimènt des gazons, des bords, &c.

Une petite *Bêche* pour tirer de terre des oignons de fleurs, ou des plantes.

Une *Truelle* eft très utile pour couper en terre, les plus baffes racines des fleurs plantées, & pour les enlever ainfi quand on veut les tranfplanter : ce qui fe fait par ce moyen beaucoup mieux qu'avec la petite Bêche.

Une *Ecope* avec des rebords, & une Pêle creufe font comptées parmi les Outils des Ouvriers.

Deux *Fourches à trois dents* pour remuer le fumier, parmi lefquelles celles qui ont des dents de fer ronds, font meilleures pour remuer les ordures un peu longues, comme du fumier de Cheval encore tout récent, que celles qui ont des dents plattes, dont on fe fert pour de la boufe & pour du fumier court.

Un *Sarcloir* fert à déraciner les mauvaifes herbes dans des fonds & des fentiers unis & faciles à couper; mais on fe fervira d'un Sarçloir qui a

une

une pointe ronde quand il s'agit de farcler une terre inégale, dure ou raboteufe.

Des *Rateaux* de différentes figures, comme un pour enlever des terres légères, les feuilles ou les petites mauvaifes herbes qui s'y trouvent: il doit avoir dans une tête de bois de frêne, des dents de fer pofées perpendiculairement. Un autre Rateau de fer, qui ait des dents plus épaiffes, plus ferrées & crochues: celui-ci vaut mieux pour raffembler & pour garder enfemble les mauvaifes herbes déja farclées. Un troifième auffi entierement de fer, qui ait un plus long manche, qui foit plus large, dont les dents foient moins près les unes des autres & moins crochues: on fe fert de ce dernier pour mêler la femence avec la terre.

Un *Outil de fer* dont on fe fert pour chauffer des choux, des pois, des fèves, &c. il eft auffi fort propre pour enlever les mauvaifes herbes des terres dures que le Sarcloir ne fauroit bien couper; on s'en fervira auffi dans de pareilles terres à faire des monceaux, au-lieu qu'on employera dans des terrains plus légers des Outils qui remuent à la fois plus de terre.

Un *Outil* pour raffembler vers l'hiver la terre en longues trainées, & non pas en petits monceaux ronds.

Une *Demi-Lune* avec un talon bien afilé doit être attachée par un petit anneau de fer, & cela avec deux vis, à une longue perche de bois de frêne, afin qu'on puiffe felon le befoin y attacher une perche plus ou moins longue; car fi elle y étoit clouée, elle fe détacheroit bientôt par la violence des fecouffes. Celle-ci eft d'un grand ufage pour tondre de hautes hayes, dont les branches font ligneufes. Sa courbure fait que les branches ne s'échapent pas fi aifément, & qu'elles fe féparent mieux: & avec le talon on abat les groffes branches, qui ont réfifté au prémier coup.

Des *Cifeaux volans*, moins creux ou moins courbés qu'une Demi-Lune, attachés pareillement à une perche de frêne, font plus propres à tondre de hautes hayes, dont les branches font moins ligneufes, & pour les prendre par en-bas. Les uns & les autres font fort néceffaires dans les endroits où l'on a beaucoup de hayes, car on peut par leur moyen avancer infiniment plus dans le travail qu'avec des Cifeaux dont on fe fert pour tondre le bouis; outre qu'avec ces derniers on ne fauroit atteindre fi haut.

Un *Sabre* pour couper par en-haut également les jeunes petites branches.

Des

Des *Ciseaux pour tondre le bouis*, qui empruntent leur nom des ouvrages de bouis en rase campagne, & qui servent à les tondre, sont plus propres à découper également de petites branches fort garnies de feuilles; c'est pour cela qu'on tond fort proprement par leur moyen, des hayes d'Ifs, de Bouis, & autres qui verdissent en tout tems: on s'en sert aussi pour tondre toute sorte de hayes basses de Hêtre, de Troesne, & jamais de Ciseaux volans, pas même du Sabre: encore pour bien manier ces Ciseaux a-t-on besoin de plus d'expérience.

Un *Fer* pour dénicher les Chenilles.

Un *Outil pour arracher les branches*, lequel est fait comme une Serpette, & a un long manche; il sert aux Enteurs pour séparer avec les deux mains d'un seul coup les branches de la tige d'avec le tronc: & on l'emploie aussi pour fendre les troncs sur lesquels on doit enter.

Une *Serpette* creuse en dedans & crochue vers la pointe: quoique je sois d'avis qu'une Serpette droite & pointue est de beaucoup préférable, parce qu'un couteau rond s'accrochant plus souvent, fait aussi que l'entaille est moins unie: il faut de plus que ce couteau ne soit pas trop grand, car alors il est même plus maniable pour couper de grosses branches; & après tout, la science de couper également une branche ne dépend pas de la grandeur du couteau, mais de l'habileté du Jardinier.

Un petit *Greffoir*.

Des *Ciseaux* de trois différentes largeurs, pour abattre de grosses & de moindres branches, ce qui réglera aussi la grandeur des manches de bois de frêne ou de chêne. Ils doivent être garnis par dessous d'un anneau de fer qu'on y mettra pour s'en servir.

Un gros *Maillet* de bois.

Un *Marteau crochu* de fer, dont on pourra se servir pour arracher des cloux.

Des *Terrières* pour les Melons, tant pour les petites que pour les grandes plantes, tous faits solidement de cuivre rond, ayant des jointures bien faites, qui doivent s'ouvrir en tirant une cheville bien solide.

Un *Plantoir* pour planter du Bouis, est un morceau de bois plat de la largeur d'un pouce, ferré par en-bas, ayant par en-haut une petite anse de bois plus épaisse vers le bas, rond, ayant une cavité oblongue & des bords ronds, afin que le Bouis qu'on plante & qu'on introduit dans la terre ne se rompe point.

Un *Plantoir* de bois ferré, comme les Pêles & les Bêches, mais finissant en tranchant vers le bas, sert à transplanter des choux, du celeri, & de la chicorée.

„ On

„ On a encore befoin dans de vaftes Campagnes, où il y a des ar-
„ bres à abattre, du bois à fendre, & des bords de foffés à faire:

D'une *Pioche*, pour abattre des arbres, quand on ne fauroit bien y atteindre avec la hache; à laquelle dans bien des occafions elle eft préférable.

D'une grande & d'une petite *Hache*.

D'un *Couperet*.

D'une *Sie* à fier de long.

D'une *Sie* bandée.

D'un grand *Maillet* de bois, qu'on manie avec les deux mains.

De *Coins* de fer de différente grandeur, qui doivent aller en groffiffant infenfiblement, afin de mieux pénétrer dans le bois, qui les feroit
autrement rebondir.

D'une *Gaffe*.

D'une *Faux* pour faucher les bords des foffés & les gazons.

D'une *Sie* à main, & d'une petite Sie tendue pour enter.

De *Villebrequins* de fer de différente grandeur.

De *Cadres* de bois vitrés, qui puiffent être démontés & remon-
tés.

D'*Echelles* de différentes grandeur & ftructure.

D'un *Van*.

De *Sas*, avec & fans tambours.

D'un *Tamis*.

D'un *Voile* fur lequel on vane, l'on nétoye & fait fécher enfuite la femence.

D'un *Cabinet* à garder les femences.

De *Mefures* de douze pieds, & de moindres.

De petits *Piquets* pour attacher les grandes & les petites plantes.

De *Cordons*, qu'on tend, pour arranger en droite ligne les couches
ou les quarreaux, & pour les planter de même.

De *Paniers* de différentes grandeur & façon, comme des Paniers entiers, des demi, des quarts: des Paniers à anfe, & des Corbeilles à fleurs.

„ Pour couvrir les plantes, & pour les mettre à l'abri du froid.

De *Couvertures* qu'on peut rouler, doubles & fimples.

De *Rideaux* de groffe toile.

D'épaiffes *Couvertes* de poil, qui font plus propres & d'un meilleur u-
fage, que des Couvertes de rofeaux.

De *Couvertes* de nattes de Jonc treffées, plus & moins fines, attachées

avec

vec du fil goudronné, nayant pas moins de fix, de quatre, & de trois bandes.

D'un *Bateau à rames*, qui eſt très néceſſaire en Hollande à ceux dont les Campagnes ſont au bord de l'eau.

Des *Chevaux & des Chariots*, qui ſont d'une abſolue néceſſité, quand on ne peut pas ſe rendre par eau aux Campagnes.

CHAPITRE VI.

De la manière de creuſer des Foſſés, des Viviers, & des petits Foſſés.

J'Ai placé ce Traité avant celui des Fonds de terre & de la manière de les travailler, parce que ceci doit être fait avant tout ; par cela même que la plupart de nos terres, naturellement trop baſſes pour y planter des arbres, ne ſauroient être rehauſſées d'une manière plus propre & plus profitable, que par cette matière dont le deſſous étant froid & ſtérile, doit être placé, en travaillant les Fonds, aux endroits où elle convient le mieux; les terrains ne pouvant être arrangés avant qu'ils ayent leur hauteur requiſe.

On appelle *Foſſés* des eaux, qui ont au-delà de quatre toiſes de large, & dont la fin eſt au-delà de la portée de la vue.

Les *Viviers* ont auſſi au-delà de quatre toiſes de large, mais la fin eſt à la portée de la vue.

Les petits *Foſſés* ont quatre toiſes de large, ou moins, & ſont ou à la portée de la vue, ou au-delà de ſa portée.

La plus profitable manière de faire creuſer des Foſſés, des Viviers, des petits Foſſés, c'eſt à prix fait, ce qu'on peut faire ſans riſque d'être trompé; parce que le tout doit être meſurable & viſible, quand on vient à prendre inſpection de l'ouvrage. Mais ce qui eſt eſſentiel, c'eſt d'y employer des Ouvriers entendus, qui le faſſent d'une manière plus propre & en même tems plus profitable; parce que de tels Entrepreneurs feront plus attentifs à faire & à entretenir les Levées, & à évacuer l'eau qui ſurvient, comme auſſi à prévenir pendant le travail toute ſorte d'accidens, comme l'éboulement des bords, le ſable mouvant, &c. Si quelqu'un fait faire cet ouvrage à journées, il doit auſſi ſur-tout avoir grand ſoin d'employer des gens entendus pour creuſer la prémière demi-couche, pour faire les pentes, couper & poſer les gazons. Les Brouetteurs requis pour cet ouvrage, & ceux qui creufent, ont plus befoin de force que de jugement, deforte qu'on peut employer à cet ouvrage les plus ftupides. Il fera auffi plus profitable d'y mettre un grand nombre d'Ouvriers, pourvu qu'on puiffe les obferver & les tenir en ordre, & qu'ils ne s'incommodent pas les uns les autres en travaillant, car dans ce cas on peut fouvent perfectionner en peu de tems un ouvrage, fans être arrêté par une grande affluence d'eau, fans être obligé de beaucoup évacuer, & fans être fujet aux rompures des Levées; trois chofes qui méritent bien qu'on y penfe férieufement pour les prévenir, & qui arrivent fréquemment. On doit avoir foin que les Ouvriers travaillent en bon ordre & prudemment, l'un ne doit jamais attendre après l'autre, il faut de plus que les bêches, les hoyaux, les pêles, foient bonnes, légères, maniables, tranchantes, pénétrantes & gliffantes, comme il a été dit dans le *Chap. des Outils.*

On ne doit jamais fe fervir de Chevaux de louage, fur-tout quand c'eft le Propriétaire qui en eft le Conducteur, parce que fon intérêt l'engage à les laiffer trop repofer, ou à leur donner de trop petites charges. Pour cette même raifon il n'eft pas expédient, quand on fait broueter, que ceux qui font commis pour faire les charges, foient des amis familiers des Broueteurs, car l'inimitié de celui qui charge ne fauroit beaucoup nuire à celui que brouete, parce que felon la coutume, s'il furcharge la brouete, le Broueteur peut l'obliger à la broueter lui-même. Il ne faut pas cependant furcharger jamais les charettes.

Il faut, quand on brouete ou qu'on charie de bas en haut, que cela fe faffe lentement fur un terrain ferme, ou bien fur des planches larges & épaiffes, ou des ponts bien affermis & foutenus; afin qu'on puiffe marcher d'un pas affuré fans fentir la moindre fecouffe, & fans être fujet à gliffer. Quant à la manière de nétoyer ces planches, ces ponts, &c. voyez le *Chap. des Outils.*

Quand on creufe de larges ou de profonds Foffés, des Viviers, des petits Foffés, & que celui qui creufe ne peut par le même mouvement qu'il fait en levant fa pêlée, la porter affez loin fans la reprendre, on y ajoute alors un fecond Ouvrier à qui il remet fa pêlée, en la pofant à l'envers dans fa pêle creufe, & lui laiffant le foin de la jetter. Si ce fecond doit auffi reprendre fa pêlée, on en ajoute un troifième, qui reçoit la pêlée du fecond; & fi ces deux qu'on y a ajoutés, ne fuffifent pas encore, on en ajoute un troifième, & pas davantage, parce qu'un plus grand nombre coute trop, & que la terre à force de paffer de pêle en pêle, diminue trop auffi. Dans ce cas, par conféquent, on fe fert d'une brouete, que

le

le même qui l'a chargée emporte: mais quand la terre doit être tranfportée affez loin, pour que pendant le trajet un Ouvrier ait le tems de
la charger, alors on en prend un qui brouete, & un qui charge: ce dernier étant obligé, au cas que la brouete foit chargée avant que le Broueteur foit de retour, d'aller avec elle au-devant de lui: mais fi la diftance
eft plus grande, on emploie jufques à deux, & même jufqu'à trois
Broueteurs; &, fi elle fort grande, on fe fert de chariots ou de charettes
tirées par des Chevaux, ce qui dans ce cas eft beaucoup plus profitable: la diftance ordinaire jufqu'où un Broueteur doit porter une
brouete chargée, eft de vingt & une toifes.

Comme il arrive rarement de creufer des Foffés, Viviers ou petits Foffés,
fans qu'on ait befoin de Levées pour arrêter les eaux extérieures, il eft
bon de favoir, que l'eau preffe les Levées à proportion de fa largeur
& de fa profondeur, & non pas à proportion de fa longueur, car
peu de pieds d'eau dormante feront une égale preffion avec des mil-
lions de pieds; mais la preffion augmente, lorfqu'elle eft pouffée contre
les Levées par le vent, à proportion de la force de fon cours; ce qui arrive pareillement à mefure que l'eau monte. On ne doit pas être trop économe en conftruifant des Levées, par cela même qu'une Levée qui prête
le moins du monde, eft très fouvent irréparable, ce dont le Propriétaire
n'eft ordinairement averti que par le coup, ce qu'il auroit pu prévenir à
très peu de fraix. On aura foin pour cet effet d'y employer de bons piliers bien épais, bien longs & fermes, des poutres d'une bonne longueur & épaiffeur, de même que des planches épaiffes. Il faut de plus
contre des eaux extérieures & profondes, des piliers qui foient pofés près
à près & bien avant dans la terre ferme; &, s'il eft néceffaire, on les garnira, au haut de la Levée, de crampons en croix: la plus grande preffion
fe faifant contre les poutres qui font au derrière des Levées, elles doivent, aux endroits où l'eau eft fort large, être faites avec diverfes fé-
parations, & fi celles-ci ne fuffifent pas encore, parce que vers le milieu la
preffion eft d'une force inégale, on y fera conftruire des Levées, larges
& pointues dans le milieu, qui réfiftent mieux à la preffion, & qui joignent davantage. Il faut faire enforte qu'on puiffe hauffer & élargir les
Levées à proportion des eaux, mais pas au-delà de ce qui eft néceffaire;
car, outre qu'il en coute, cela les affoiblit auffi par la preffion intérieure.
Les Levées étant conftruites de bois, felon le projet, doivent être remplies avec une matière convenable; la meilleure eft du Sart, qui caufe
le moins de preffion & qui bouche le mieux: mais à fon défaut, on fe

fert

fert pour le même ufage de limon gras, qu'on fait fécher un peu dans les grandes Levées, après quoi on le couvre de terre graffe. Après avoir laiffé encore quelque tems la Levée s'amortir & fans preffion, on tire l'eau par derrière: il faut de plus avoir foin que la Levée foit ferme, & empêcher que l'on ne marche deffus; on doit bien fe garder d'y pofer un moulin, ni d'y faire paffer l'eau par deffus avec tant de force, qu'elle vienne à baiffer; ce qui eft extrêmement nuifible.

Les Levées qui font fujettes à de grands coups d'eau, doivent aller en rondiffant, ayant la figure d'un cercle qui va en s'étendant, quoiqu'également, parce qu'alors le coup de l'eau les fait joindre plus exactement fans aucun rifque de rupture, & fur-tout fi les extrémités en font tellement arrêtées, qu'elles ne puiffent être ébranlées. Il eft auffi fort néceffaire que, dans toutes les Levées oppofées à des eaux profondes, on enfonce en longueur des planches épaiffes de deux, trois ou plus de pouces, à proportion de la force du coup de l'eau & de fa grande profondeur, bien entendu qu'elles joignent exactement par de larges rainures. Mais pour ne pas faire des dépenfes fi confidérables en gros piliers, & pour ne pas prendre de telles précautions, quand il s'agit des eaux trop profondes, où l'on n'eft pas fujet à des coups fi forts, on y fera conftruire intérieurement, à chaque diminution de fix ou de huit pieds d'eau, une Levée en forme de coffre, qui, étant garnie de poutres au dedans, peut faire une très forte réfiftance. Après avoir ainfi bien muni les Levées contre l'eau du dehors, on tâchera enfuite de prévenir toute affluence d'eau, afin qu'en creufant on n'ait que de la terre fans eau à remuer: ce qui étant négligé, caufera une double dépenfe, quand il s'agira de terres légères qui abforbent l'eau; principalement quand la matière doit être tranfportée au loin, foit par des brouetes, foit par des chariots, parce que l'eau eft pefante à charier & qu'elle augmente la maffe; ainfi pour travailler plus aifément, à moins de fraix, & mieux, l'on fera des conduits pour faire écouler l'eau qui pourroit furvenir, & donner, s'il eft poffible, à la terre qu'on aura creufée, le tems de fe fécher. Ceci peut avoir lieu quand il s'agit de larges Foffés ou de Viviers, car alors dès le commencement on creufe des deux côtés des Foffés un petit Foffé, qu'on a foin de faire d'autant plus profond, que la terre qu'on creufe peut y laiffer écouler l'eau qu'elle contient; lequel on doit vuider continuellement par le moyen du moulin, lorfqu'il fe remplit d'eau; & on le fera de tems en tems plus profond, à mefure qu'on creufe le fond intérieur, & l'on continuera ainfi, jufqu'à ce que tout ait fa profon-

deur

deur requife. Les Foffés moins larges, où l'on n'a pas befoin d'un pareil petit Foffé, fe creufent par parties, l'on y met autant d'Ouvriers, qu'on en peut convenablement employer , & à des Foffés où l'on fait jetter des deux côtés le limon, on met auffi le double d'hommes.

A quelque fin qu'on faffe creufer les terres , foit pour rehauffer le terrain avec la matière qu'on en tire , foit pour faire des baffins en guife d'ornement, ou qui fervent à d'autres ufages, on tâchera toujours d'empêcher, qu'il ne puiffe croitre au fond de l'eau de l'ordure ou de la verdure; car de telles eaux verdâtres ne font pas feulement desagréables à la vue, mais coutent auffi prodigieufement à tenir nettes: l'unique & le meilleur moyen qui me foit connu, eft de les creufer à une telle profondeur, où la terre n'a jamais, ou du moins depuis plufieurs fiècles, produit aucune plante, & où les rayons du Soleil, qui rechaufent la terre & la rendent fertile, ne fauroient atteindre. On creufera par conféquent tous les Foffés & les Viviers, jufqu'à ce qu'on trouve l'eau de fource qui provient du fond. Après en avoir tiré la fange, ils doivent contenir, au deffous des racines de rofeaux, fept ou huit pieds d'eau. Tous les Foffés extérieurs devroient être creufés à cette profondeur, afin que fi quelqu'un vouloit les paffer à gué, il en eût du moins par deffus la tète: ils doivent auffi pour le moins être larges de quatre toifes.

Les petits Foffés qui fervent à arrêter les Beftiaux & à les abreuver, ont ordinairement au haut des bords de huit pieds de large , & au plus trois pieds de profondeur , & cela afin d'empêcher que ceux qui pourroient y tomber ne fe noyent.

Les Foffés & les Viviers n'ont pas une largeur & une profondeur déterminées ; c'eft ce qu'on détermine ordinairement fur la quantité de terre dont on a befoin pour rehauffer; il faut pourtant que leur profondeur ne foit pas moindre que celle des Foffés extérieurs, dont nous avons parlé tout-à-l'heure. Mais on doit fe fouvenir que quand il s'agit de Viviers fermés, le fond de ceux qui contiennent plus de neuf pieds d'eau, jufqu'à l'eau de fource, eft trop froid pour la propagation des Poiffons. Il eft vrai, d'un autre côté, qu'à la longue ils deviennent moins profonds par l'accroiffement du limon, ce qui eft caufé par la chaleur du Soleil, qui condenfe la fuperficie de toutes les eaux dormantes, ce qui eft encore augmenté par la chute des feuilles des Plantages voifins: outre tout cela, les eaux perdent auffi de leur profondeur par la pouffière que lui envoyent les champs & les chemins qui font dans leur voifinage, & principalement les grands-chemins , qui ont une

E 3

fuper-

fuperficie légère, & par lefquels il paffe beaucoup de monde.

Les Séparations de voifinage par des petits Foffés, dont les bords font plantés avec des Aunes ou des Frênes, fe rétréciffent par les racines que ces arbres pouffent au dehors ; &, comme la plupart des Voifins eftiment communément beaucoup leur terrain, un chacun s'étudie à gagner quelque peu de terre ; ce qui fait qu'infenfiblement ces Foffés de féparation peuvent être enjambés.

Les éboulemens ne peuvent guère caufer dans des Foffés & des Viviers fort larges & profonds, du rehauffement fur toute la maffe, mais bien de l'élargiffement, & défigurer les bords, en les rendant inégaux : puis donc qu'un tel éboulement peut furvenir dans des Foffés, & des Viviers fort larges, par le coup de l'eau, ou par le mouvement que le vent lui communique, on prendra des mefures pour y remédier ; parce que les fondemens des bords étant une fois minés, cela ne peut être réparé, que par le moyen d'un revêtement de bois, fur lequel on pofe des gazons, qui en réuniffent la pente au niveau des autres bords. Pour prévenir, autant qu'il eft poffible, de pareils fraix, on creufera tous les Foffés & les Viviers larges jufqu'à la profondeur requife, avec des bords penchés horifontalement : cette pente doit être plus ou moins efcarpée, felon que l'on trouvera que le fond, qu'on aura creufé, fera d'une terre légère ou ferme. C'eft de plus l'ufage, que ces pentes foient faites plus couchées & plus unies depuis le fond jufqu'au haut, où l'eau parvient en hiver à fa plus grande hauteur ; & de donner moins de pente au refte des bords qui font au-deffus de l'eau ; ce que je n'approuve pas, parce que l'eau croupiffante caufe au bas des bords une fi grande preffion, qu'elle y affermit plus la terre qu'en haut : & c'eft pour cela que je penfe, qu'il eft plus néceffaire que la plus grande pente commence au-deffus de la fuperficie de la terre, & finiffe au-deffous de l'endroit où l'eau pendant l'Eté eft la plus baffe. Puifque l'agitation de l'eau mine les bords, l'on doit donner au refte des bords jufques au fond, le moins de pente.

Si l'on creufe dans du fable aride & mou, la pente des bords d'en-haut de trois pouces, au deffous de l'endroit où l'eau pendant l'Eté eft la plus baffe, donnera en-haut fur chaque pied de profondeur vingt-deux pouces de pente, ou vingt au moins, & en-bas pas plus de feize ou dix-huit.

Dans des terres fablonneufes mêlées ou plus fermes, en-haut dix-huit, & en-bas quatorze.

Dans

Dans des terres moins fermes, en-haut feize, & en-bas douze pouces.

Dans de la fange ou des terres extrêmement graffes, en-haut quatorze, & en-bas dix.

Dans les plus fortes terres graffes, en-haut douze pouces de pente fur chaque pied de profondeur, & en-bas neuf pouces fur le pied; cependant on ne donnera pas plus de pente à ces fonds, que depuis la fuperficie du terrain, jufqu'à trois pouces au-delà de la plus baffe eau pendant l'Eté.

Le prémier ouvrage quand on bêche, c'eft d'enlever la prémière demi-pêlée, qui doit être coupée obliquement & uniment, felon le cours de la pente, & qui doit auffi fervir de modèle. Cette couche fait le commencement de la pente, & comme tout dépend delà, on y employera les Ouvriers les plus entendus & les plus expérimentés, lefquels bêcheront dès le commencement la prémière demi-couche, & ainfi de fuite, & non pas la pente vers la plus grande largeur des Foffés, Viviers, petits Foffés, feulement à la largeur d'un pouce de moins, qui fert à polir & à égalifer, quand tout le refte eft achevé.

Quand on creufe dans des terres fablonneufes, on doit s'attendre à trouver plus de fable mouvant, parce qu'on creufe plus profondément: c'eft-pourquoi on confervera plus d'un pouce pour égalifer & polir les bords; deforte qu'il faut couper dans ce cas la prémière demi-couche, pour le moins à deux doigts des bords intérieurs; &, après avoir creufé la pente d'une manière égale jufques à l'endroit où l'on trouve le fable mouvant, on prend un pied ou un peu plus fur l'intérieur, ce qui forme une banquette, fur laquelle on met un Ouvrier qui reçoit & jette la pêlée: enfuite creufant de nouveau à une profondeur égale à celle de la prémière banquette jufqu'au terrain fupérieur, on en prend autant fur le dedans pour former une feconde banquette, & même jufqu'à une troifième, lefquelles on détruit d'abord que les Foffés, Viviers, &c. ont leur profondeur requife; après quoi l'on fait la pente égale aux endroits où ils ont le plus de largeur.

Pour prévenir les éboulemens des bords, caufés par l'agitation que le vent donne à l'eau dans de longs & larges Foffés, on fait enforte que ce coup d'eau foit affoibli par l'entremife de poutres de Sapin qui flottent entre de petits piquets, & qui montent & defcendent avec l'eau.

C H A

CHAPITRE VII.

Des Fonds de terre, & quels font les meilleurs.

J'appelle Fond de terre le champ qu'on a choifi pour planter, avant qu'il foit travaillé, même quant à fa fuperficie & à la profondeur où les racines des arbres parviendront. On a déja remarqué ci-devant que ces Fonds doivent être naturellement bien fitués, fertiles & en bon état, afin que les arbres & les Plants y puiffent croître vigoureufement, produire des fruits délicieux & du bon bois bien dur & bien nourri, fans qu'on foit obligé de faire beaucoup de fraix pour les travailler & pour les engraiffer à force de fumier (*a*). Quoique je ne connoiffe par expérience que les Fonds de la Hollande, il eft pourtant certain par-tout Païs qu'un terrain uni & au niveau eft plus propre & à préférer à un autre fitué dans des vallées ou fur des montagnes ; ce dernier produira pour l'ordinaire moins de fruits que l'autre : car outre que la plus haute montagne ne peut contenir plus de plants que le circuit uni de fon pied, l'humidité ne s'y communique pas comme il faut, & les pluies fortes, par cela même qu'elles en découlent avec rapidité, loin de faire du bien aux plantes d'en-bas, elles leur font même nuifibles. Ces fonds de montagnes deffèchent auffi davantage, ce qui fait bruler & fécher les plantes : on eft de plus fujet dans les vallées à des pluies violentes, qui caufent quelquefois des inondations & qui infectent l'air, ce qui n'arrive point dans des terres unies : les plants y croiffent au contraire à fouhait, en recevant par-tout une égale quantité d'eau; c'eft pourquoi j'ai dit dans le *Chap: VIII.* qui traite de la manière de travailler les Fonds, qu'il faut tâcher de mettre au niveau toutes les élévations ou collines, de même que les endroits creux, en ayant foin feulement que le milieu foit un peu plus élevé que le refte.

Dans des terres unies, qu'on veut planter avec des arbres, rarement les Fonds font trop élevés à proportion des eaux extérieures, ce qui fait

que

(*a*) *Illi, qui agrum recte colere velit, primum foli naturam effe debere cognitam.*
C'eft-à-dire:
Celui qui veut bien cultiver un champ, doit avant tout en bien connoître la nature.
Xenophon *Socrat. Liv. V.*

que les racines peuvent non feulement y pénétrer plus avant, & recevoir par-là plus de nourriture de la terre; mais auffi qu'en réfiftant mieux aux tempêtes, leur pouffe eft moins retardée, au-lieu que dans les terres baffes les racines s'échaufent trop en Eté par la chaleur de l'eau; deforte que bien peu d'efpèces d'arbres pourront s'y maintenir & y croître: on voit même que les Tilleuls meurent dans de pareils Fonds, quoique leurs racines, qui pouffent des rejettons, requièrent plus d'humidité que d'autres.

Les Fonds deftinés à la culture des herbes potagères, des fruits de terre & des fruits provenans d'oignons, ou des fleurs, font affez élevés, s'ils ont plus de deux pieds de hauteur que la fuperficie de l'eau pendant l'hiver, parce qu'alors ces fruits & ces fleurs peuvent recevoir leur nourriture dans des Etés fecs, en attirant l'humidité : mais on trouve rarement en Hollande de pareils Fonds bien élevés & bien gras; c'eft-pourquoi les Fonds plus bas doivent être fitués dans un lieu qui foit environné d'une Digue pour arrêter l'eau pendant l'hiver.

On trouve chez nous beaucoup de Fonds de terre graffe & fablonneufe, dans lesquels les arbres pouffent des racines fort profondes, parce que le deffus de ces fonds eft bon, gras & fertile ; mais ils y trouvent auffi fouvent à une certaine profondeur, des obftacles qui les empêchent de pouffer plus avant, caufés par une croute mitoyenne & dure, de fange, de bitume, de fable, qui reffemble à du fer moulu, & autres : il arrive même dans des années pluvieufes ou pendant les hivers, que les racines fe pourriffent fur cette croute dure, qui les feche lorfque les années font chaudes, parce qu'elle empêche les fucs de la terre de s'élever; mais on peut amender ces Fonds à peu de fraix, en brifant cette croute, pourvu qu'elle ne foit pas trop épaiffe ni trop profonde, comme on le dira dans le *Chap. VIII.*

Les meilleurs Fonds en général font d'une terre graffe, rouffàtre, fablonneufe, fous une fuperficie de terre argilleufe, glaife, femblable à celle dont on fait chez nous les briques, laquelle fe trouve entre onze & quatorze pouces d'épaiffeur, fous l'épaiffeur de dix pouces de terre argilleufe, faifant enfemble jufqu'à l'endroit où elle finit, l'épaiffeur de deux pieds: fous elle on trouve fouvent de l'Argile, quelquefois auffi une efpèce un peu moindre, mais toujours tellement graffe, que les racines y peuvent pénétrer: ces Fonds de terre graffe, avant que d'être plantés, étant mêlés & brifés comme il faut, n'ont aucun befoin, pour produire, de fumier ni d'aucun engrais, les feuilles qui tombent annuellement étant plus que suffisantes pour donner leur nourriture aux arbres. Ces Fonds sont aussi composés de parties déliées, fermes, bien jointes, collées les unes aux autres, ce qui fait que les arbres y croissent mieux, malgré les tempêtes, & sont moins sujets à être renversés que ceux qui sont dans les Fonds sablonneux : outre cela encore, les arbres y deviennent bien plus gros & bien plus grands, parce que leurs racines pénétrant plus avant dans ces Fonds de terre grasse, donnent lieu aux arbres de croître davantage. Ces mêmes Fonds bien brisés & bien travaillés sont aussi très propres pour diverses sortes d'herbes potagères & des fleurs ; mais comme ils sont composés de parties très déliées, qui se collent & se joignent beaucoup plus étroitement que les Fonds de sable, le Soleil ne sauroit y pénétrer en Hiver, ni même au Printems, autant qu'il est nécessaire pour faire circuler & évaporer les sucs ; ce qui est cause qu'ils ne sont pas des plus propres à produire de bonne heure des fruits de terre ou des fleurs, & encore moins pour des plantes qui sont dans des Caisses ou des Pots.

Les Fonds de terre grasse blanchâtre sont fort mauvais en Hollande, & les plus mauvais de tous sont ceux qui tirent sur le bleu.

Les Fonds marécageux sont un mélange de terre grasse & de sable, que la nature a mêlés, brisés, & que la pluie a rendus inséparables, dans le tems qu'on est obligé de briser & de mêler avec du sable tous les Fonds de terre grasse pour les amender & pour les rendre plus fertiles, encore la pluie les sépare-t-elle dans la suite, & cela tellement que le sable forme avec le tems, à la profondeur où l'on a remué ces terres, une croute, & se joint ensemble comme une écorce. A proportion donc que ces Fonds marécageux sont plus ou moins gras ou sablonneux, ils ont plus ou moins les qualités de l'une ou de l'autre. Il y a des Fonds marécageux qui sont composés de fange mêlée avec de la terre grasse. Ceux-ci valent moins que ceux que la nature a formés du mêlange de terre grasse & de sable. Ils produisent bien de plus gros fruits, mais aussi plus aqueux, moins solides & plus insipides, parce qu'ils tiennent des qualités des Fonds fangeux.

Les meilleurs Fonds de terre sablonneuse ont par dessus environ sept à huit pouces de bonne terre, nommée en Hollande *Kaluw-aerde*, dont les parties sont plus séparées & plus raboteuses que celles de la bonne terre des terres grasses & des marécageuses. Parmi cette prémière bonne terre, on trouve un sable jaune tirant sur le roussâtre, semblable à celui qu'on trouve sur le sommet des Falaises ou des Montagnes sablonneuses, qui donne

aux

aux fruits plus de nourriture qu'on ne penfe. On trouve fouvent parmi ce fable roussâtre, un fable plus groffier & blanc, dans lequel les arbres pouffent volontiers de très bonnes racines. De tels Fonds fablonneux n'ont befoin, pour la nourriture des fruits, d'autre engrais que celui des feuilles tombées, & des petits rejettons; mais les arbres n'y groffiffent pas fi vite, & produifent fouvent des fruits plus petits, mais plus fermes & plus agréables. Les arbres plantés dans ces terres fablonneufes, font plus fe-coués, & par cela même retardés dans leur crue, & plus facilement ren-verfés par le vent, parce que le fable ne fe colle & ne s'attache pas fi fortement que la terre graffe (étant compofé de parties plus groffières, plus raboteufes & plus féparées); fans quoi ces Fonds feroient générale-ment préférables à tous les autres, parce qu'étant poreux, durs, raboteux, fertiles, le Soleil peut y darder fes rayons à une profondeur convena-ble, ce qui fait qu'ils font très propres pour des Jardins à fleurs & pota-gers, & principalement pour produire de bonne heure des légumes & des fruits de terre, parce que les pluies abondantes de l'Hiver & du Prin-tems y paffent d'abord, & peuvent traverfer très facilement les prémiè-res petites racines; outre que ce font les Fonds les plus faciles à travail-ler. Par conféquent puisque les Fonds de terre, dans lefquels les pluies & le Soleil peuvent pénétrer bien avant, deviennent très fertiles, le con-traire doit arriver à ceux qui font privés depuis plufieurs années de ces avantages. Tels font ceux qui n'ont point de fable roussâtre, fertile, léger; car pour les rendre fertiles il faut nombre d'années & des dépenfes fort confidérables, fur-tout quand ils font chargés de fable blanc, groffier, & maigre, qualités qui ne confument pas feulement d'une manière trop fubite les parties huileufes de l'engrais qu'on y emploie, mais auffi qui en font trop évaporer la graiffe, parce que le fable eft trop ouvert & trop raboteux.

Les Fonds fangeux font légers, fulphureux, & fort ouverts, & par cela même très propres pour ceux qui élèvent des Pépinières, & pour ceux qui cultivent & font commerce de fruits de terre prématurés, car tout y croît fort vite & vient de très bonne heure : les fruits qui en proviennent font pour l'ordinaire affez gros, mais confervent en même tems un goût de terroir, c'eft-à-dire, qu'ils font coriaces, aqueux, d'un goût fulphureux, très defa-gréables & peu nouriffans. Ainfi pour peu qu'on fe propofe de plaifir dans fes entreprifes en fait de Jardinage, on fe gardera bien de choifir de pareils Fonds; j'avoue que tout d'abord les arbres y croiffent vigoureu-fement, & y groffiffent affez; mais il eft vrai auffi pour l'ordinaire, qu'ils

F 2

meu-

meurent dans le fort de leur crue, & cela avant que d'être fort grands; c'eſt ce qui arrive ſur-tout aux Ceriſiers.　Il en eſt de même des fleurs à oignon, elles y meurent d'an en an comme de conſomption. Il eſt enco- re à remarquer que pluſieurs plantes de terre, qui ont ordinairement vie pendant quatre ou cinq mois, & qui d'abord pouſſent fort rapidement, & même juſques à la maturité des fruits, ne vivent pas dans ces Fonds juſqu'à donner de la ſemence bien mûre. Il y a pourtant des fruits de ter- re qui ſont auſſi agréables dans ces Fonds, que ceux qu'ont produits des terres graſſes ou ſablonneuſes bien travaillées: tels ſont les choux rouges, qui crus dans de tels Fonds, ſont plus fins, plus pommés, plus doux, & moins remplis de groſſes côtes. Il en eſt de même des fruits de terre qui ont quelque amertume: crus dans ces fonds, ils ont meilleur goût que les autres, quoiqu'ils ſoient moins nourriſſans & moins ſains.

On verra aiſément par cette deſcription des Fonds de différente na- ture, que de bonnes terres ſablonneuſes ſont préférables à toutes les au- tres, enſuite les terres graſſes, & après celles-ci les marécageuſes bien fer- mes: de plus que des terres molles & légères ne ſont abſolument point propres à être plantées d'arbres de haute futaie, parce qu'ils s'y enfon- cent trop par leur poids: outre qu'on n'y ſauroit bâtir des maiſons, à moins que de les poſer ſur des piliers profondément enfoncés dans la ter- re.　On ne connoîtra point à la couleur la valeur des Fonds de terre, car une terre graſſe ou une terre commune, blanche, noire, rouſſâtre, bleuâtre, ſera fertile dans un champ, & ſtérile dans un autre: cependant la rougeâtre eſt pour l'ordinaire moins fertile; & il y en a même qui ſont entièrement ſtériles. La terre noire eſt plus fertile que la blanche, ayant ſouvent aquis ſa noirceur par l'humidité; au-lieu que la terre ſeche devient plus blanche.　Il en eſt à cet égard comme des nuages, dont les plus chargés de pluie ſont noirs, & ceux qui le ſont moins, plus blancs.

CHAPITRE VIII.

De la manière de travailler les terres avant que de les planter.

ON ne ſauroit, avant que de planter, examiner trop ſcrupuleuſement le Fond de terre pour lequel on s'eſt déterminé, & remédier aux défauts qu'il pourroit y avoir. On fera par conſéquent rehauſſer ceux

qui

qui font trop bas, mettre de niveau ceux qui font montueux, qu'on veut approprier pour des Jardins, & remplir les creux ou cavités d'une manière égale. On doit bien examiner, & cela en différens endroits, la nature de nos Fonds légers, jufques à la profondeur de cinq pieds. Tout cela fait, on brifera ces Fonds bien menu, & jufques à une jufte profondeur, après quoi on placera & on mêlera la terre, felon le befoin des racines des arbres qu'on y doit planter. Il fe commet à cet égard des fautes qui deviennent irréparables, dont le Propriétaire a lieu de fe répentir, mais trop tard, quand il voit les arbres languir, au-lieu de croître & de pouffer: deforte que bien-loin d'être trop économe à cet égard, on aura foin que tout fe faffe parfaitement & par ordre, ce qui ne fera pas feulement mieux pouffer les arbres, mais encore payera journellement avec ufure de fes peines & de fes frais, celui qui les aura plantés, en les voyant croître avec vigueur. Les fautes que l'on commet à cet égard proviennent très fouvent d'ignorance, & quelquefois de négligence. C'eft ainfi qu'on fe verra trompé dans fon attente, fi l'on emploie des Ouvriers ignorans, fous prétexte qu'ils fe contentent d'un falaire plus modique: fi l'on ne fait pas bêcher les Fonds de terre à une jufte profondeur, fi on ne la fait pas brifer; & fi l'on ne fait pas bêcher & mêler plus d'une fois la terre dans les endroits où elle fert le plus: fi l'on n'a pas foin de choifir une perfonne entendue, à qui l'on confie l'infpection de l'ouvrage, & qui faffe tout effectuer comme cela eft requis: fi l'on fait remüer les terres à prix fait, & non pas à journée, fi cela ne fe fait pas dans le tems le plus convenable, & fi l'on veut fe difpenfer d'employer tous les outils néceffaires. On ne doit pas négliger nonchalemment d'examiner fi tout eft fait felon les ordres donnés; car le Propriétaire fe trompera, lorfque prévenu en faveur des Ouvriers, il fe repofe fimplement fur leur bonne foi & leur habileté; les meilleurs de tous ne fongent qu'aux moyens d'allonger leurs journées, & d'alléger leur travail; il y en a même d'affez fcélérats pour faire de propos délibéré tout de travers, & de mauvais ouvrage, ne faifant aucun compte des ordres qu'on leur a donnés, quoiqu'ils n'en reçoivent ni profit ni avantage; ainfi l'on ne fauroit être trop fur fes gardes, ni trop veiller fur ce qui fe paffe, pour que tout fe faffe comme il faut, fans quoi l'on ne fera pas moins la dupe des Entrepreneurs, que de ceux qui travaillent à journées. Ces derniers ne s'étudient qu'à couvrir leur pareffe & le tems qu'ils ont perdu, & qu'à faire croire, quand on prend l'infpection de l'ouvrage, qu'ils fe font bien évertués: c'eft ce qui arrive quand ils ne bêchent pas la ter-

re

re aller profondément, & principalement dans les endroits où il y a u-
ne épaisse croute à percer, comme aussi lorsqu'ils ne bêchent pas comme il faut les terres partout également, ou quand ils prennent de trop
grandes mottes de terre à la première pelée, & la font rouler si bas
qu'elle n'y fait que peu de bien. Les Entrepreneurs se proposent toujours de travailler peu pour augmenter leurs journées: pour avoir bientôt fait, ils coupent de trop grandes mottes à chaque coup de bêche, &
par cela même ils ne brisent pas assez la terre; ils ne la bêchent pas assez
de niveau, ni de manière qu'elle soit vers le milieu plus élevée qu'aux
extrémités, ce qui est nécessaire pour l'écoulement des eaux: ils ne disposent pas la terre comme il faut, ni de la façon la plus avantageuse: ils
font les tranchées trop étroites, & s'amusent à cela, afin de mieux couvrir leurs fautes. Après avoir donné ces avertissemens, il sera bon d'e-
xaminer pourquoi, de quelle manière, & en quelles saisons des Fonds
doivent être travaillés. Prémièrement cela se fait afin que les parties terrestres qui sont étroitement jointes & unies ensemble, soient tellement
séparées les unes des autres, que la pluie puisse les humecter & les pénétrer de tous les côtés: & pareillement afin que l'humidité étant atti-
rée en-haut au travers de ce fond ouvert, puisse en nourrir selon leur besoin les plantes: outre que de pareilles terres donnent un plus libre passage à des pluies trop abondantes. D'un autre côté, les racines encore
tendres des Plantes pénétreront plus aisément dans ces terres légeres, &
se nourriront d'autant mieux, qu'elles sont à l'abri de l'air par la terre qui
les entoure.

C'est ce qui nous apprend à ne pas bêcher des terres grasses dans le
tems des grandes chaleurs de l'Eté, parce que les mottes de cette terre
exposées à l'air se durcissent autant que la pierre; il ne faut pas non plus
dans cette saison remuer des terres qui sont chargées de fange, puisque le
seul moyen de les briser, c'est de les exposer à la gelée; c'est-pourquoi
il est plus naturel de les bêcher avant l'Hiver, & cela à petites pelées,
& peu épaisses, qu'on met légerement les unes sur les autres, afin que les
parties serrées, se gonflant par la gelée, puissent se séparer, & faire
ensuite une terre plus molle, laquelle n'est plus sujette à se joindre si é-
troitement.

Les terres grasses qui n'ont pas par-dessous de dures croutes de fange, de bitume, ou d'argile, ou qui ont au-delà de cinq ou six pieds
de profondeur, doivent être creusées à la hauteur de trois pelées, & l'on
doit en placer la terre de la manière qu'on l'enseigne ci-après: ce qui

suf-

suffira pour que les arbres puissent y pousser leurs racines, & pour les leur faire pousser encore plus avant, si le terrain est plus élevé au dessus de l'eau; mais quand au dessous de la terre argilleuse dans les Fonds sablonneux & dans ceux de terre grasse, on trouve de pareilles croutes de fange, ou même dans quelque Fond que ce puisse être, il faut les rompre & les mêler: il est même bon que ces croutes brisées une fois par la gelée, soient placées au-dessous du troisième coup de bêche; on doit de plus répandre sur le dessus de ces Fonds de terre ferme & grasse, une couche de fange brisée par la gelée, de l'épaisseur d'un pouce, afin de les pouvoir sarcler & nétoyer plus facilement. Il y a des gens qui pensent qu'il est inutile de creuser si profondément, quand ces croutes dures sont plus basses que la plus basse eau pendant l'Eté; disant que le surplus des pluies peut pénétrer suffisamment sans cela; que l'humidité requise pour les plantes peut assez monter, & que les racines des arbres ne parviennent pas si avant: mais j'ai appris par mon expérience le contraire de tout cela, & que dans ces cas il faut bêcher du moins jusques à la profondeur de cinq pieds.

Les Fonds marécageux & de sable, dont les parties raboteuses ne sont pas collées ensemble, mais détachées & faciles à être séparées, doivent, pour bien faire, autant qu'il est possible, être remués immédiatement après l'Hiver, afin que le Soleil du Printems les puisse rechaufer d'une manière convenable; car si on le fait avant l'Hiver, & qu'il y tombe de la neige, dont l'eau est si pénétrante, ils se refroidiront si fort, qu'ils ne seront pas fort propres pour y planter des arbres au Printems suivant: c'est pourquoi les Jardiniers attendent toujours à bêcher leurs champs découverts jusques à ce que le tems, où la neige tombe ordinairement, soit passé. Ces Fonds marécageux & sablonneux, n'étant pas chargés de ces dures croutes de fange ou de ce sable qui ressemble à du fer moulu, doivent être remués de la hauteur de deux coups de bêche; ce qui suffit, à cause que le Fond étant plus bas naturellement mou & léger, les arbres peuvent sans trouver aucune résistance, y pousser leurs racines.

C'est à l'Inspecteur à prendre garde que la terre soit bêchée à petites pêlées, & placée dans les endroits où elle est le plus nécessaire; & que, s'il est possible, cela se fasse tout d'un tems, pour n'être pas obligé de la faire remuer & transporter deux ou trois fois. Cela dépend de l'habileté de l'Ouvrier, car il peut bêcher en une fois à une même profondeur, à peu près de niveau, ou bien en pente, tous les Fonds dont la
ter-

terre ne doit pas être mêlée à chaque coup de bêche ; enforte qu'il n'y reſte dans la ſuite preſque rien à faire , pour les avoir à ſouhait : cela n'eſt pourtant pas praticable dans des Fonds qui ont été rehauſſés , ni dans ceux qui doivent être remués , à cauſe de la fange ou autres croutes dures dont ils ſont chargés : d'un côté , parce qu'il faut bêcher trop profondément , & de l'autre parce que ces croutes n'ont pas par-tout la même épaiſſeur ; c'eſt ce qui oblige dans ce cas à tranſporter plus ou moins la terre remuée pour faire un terrain égal , ou qui aille en pente ; en troiſième lieu il eſt impoſſible de bêcher tellement en une fois un Fond rehauſſé , que la terre ſoit placée dans les endroits requis ; car quand on veut que la terre ſoit mêlée à chaque coup de bêche , il faut que le Fond ſoit remué plus d'une fois.

Dans les terrains de niveau on pourra en bêchant une fois , & en mêlant la terre par des demi-pêlées , la placer à ſouhait ; car dans les endroits où elle ne veut pas ſe ſéparer ainſi par des pêlées entières , on en coupe horizontalement aſſez pour que la bêche puiſſe contenir le reſte entierement joint ou bien de deux différentes ſortes. Quand on trouve par la qualité de la terre , en la plaçant , qu'elle a plus ou moins d'épaiſſeur , que celle dont on la coupe communément en la bêchant , on fera bien de bêcher plus ou moins profondément ; mais on eſt obligé de la couper horizontalement , quand une terre de la même qualité a plus d'épaiſſeur qu'un grand coup de bêche n'en ſauroit contenir.

Les Ouvriers ont coutume , dans les Fonds marécageux & ſablonneux , de jetter la prémière pêlée en-bas dans la tranchée , ce qui eſt toujours fort mauvais , ſur-tout dans les endroits où l'on creuſe , parce que la meilleure terre tombe alors trop bas , où elle n'eſt bonne à rien ; outre que par-là la terre ne ſe briſe pas aſſez. Afin donc de placer la terre à meſure qu'on la bêche , dans les endroits où elle eſt le plus néceſſaire , on doit faire attention à la diverſité des qualités des Fonds & des uſages auxquels on les deſtine.

Les Fonds de terre graſſe deſtinés à des Vergers où a des Plantages ſauvages , & dont la ſuperficie doit être de toutes ſortes de verdure , doivent être couverts d'une couche fort mince de fange ; mais cette derniere terre eſt auſſi nuiſible que la peſte dans les Jardins potagers , & encore plus dans les Jardins à fleurs , comme étant contraire à ces Plantes , auſſi n'y pouſſeront-elles aucune racine ; par conſéquent dans ces endroits la fange doit être miſe fort bas , & ne point paroitre en aucune façon ſur la ſuperficie.

On

On verra de plus, par la crue des Arbres & des Plantes, la manière la plus convenable dont la terre doit être rangée. Il eſt certain que chaque racine eſt la nourrice de la branche qui lui répond, & par conſéquent les petites racines minces & chevelues ſont les nourrices des plus petits rejettons nouvellement éclos. Ainſi dans les endroits où les Plantes & les Arbres en ont beaucoup ſous terre, l'on doit placer la meilleure terre, ſavoir par-deſſus les racines, & cela plus ou moins épais, ſelon que les racines ſont plus ou moins groſſes, & ſuivant cette proportion on peut auſſi y employer de la terre plus dure moins bonne, & dont les parties ſoient moins graſſes & moins ſéparées; mais comme la première couche des Fonds de terre plantés avec des arbres, devient foncièrement meilleure, quand les feuilles qui tombent ſur ſa ſuperficie y pourriſſent, cette mauvaiſe terre deviendra par cela même une terre exquiſe. Il eſt très bon auſſi, en plantant les arbres dans une terre molle & bien préparée, où ils pouſſeront plutôt de meilleures racines, de les mettre un peu plus haut que la ſuperficie du Fond nouvellement remué, à cauſe qu'ils ſont ſujets à baiſſer; & quant à la première couche, on pourra y employer de la terre moins bonne, juſqu'à la profondeur de trois pouces.

On fera la tranchée plus ou moins large, à proportion que la terre doit être bêchée plus ou moins profondément, & cela non ſeulement afin de pouvoir placer la terre comme il faut, mais auſſi afin d'en rendre la ſuperficie unie à meſure qu'on la bêche: car ceux qui creuſent ne doivent jamais y être gênés, ſi l'on veut qu'ils faſſent du bon ouvrage: c'eſt à quoi cependant on manque pour l'ordinaire, ſur-tout dans les endroits où l'on remue de la fange fort profonde dont la dure croute inférieure dans ces cas eſt rarement briſée & bêchée comme il faut. Afin donc de bêcher comme il eſt requis un Fond, où la fange ſe trouve au-deſſous de quatre pieds de profondeur, on fait toutes les tranchées de la largeur de ſix pieds, excepté la première qui n'en a que quatre: mais ſi la fange eſt encore plus avant en terre, on leur donne la largeur de ſept pieds. D'abord qu'on aura jetté en avant & en quarré la terre de la première tranchée, on trouvera, ſelon l'ordre, la meilleure terre, puis la bonne, enſuite la moindre, & après cela de la moins bonne encore, & même la fange, au cas qu'on en ait beſoin pour répandre ſur la ſuperficie: ou, ſi la fange eſt à ſi peu de profondeur qu'on juge néceſſaire de l'expoſer prémierement à la gelée: ou bien ſi elle eſt ſi épaiſſe qu'on ne ſauroit la percer d'un ſeul coup de bêche; dans ce cas on en mettra

<table>
<tr><td>Partie I.</td><td>G</td><td>aſſez</td></tr>
</table>

aſſez en-haut pour pouvoir percer le reſte : car le peu qui n'auroit pas é-
té bêché, rendroit entierement inutile ce qui l'auroit été, & cauſeroit des
fraix ſuperflus; mais quand d'un ſeul coup de bêche on a pu percer cette dure croute, on briſe à petites pêlées, ce qui en reſte en terre. La
prémière tranchée étant donc creuſée en quarré comme un Foſſé, & vui-
dée, ſuit le commencement de la ſeconde, large de ſix pieds, ce qui
doit être fait avec deux ſéparations, chacune de trois pieds de large, de
la manière ſuivante. On tire de la prémière moitié par les côtés, la
bonne terre, & enſuite l'autre; mais on tire par-devant, dans la prémière tranchée, la plus mauvaiſe terre qui vient enſuite, & on la jette par
deſſus la fange ou la dure croute qu'on a remuée; & ſur cette mauvaiſe
terre on jette la meilleure, qu'on a déja tirée par les côtés. Enſuite on
commence à la ſeconde ſéparation de cette ſeconde tranchée, dont on tire
d'abord la bonne terre, moyennant quoi la prémière tranchée eſt bêchée,
& la terre placée comme elle doit l'être. Tirez encore alors par les côtés la
terre qui a été trouvée ſous la bonne terre de la ſeconde ſéparation de cette
tranchée, & mettez le reſte ſur la fange briſée de la prémière ſéparation
de cette ſeconde tranchée; commencez enſuite la troiſième tranchée, pareillement large de ſix pieds, & avec deux ſéparations : de cette manière on a une tranchée de trois ſéparations de terre, dont à la prémière il
manque la bonne terre, & à la ſeconde la terre qui ſe trouve ſous cette
bonne terre, la troiſième étant entierement vuide juſqu'à l'endroit où
la fange a été percée. Dans ces ſortes de ſéparations des tranchées on
peut continuer à travailler de telle manière, que la plus mauvaiſe terre
vienne ſur la fange briſée, une meilleure ſur celle-ci, & la bonne par deſſus : on peut même ſi on le veut, porter de la moindre terre ſur la bonne, pour faire la ſuperficie. C'eſt la manière dont nous ſommes accoutumés de remuer nos terres avant que de les planter, leſquelles nous ne
bêchons, ni ne remuons plus, quand elles ſont une fois plantées, pas même nos Vergers ni nos Treilles, quoique les Anciens recommandent
de le faire principalement par raport aux Treilles, & cela même juſqu'à
trois labours par an, ſavoir pour la prémière fois quand elles commencent à pouſſer, pour la ſeconde quand elles fleuriſſent, & pour la troiſième quand les Raiſins commencent à meurir. Il faut ſavoir au reſte,
que tout ce qu'on vient de dire eſt rélatif uniquement aux Fonds des
Jardins de Plaiſance qui ne ſont pas d'une trop vaſte étendue : car quoiqu'une telle précaution de faire remuer ou bêcher les Fonds, ſoit très utile
par-tout Païs, elle ne ſauroit avoir lieu ni être effectuée dans des Cam-

pa-

pagnes fort vastes ; car cela exposeroit à des dépenses exorbitantes,
quand il s'agiroit d'arranger & de planter des Bosquets & des Plantages
d'allées fort larges & fort longues. C'est pour cela qu'on fait ordinairement labourer, avant que de planter ou de semer dans de tels endroits la terre, & qu'on la herse après l'avoir ensemencée à la manière des
champs. Aux endroits où l'on veut planter de grandes ou de petites
allées, on creuse au cordeau & par alignement des rigoles, dans lesquelles on plante les jeunes Plants, ou bien, où l'on pose en ordre les
glands & la semence.

CHAPITRE IX.

Comment on amendera les Fonds qui sont devenus stériles, soit natu-
rellement, soit pour avoir trop produit.

Les trois constitutions suivantes des Fonds sont cause qu'on doit les
amender & les rendre plus fertiles par le moien de l'engrais, prémièrement les Fonds qui sont naturellement maigres, grêles & stériles.
En second lieu, les Fonds dont les vertus productrices sont épuisées à
force d'avoir produit sans interruption. En troisième lieu, ceux qu'on
veut forcer à porter plus de fruit, qu'ils n'en peuvent produire naturellement.

Les prémiers de ces Fonds ne sauroient être rendus fertiles qu'à force
de fraix, parce que cela ne sauroit se faire par une quantité ordinaire de
fumier, car celui-ci se consume d'abord par la maigreur de la terre;
desorte qu'ils ne parviendront jamais à un meilleur état, que par le moyen d'une prodigieuse quantité de fumier.

Les Fonds bien gras, qui ont été épuisés par une culture non interrompue, deviennent de nouveau fertiles quand on les laisse quelque
tems en friche, & cela uniquement par la pénétration de l'eau de pluie
& de neige : c'est ainsi qu'on lit que le Tout-puissant avoit enjoint aux
Enfans d'Israël de laisser la septième année leurs terres en friche, & de
n'en retirer aucun fruit, que ceux qu'elles avoient produits naturellement ; preuve que le repos des terres ne servoit dans ces tems-là à d'autre usage, qu'afin que l'air & la pluie eussent le tems d'y mieux pénétrer & de les humecter. C'est aussi dans cette vue qu'on a coutume
aujourdhui de briser les terres, & de remuer les Fonds; c'est delà que

G 2

vient

vient l'expreſſion *laiſſer les terres en friche*, & c'eſt pour cela qu'on fait
le labour à celles qui ſont ſales ou couvertes de mouſſe.

On a appris par l'expérience que la fiente des Animaux , & autres
ordures, ſont très propres à fumer les champs ; mais on ignore qui en
a été le prémier inventeur, du moins on n'en peut parler que par con-
jecture.   Ce qu'il y a de plus vraiſemblable, c'eſt qu'on en a appris l'u-
ſage, en voyant que les terres ne ſuffiſoient pas à produire une qualité
de fruits requiſe pour la nourriture de la nombreuſe ſociété des hommes ; cette ſociété ayant beſoin d'un grand nombre d'Animaux ſervans
les uns au travail , les autres à la nourriture, ſe voyant incommodée
par l'inſuportable odeur de ces excrémens, s'eſt vue obligée de les tranſporter & de les éloigner ; ce qu'ayant fait peut-être ſur les terres voiſines, elle a appris ainſi par hazard à rendre à peu de fraix & très commodément ces terres plus fertiles, qu'en les laiſſant en friche tous les
ſept ans. Le tems a fait voir encore, que non ſeulement les excrémens
des Hommes & des Animaux , (excepté les Lièvres, les Lapins, les Oiſeaux d'eau, dont la fiente a été reconnüe anciennement & l'eſt encore
de nos jours, inutile, nuiſiblé aux plantes, comme cela ſe peut voir
dans les campagnes où ils ſe tiennent), ſont très propres à fumer, mais
encore pluſieurs autres choſes, comme principalement toute ſorte de corps
pourris (a), qui paſſent ſous le nom de fumier, de même que toute ſorte d'ordures, du limon, de la boue des pavés, de la cendre des matières combuſtibles, de la chaux, du ſalpêtre, du ſel ordinaire, &c.

Ces choſes communes & de peu de dépenſe ſont à coup ſûr incomparablement meilleures pour fumer les terres, que celles qu'on aquiert, à
grands fraix, avec beaucoup de peine, & par l'art de diſtiller ou de cal-
ciner, ce qui a été fort peu connu des Anciens, mais dont les Modernes diſent des merveilles, ſoutenant que la vertu de produire des fruits,
doit preſque entierement être attribuée au ſel qui eſt dans le fumier ; ce
qu'ils confirment par des exemples de terres, qui ont été rendues fertiles
uniquement par le moyen du ſel, du ſalpêtre, de la chaux, & des cendres
qu'on y a répandues : mais on demande à ces Inventeurs de nouveautés,
ce qui produit la fertilité dans des terres ſur lesquelles on a répandu de
la graiſſe de Baleine , comme on a découvert par hazard depuis peu
d'années qu'il eſt bon de le faire ſur de certains champs , après avoir
fait bruler & laiſſé pourrir cette graiſſe.   On leur demande auſſi pourquoi les Anciens mêloient parmi le ſalpêtre, de la lie d'huile, & pour
quelle

____

(a) Plutarque *dans* la Vie de Marius, *pag.* 417.

quelle raifon Columelle (a) prétend qu'en fe fervant pour fumer, de l'urine de fix mois, mêlée avec de la lie d'huile, il ne faut pas qu'on y trouve du fel parmi.

On a trouvé de plus que la même manière de fumer n'a pas les mêmes effets dans tous les endroits ; enforte que cette manière doit être différente felon la diverfité des qualités des Fonds ; car pour rendre fertiles de certaines terres, il faut y employer du fumier qui contienne plus de parties falées, acides, fulphureufes, & pour d'autres, au contraire, du fumier qui renferme plus de parties huileufes : auffi voit-on que tous les fruits tirant fur l'amer, comme des choux, de la chicorée de la poirée, de la rue, &c. demandent des parties plus falées, que les raves d'un goût fort, & que les oignons, &c.

Je trouve en général, lorfque j'examine ceci, que le fel qui eft dans le fumier ou dans la terre, doit contenir affez de parties huileufes pour devenir un favon convenable, dont les humeurs diffoutes par la pluie caufent la crue & la fertilité : puis donc que le fumier, auffi bien que le favon ordinaire, doit être compofé de femblables parties, on employera pour rendre fertiles des Fonds gras & huileux par eux-mêmes, du fumier qui contienne plus de parties falines ; & pour ceux qui ne contiennent que peu de parties huileufes, des corps pourris qui contiennent peu de fel & beaucoup d'huile. Si on veut fuivre cette règle en fumant la terre, il eft effentiellement néceffaire de bien examiner la nature des Fonds, pour donner à chacun d'eux la forte de fumier qui leur eft le plus convenable. Il ne faut pas oublier, malgré tout cela, qu'on ne doit employer le fumier que comme un moyen qui remédie à ce qui eft défectueux : car ainfi que trop manger dérange l'eftomac & eft nuifible à tout le corps d'une perfonne, de même la trop grande quantité de fumier peut nuire mortellement aux Plantes : c'eft pourquoi on ne s'en fervira qu'avec mefure ; & comme il rend le plus de fervice, quand il eft placé aux environs des racines des Plantes & des Arbres, on le couvrira uniquement d'un peu de terre, enforte qu'il ne fe puiffe pas trop deffécher ; alors la pluie, à mefure qu'elle tombera deffus, fera diftiller l'eau de favon depuis le haut jufques vers le bas des racines ; ce qui vaudra infiniment mieux, que de mettre le fumier plus avant en terre, & de faire ainfi des dépenfes inutiles. Il faut de plus bien obferver les faifons les plus convenables à la nature des Fonds, & à la diverfité

(b) Columelle *de l'Agriculture*, Livre II. Chap. 15.

fité du fumier; car les Vergers, qui ne peuvent pas être bêchés, mais dans lesquels on eft obligé de mettre le fumier par deffus la terre, doivent, pour bien faire, être fumés dans l'arrière-faifon avant les pluies ordinaires de l'Automne, afin que les parties de fel, d'huile, & autres, qui font néceffaires, puiffent mieux pénétrer par ce moyen avant la gelée; car ainfi que le Soleil fait évaporer par la chaleur dans l'Eté les efprits du fumier, de même la gelée le prive des parties qui lui font néceffaires: que fi dans ce tems on manquoit de fumier pour s'en fervir à cet ufage, on attendra à le faire après la gelée, afin que les pluies du Printems puiffent produire le même effet, qu'on vient d'attribuer à celles de l'Automne. Il eft auffi effentiellement néceffaire, quand on fume ainfi les terres par-deffus, que le fumier foit fluide, & facile à fe diffoudre; c'eft pourquoi on y employera de la boufe épaiffe, du limon mince, &c. afin que leurs humeurs favonneufes, étant plutôt diffoutes, pénètrent plus vite. Il vaut, outre cela, encore mieux, ne pas fumer ainfi en une fois ces terres, mais le faire à différentes reprifes, & renouveller fouvent le fumier en petite quantité, parce que le tems fec qui peut furvenir, foit gelée, foit chaleur, pourroit faire évaporer les efprits huileux, falés, acides, ou fulphureux, de cette partie du fumier qui abonde trop, & qui eft deffus la terre.

Les Champs potagers, ou qui produifent des légumes, doivent, pour bien faire, être fumés au commencement du Printems, avant qu'on feme, parce que les Plantes en doivent d'abord être nourries; vu que leurs fruits, pour la plupart, doivent être mangeables au bout de trois, quatre, ou cinq mois.

Tous les Fonds refroidis doivent pareillement être fumés dans le Printems, parce que dans ce cas le fumier, confervant mieux fa chaleur par la vertu du Soleil qui augmente tous les jours en force, rendra plus de fervice que dans l'Automne, fur-tout quand pendant l'Hiver fuivant il tombe beaucoup de neige, ce qui fait que le fumier pénètre trop avant en terre, & ne profite que très peu, à caufe du grand froid. Par la raifon du contraire l'on fume dans l'arrière faifon tous les Fonds fecs & chauds.

Il n'eft jamais à propos de fumer les Fonds pendant l'Eté, car le fumier doit faire fon effet en fe pouriffant, & en diftillant fes humeurs favonneufes, ce que la chaleur d'Eté l'empêche de faire en le defféchant trop. C'eft une règle générale que toute forte de tems pour fumer eft le plus propre, quand on emploie le fumier dans le fort de fa pouriture; car plus celui-ci eft converti en terre, plus auffi l'air a difperfé & fait évapoporer ſes eſprits, ſes parties ſalées, huileuſes & autres: cela n'empêche pourtant pas que ſouvent le fumier converti en terre, ne ſoit plus utile que du fumier plus frais: mais il eſt moins bon pour amender des Fonds; & c'eſt ce dont il s'agit ici.

Les Anciens n'ont pas attribué la pouſſe & la fertilité des terres fumées aux humeurs ſavonneuſes, qui naiſſent du fumier: mais j'ai appris le contraire par mon expérience, ayant trouvé que les excrémens des Animaux, pris ſimplement & ſans mêlange, ne produiſent pas en bien des occaſions des effets auſſi heureux, que quand on les emploie mêlés avec de la paille ou avec du chaume: & comme chez nous le fumier de Cheval & de Mouton eſt mêlé avec beaucoup de paille, cela eſt cauſe, dans le tems de ſa pouriture, qu'il ſe fait un plus grand mêlange de parties huileuſes avec les parties ſubtiles de ſalpêtre, dont ce fumier eſt fort chargé; ce qui fait auſſi que ce fumier produit chez nous de meilleurs effets que le leur n'en produiſoit chez eux. Ils appelloient auſſi *fumer* quand ils mêloient avec du ſable, leurs Fonds de terre graſſe, & de certains Fonds de terre blanchâtre, comme auſſi quand ils mêloient de la terre graſſe parmi le ſable: c'eſt ainſi que nous mêlons avec du ſable nos Fonds de terre fort graſſe, ou que nous y ſemons ſelon leurs qualités, des cendres ou de la chaux: on mêle auſſi nos Fonds de ſable avec de la terre fort graſſe, & ce qui vaut encore mieux, avec du limon de terre extrêmement gras.

Je n'ai pas trouvé que faire tremper toutes ſortes de ſemences dans de l'eau de ſalpêtre eût dans nos Fonds de terre bien fumés un même effet; mais cela en fait un extraordinaire par raport au Blé, puiſqu'un ſeul grain après avoir trempé pendant vingt-quatre heures dans cette liqueur mêlée avec de la lie de fumier de Cheval & d'herbages, m'a rendu ſoixante-deux épis.

CHAPITRE X.

De différentes ſortes de Fumier.

JE traiterai ici ſéparément de chaque eſpèce de fumier de ce Païs, afin que chacun puiſſe apprendre à en connoître les effets.

La fiente de Pigeon contient le plus de parties ſubtiles ſalées ou nitreuſes, & eſt de tout le fumier le plus chaud; c'eſt-pourquoi il ne faut

pas

pas en faire trop d'ufage, & ne s'en fervir uniquement que lorsqu'on feme ; auffi le laiffe-t-on tremper dans de l'eau, dans laquelle paffent fes parties fubtiles & nitreufes, & dont on fe fert enfuite pour arrofer les arbres & les Fonds. Ce fumier eft très propre pour réchaufer des Fonds trop refroidis, & pour amender ceux qui font plantés de vieux arbres languiffans: quoique je préfère pour cela du piffat de Vache dans l'Autonne, qui doit être à peine couvert par la terre, & dans les terres enfemencées être introduit par le moyen de la herfe.

La fiente de Poule approche beaucoup de la fiente de Pigeon, lorfque les Poules ne font nourries qu'avec des grains fecs: elle n'a pas cependant autant de parties fubtiles & nitreufes, par conféquent elle eft moins échaufante; c'eft pourquoi on pourra, lorfqu'on s'en fert, en mettre un peu davantage, bien entendu que ce ne foit uniquement qu'en guife de femence.

La fiente humaine eft très échaufante, & contient beaucoup de parties fubtiles, falées ou nitreufes: mais de tout le fumier, c'eft celui qui fert le moins longtems, quand on l'emploie fimplement & fans mélange; mais quand, au contraire, on le mêle avec du limon (auquel cas on l'appelle chez les Hollandois *Poort-aarde*), il produit de très bons effets, fur-tout lorfque cette compofition mêlée avec du fable & de la bouze, eft répandue fur des prairies.

L'Urine eft de très peu d'ufage dans ce Païs, quoique les Anciens fe fervoient pour les Pommiers & pour les Vignes, d'urine de fix mois, & mêlée avec de la lie d'huile *(a)*.

Le fumier de Vache eft, fans mélange de paille ou de fable, fimplement l'excrément des Vaches, qui tombant dans un receptacle, s'y mêle avec leur piffat & s'y raffemble: tranfporté deux fois la femaine, & rangé par monceaux, il fera auffi parfait dans fon efpèce qu'il peut l'être, fi on a foin de le tranfporter ainfi tel qu'il eft; mais quand il eft mêlé avec une plus grande quantité de fable, que ces Beftiaux n'en ont befoin pour fe garantir de la corruption, ou que l'on y ajoute de l'eau, il deviendra plus pefant, & il aura auffi moins de vertu: & quoique le piffat de Vache, étant nitreux, foit auffi par cela même fertile, cela n'empêche pas que les excrémens tout feuls ne foient meilleurs; c'eft pour cela que leurs excrémens pendant l'Autonne, avant qu'elles ne vèlent, font les meilleurs, parce que ceux du Printems vers la faifon qu'elles vèlent,

font

(a) Columelle *de l'Agriculture*, Liv. II. Chap. 15.

font plus minces, & par cela même moins bons. Ce fumier de Vache contenant moins de parties subtiles & salées, mais beaucoup de parties grasses & huileuses, n'est pas si échauffant. On s'en sert en Hollande plus fréquemment que de tout autre fumier, & cela simplement sans aucun mélange de paille: aussi doit-on s'en servir préférablement à tout autre dans tous les Fonds arides, secs, & principalement dans ceux qui sont sablonneux, parce que la chaleur du Soleil en fait moins évaporer les parties huileuses, ces terres étant fort légéres. Le fumier de Vache fait encore un très bon effet, quand on le répand sur de vieux arbres languissans, & sur des branches couvertes de mousse.

Le fumier de Cheval est employé en Hollande presque aussi généralement que le fumier de Vache; non pas cependant d'une manière simple, mais mêlée avec de la paille; ce qui ensemble porte le nom de fumier de Cheval, comme si c'étoit ses excrémens tout purs; il a moins de parties huileuses, & plus de nitreuses que le fumier de Vache: il est outre cela plus échaufant, & cela encore selon la nourriture, selon que c'est l'excrément d'un Cheval entier, d'un Hongre, ou d'une Cavale; les alimens secs ne contribuant pas seulement à rendre ce fumier plus échaufant, mais même la paille des Chevaux entiers & des Hongres, étant mêlée avec leur fiente & leur pissat, en donnent du meilleur & en plus grande quantité que les Jumens qui pissent par derrière; desorte que le meilleur fumier pour prématurer les fruits, est celui des Chevaux entiers, nourris avec des alimens secs, & qui ont toujours eu des litières de paille fraiche, parmi laquelle ensuite leurs crotins ont été bien mêlés. Ce fumier frais, & qui n'est point pourri, sert à fertiliser & a réchaufer la terre. On le met aussi tout frais dans la terre dès le commencement du Printems, afin de produire par la chaleur qu'il communique au Fond, des fruits précoces. Il faut cependant bien remarquer, que le fumier de Cheval frais, étant naturellement chaud & léger, par la grande quantité de paille avec laquelle il est mêlé, est par cela même le meilleur fumier pour les plus fortes terres grasses refroidies, qui par ce moyen se rechaufent beaucoup & deviennent plus légères, ensorte que le Soleil peut mieux y pénétrer. Mais on se servira de fumier de Cheval pourri pour fumer des Vergers & des Potagers, & principalement pour des terres légères & sablonneuses, parce que la chaleur en est déja dissipée, & que ses parties subtiles & nitreuses sont devenues plus huileuses. Le meilleur fumier pour cet usage est le fumier court & pourri de Cheval; de même que le fumier de Cheval, frais & long, est aussi le

<table><tr><td>*Partie I.*</td><td>H</td><td>meil-</td></tr></table>

meilleur pour prématurer les fruits; quoiqu'il doive toujours être mêlé avec de la paille, quand on veut l'employer utilement: au-lieu qu'on se sert du fumier de Vache tout simplement & sans aucun mêlange.

Le fumier de Mouton est bien plus chaud que celui de Cheval, mais pas si propre à fertiliser; d'un côté, parce que les pores de la paille, qui est trop brisée, ne retiennent pas ensemble les humeurs qui causent la grande chaleur, & de l'autre, parce que la paille est plus desséchée & moins humectée. Ce fumier contenant plus de parties subtiles de nitre que celui de Cheval, est plus chaud; c'est-pourquoi on l'emploie en plus petite quantité.

Le fumier de Cochon étoit regardé comme inutile chez les Anciens, à cause de sa chaleur; au-lieu que les Ecrivains modernes lui attribuent une vertu refroidissante, & pensent qu'il est d'un fort grand usage dans des Fonds arides, où les feuilles des arbres jaunissent & tombent avant la saison ordinaire dans l'Autonne. Je ne suis nullement étonné de ces qualités contraires du fumier de Cochon, parce qu'en Hollande on nourrit les Cochons avec de la lavure de tonneaux de bière ou de genèvre, ou avec du petit-lait, ce qui est rafraichissant, au-lieu qu'on les nourrissoit chez les Anciens avec des glands, qui sont échaufans.

Le Limon, la Boue, & le Limon mêlé avec de la fiente humaine, sont préférables, pour fumer, aux excrémens des Animaux; le prémier étant la graisse de la boue, est le plus propre pour tous les Fonds languissans, sur-tout pour les sablonneux, qui sont actuellement plantés d'arbres, ou qui doivent l'être. Quand le limon vient du dessus d'un Fond, qui n'est point sable, il contient assez de nitre pour produire, par le moyen de ses parties huileuses, une eau savonneuse suffisante, qui retient pendant un grand nombre d'années sa vertu productrice, & qui n'est pas échaufante, vu que ses parties nitreuses sont moins subtiles & plus huileuses: outre qu'à le considérer indépendemment de toute autre chose, il est une terre inculte, qui renferme toutes les qualités nécessaires pour produire: on peut suffisamment connoitre sa valeur à la vue, & même à l'attouchement; car le limon qui est gras, noir & sans coquillages, s'attache fort peu à l'écope quand on le remue, au-lieu que celui qui est moins gras s'y attache davantage en le remuant, & devient moins noir à mesure qu'il se sèche: encore le meilleur limon ne garde-t-il pas seulement sa noirceur en se séchant, mais il est aussi plus doux & plus gras à l'attouchement. De tel limon mêlé avec du sable & du fumier de Vache, répandu ensuite sur des paturages & sur des champs à faucher, est

d'un

d'un fort grand usage, mais il ne sauroit servir de nourriture aux arbres; car, par le moyen de ce fumier, l'herbe croît non seulement plus vigoureusement, mais elle est aussi plus nourrissante, & donne même au laitage des Bestiaux un goût plus doux & plus gras.

La boue de Pavé, composée de toutes sortes d'ordures, parmi laquelle il y a beaucoup de crotin de Cheval, est dans les Païs où il y a peu de Canaux, un fumier qui approche de la composition du limon & de la fiente humaine, desorte qu'on l'emploie de la même manière; mais en Hollande on ne sauroit regarder comme du fumier la boue des rues, parce que ces rues sont continuellement nétoyées avec l'eau des Canaux, dans lesquels on jette toutes les ordures, qui s'y transforment en limon.

Les feuilles d'arbres pourries, & la pourriture de toute sorte de plantes vertes, sont le fumier le plus naturel pour chaque plante dans son espèce; les feuilles des arbres les plus épaisses & les plus grasses en croissant, sont aussi, lorsqu'elles viennent à pourrir, le fumier le plus précieux; par conséquent les feuilles d'Aunes, & après elles, celles des Ormes sont les meilleures; & les plus mauvaises sont celles des Tilleuls & des Saules. Cette verdure & ces feuilles pourries font une terre fort légère, très propre pour des plantes qu'on cultive dans des Pots ou sur des Couches.

Le Tan consiste dans des écorces de petites branches vigoureuses ou d'arbrisseaux de Chêne, qui, après avoir servi à apprêter des peaux, & lorsqu'il vient d'être tiré de la cuve, est d'un jaune roussâtre, mais il devient ensuite noir par sa propre chaleur. Le Tan frais est le meilleur moyen pour fertiliser, conservant longtems une chaleur tempérée, propre pour des plantes qu'on cultive dans des Pots, & qu'on y enterre sous des vitres. Il faut avoir soin que le Tan reste humide, & qu'il ne soit pas couvert par la terre, sans quoi on éteindroit sa chaleur, à moins qu'il ne fût entassé en grande quantité. Il est encore d'un très bon usage pour servir de défense contre le froid, pourvu qu'il soit un peu pourri, & principalement quand on le met sur des Melonnières & des Carreaux qu'on arrose à cause de la chaleur; parce que l'eau, par ce moyen, y pénètre beaucoup mieux, sans se perdre par les côtés: de plus à mesure que le Tan se consume, il se transforme en une bonne terre, mais qui a le défaut d'être fort sujette aux Vers, & d'attirer des Fourmis.

La verdure qui croît dans l'eau est un fumier que les Tourbiers trouvent faire un très bon effet dans leurs Vergers & dans leurs Potagers; mais qui n'est pas à beaucoup près si bonne dans des terres séches & élevées: la meilleure, la plus grasse, & celle qui a le plus de substance, a par des-

H 2

sous

fous très peu de petites racines vifibles: celle qui a beaucoup de ces petites racines eft appellée verdure d'eau à queue; cette dernière eft plus
mince, de la figure d'une écaille de poiffon, elle s'afaiffe beaucoup, &
contient très peu de vertu ou de graiffe quand on la remue; de même
que la mouffe d'eau qui ne fe confume prefque point, mais qui ne fert à
d'autre ufage qu'à couvrir contre la chaleur defféchante du Soleil, les
jeunes arbres nouvellement plantés.   Cette verdure cependant produit
des effets furprenans à l'égard des Pois qu'on cultive dans des Fonds bas
& fulphureux; mais pour s'en fervir en guife de fumier dans des terres
plus féches, il faut que cela fe faffe dans l'Autonne, afin que les pluies
en la faifant pourrir, la rendent d'un bon ufage.

LIVRE SECOND.

CHAPITRE I.

Remarques générales concernant la crue des Arbres & la manière de les cultiver.

Avant que de passer à la manière de cultiver les arbres , & à leurs différentes espèces , il est nécessaire d'avertir que l'influence de l'air sur les Plantes y produit de grandes diversités , selon sa température , étant entierement différent sur des montagnes , des terres unies & découvertes , des vallées , des bois plantés avec des arbres fort serrés ou fort éloignés les uns des autres , comme cela est décrit fort amplement dans le *Chap. IV. de la seconde Partie du Livre I.* Quoique nous ignorions , quelle disposition de particules aériennes est le plus à rechercher & le moins nuisible pour nous, il paroit cependant par une expérience journalière , que toutes les plantes qui croissent dans des Climats différens , étant affectées par des changemens d'air , de Soleil , de pluie , de vent , &c. font du bois plus dur & plus vigoureux , quoiqu'elles ne poussent pas si vite : c'est pour cela que les arbres fruitiers , plantés de cette manière, donnent des fruits plus petits , mais plus agréables , plus solides & plus nourrissans , & par cela même bien meilleurs que ceux que portent des arbres qui sont placés dans des endroits plus ombragés , où l'air est moins varié, & où ils sont plus exposés à des rayons refléchis. Cela fait voir que toute sorte de plantes ont besoin d'un air libre & dégagé, & que l'on ne doit défendre l'entrée au vent qu'autant qu'il leur est nuisible par sa violence. Il ne faut pas non plus leur communiquer artificiellement plus de chaleur, qu'elles n'en ont besoin pour la maturité de leurs fruits ; ce qui varie selon la diversité des fruits , les uns en ayant plus de besoin , & les autres moins. C'est encore ainsi qu'une plante croitra beaucoup mieux en plein air qu'une autre , & pourra moins souffrir les injures du vent ; ce qui fait que les unes poussent vigoureusement sur les montagnes , les autres sur des terrains unis , & les troisièmes dans des vallées. Les arbres en général ne veulent pas être plantés dans des endroits trop resserrés , ou trop exposés à l'ardeur du Soleil ; car après les

H 3

avoir

avoir ainſi plantés , on trouvera que le bois des arbres ſauvages ne ſera pas ſeulement plus mauvais , moins compacte & moins dur , mais auſſi qu'il ne vivra pas ſi longtems ; c'eſt ce que prouve par-tout païs le bois planté trop près à près : au-lieu que la même eſpèce d'arbres crus dans un air plus ouvert , & expoſés de tous côtés au vent & à la pluie , vivent beaucoup plus longtems. C'eſt auſſi pour cette raiſon que les fruits des arbres de haute tige ſont meilleurs & plus agréables , que ceux des arbres nains , parce que ceux des grands arbres ſont plus affectés , & que les humeurs aqueuſes montant plus haut , ſont plus mêlées & plus changées : quoique ſi les humeurs néceſſaires pour nourrir ſuffiſamment les fruits , doivent s'élever juſqu'à des branches trop étendues , ces fruits ſeront à coup ſûr moins agréables & plus inſi-pides , comme cela ſe remarque ſouvent à des Vignes qui s'étendent au long & au large , à des Noyers, Pommiers, Poiriers, & tels autres arbres fruitiers. Les fruits des arbres nains plantés en plein vent, ſont pareillement meilleurs, que ceux qui croiſſent contre des cloiſons ou des murailles ; c'eſt-pourquoi on ne doit pas planter contre des murailles, des arbres qui peuvent porter en pleine terre des fruits juſqu'à une parfaite maturité: & l'on ne donnera point auſſi plus de chaleur à ceux qui ont beſoin d'être plantés contre ces appuis , afin qu'ils puiſſent por-ter leurs fruits juſques à la maturité , qu'autant qu'il leur ſera néceſſai-re. Bien plus les arbres fruitiers plantés en pleine terre ne ſont pas ſeu-lement meilleurs , mais les herbes & les légumes , & même les fleurs qu'on ſeme pendant l'Eté ſont plus belles , ont des couleurs plus vives & une odeur plus agréable , quand elles ſont ainſi expoſées , que lorſ-qu'elles croiſſent ſur des couches, au pied d'une cloiſon, ou à l'ombre.

Après avoir fait attention à la température de l'air , il faut paſſer à la nature des Fonds dans leſquels on a deſſein de planter les arbres : mais comme nous ne connoiſſons que peu ou point les cauſes de ce qui exiſ-te , il eſt difficile d'indiquer des remèdes propres à empêcher les mala-dies des arbres , & la perte des plantes , & cela d'autant plus encore que quelque bons que paroiſſent ſouvent les Fonds , il y a ſouvent par-mi la terre un mêlange pernicieux , qui eſt contraire aux propriétés des plantes qu'on y a miſes, & qui échape à nos recherches, ce qui fait que certaines plantes viennent beaucoup mieux naturellement , que lorſqu'elles ont été plantées ou ſemées par les mains des hommes. On trouve encore que certaines plantes ne croiſſent pas d'une même ma-nière , quoique plantées dans le même Climat & dans des Fonds qui

pa-

paroiſſent être les mêmes, & qui ne ſont éloignés les uns des autres que de très peu de lieues : l'une a dans un Fond des parties plus compactes & plus étroitement jointes que dans l'autre. Il arrive de plus que les arbres meurent ſubitement, quelquefois auſſi d'une manière lente, quoique dans le fort de leur crue ; ou bien que la même choſe arrive annuellement à des rejettons vigoureux, comme auſſi aux branches, par une eſpèce de gangrène, ou une diſtillation de gomme ; & cela ſans qu'on puiſſe l'attribuer à aucune cauſe viſible : cela va même ſi loin, que la même eſpèce d'Arbres mourra chaque fois qu'on la plantera dans la même place qui a été occupée par ceux qui ſont morts ; malgré tous les ſoins poſſibles qu'on a pris pour le prévenir ; comme de faire arracher les vieilles racines, en purger la terre, de faire fouiller la place fort profondément, & juſqu'à une grande diſtance, la laiſſer expoſée à l'air pendant un long espace de tems, & d'y porter enſuite de la terre fraiche, qui n'a jamais ſervi, au-lieu de celle qu'il y avoit : tandis qu'une autre ſorte d'arbres, plantée au même endroit très négligemment, y croîtra vigoureuſement, ſans eſſuier aucune maladie : on remarque cependant que la même eſpèce d'arbres n'eſt plus ſujette à de telles maladies, pourvu qu'ils ſoient plantés ſeulement à une très petite diſtance de l'endroit où les autres ſont morts ; ce qui me fait conclurre, que les Fonds, quoique voiſins, ne contiennent pas également & partout un mêlange de telles parties contraires. Il ſe peut pourtant bien, que ces maladies viennent de tout autres cauſes qui nous ſont inconnues, ſurtout quand des arbres fruitiers ont été entés ou gréfés ſur des Sauvageons qui leur ſont contraires ; ce qu'on ne ſauroit découvrir aujourdhui, à cauſe de la manière de cultiver qui eſt en uſage, puiſque la même ſorte de ſemence ne produit pas toujours les mêmes fruits ; car les mêmes pepins de Pommes & de Poires produiront indifféremment des fruits aigres & doux, des fruits d'Eté & d'Hiver : il en eſt de même des autres fruits, dont les Sauvageons ont été entés ou gréfés, avant qu'ils n'ayent porté des fruits : deſorte que, pour en être bien aſſuré, il faut avoir vu leurs fruits avant ce tems-là. Quand il arrive que les cimes, d'ailleurs vigoureuſes, des jeunes arbres meurent, on peut quelquefois encore les ſauver, en les tranſplantant à une petite diſtance de l'endroit où ils étoient : au-lieu qu'il n'y a plus rien à eſpérer de la part des jeunes arbres qui diſtillent de la gomme, non plus que de ceux qui ſont ſujets à ſe gangréner ; deſorte qu'on ne ſauroit mieux faire que de les abatre & de les bruler, & de planter enſuite une autre ſorte d'arbres à leur place.

II

Il y a encore des arbres de différentes efpèces, qui plantés à la place d'autres, ne croiffent pas comme il faut, mais qui meurent tout d'un coup ou en languiffant. C'eft ce qui arrivera, quand on aura planté un Prunier à l'endroit où il y a eu un Poirier. On voit fouvent que deux arbres de différentes efpèces, plantés fort près l'un de l'autre, meurent tous les deux de langueur : on remarque auffi que l'un d'eux meurt, dans le tems que l'autre pouffe comme il faut, quoiqu'ils pouffent l'un & l'autre vigoureufement : ce qui fait croire qu'ils ont des qualités reffemblantes ou contraires entre elles : ce que je ne faurois adopter, parce que je pofe en fait que les arbres plantés près l'un de l'autre, & qui croiffent vigoureufement, ont des pores de différente ftructure, qui ont befoin de diverfes fortes de nourriture, & qui la tirent de la terre, qui dans cet endroit en eft fuffifamment pourvue ; que c'eft-là la raifon pourquoi les Vignes & les Figuiers, les Ormes & les Saules, plantés près les uns des autres, pouffent fi vigoureufement : cependant ceux-ci font réellement contraires entr'eux, quoiqu'on prétende qu'ils fe reffemblent, & qu'on dife le contraire des autres. Mais je crois, lorfqu'il arrive que des arbres plantés à la place d'autres ne pouffent pas, ou que deux arbres plantés trop près languiffent, ou que l'un continue de croître & que l'autre meure ; je crois, dis-je, pouvoir démontrer, que les racines de ces arbres ayant une même ftructure de pores, ont befoin des mêmes parties nourriffantes pour leur fubfiftance : deforte qu'il n'eft pas étonnant que la terre refufe de nourrir un tel arbre, dans le même endroit ou un arbre de la même efpèce eft mort de langueur, & qu'on a enfuite arraché. Ce qui leve auffi la difficulté, c'eft qu'on voit périr enfemble les deux arbres ; car dans ce cas les parties requifes pour la nourriture ont été épuifés dans cette terre, ou bien elles n'y ont jamais été mêlées : ou bien encore la terre n'a pas dans cet endroit des conduits faits comme il faut pour y retenir les parties qui doivent fervir de nourriture. Il peut arriver auffi que les racines vigoureufes d'un certain arbre, tirant à foi de la terre la nourriture requife, en prive par cela même celui qui a des racines moins bonnes ; ce qui fait que l'un croîtra à fouhait, dans le tems que l'autre périra. On n'ignore pas au refte que l'If, les Aunes & les Saules épuifent extrêmement la terre, ce qui n'empêche pas que toutes fortes d'autres plantes ne viennent fort vigoureufement dans les Fonds où l'on a détruit ces arbres.

Afin donc que l'on ait le plaifir de voir pouffer toute chofe à fouhait, il faut favoir quelles plantes il eft bon de planter ou de femer dans le voifina-

ge

ge ou dans l'éloignement les unes des autres : il est très nécessaire aussi de bien connoître les Fonds, & de savoir quelles plantes y peuvent croître le mieux, & quelles sont celles qui n'y viennent pas si bien; c'est à quoi l'on doit sur-tout bien prendre garde à l'égard des terres grasses, marécageuses & sablonneuses, afin que les plantes, chacune selon son espèce, n'y croissent pas seulement d'une manière plus vigoureuse, mais aussi qu'elles y produisent de plus belles fleurs & de meilleurs fruits. Pour y réussir, il faut aussi les planter plus haut ou plus bas, au-dessus de l'eau, chacune selon sa qualité.

Parmi les plantes on en trouve qui viennent naturellement de semence, & qui n'ont pas besoin d'être taillées ou transplantées; qui croissent même mieux sans aucune culture dans les Bois, que celles que les hommes cultivent avec tout le soin possible; encore dans ce dernier cas, l'ignorance & la négligence seront-elles cause qu'elles s'abâtardiront davantage, quoiqu'on puisse quelquefois les faire changer à leur avantage. Quand il arrive que les Pins & les Sapins, qui poussent naturellement d'une manière droite & en pointe, vers le haut, aquièrent contre leur nature & sans être cultivés deux ou trois tiges, on peut, pourvu qu'on s'y prenne à tems, y remédier par une culture convenable, qui consiste à arracher les rejettons superflus, avant qu'ils ne deviennent ligneux. Il faut aussi se conduire, dans tous les cas qui concernent la manière de cultiver les plantes, de telle façon qu'on n'agisse pas seulement selon leur nature & leurs propriétés, mais aussi qui puisse nous mener au but qu'on se propose : c'est-pourquoi on cultivera d'une autre manière les mêmes arbres qui sont destinés à former des haies tondues, que ceux qui le sont pour du bois de charpente ou à bruler : ce qui étant négligé, on fait un tort considérable aux uns & aux autres.

Les arbres sauvages qui sont destinés pour le travail & pour bruler, souffrent souvent beaucoup lorsqu'on les transplante; car il est très nuisible de transplanter souvent les vieux & les gros, parce qu'à chaque fois leurs pores se rétrécissent, ce qui empêche la circulation de la sève : il est encore impossible de les arracher sans nuire aux racines, qui souvent leur sont nécessaires, & jamais sans rogner leur racine droite : outre que les racines sont sujettes à se resserrer dès le moment qu'elles sont exposées à l'air, ce qui fait que tant les racines minces que les chevelues ne sont plus propres à prendre leur crue, & qu'on est obligé de les couper aussi bien que les grosses racines qui ont été endommagées, sans quoi elles se pourrissent, ce qui cause aux racines dont celles-ci sont sorties, un tort considérable, retarde la crue, & refferre davantage les pores du tronc. Comme les branches qui font forties du tronc par deffus la terre, attirent la fève que les racines leur envoient du fond ; il faut à mefure que ces racines ont été coupées & rognées, que les branches latérales d'en-haut le foient auffi : la bleffure que caufera la taille des racines & des branches des côtés, ne fe guérira cependant pas fans produire de la confufion dans la difpofition des pores, ce qui fait que la racine droite ne croît plus dans la fuite fi bien vers le bas, & qu'elle aquiert plus de racines latérales ; que les arbres ne croiffent pas fi fort en pointe, qu'ils ne tiennent pas fi ferme en terre, lorfque cette dernière, étant plus remuée par le vent, fe fend & expofe les racines à l'air, ce qui empêche leur crue, au-lieu que fi on les laiffoit en leur place, ils ne cefferoient pas de croître également.

Il eft cependant à remarquer d'un autre côté, prémierement que les arbres qui viennent de femence, ne font pas toujours d'une même efpèce, puifque la même femence en produit de différentes fortes, comme cela paroit par les Chênes, les Hêtres, les Frênes, les Aunes, les Ormes, les Tilleuls, &c. ce qui fait qu'on doit varier la manière de les cultiver, & principalement à l'égard de ces efpèces dont la femence produit une plus grande variété d'efpèces bâtardes, comme font les Tilleuls qui ont de petites & mauvaifes feuilles de Bouleau, & les Ormes qui donnent le plus généralement des feuilles d'Ypreaux fort fines. Après avoir fait cette découverte, j'ai fini mes recherches fur les efpèces bâtardes des plantes, voyant qu'elles s'augmentent de tems en tems en nombre. Il arrive de l'autre, que les arbres qui pouffent des racines droites, & qu'on n'a pas tranfplantés, pénètrent en peu d'années, dans nos terres baffes, jufques à l'eau, ce qui les fait pourrir. Ayant fait une exacte attention à tout cela, je trouve que le meilleur parti qu'il y ait à prendre, c'eft de tranfplanter & de cultiver les arbres dans les endroits où ils doivent refter, de la même manière que le font les Jardiniers : favoir, de prendre, pour tranfplanter, des petits arbres qui font venus de femence, qui ayant été en terre pendant une année, font dans la feconde année de leur crue. Ces Sauvageons, quand on les tranfplante, doivent être coupés jufques à terre, afin qu'ils faffent une tige plus droite, & que l'année d'après ils pouffent de fortes racines : c'eft ainfi qu'on traite les Chênes, les Ormes, les Hêtres, &c. mais on ne coupe point les Pins, les Sapins, les Aunes, &c. Il faut auffi que les Tilleuls tranfplantés, lorfqu'ils étoient fort jeunes, foient attachés en droite ligne à

une

une perche posée en terre; en prenant bien garde que cette perche soit
posée du côté de la cavité de la tige, & non pas du côté de sa convêxi-
té, comme font les ignorans; ce qu'on doit observer généralement à
l'égard de tous les arbres, qu'on se propose de faire croître, par la ligature, droits & sans courbure.

Quand on prend, pour transplanter, des arbres qui sont plus vieux
& qui ont un plus gros tronc, on trouvera, que restant plus longtems
sans croître, leurs pores ne se resserrent pas seulement davantage, mais
aussi qu'ils ne poussent pas des racines assez fortes pour résister à de violentes tempêtes; ce qui oblige très souvent à mettre un pilier contre, ce
que bien des gens n'approuvent pas, comme étant nuisible à la crue. J'ai
trouvé cependant qu'un tel arbre croît fort bien ainsi, jusqu'à ce qu'il ait
de fortes racines, pourvu que le pilier soit fiché en terre à une certaine
distance, qui permette de mettre de la paille entre l'arbre & lui, pour
empêcher qu'il ne blesse l'écorce: il faut qu'il soit lié avec une forte ligature, de manière qu'il ne puisse être ébranlé. Mais il faut toujours prendre
garde que l'arbre ne frotte point contre le pilier, & qu'il ne soit pas si fort
comprimé, que le tronc même ait de la peine à grossir; car dans ce cas,
il arriveroit que cette pression, empêchant la sève de monter au-dessous
de la ligature le long de l'écorce intérieure, feroit moins grossir le tronc
dans cet endroit, & davantage au-dessus de la ligature; au-lieu que si on
empêche cette pression, les humeurs circulantes & continuellement agi-
tées, feront grossir d'une manière uniforme tout le tronc. On maltrai-
te encore les arbres sauvages, quand on coupe la branche de la tige; ce
qu'on fait assez souvent aux Ormes, aux Ypreaux, aux Chênes, aux Tilleuls, aux Peupliers, & autres. Cela cause dans le tronc une confusion
qui empêche la circulation des humeurs, d'où il arrive que les arbres ne
croissent pas si fort en pointe, qu'ils poussent plus de branches à couronne, & qu'ils ne deviennent pas si grands: outre cela jamais le bois ne
se réunit ensemble dans le milieu de l'arbre, à l'endroit où il a été coupé; ce qui fait que le bois des vieux arbres ainsi coupés, n'est jamais si
fort que celui dont les pores continués en longueur sont sans aucune
confusion. Je ne disconviendrai pas cependant qu'il est nécessaire de
couper les branches à couronne de certains vieux arbres, pour les faire reprendre plutôt, & pour leur faire pousser des branches nouvelles
avec plus de vigueur; parce que les racines de tels arbres fort hauts ne
sont pas capables de pousser à une telle élévation la sève ou les parties
nourrissantes, d'où il arrive que les rejettons de leur cime meurent sou-

vent,

vent, ou du moins, font fort tardifs à croître.   Le feul moyen de prévenir ces inconvéniens, c’eſt de mettre à leur place de jeunes rejettons
venus de provins, couchés en terre, ou de femence de deux ou trois
ans, leſquels il faut couper juſqu’à terre en les tranſplantant.

Les arbres en croiſſant font un circuit, il arrive cependant fort rarement que leur centre ſoit celui de ce circuit, parce que leurs pores ou
leurs petits tuyaux font toujours plus ouverts vers le Midi; ce qui fait
auſſi que leur bois n’eſt pas ſi dur de ce côté que de celui du Nord: on
aura ſoin, pour cette raiſon, en tranſplantant des arbres dont le rejetton
de la tige n’eſt pas rogné ni coupé, de les mettre à l’égard du Soleil
dans la même expoſition, où ils étoient avant qu’on les tirât de terre,
ce qui les fera croître en moins de tems, & fera auſſi de plus beaux arbres: & ce qui prouve que cela eſt néceſſaire, ce font certains Poiriers,
Nefliers, Chateigniers, & autres arbres qui font courbés, montrant
par-là qu’ils ne font pas placés dans une bonne expoſition à l’égard du
Soleil, ſe portant naturellement à reprendre celle où ils étoient auparavant.

Quand on a une fois arraché les arbres ſauvages, il faut les tranſplanter le plutôt poſſible; car plus l’air deſſèche les humeurs des racines,
ce qui reſſerre les pores, plus les arbres auront de peine à croître: il
faut ſur-tout bien prendre garde qu’ils ne ſe gelent, ce qui les deſſèche
encore davantage, & épaiſſit les humeurs des pores, d’où il arrive
qu’elles font dans la ſuite hors d’état de recevoir & de diſperſer les ſucs
néceſſaires; ce qui eſt non ſeulement nuiſible, mais auſſi très ſouvent
mortel pour eux, & principalement quand il s’agit d’Ypreaux, Ceriſiers,
& autres.

Pour empêcher que les arbres, qu’on doit recevoir d’un endroit éloigné, ne ſe deſſèchent ou ne ſe gelent, on aura ſoin d’envelopper les racines, (& quand on feroit la même choſe à l’égard du tronc entier, il
n’en feroit que mieux), de paille, ou de mouſſe; après cela de faire gonfler & étendre dans l’eau leurs racines & les pores reſſerrés, avant que de
les mettre en terre; ce qui eſt ſur-tout très bon quand les racines ont é-
té tant ſoit peu gelées.   Il faut de plus couper les racines chevelues, qui
ont été bleſſées, & qui ne font bonnes à rien. Les racines qui ne valent
rien, font celles qui n’ayant pas crû comme il faut, ſe compriment les
unes les autres, qui ont par enbas des excroiſcences, qui font minces, retirées, & noires. C’eſt ordinairement en tirant les arbres de terre, qu’on
bleſſe les racines.   Il faut bien prendre garde auſſi, en taillant les raci-

nes,

nes, que la coupe foit oblique, & cela de telle façon que l'entaille aille
en enbas dans la terre. Voyez, pour ce qui concerne de plus la manière de planter & de cultiver les arbres, le *Chapitre V.* de ce Livre.

La manière de cultiver les arbres fruitiers & fauvages eft tout-à-fait
différente après qu'ils font plantés: car tout ce qu'on fait à l'égard des
prémiers, c'eft dans l'efpérance d'en retirer des fruits abondans &
agréables; au-lieu qu'on s'attend de la part des autres à du bois vigoureux & de prix; c'eft là le principal but qu'on fe propofe à l'un
& à l'autre égard, après quoi fuit la beauté des ornemens fervans à
récréer les yeux, ce qu'on peut bien fe procurer de la part des arbres fauvages à couronne, mais non pas toujours de la part des
haies fauvages, ni des arbres fruitiers; étant plus naturel de faire plus
d'attention à la fertilité des derniers qu'à leur beauté, & plus à l'ornement des arbres, qui forment des haies fauvages, qu'à la valeur de
leur bois.

Les arbres fruitiers, qui croiffent avec vigueur & qui ont de bonnes
racines, pouffent plus ou moins de rejettons ligneux, à proportion de
leurs propriétés & de la ftructure de leurs pores plus ou moins refferrés
pour recevoir les humeurs renfermées, & pour les répandre de plus en
plus par-tout. Et comme les apparences des boutons de fleurs ne fe
voient point, qu'après que cette fève ne monte plus fi fort, & qu'elle
ne circule plus en fi grande abondance ni fi promptement, il eft néceffaire d'arrêter dans leur crue les rejettons ligneux, qui croiffent trop
vigoureufement, ce qui fe fait en tranfplantant fouvent les arbres,
quand on les ente, qu'on les greffe, & qu'on les taille: c'eft pour cela auffi qu'on ne les plante pas dans toute leur vigueur, & qu'on ne coupe
pas leur couronne jufqu'au tronc, afin de modérer par-là la diverfion des
humeurs & les faire changer. C'eft ce que confirment les arbres qui ont
été entés ou greffés fur un petit tronc de Coignaffier ou d'Epines, vu
qu'ils ont du bois extrêmement compacte, & beaucoup de petites racines menues; deforte qu'au travers de leurs pores très ferrés il ne paffe
pas une fi grande quantité d'humeurs, mais elles font plus mêlées; ce
qui les rend bien plus fertiles, mais qui fait auffi que le bois de certaines
efpèces de ces arbres eft frêle, fec, rempli de nœuds, & hors d'état de
produire des fruits. Cela vient donc de ce qu'ils ne peuvent pas recevoir une jufte quantité d'humeurs pour la production des fruits, leurs pores n'étant pas affez larges: c'eft-pourquoi je defaprouve la coutume
d'enter, de greffer, ou de greffer en approche fur des Coignaffiers ou

I 3

des

des Epines, à l'exception cependant de quelques efpèces, & je préfère de choifir pour cela, des plants fauvages, qui ont du rapport avec la qualité du fruit qu'on a deffein d'enter deffus : ces plants fauvages pourront devenir, en les foignant comme il faut, très fertiles & de bons arbres, pourvu qu'on laiffe à leurs humeurs affez de tems pour pouvoir circuler librement, jufqu'à ce qu'elles ne puiffent plus s'évaporer en fi grande quantité, & qu'elles ne foient plus fi minces ; ce qu'on pourra faire pareillement à des arbres qui pouffent des rejettons ligneux fort vigoureux, fi on les laiffe croître fans les tailler, parce qu'alors leurs humeurs ne font pas fi fujettes à s'exhaler, pouffent par ce moyen des rejettons moins vigoureux à la vérité, mais meilleurs & en plus grand nombre, par les côtés, qui deviennent propres à porter des fruits, & produifent des boutons & des feuilles en croix, qui ordinairement fe changent l'année fuivante en boutons à fleurs. C'eft là la meilleure manière de faire venir tout naturellement des arbres en pleine terre, pour avoir avec le tems du bon bois, & des fruits délicieux ; mais on eft obligé de faire la taille d'Eté aux arbres en efpaliers & aux nains, pour les arrêter par ce moyen dans leur crue, & parce qu'il ne leur convient pas d'avoir des jets fi longs & fi difformes. Comme il eft très mauvais de laiffer grandir trop fubitement des arbres fruitiers, en laiffant dès le commencement trop étendre les branches, on doit auffi tenir pour une règle générale, qu'il ne faut faire produire des fruits à un arbre, qu'après qu'il a du bois vigoureux, car fi on les retarde dans leur crue cela produit fouvent de mauvais arbres, frêles, noués, & tout couverts de mouffe.

Le Traité des jeunes arbres fauvages à couronne fe trouve dans le quatrième *Chapitre* fuivant, à l'endroit où l'on parle des provins couchés en terre.

On ne coupera des vieux arbres fauvages qui ont un tronc uni, en les taillant ordinairement, que les branches gourmandes & telles autres qui attirent trop la fève à foi, & empêchent par-là la branche capitale de la tige de croître comme il faut, parce que la beauté & la valeur des arbres fauvages confiftent à monter droit, n'ayant qu'un feul jet, d'où doivent fortir les branches des côtés, pendant que ce jet capital continue à croître avec vigueur ; ce qu'on empêcheroit en le rognant trop, parce que cela arrête la pouffe, fur-tout quand on les taille pendant l'Eté, & qu'on en coupe de trop groffes branches. Cela paroit évidemment par les haies tondues, qui ne deviennent jamais de gros arbres,

com-

comme aussi par ceux auxquels on a coupé les grosses branches.

Il faut bien faire attention, quand on coupe les branches gourmandes, à la pousse vigoureuse des arbres & à leur grosseur; car quand ce sont des arbres qui grossissent beaucoup, il ne faut jamais couper ces branches près du tronc d'une manière unie, car il arrive souvent, en le faisant ainsi, qu'il se forme à l'endroit de la cicatrice, une cavité qui avance vers l'intérieur, & que l'arbre a beaucoup de peine à recouvrir en grossissant. Pour prévenir cela, il faut couper les branches à un pouce de largeur du tronc, & couvrir tout d'abord avec quelque sorte de graisse la blessure, ce qui empêche l'introduction de l'eau & de l'ardeur du Soleil.

Il paroit par l'Orme, que chaque branche tire sa nourriture de sa racine qui est sous terre, & que cette racine correspondante à cette branche, est étouffée par la sève, quand on taille cette branche supérieure; car en l'abattant, on trouvera que les racines correspondantes aux grosses branches coupées sont mortes. Cela paroit aussi par les Sapins & les Pins, qui meurent toujours dès qu'on leur enlève leurs couronnes supérieures; & l'on remarque aussi souvent la même chose à de vieux Poiriers, Pommiers, Pêchers, & plusieurs autres arbres. Il y a cependant des arbres, qui se renouvellent au contraire, par cela même qu'on les prive de leurs branches, qui attirent trop la sève, & qu'ils poussent des branches vigoureuses par le tronc, comme on le voit par les Aunes, les Frênes, les Noizetiers, les Vignes, &c.

Toute sorte d'arbres croissent dans un certain sens, selon lequel quand il sont jeunes, ils se laissent plier facilement sans se rompre; si on les plie ou si on les tord contre ce sens, ils se rompent ou s'affoiblissent. C'est ce qu'on voit le mieux quand on lie avec de l'Osier, lequel se rompt, ou se détache de lui-même, s'il n'est pas tourné de la gauche à la droite, selon le cours du Soleil.

Le vieux bois qui n'est pas fléxible, est le meilleur pour du gros ouvrage & de longue durée; mais le fléxible vaut mieux pour résister pendant un court espace de tems à de violens efforts, parce qu'il est élastique, ou bien parce qu'il reprend sa forme après avoir cedé: c'est-pourquoi les Saules plians, de même que les Peupliers, sont meilleurs pour servir de défense contre le vent, que les Chênes ou les Hêtres.

CHA-

C H A P I T R E II.

Des Arbres & des Herbes, tant fauvages que cultivés, & de leurs genres, &c.

LEs Auteurs réduifent les plantes à quatre genres en général, comme Arbres, Arbriffeaux, Epines & Herbes: ils donnent aux trois prémiers le nom d'Arbres, parce qu'ils pouffent plus ou moins de jets folides de leurs racines: ils appellent le quatrième, Herbes, parce qu'elles ne deviennent pas fi folides, & qu'elles ont de petites branches plus molles; mais quoiqu'il y en ait parmi ces derniers (lefquels toutefois ne parviennent pas à la même hauteur, ni à la même groffeur que les autres arbres), qui croiffent de la même manière que les Arbres, les Arbriffeaux, & les Epines, il me paroit qu'on devroit les ranger tout au plus fous deux différentes claffes, favoir les Arbres & les Herbes, qu'on peut divifer enfuite en plufieurs efpèces moins générales.

On appelle Arbres, les plantes qui aquièrent naturellement & dans le fort de leur pouffe, une ou plufieurs branches folides; c'eft-pourquoi la Sauge, le Thim, le Romarin & leurs femblables font comptés parmi les arbres.

Les Herbes font ces plantes qui naturellement & dans le fort de leur crue, ont des branches tendres, foibles & molles, qui ne font pas ligneufes, quoiqu'on pourroit en prolongeant artificiellement la vie à plufieurs d'elles, les faire transformer en bois, comme les Violiers, les Oeillets, les Fleurs de la paffion, &c. Il y en a auffi qui en mourant aquièrent une ou plufieurs branches folides, comme les Mauves, les Artichots, & la plupart des Chardons, lefquels cependant doivent être tous rangés parmi les herbes & non parmi les arbres.

On diftingue de plus ces deux genres, chacun féparément, en cultivés & fauvages. J'appelle cultivés ceux qui produifent des fruits nourriffans, agréables au palais, ou rafraichiffans, au nombre defquels je comprens auffi ceux dont les feuilles fervent à affaifonner les mêts & les fauces, comme le Laurier, le Romarin, la Sauge, le Thim, &c. Les fauvages font ceux qui ne produifent point de tels fruits.

La plupart de ces deux fortes d'arbres cultivés & fauvages fe foutiennent par eux-mêmes: il y en a cependant qui ne fe foutenant pas ainfi,

ram-

rampent, parmi lesquels il y en a aussi qui, liés à une perche, montent fort haut, comme la Vigne parmi les cultivés; parmi les sauvages, le Chevrefeuille, & comme font toutes les autres sortes de Lière. Les herbes rampantes & cultivées sont les Melons, les Concombres, les Citrouilles & les Fraises. Ceux qui croissent ramés sont les Haricots, & les Pois. Il y en a aussi parmi les sauvages de plusieurs sortes, qui se fortifient par la ligature & qui montent fort haut.

La distinction moins générale des Arbres, est en Arbres, Arbrisseaux, & Epines.

L'Arbre est une plante, qui monte naturellement ou avec très peu de soin en en-haut, par un tronc dur & droit, du moins plus haut qu'un homme; & qui s'étend ensuite par le moyen des branches qu'il pousse en guise de bras en montant. On en trouve parmi ceux-ci qui poussent naturellement une seule tige fort droite, d'où sortent les branches des côtés, comme les Pins, les Sapins, les Cyprès, & les Cedres. On en trouve d'autres qui deviennent naturellement fort hauts & fort gros, mais pas si pointus; quoiqu'une espèce pousse naturellement un tronc plus haut que l'autre, avant que les branches de la couronne ne sortent par les côtés: il y en a aussi dont les branches de la couronne s'étendent plus vers les côtés ou vers en-haut. Les Ormes en font foi, puisque leur troncs ne croissent pas si haut sans pousser des branches, & que leurs branches de la couronne croissent plus vers en-haut, que les Chênes, qui ont de plus grands troncs, & dont les branches de la couronne sont plus droites aux côtés. On met aussi au nombre des grands arbres, les Aunes, les Bouleaux, les Frênes sauvages, quoiqu'ils n'aient pas beaucoup de branches étendues au loin, mais des troncs fort gros, & qu'ils ne croissent pas en hauteur comme les Trembles, les Peupliers, les Chênes, les Frênes, les Hêtres, les Ormes, les Ypreaux, les Tilleuls, les Chateigners sauvages, les Saules, &c.

Les Arbrisseaux n'ont pas les troncs si gros que les arbres: ils ont aussi souvent plus d'une branche, parce qu'il en sort souvent plusieurs de leurs racines: leurs troncs & leurs branches à couronne sont naturellement ligneux, & vivent fort longtems. On ne doit pas mettre au nombre de ceux-ci ceux qui restent défectueux par accident, ou qui par une culture particulière restent fort bas & fort minces; puisque sans cela ils deviendroient de fort grands arbres.

Les Ronces ou les Epines consistent en plusieurs branches ligneuses, qui naissent de leurs racines, & qui ne s'élèvent que très peu. Il y en a de deux fortes, qu'on peut réduire à deux claffes, favoir celles qui vivent peu, & celles qui vivent plus longtems. Je mets au nombre des dernieres les Vignes & le Lière: au nombre des autres les Mûres fauvages & le bois de Regliffe; quoiqu'il foit douteux, fi ce dernier doit être mis dans la claffe des arbres.

Plufieurs de ces Arbres, Arbriffeaux, Epines ou Ronces, fe dépouillent annuellement de leurs feuilles, peu de tems les uns après les autres, & d'une manière fort reconnoiffable; c'eft ce que font pareillement les arbres qui n'ont point de feuilles pendant l'Hiver, au-lieu que ceux qui verdiffent en tout tems, ne les perdent pas d'une maniere fi vifible & fi prompte.

Les Herbes font naturellement de même, mais il y a plus de différence entre elles; y en ayant quelques-unes qui n'ont point de tige ou de ronces, mais uniquement de petites branches longues & garnies de feuilles qui produifent les fleurs & la femence.

Parmi ces deux genres d'Arbres & d'Herbes on en trouve qui font de fexe different, & par conféquent du fexe mafculin & féminin; ils croiffent cependant pour la plupart les uns & les autres précifément de la même manière: c'eft ainfi que tous nos Arbres fruitiers & les herbes nourriffantes, qui produifent des fleurs & des fruits font tout à la fois de l'un & de l'autre fexe. Ces plantes, à ce que l'on dit, ne portent point de fruits à leur maturité, à moins d'avoir reçu de la femence virile, laquelle eft très vifible dans les queues de Chats ou Emouchettes qui font aux Noizetiers; mais beaucoup moins dans les fleurs mâles, qui n'ont pas par deffous, près de la tige, une tumeur, ou qui ne font pas prêtes à produire du fruit, & il arrive très fouvent qu'on voit ces fleurs mâles à d'autres branches qu'à celles où l'on trouve les femelles ou les fleurs. Il y a cependant auffi des plantes qui portent les fleurs mâles fur les mêmes branches des fleurs femelles. Mais je trouve une difficulté à l'égard de la néceffité de cette conjonction de la femence virile pour l'accroiffement des fruits; favoir que je vois que la fleur du Figuier fe noue dans l'intérieur du fruit, & que le fruit fort de l'écorce fans aucun figne vifible de bouton; dont je puis à mon avis conclurre, que dans ce cas cette conjonction ne peut pas avoir lieu: il en eft de même des Mûres qui font beaucoup plus abondantes, quand on n'y apperçoit point d'émouchettes, dans le tems qu'on en trouve à peine aux Mûriers qui en font fort remplis: qu'il y ait cependant des arbres & des herbes de fexe mafculin & féminin, cela fe voit aux arbres qui donnent de la femence,

com-

comme les Frênes, les Tilleuls, &c. & parmi les herbes, au Chanvre,
au Lin, & aux Epinars, &c.

C H A P I T R E III.

*Du tems auquel les Arbres croiſſent & vivent ſelon les Saiſons.　Qu'une
mauvaiſe culture & une trop grande fertilité peuvent racourcir
leur vie.*

LEs Plantes vivent plus ou moins longtems à proportion de leurs
propriétés, & de la qualité des Fonds : leur vie peut être racourcie par des cauſes connues & inconnues, & ils peuvent auſſi être retardés dans leur crue ; deſorte que tout ce qu'on fait pour la fertilité ou
pour l'ornement, eſt nuiſible à leur crue & racourcit leur vie , ce que
produit auſſi la tranſplantation : d'où il arrive que les arbres cultivés
par les hommes croiſſent pour la plupart moins bien , & vivent moins
longtems, que ceux qui viennent naturellement. Du reſte, il en eſt de
la crue des plantes & du tems qu'elles vivent, comme des Animaux ,
dont les uns ſont naturellement plus grands ou plus petits , plus ou
moins vigoureux que les autres.

Les arbres femelles croiſſent généralement en moins de tems que les
mâles ; mais ils ont du bois plus mou, gonflé, & ne vivent pas ſi longtems. Cette dernière choſe eſt cauſée par la diſſipation des eſprits vi-
taux, qui vient de leur fertilité & de leurs facultés productrices ; deſorte que les arbres les plus fertiles croiſſent moins vigoureuſement & vivent moins longtems ; & que les arbres qui croiſſent vite & qui ont u-
ne vie vigoureuſe, meurent plutôt. C'eſt ce que confirment ceux, qui
plantés dans des terrains fort bas , grandiſſent en peu de tems , mais
ne vivent que très peu , parce qu'ils ſont mous , gonflés , aqueux, &
qu'ils ont des pores fort larges. On verra au contraire, que ceux qui
demandent d'être plantés dans des endroits plus élevés, comme n'ayant
beſoin que de peu d'humidité, croiſſent moins promptement, mais vivent pour l'ordinaire plus longtems , par cela même que leurs parties
ſont plus compactes & leur pores moins grands. Cela n'eſt pourtant
pas ſans exception ; car les Pins & les Sapins ſuffoquent ſouvent dans le
fort de leur pouſſe, par la trop grande abondance de réſine. C'eſt à

quoi font auſſi expoſées pluſieurs autres ſortes, ſur-tout les arbres qui portent des fruits à noyau, étant ſouvent fort chargés de gomme: on fait
outre cela encore plus de tort aux arbres, dont les humeurs ſont ſujettes à ſe condenſer & à ſe changer en réſine, en les taillant, & on racourcit plus leur vie, que de ceux dont les humeurs ſont plus aqueuſes
& plus fluides. C'eſt pour cela que les Pins & les Sapins languiſſent,
quand on coupe leur tige: & ils meurent encore plutôt ſans pouſſer des
racines, ſi on les coupe plus bas; au-lieu que les arbres qui contiennent
beaucoup d'humeurs aqueuſes, coupés tout près de terre, pouſſent généralement un plus grand nombre de jets par leurs racines. C'eſt ainſi que
la Vigne coupée rez terre, rajeunit & produit de meilleurs fruits: c'eſt
ce qui arrive auſſi aux Grozeillers, qu'on cultive ſur des ſouches qui pouſſent pluſieurs rejettons, dont on en coupe annuellement quelques-uns
près de terre, en en laiſſant venir d'autres plus jeunes. On remarque
la même choſe parmi les arbres ſauvages, aux Aunes, aux Frênes & aux
Chênes, qui étant coupés rez terre (ce qui ſe fait ordinairement tous
les ſept ou neuf ans aux prémiers pour en faire du bois de chauffage),
pouſſent de nouveau chaque fois avec vigueur. Il faut cependant bien
prendre garde que le tronc qui doit être coupé, ne ſoit pas trop vieux,
ni hors d'état de repouſſer: car ſi l'écorce eſt trop épaiſſe & trop ſèche,
ou ſi la ſouche a été trop ſouvent coupée, elle refuſe ſouvent de repouſſer de jeunes rejettons, parce qu'elle a ceſſé de croître.

On ne peut point déterminer le tems auquel les bourgeons, les boutons, les feuillles, les fleurs, les branches, &c. commencent dans
leurs Saiſons à croître ou à paſſer, parce que cela dépend de pluſieurs
incidens; comme des qualités des Fonds, de la manière plus ou moins
vigoureuſe dont les arbres croiſſent, & de la diſpoſition de l'air & du
tems. C'eſt ainſi que la crue commence plutôt dans des Printems avancés, & dure plus longtems dans de Autonnes pluvieuſes & chaudes: cela produit auſſi des plantes plus vigoureuſes dans des Fonds
chauds, humides, gras & bien remués, que dans ceux qui ſont froids,
ſecs, durs & grêles. Il en eſt de même quand, pendant l'Eté, les
branches des arbres qui pouſſent avec vigueur, groſſiſſent & s'alongent; car cela eſt bien viſible, & plus remarquable aux jeunes arbres
qu'aux vieux. Les bourgeons & les boutons commencent ordinairement à pouſſer vers la fin de Juin, ou vers le commencement de Juillet,
quoique d'une manière très peu ſenſible juſques vers le milieu de Janvier; mais dès lors ils commencent à ſe gonfler beaucoup, continuant

ainſi

ainſi d'une manière très viſible juſqu'à ce qu'ils s'épanouiſſent & ſe changent en fleurs, en feuilles, & en rejettons à bois: cela n'a cependant
pas lieu dans le même tems à l'égard de toutes ſortes de plantes, ni
d'une manière égale & durable: car les unes commencent à pouſſer plutôt, les autres plus tard: les unes plus, & les autres moins longtems: il y
en a auſſi qui pouſſent à repriſes, après avoir ceſſé pendant des interva-
les, comme les Pommiers & les Poiriers. La prémière pouſſe du bois
eſt pourtant la plus vigoureuſe: la ſeconde produit ordinairement de foibles rejettons tardifs: la prémière dure pour l'ordinaire juſques vers le
mois de Juin, & la tardive commence avec la mi-Juillet; mais les inter-
vales du repos ordinaire & de la prémière crue, qui eſt la plus vigoureuſe, ſont racourcis, quand dans le Printems, les arbres ſont retardés
dans leur pouſſe par la piqûre des vers, ou parce que les feuilles ſont
brulées par la foudre ou par des feux folets, auquel cas la ſeconde crue
commence plutôt, & produit auſſi des rejettons tardifs plus vigoureux.
J'ai vu dans de tels cas commencer la ſeconde pouſſe vers la fin de Juin.
Les Pêchers, les Pruniers, les Ceriſiers pouſſent ſans interruption; les
prémiers juſques dans le commencement d'Aout, à moins que de jeunes arbres, qui pouſſent fort vigoureuſement, ne fuſſent retardés dans
leur pouſſe par une ſéchereſſe extraordinaire pendant l'Eté, & par des
chaleurs accompagnées de beaucoup de pluie, ou par une taille d'Eté
hors de ſaiſon, auquel cas ils pouſſent quelquefois juſques au mois de
Septembre. D'autres pouſſent d'une manière égale & continue, ſans
repriſes, depuis que leur crue commence juſques à ce qu'elle finiſſe, ce
qui arrive lorſque les feuilles commencent à tomber.

Certains Auteurs diſent que la pouſſe du bois commence avec le mois
de Septembre, & continue juſques en Février. Si ils entendent par-là
la condenſation des humeurs, enſorte qu'elles deviennent un corps plus
ſolide, je puis en convenir; mais je n'ai jamais remarqué que pendant ce
tems-là les arbres gagnent beaucoup en groſſeur, n'ayant trouvé après la
mi-Septembre que peu ou point de changement à cet égard; & quoique
généralement les arbres dont la pouſſe commence le plus tard, continuent
ordinairement à croître le plus longtems, comme le prouvent ceux qui
produiſent des fruits d'Hiver, cela ſouffre pourtant quelque exception,
car les Mûriers commencent le plus tard à pouſſer, & ſont des prémiers
à perdre leurs feuilles.

Quoiqu'on ſuppoſe que les arbres vivent auſſi longtems qu'ils produiſent de la verdure, on ne devroit pas cependant leur attribuer une vie

K 3

plus

plus longue, qu'autant que les arbres sauvages en ont besoin pour produire du bois propre au travail ou au chauffage, & que des arbres francs
produisent du gros & du bon fruit. Suivant ce principe un Chêne, venu d'un gland, ne vivra pas au-delà de cent ans, puisque même déja a-
vant ce terme son bois commence à se pourrir; c'est-pourquoi il vaut
mieux l'abatre après qu'il a atteint quatre-vingt-dix ans, & avant qu'il
soit parvenu à cent. Celui de tous les arbres francs qui vit le plus longtems, c'est l'Oranger : on assure qu'il y en a eu qui ont poussé pendant
trois cens, & même pendant quatre cens ans. Les arbres fruitiers vivent généralement moins longtems que les sauvages; ceux à couronne
plus longtems que les arbres nains; & les arbres à haute futaie plus longtems aussi que les Arbrisseaux & les Epines ou les Ronces. Encore les arbres qui produisent des fruits à pepins, vivent plus longtems que ceux
qui en produisent à noyaux : ceux qui produisent des fruits d'Hiver plus
longtems que ceux qui en produisent d'Eté ; & enfin ceux qui produisent
des fruits aigres, plus que ceux qui en portent des doux.

On ne peut pas attribuer au-delà de soixante ans de vie pour le plus
à des Pommiers & des Poiriers en pleine terre, qui sont bons & qui produisent bien; & cela dépend encore de la manière qu'ils auront été entés & gréfés; les arbres nains un peu plus que la moitié de ce tems : les
Pruniers quarante : les Pêchers, les Abricotiers, les Coignassiers vingt
& cinq : les Mérisiers, les Cerisiers, les Griottiers qui ont été gréfés, produisent, quand ils sont jeunes, le plus de fruits, & en même tems les plus
agréables à la vue & au gout : c'est-pourquoi on détruit ordinairement
ces Vergers vingt-cinq ans après qu'ils ont été plantés.

❁❀❁❀❁❀❁❀❁❀❁❀❁❀❁❀❁

CHAPITRE IV.

De la manière de multiplier les Plantes en général, & particulie-
rement les arbres.

ON peut multiplier les Plantes de quatre manières, dont la première, qui se fait par la semence, est la plus générale & la plus naturelle. La seconde se fait par l'accroissement des racines, & ainsi par
des sauvageons de souché, par des rejettons des côtés, ou par de petits
rejettons adhérens. La troisième de bouture, en mettant en terre une
                                                                    peti-

petite branche coupée, pour lui faire prendre racine. La quatrième par des marcottes, qui font des branches qu'on a pofées en terre, & qu'on laiffe attachées aux mères-plantes, jufqu'à ce qu'elles aient pris des racines en terre. Il y a quantité de plantes qui peuvent être multipliées de-ces quatre manières différentes, dont la Vigne fournit un exemple, pouvant être multipliée par femence, par des fauvageons de fouche par des provins couchés en terre. & par bouture; mais comme, felon la nature des plantes, une manière de multiplier eft préférable à l'autre, je traiterai de chacune en particulier.

De la multiplication par femence.

TOutes les Plantes, fans en excepter la Mouffe des arbres & les Champignons, produifent leur femence par le moyen de laquelle elles peuvent être multipliées: mais on auroit tort de croire, que, parce que certaines plantes viennent dans différens climats, leur femence arrive toujours à un tel point de perfection, qu'elle eft bonne à produire de nouveau d'autres plantes; pareillement que des plantes venues de femence produifent toujours de pareilles plantes à tous égards, les mêmes que celles qui ont produit cette femence, & encore moins qu'elles donnent les mêmes fruits. Cette différence fe remarque principalement dans les arbres, dans les plantes à oignons & autres, & plus particulierement encore dans les franches, qui produifent quelquefois, par le moyen de leur femence, de meilleures, mais le plus fouvent de moindres fortes: c'eft là la raifon pourquoi la plupart des arbres francs, venus de femence, produifent des fruits peu agréables, ce qui oblige très fouvent à les enter, ou à les gréfer. C'eft encore une chofe fort fingulière que des pepins de la même forte de Pommes & de Poires produifent des fruits peu & fort agréables, doux & aigres, d'Hiver & d'Eté; que des grains de raifin blanc il en provienne du noir, & de grains de raifin noir, du blanc. On voit fouvent arriver la même chofe aux Noix, car après en avoir femé des meilleures, il en proviendra des doubles, des mauvaifes, & quelquefois auffi des petites en bouquets. Tous les Pommiers & Poiriers viennent de femence, excepté les pommes de Paradis, qui viennent de fauvageons de fouche & qui après cela, de même que les Mérifiers, les Orangers amers & doux, les Limoniers provenus de femence, doivent être entés, ou gréfés, à caufe que la femence produit plufieurs efpèces bâtardes: mais cela ne fe pratique point à l'égard des Noyers, des

Aman-

Amandiers, des Chateigners, leur femence jettée en terre produifant de bons fruits.

Il en eft précifément de même des arbres fauvages provenus de femence, que des francs; car il y a diverfes efpèces de Chêne, de Hêtre, de Frêne, d'Aune, de Tilleul, d'Orme, &c. qui font provenus de la même efpèce de femence: on tire auffi de femence, des Cèdres, des Sapins, des Epines, des Chateigners fauvages, des Pins, des petits Frênes, & de la Rue, &c.

On peut voir dans le *Chap. III.* du *Second Livre* de la *Seconde Partie*, de quelle manière il faut s'y prendre pour gagner la femence, la conferver, la femer; & ce qu'il faut obferver avant que de femer, dans le tems qu'on feme, & après avoir femé.

De la multiplication par des Sauvageons de Souche.

LEs Sauvageons de fouche donnent ordinairement la même forte d'arbres & de fruits, que donnoit l'arbre avant qu'il fût enté. Il en faut cependant excepter les Ypreaux & l'Orme; car il produit par fes Sauvageons une plus fine efpèce. Plus on fouhaite de conferver la mère-plante, plus on prend de précautions en féparant les Sauvageons; car à l'égard des Sauvageons d'une mauvaife plante, lorfqu'ils font fort nombreux, & que pour vouloir conferver cette plante on ne leur laiffe que peu de racines, on partagera entre ces jeunes Sauvageons les racines de la mère-plante, & on les plantera avec elles, quand même cela feroit mourir cette dernière; mais quand il s'agit d'une bonne plante qu'on veut conferver, & qui a moins de Sauvageons, on fe fert d'une pioche bien tranchante, ou de quelque autre outil convenable, pour féparer prudemment les jeunes Sauvageons de la vieille fouche, & fans la bleffer beaucoup.

Les arbres qui fe multiplient par des Sauvageons de fouche, font les Trembles & les Peupliers, la Guimauve, les Amandiers, l'Epine vinette, les Framboifes, les Pommes de grenade, les Noizetiers, le Houx, les Chevre-feuilles, les Cornouillers, les Cerifiers fauvages, lefquels cependant on ente ou l'on grefe dans la fuite; comme auffi les Pommes de Paradis, les Lauriers, le Troene, les Mûres, le Bouis, les Pruniers fur lefquels on peut auffi enter & gréfer; de plus les Rofiers, la Sauge, le Thim, le Sureau, les Figuiers, le bois de Regliffe. Parmi les herbes on multiplie toutes les fortes de fleurs à oignon ou à plante, en détachant

chant les cayeux, ou en féparant les plantes, de même que les Fraifes, les Artichots, la Ciboulette, les Echalottes, & autres herbes fines propres à bien affaifonner les Sauces.

De la multiplication par Bouture.

TOus les arbres qui ne font pas chargés de gomme ou de réfine, peuvent être multipliés par le moyen de branches coupées, lefquelles étant mifes en terre prennent racine : c'eft pourtant ce qui ne fe pratique, que lorfqu'on fe propofe d'aquerir par-là des plantes plus hâtives & meilleures ; ou bien lorfqu'on ne fauroit abfolument le faire d'une autre manière. Les Boutures requièrent, pour bien réuffir, une chaleur tempérée, & une humidité raifonnable, ce qui leur facilite le moyen de pouffer des racines. La chaleur & la féchereffe font au contraire refferrer les pores, & empêchent ainfi les humeurs de circuler ; delà vient que des Boutures mifes en terre, dans le Printems, contre des murailles ou des cloifons fort expofées au Soleil, prendront rarement racine, à moins qu'on ne prenne à cet égard les précautions néceffaires, en couvrant le tour de ces Boutures & en les humectant.

Les Vignes & toutes les Plantes, venues de Bouture, donnent une même forte de plante & de fruit, que l'arbre dont la Bouture a été coupée ; il vaut cependant mieux mettre en terre les bouts de Vignes dans l'Automne, que dans le Printems ; comme on a foin de l'indiquer dans le Traité des Vignes.

Les Grofeilles, y compris les vertes, prennent auffi de Bouture : on fe fert pour cela dans le Printems, du bois d'un an, dont on a auparavant coupé les petits boutons, jufqu'à l'endroit où le bois doit entrer en terre, & cela afin qu'il faffe moins de Sauvageons de fouche : ceci fe pratique quand ils font deftinés à de petits arbres en buiffon.

Le Lière vient des Sauvageons de fouche ; mais ceux-ci font pour l'ordinaire minces, grêles, ayant des pores fort refferrés ; delà vient qu'ils prennent mieux de Bouture par le moyen de branches d'un an, groffes, gonflées & pleines de fuc.

On met dans le Printems en terre des bouts de Saules, qui ont deux ou trois ans, & qui font affilés vers le bas, pour entrer plus avant & pour refter plus fermes ; des bouts d'Ozier de deux ans, ou par néceffité d'une année même.

Les Jafmins, les Myrthes, les Oléandres, les Troenes, les Romarins, les Ifs, les Sabines, prennent pareillement de Bouture. Il faut avoir bien foin en général, à l'égard des arbres étrangers, que le bois dur qui n'eft pas hâtif à faire des racines, foit mis en terre dans l'Autonne, & à l'abri du froid de l'Hiver, jufques au mois d'Avril, après quoi il faut mettre fous des vitres, dans du Tan rechaufant, les pots qui contiennent des plantes d'un bois dur & gonflé.

Parmi les herbes, les Giroflées pourprées & jaunes prennent de Bouture.

De la multiplication par des Marcottes, ou par des Provins couchés en terre.

ON aquiert par des Marcottes, ou par des Provins couchés en terre, la même forte de fruits, qu'ils produifoient avant que d'être mis en terre; mais on ne multiplie pas tant de cette manière, que par femence ou par bouture.

La Marcotte des arbres fe fait le mieux dans le Printems, immédiatement avant le tems qu'ils bourgeonnent, lorfqu'il commence à faire chaud, & que la fève eft montée dans les arbres: on fait à quelques-uns une petite entaille par deffous, à l'endroit où la branche doit être mife en terre, afin que la fève ne monte pas trop fubitement. Il faut de plus, pour que le Provin couché en terre pouffe mieux des racines, l'affurer de façon qu'il foit immobile; & ne faire aucune taille, ni arracher aucune feuille au bout de la Marcotte, qui fort de terre dès le moment qu'elle y a été mife.

Les Lauriers à tige droite fe multiplient ainfi. L'arbre étant coupé tout près de terre, pouffe dans la même année, fans beaucoup de peine, & par le foin qu'on prend d'arracher les rejettons, tandis qu'ils font encore en boutons, un jet unique, droit & d'une hauteur raifonnable, dont on ôte l'écorce près de terre, de l'épaiffeur d'une paille; après quoi on lie d'abord autour de cette place dégarnie, un jonc de Mofcovie, on couvre de terre ce jet jufques au-deffus de la ligature, dans laquelle il paffe des racines en fort peu de tems : cela fait, on le fépare l'année fuivante de la mère, qui pouffe alors de nouveau un pareil jet.

Il n'eft pas poffible de multiplier de femence les Ormes & les Tilleuls, parce que la femence d'Orme produit le plus fouvent des Ypreaux, & celle de Tilleul plufieurs efpèces fort abâtardies : c'eft-pourquoi on le fait ordinairement de la manière fuivante. On coupe dans le commen-

mencement du Printems, un vieux mais vigoureux arbre, à la hauteur
d'une paume au-deſſus de terre, lequel pouſſe encore ordinairement a-
vant la St. Jean, pluſieurs jets, qui ſont propres à être mis alors en terre, & à produire dans cette même année des racines, qu'on peut détacher l'année ſuivante de leur arbre, & planter ſéparément; après quoi
on les coupe près de terre: de cette manière ils feront dans la ſuite une
ſeule tige droite, & cela ſans beaucoup de ſoin. Les petites branches
qu'ils pouſſent par les côtés ne doivent être taillées que la ſeconde année, à moins que certaines groſſes branches, nommées branches gourmandes, ne nuiſiſſent à la pouſſe du jet de la tige, auquel cas on coupera ſeulement ces branches, ce qu'on eſt obligé de faire très ſouvent
aux Tilleuls. On poſe du reſte en terre près des Ormes, la prémière année de leur pouſſe, un pieu, menu & droit, pour y attacher contre
les injures du vent, le jeune jet avec du jonc de Moſcovie, lequel pieu
on ôte l'année ſuivante. Les Ormes ayant fait aſſez de bois pour
réſiſter au vent, peuvent naturellement dans la ſuite devenir des arbres d'un ſeul tronc, ſans qu'il ſoit beſoin de ligature; mais il n'eſt pas
auſſi aſſuré que les Tilleuls feront une tige droite; c'eſt-pourquoi on les
laiſſe attachés au pieu plus longtems, par le moyen duquel ils ſe dreſ-
ſent.

Les Arboriſtes ont coutume de couper les Marcottes tranſplantées, à
un grand pied au-deſſus de terre, & l'année ſuivante de nouveau près
de terre; ce qui les fait pouſſer plus vigoureuſement & groſſir avec une
ſeule tige.

On marcotte les Oeillets au commencement du mois d'Aout. On fait
par deſſous une petite entaille juſques à une jointure de la Marcotte,
laquelle on couche au niveau de la terre où eſt la plante: on la couvre
enſuite avec une juſte quantité de terre, pour pouvoir réſiſter au froid de
l'Hiver & à l'eau de neige; ce qui vaut mieux que de mettre la Marcotte plus avant en terre: il faut de plus avoir ſoin de couper un peu les extrémités des branches.

CHA-

CHAPITRE V.

De la Pépinière, & de la manière de cultiver les arbres.

SI l'on n'a pas une Pépinière en propre, on n'eſt jamais aſſuré de la réuſſite des arbres qu'on achète, & encore moins ſi les fruits répondront à notre attente, & s'ils feront d'un gout agréable; car à l'égard des arbres, ceux qu'on fait venir de loin doivent néceſſairement reſter plus longtems hors de terre avant que d'être tranſplantés, ce qui fait auſſi plus deſſécher les racines, reſſerrer les pores, & retarder en même tems par-là leur nouvelle pouſſe : pendant cet intervalle on ignore, ſi les racines ne ſouffrent pas de la gelée ; outre cela les Arboriſtes, encore moins leurs Ouvriers, en arrachant ces arbres, ne ſe mettent pas fort en peine s'ils en bleſſent les racines ou non : ce qu'on peut entierement prévenir, en ayant une Pépinière en propre ; les Sauvageons qu'on a gagnés ſoi-même ſe trouvant enſuite être tranſplantés dans une terre pareille à celle où ils ont été d'abord, dans laquelle ils produiront des racines & des jets plus vigoureux ; car l'opinion de ceux qui croyent, qu'un arbre, tranſplanté d'une mauvaiſe terre dans une meilleure, pouſſera plus vigoureuſement, eſt entierement contraire à l'expérience, puiſque les Plantes font dans de mauvais Fonds de mauvaiſes racines, incapables de pouſſer au dehors de bonnes & de vigoureuſes plantes ; le bois d'en-haut étant grêle, maigre, ayant des tuyaux bouchés, nullement propres à attirer les humeurs qu'il trouve dans de meilleures terres, & les faire monter plus haut, ce qui l'empêche de croître d'une manière convenable. Un arbre au contraire, qui eſt né dans une bonne terre, où il a fait de bonnes racines & de bon bois, tranſplanté dans une autre bonne terre, ne tardera pas à y croître, & y pouſſera avec vigueur. On eſt de plus aſſuré, quand on a une Pépinière en propre, des eſpèces de Sauvageons, & des fruits que l'on veut ſe procurer ; par où l'on menage ſon tems & ſa bourſe, n'étant pas obligé de tranſplanter, ce qu'il faut faire quand on a été trompé par un mauvais fruit, ou par une eſpèce différente de celle qu'on avoit demandée ; ce qui n'arrive que trop ſouvent, lorſque l'Arboriſte n'a pas la ſorte d'arbre qu'on deſire. Il eſt de plus caſuel chez les Arboriſtes, que le Sauvageon, quand on l'ente, produi-

ſe

fe précifément & naturellement la même chofe, puifqu’il eft incertain quelle forte de fruit, (doux ou aigre, d’Hiver ou d’Eté), il en proviendra; outre que les Buiffons venus de femence ne s’y entent que la quatrième année, ce qui eft auffi caufe que quantité de fruits fort agréables fe perdent, comme préfentement la bonne Poire fucrée, la Bergamotte & la Pêche de Zwol & autres, ne fe trouvent plus: car on eft obligé d’attendre dix, douze & plus d’années, pour avoir des fruits de femence, & avant que de pouvoir enter les Sauvageons felon leurs efpèces. Comme donc un Arborifte devroit encore attendre quatre années, depuis le tems que ces Sauvageons ont été entés, pour pouvoir les vendre, il n’eft pas à préfumer qu’il effectuera jamais cela: il n’attendra pas non plus affez longtems pour favoir fi les Sauvageons de femence donnent des fortes de fruits amendées, parce qu’il s’en trouve très peu de cet ordre parmi les fauvages qui ont été femés: il n’entera jamais non plus de nouveau un fruit connu, quand il feroit affuré que ce fruit en deviendroit meilleur, d’un côté à caufe de la perte du tems, & de l’autre parce que cela fait du bois moins précieux; ce qui conféquemment l’empêcheroit de s’en défaire à des acheteurs ignorans, comme il s’en trouve beaucoup, parce que cet amendement ne fe voit pas à l’œil. On peut cependant, fans mauvaife foi de la part de l’Arborifte, fe tromper à l’égard d’un fruit. Prémierement lorfqu’il a été lui-même trompé tout le prémier, en recevant de tout autres Entes ou Grefes, que celles qu’il avoit démandées; car cela ne pouvant point être apperçu extérieurement au bois, fur-tout à l’égard de plufieurs efpèces étrangères, il arrive qu’il trompe fans vouloir tromper, & cela d’autant plus qu’il attend rarement à vendre fes arbres, qu’ils portent du fruit. D’un autre côté, il fe peut fort bien que, par le labour de la terre ou autres accidens, l’ordre des numero foit troublé & ne s’accorde plus avec les notices des efpèces qu’on en tient; ce qui eft caufé quelquefois auffi par des malintentionnés, qui le font à deffein, & même par des propres Domeftiques, fe propofant par-là de fe venger des corrections qu’on leur a faites, quoique bien méritées. Outre cela il arrive encore qu’ils fe laiffent corrompre à ce fujet par d’autres Arboriftes: c’eft ce qu’on peut éviter dans une Pépinière en propre, en gardant un regitre par rangs, fans être obligé d’y planter de petits piquets pour lors entierement inutiles.

Ayant donc confidéré l’extrême importance d’avoir une Pépinière en propre, on aura foin de choifir pour cela un bon Fond de terre, fort élevé au-deffus de l’eau, autour duquel il doit fe trouver une Haie de

grands

grands arbres de haute futaie & propres à brifer les vents; & comme
cette Haie ne doit pas fervir d'ornement, il n'eſt pas eſſentiel qu'elle foit
fort près de la maifon.   On n'y cultivera pas les arbres à la manière des
Arboriſtes, qui ne fe propoſent autre choſe que de les vendre à profit;
mais on tâchera d'y aquerir de bons Sauvageons pour tranſplanter, & de
fe procurer divers fruits agréables.   C'eſt-pourquoi il ne faut pas planter
trop près, mais faire une telle diſpofition de la Pépinière, que fon étendue foit proportionnée au nombre des Sauvageons que l'on y veut placer; fuppoſant qu'on n'entera aucun fruitier, que ceux qu'on juge fure-
ment le demander pour l'amendement des fruits; deforte que les Sauvageons de femence doivent y reſter, fans être entés, juſqu'à ce qu'ils aient
porté du fruit, à moins que quelqu'un defirant d'avoir des fruits abâtardis, ne voulût couper d'un Sauvageon de femence, des branches pour
les enter fur la même tige dont elles ont été coupées; ce qui peut fe faire la quatrième année.   C'eſt ici le lieu de parler de ce qu'il faut obſerver pour cultiver des arbres dans la Pépinière, pour en faire en peu de
tems & fans beaucoup de peine des Plants propres pour être entés.

J'ai traité dans le précédent *Chapitre IV.*^{me} de la multiplication de
femence, & des Plantes qui fe multiplient ainſi, mais je traiterai fort
au long dans le *III. Chapitre du ſecond Livre de la ſeconde Partie*,
de ce qui concerne les femences en général, & comment il faut s'y
prendre en femant, foit avant, foit pendant, foit après le tems d'enfe-
mencer.   Il eſt néceſſaire de plus qu'on fache arranger, à plus ou moins
de diſtance, les plantes felon leurs propriétés particulières, & cela tant
en femant qu'en tranſplantant; comme auſſi le tems qu'il faut les tranſplanter après avoir été femées, & leſquelles, après une pouſſe d'une ou de
plufieurs années, foit qu'elles foient venues de femence, de Marcotte ou
bien de Sauvageons de fouche, doivent être coupées près de terre, pour
croître deformais haut à tige droite, à tronc uni, & avec vigueur, &
pour les rendre plus propres à être entées; ce qui ne demande point d'autre taille, que celle d'être coupées, dans le tems qu'on ente, à la hauteur requife.   Il eſt encore bon de favoir, quelles fortes de plantes croiſ-
fent mieux, mifes à la place d'autres, & quelles font celles qui n'y
croiſſent pas comme il faut.   Il faut avoir foin à cet égard, en général,
de ne pas femer ou planter fucceſſivement dans le même Fond, une
même eſpèce: les Cerifiers & les Mérifiers ont befoin du plus long intervalle, car il doit s'écouler au moins dix ans depuis le tems qu'on les a
arrachés, juſqu'à ce qu'on puiſſe de nouveau femer des noyaux de Mé-
rife

rife dans cette terre, ou bien y planter de petits Cerifiers.

Les Arboriftes fement, pour avoir de Sauvageons de Poirier, des pepins de la petite Poire St. Nicolas; & pour des Pommiers, des pepins de la petite Pomme appellée *Klapftaart*; mais ils prennent pour enter de petits Pommiers en buiffon, les Sauvageons de fouche de la petite Pomme douce de Paradis, même pour y enter des Pommes aigres, quoiqu'il y ait auffi des Pommes de Paradis aigres. Les pepins de Poires ne germent pas fitôt que les pepins de Pommes; c'eft-pourquoi on met dans du fable humide les prémiers, à la mi-Novembre, & ceux-ci à la mi-Janvier pour les faire germer, & on les feme enfuite chacun féparément au commencement d'Avril: après qu'ils ont fait ainfi une pouffe d'une année, on affortit l'Autonne fuivante les précoces, & après en avoir rogné les tiges on les tranfplante fur des couches, laiffant ceux qui font plus minces & plus grêles encore un an à leur place, fans les tranfplanter; & pour lors s'il s'en trouve qui ne font pas de mife, on les arrache pour les jetter, vu qu'il n'y a rien à attendre de pareilles plantes fautives. Après que ces petits arbres ont fait fur ces couches une pouffe d'un an, on les coupe de nouveau tout près de terre, pour faire avec plus de vigueur une droite tige, lefquels on ente après deux ans près de terre, après quoi on les laiffe pouffer encore quatre années dans ce même endroit, & les Arboriftes les vendent comme des arbres de mife: mais dans une Pépinière en propre on aura foin de tranfplanter, après avoir afforti les Sauvageons de femence, les petits arbres, à fix pieds de diftance l'un de l'autre, afin qu'ils puiffent porter du fruit avant qu'on les ente; & d'y enter conféquemment telle forte de fruit, qui ait du rapport avec les propriétés naturelles des Sauvageons.

On ente ou on grefe des Cerifiers fur des Sauvageons de Mérifiers ou de Cerifiers; ces derniers, comme les Sauvageons de Pommes de Paradis, devant venir de Sauvageons de fouche, & non pas de noyaux.

On feme les Mérifes avec leurs noyaux, on les tranfplante & on les coupe auffi enfemble, de la manière qu'il a été dit des Poiriers & des Pommiers. L'année fuivante on ente fur leurs jets, & l'on a appris par expérience, que plus les tiges, fur lefquelles on ente, font minces, quoique propres d'ailleurs à cette opération, plus elles prennent facilement racine, & réuffiffent mieux, au-lieu que cela eft fort incertain à l'égard des tiges plus groffes: c'eft-pourquoi auffi on a coutume de les grefer en approche. Il ne faut pas oublier cependant, qu'il faut févrer les entes coupées, pendant trois ou quatre femaines, parce que celles

qui

qui ont été fraichement coupées & employées fur le champ, ne prennent pas à beaucoup près fi facilement.

Les Pruniers viennent naturellement comme les Cerifiers, & les petits Pommiers de Paradis, de Sauvageons de fouche, fur lefquels on peut gréfer fur la fin de l'Eté, ou bien dans le commencement de l'Autonne, d'autres Pruniers, Pêchers, Abricotiers, après que dans le Printems fuivant, ayant été coupés, ils ont pouffé des tiges droites.

Quand on tranfplante la prémière année les Noyers, les Amandiers, les Chateigners, on les expofe au danger de mourir; c'eft pour cela que les Arboriftes les plantent d'abord fur des couches de trois pieds de large, à dix ou douze pouces les uns des autres, où ils les coupent après qu'ils ont pouffé pendant deux ou trois ans, & les laiffent pour lors croître encore trois ou quatre années, avant que de les tranfplanter.

Après que les Sauvageons, foit de femence, de Souche ou de Marcottes, ont été plantés, d'un manière convenable, il faut les entretenir avec foin, les tailler peu ou point les deux prémières années, non plus que les arbres fruitiers, fi ce n'eft autant qu'il le faut à l'endroit de l'Ente, laquelle réuffit le mieux tout près de terre, & cela pour deux raifons; prémierement parce que la fève fait les plus vigoureux jets ligneux, près de l'Ente; & en fecond lieu, parce que la laideur d'une plante à bourlet, fi il s'en trouve à cet endroit, peut être cachée en la couvrant de terre. Il faut de plus purger foigneufement la terre de la Pépinière, des mauvaifes herbes; & pour y mieux réuffir, & avec moins de peine, on couvrira la fuperficie de la terre d'un demi-pouce de vieux Tan, ce qui empêche les mauvaifes herbes de monter, rend la terre légère, & tient lieu, lorfqu'il eft pourri, de très bon engrais.

CHAPITRE VI.

De la manière de planter les Arbres. Ce qu'on doit faire avant
& après qu'ils font plantés.

AFin que les Arbres puiffent croître comme il faut, il ne fuffit pas
que le Fond foit bien fouillé, mais il doit auffi avoir refté quelque tems fans être planté, pour lui donner lieu de s'affaiffer; après cela
il faut mettre la terre au niveau, & y planter les arbres à une même
profondeur. Il faut cependant, avant toutes chofes, faire bien attention aux propriétés naturelles des arbres qui doivent être plantés, & à
l'attente qu'on en a : deforte qu'en fait d'arbres fauvages, on n'en plantera que des jeunes; au-lieu que les fruitiers doivent être plus vieux &
d'un bois plus folide, parce que la fertilité provient du mêlange des humeurs qui montent en fève. Ils ne doivent pourtant pas être trop vieux,
quand on les plante, ni avoir des pores trop refferrés, parce qu'alors
ils ne fauroient faire de jets propres à porter du fruit. Il ne faut pas
non plus planter des arbres couverts de mouffe, & encore moins ceux
dont la mouffe a été ôtée, comme les Arboriftes ont coutume de le faire à l'égard des vieux arbres qui ont ce défaut, pour les faire paroitre
plus vigoureux; car cette manière de les nétoyer nuit à l'écorce &
empêche la pouffe.

Il faut planter, felon la fituation des Fonds & felon les efpèces d'arbres, foit au Printems, foit en Autonne. En général, on s'abftiendra
de planter dans l'arriere-faifon des Marcottes ou des Sauvageons de femence, venus dans la même année, parce qu'ils n'ont pas encore des
racines affez fortes, puifqu'ils ne contractent leurs qualités ligneufes que
dans le commencement de Septembre, & cela fucceffivement jufques
en Février; deforte qu'étant plantés dans le mois de Mars, ils ont plus
& de meilleures racines pour prendre & pour pouffer. Il y a auffi un
grand nombre d'arbres, plantés dans l'arrière-faifon, dont les racines
fe moififfent & meurent très facilement, fur-tout quand on n'a pas
foin de les comprimer avec de la terre, parce que dans ce cas, elles
prennent fouvent de l'air, ou fe gelent, ce qui eft encore pire : c'eft
ce qu'on remarque à l'égard des Ypreaux, des Pêchers, des Cerifiers, &c.

Partie I. M On

On ne plantera jamais en Autonne dans des Fonds bas & humides; parce que les racines y périſſent très ſouvent par une trop grande quantité d'eau, ou par une forte gelée: mais les arbres qui ſont âgés, & qui ſont pourvus d'une quantité ſuffiſante de racines ligneuſes, peuvent être plantés en Autonne, dans des Fonds élevés, ou paſſablement ſecs, & cela vers la fin du Mois d'Octobre, ou au commencement de Novembre: car alors la terre eſt plus ſerrée, deſorte que le Printems ſuivant ils croiſſent mieux & ne prennent plus d'air: outre que les racines ligneuſes pouſſent ſouvent des racines qui germent. On peut auſſi tranſplanter ſans aucun riſque les arbres en Autonne, parce qu'alors il reſte très peu de ſève dans le bois ſupérieur: c'eſt ce que donne à connoître la chute des feuilles des arbres, qui ne verdiſſent point en Hiver; l'affluence des humeurs étant plus grande dans des Fonds ſecs, que dans les humides, moindre dans des plantes à pores fort ſerrés, que dans celles qui les ont plus ouverts; ce qui fait que pour tranſplanter les arbres on peut les arracher d'un Fond bien plutôt que d'un autre, & qu'on tranſplante les arbres qui verdiſſent en tout tems, bien plutôt que ceux qui ſont ſans feuilles pendant l'Hiver.

Dans tous les tems propres à planter, ſoit au Printems, ſoit en Autonne, on profitera d'un tems ſec, lorſque la terre eſt molle, moins raſſemblée en mottes, & plus facile à fouiller; car une terre raſſemblée en mottes, comme cela arrive toujours pendant la pluie ou lorſqu'il y a de la neige, ne ſauroit embraſſer comme il faut les racines, ce qui fait qu'il reſte des cavités autour d'elles, qui ſont extrêmement nuiſibles, parce que l'air qui s'y trouve renfermé, les fait moiſir & pourrir: outre qu'il arrive auſſi que les racines s'y deſſèchent, au-lieu d'attirer de l'humidité; mais il eſt très avantageux qu'il faſſe dabord après avoir planté, une forte & pénétrante pluie, car une telle pluie joint exactement la terre avec les racines.

On arrachera avec beaucoup de prudence les arbres qu'on a deſſein de tranſplanter, & on les plantera avec beaucoup de racines, le moins bleſſées ou rompues qu'il ſera poſſible, ayant ſoin, lorſqu'il s'agit de les tirer de ſa propre Pépinière, & qu'ils ſont plantés fort près les uns des autres, de ne pas les détacher tout-à-fait dans leur circuit, de peur d'endommager les arbres plantés dans leur voiſinage; deſorte qu'après avoir emporté tout autour du pié un peu de terre, on le découvrira à moitié, on le détachera, & on l'arrachera inſenſiblement avec la main, ſans bleſſer les racines. C'eſt la meilleure méthode pour conſerver les

raci-

racines des arbres voisins, & ne pas les retarder dans leur pousse. C'est
à quoi les Arboristes ne font pas assez d'attention: il leur importe peu
que les racines des arbres voisins soient endommagées, parce qu'ils les ar-
rachent pareillement pour les vendre: desorte que si on achète de leurs
arbres, on aura grand soin qu'ils conservent beaucoup de racines.

En traitant dans le *Chapitre précédent* de la nécessité d'avoir une Pépinière en propre, on a compté parmi les avantages qui en résultent,
la commodité de pouvoir transplanter tout d'un coup les arbres, sans
laisser à l'air & à la gelée le tems d'en dessécher ou d'en corrompre les racines: c'est-pourquoi il est nécessaire de planter incessamment les arbres
qu'on a arrachés, pourvu qu'on ait soin avant tout de bien laver les racines avec de l'eau, pour en détacher la terre & les petites mottes qui y
tiennent, comme aussi de faire tremper quelques heures les racines elles-
mêmes dans l'eau, pour les faire gonfler, au cas qu'elles soient dessé-
chées, & de tailler ensuite le bois supérieur des arbres fruitiers; on appelle chez nous, arbres à haute tige, ceux sous lesquels il ne croit ni
herbe ni blé, qui ont cinq pieds de haut; ce qui suffit pour faire de
bons arbres à haute tige: mais dans les Vergers où il croit de l'herbe,
ou dans les champs, on laisse le tronc de six ou de six pieds & demi. On
est revenu des arbres à demi-tige, & l'on ne voit plus personne tant soit
peu entendu, qui en plante. La meilleure méthode à l'égard des arbres
nains, pour être plantés en Espalier, est de ne leur laisser qu'un jet, qu'on
coupe tout près de terre, au dessus de l'endroit de l'Ente ou de la Grefe, afin qu'ils poussent de nouveau une tige droite, d'où sortent de tous
les côtés les branches: on coupe les racines à proportion de la taille dont
il a été parlé dans le *prémier Chapitre de ce Livre*; le reste qui regarde
la taille se trouvera dans le *suivant Chapitre VIII.*

Il faut prendre pour une règle générale, quant à la manière de planter des arbres fruitiers à haute tige, de ne pas choisir pour cela des espèces qui produisent des fruits extraordinairement gros; parce qu'étant
extrêmement exposés aux vents, ils tombent & se blessent ainsi, en
tombant de haut, aussi bien que par leur propre poids. Il ne faut pas
non plus planter des arbres à haute tige, qui ne poussent pas des jets
d'un bois vigoureux, & qui font naturellement des arbres médiocres,
ou qui font sujets au chancre; sur-tout on ne se servira pas de ces derniers
pour des Haies, car une branche gangrénée défigurera entierement un
arbre planté contre une Muraille, contre une Haie ou une Cloison. Comme l'on ignore de quelle manière croissent les arbres fruitiers étrangers

&

& inconnus, on y plantera des arbres nains, auxquels on peut faire fans rifque la taille d'Eté, pour les rendre plus hâtifs à porter du fruit.

On ne plantera jamais contre des Murailles ou des Cloifons, qui font expofées au Nord, & fur-tout quand le côté du Midi dans fon propre Jardin eft planté; les fruits pouvant à peine dédommager du travail & des dépenfes en Cloux & en Ofier, outre que l'on confume par-là la nourriture néceffaire aux arbres plantés dans l'expofition du Midi. Si malgré cela on vouloit le faire, on plantera pour avoir plus de chaleur, la racine auffi loin qu'il eft poffible de la muraille, de telle façon pourtant que l'extrémité de l'Efpalier coupé ateigne à la muraille; mais on aura foin, quand on plante des Efpaliers au Nord contre des Cloifons, de pofer les arbres perpendiculairement, & leurs racines auffi près de la Cloifon qu'il eft poffible, pour recevoir ainfi plus de chaleur du Midi: on plantera tout au contraire au Midi obliquement les arbres, enforte que leurs racines foient à une certaine diftance de la Cloifon, de la même manière qu'il a été dit tout-à-l'heure des Efpaliers contre des Murailles au Nord; & afin que celles-ci foient moins expofées à l'ardeur des rayons du Soleil, on les plantera auffi un peu plus avant en terre.

Les arbres plantés fur une fuperficie unie ont befoin que le Soleil rechaufe leurs racines: c'eft-pourquoi il ne faut pas les mettre fi avant en terre, il fuffit que les racines fupérieures foient couvertes de deux pouces de terre: mais il faut bien diftinguer fi l'on plante dans des Fonds forts ou légers, marécageux, de Tuf, ou bitumineux; ou fi l'on plante dans l'endroit où l'on a arraché, ou bien où font morts des arbres, dont on s'eft contenté uniquement de fouiller profondément les foffes. Les Fonds fort fouillés en quarré baiffent également, & cela tant ceux qui font plantés, que ceux qui ne le font point; mais les arbres plantés dans des foffes baiffent uniquement à cet endroit, fans que la terre qui n'a pas été fouillée s'affaiffe: la même chofe arrive naturellement aux arbres, à mefure qu'ils groffiffent, par leur poids, dans des Fonds légers; c'eft-pourquoi on les plantera dans des foffes plus élevées que le Fond, & on couvrira le pied de terre: dans peu d'années ces élévations baifferont au niveau de terre, & pour lors les arbres feront plantés comme il faut. Il faut de plus couvrir la prémière année ces petites élévations avec quelque forte de mouffe, ou de verdure d'eau, pour les garantir de l'ardeur du Soleil ou de la fechereffe; & avoir grand foin par tout qu'il ne s'introduife jamais aucune de ces verdures fous les racines des arbres, parce qu'en fe pourriffant elles le ferrent fi fort, que les ar-

arbres en peu d'années fe trouveroient plantés beaucoup trop bas. Non
feulement il eft bon, pour ce qui regarde la manière de planter des arbres fruitiers, mais il eft auffi néceffaire dans les Fonds bas, de mettre
dans de fortes terres graffes, de fable, ou marécageufes, du gravier groffier fous leurs racines, & dans des terres légères & poreufes, un morceau
d'une large planche, fur laquelle il faut mettre trois, ou quatre pouces
de terre, dans laquelle entrent les racines, car pour lors la racine principale fe trouvant arrêtée par le gravier, ou par la planche, fera obligée
de pouffer plus vers le haut des racines latérales.

Il faut fouiller avant l'Hiver fort en profondeur & en largeur, la place
d'où l'on a arraché des arbres, & fur-tout celle où il en eft mort, & la
laiffer à découvert tout l'Hiver jufques au Printems qu'on veut planter;
auquel tems on garnira les foffes d'une terre fraiche qui n'a jamais fervi,
& on y plantera enfuite une autre efpèce d'arbre, différente de celle
qu'on y a arrachée ou bien de ceux qui y font morts.

Avant qu'on retire de la Pépinière les arbres qu'on doit planter, il
faut obferver leur expofition, afin de les mettre de la même manière en
les tranfplantant, & l'on fera auffi enforte que le côté où il y a le plus
de racines, foit expofé aux vents les plus furieux: fi cependant ces deux
chofes ne pouvoient pas fubfifter enfemble, on préférera, quant aux arbres fruitiers, la dernière à la première.

Suppofant de plus qu'on ne plantera jamais que dans un bon Fond de
terre, on n'a aucun befoin de fumier, qui eft même nuifible aux jeunes
arbres, mais on garnira les cavités, qui font auprès de leur racines,
d'une bonne & légère terre fablonneufe, qu'on aura foin d'y mettre a-
vec la main: on fecouera auffi fort doucement ces arbres de bas en haut
& de haut en bas, afin que les racines fe joignant avec cette légère terre, il ne refte parmi aucune particule d'air.

On plantera dans de fortes terres graffes les Poiriers & les Pommiers
à haute tige, à la diftance de trente-fix pieds, de telle manière pourtant
qu'au milieu de quatre Poiriers, ou Pommiers à haute tige & à large
couronne, on y en place un cinquième, d'une efpèce différente des
quatre autres; mais celui-ci doit pouffer une plus haute tige & une couronne moins étendue. On plante dans des terres plus légeres, à la diftance de trente-deux, trente ou vingt-huit pieds, au milieu defquels on
plante encore en buiffon des Pommiers, Poiriers, Cerifiers, Pruniers,
Abricotiers, Meuriers, Coignaffiers, &c. cela ne doit fe faire cependant
que jufques à ce que les arbres à haute tige couvrent de leur couronne

M 3

tout

tout le Fond : car pour lors on y cultiveroit envain, n'y ayant aucun feuillage, encore moins de fruits qui puiſſent croître, lorſqu'ils ſont privés d'air & ſujets à recevoir la pluie goute à goute ſous les arbres. On plante auſſi tout d'abord ordinairement dans de fortes terres, parmi les arbres en buiſſon, des Groſeillers, ou autres arbriſſeaux qui portent fruit.

Les Pommiers & les Poiriers à haute tige, pourvû qu'on en coupe les couronnes, ne ſe reſſentent pas du vent ; & comme leurs racines s'affermiſſent, à meſure que leurs branches croiſſent, il eſt fort rarement néceſſaire de les appuier d'un pilier ; mais quand cela eſt néceſſaire, il faut avoir grand ſoin qu'il ne frotte en aucun endroit, & qu'il ne bleſſe ; & c'eſt pour cela qu'on le placera à une certaine diſtance, garni de paille à l'endroit de la ligature.

Si l'on a deſſein de planter autour d'un Verger, pour ſervir de ſéparation ou d'ornement, une Haie tondue, d'Epine, de Houx, d'If ou de Troene, &c. il faut du moins qu'elle ſoit à ſix pieds de diſtance des bords de l'eau, afin que ces bords ne ſoient pas endommagés par le travail qu'on eſt obligé de faire à la Haie, pour la tondre & pour l'entretenir.

Pour ce qui regarde encore la diſtance des Eſpaliers, ſoit en Haie, ſoit contre des Murailles ou contre des Cloiſons, comme auſſi ce qu'on doit faire en plantant des arbres en buiſſon & en plein vent ; voyez l'endroit où l'on traite de chaque eſpèce en particulier. J'ai montré pareillement dans le *ſecond Chapitre du prémier Livre*, que les arbres ſauvages doivent être plantés ſelon leurs eſpèces, plus ou moins près les uns des autres, & chaque eſpèce enſemble ſans aucun mêlange.

Pour hâter la pouſſe des arbres plantés, on aura grand ſoin de purger la terre des mauvaiſes herbes, & de briſer de tems en tems les Fonds de terre graſſe, en prenant bien garde de ne pas bleſſer les racines ; & cela non ſeulement afin que les rayons du Soleil puiſſent les rechauffer d'une manière égale, mais auſſi afin que les arbres (la ſuperficie étant rendue plus douce & plus légère par ce moyen) y puiſſent pouſſer de meilleures racines. Rien n'eſt au reſte plus pernicieux, que de rehauſſer la terre autour du tronc avec les feuilles qui en ſont tombées, parce que cela y produit une fermentation qui corrompt l'écorce ; étant même infiniment meilleur & plus utile, de déchauſſer tout autour vers l'Hiver les troncs des vieux arbres, afin de rendre, par le moyen de l'air, de la neige & de la pluie, les racines ſupérieures qui ſont découvertes, plus fertiles, & de les faire pouſſer plus vigoureuſement.

CHA-

CHAPITRE VII.

De la manière d'enter, de gréfer, & de gréfer en approche.

ON ente, on grefe, & grefe en approche, afin que les Sauvageons, qui ne portent que des fruits fauvages, en produifent de plus gros, de meilleurs & de plus agréables, & pour en avoir par ce moyen de différentes fortes: outre que cela produit auffi plus de fertilité; vu que la fève arrêtée dans fa circulation par l'Ente & par le mêlange des pores, fe mêle auffi beaucoup mieux. Cette fève peut, au refte, être auffi trop arrêtée dans fa circulation; car elle ne monte pas fuffifamment, ni comme il faut, s'il arrive que la confufion eft trop grande, ou que les pores font trop refferrés; ce qui rend le bois grêle, maigre & incapable de produire de bons fruits. C'eft ce qui arrive quand on ente fur des Sauvageons contraires à la nature de l'Ente, à peine prennent-ils; & la même chofe arrive pareillement à toutes fortes de fruits, dont on ente ou dont on grefe trop fouvent les arbres. Il y a des perfonnes qui croient qu'en coupant les fortes racines des Sauvageons abâtardis, & par la taille des racines en général, on peut les rendre plus francs, & leur faire produire de meilleurs fruits; mais c'eft ce que je n'ai jamais pu vérifier: je crois au contraire, que ceux qui proviennent de femence, fans être entés, produifent par le moyen de la taille des racines, de bons & d'agréables fruits, en produiroient, fans cette taille, de la même efpèce; car c'eft ainfi que toutes les différentes efpèces font venues de femence.

Les Anciens ont jugé qu'il étoit néceffaire, pour faire réuffir les Entes ou les Grefes, que les écorces des Entes, & celles des Sauvageons fur lefquels il s'agiffoit d'enter, fuffent d'une même ftructure, comme on peut le voir dans *Columelle de re ruftica Lib. V. Cap.* 10. mais je fuis furpris que répétant la même chofe dans le *XXVI. Chap. de Arboribus*, il foit oppofé dans le *XXVII. Chap.* à ce fentiment conftant & général des Anciens. Mon expérience ne demande pas feulement dans ce cas une convenance entre les écorces, mais auffi qu'il n'y ait aucune contrariété dans la nature des plants, qu'on doit enter ou grefer; car lorfque cela arrive par hazard, l'Ente ou la Grefe ne prendra point, ou fera un arbre fort noué, qui dans la fuite périt infenfiblement, fans produire de bons & d'agréables

bles

bles fruits. C'eſt pour cela même que je deſaprouve tout-à-fait ces modes ſingulières d'enter des Pommes ſur des Poires, comme auſſi ſur des Meuriers, ſur des Vignes, des Noyers, des Saules, &c. conſidérant même comme une pure fable, ce que * Pline & d'autres diſent, ſavoir qu'ils ont vu un ſeul & même arbre produire en même tems des Pommes, des Poires, des Pêches, des Raiſins, & des Noix.

J'ai dit, en traitant dans le *V Chap. de ce Livre*, de la Pépinière, qu'il eſt très peu ſûr que les Arboriſtes ſe ſervent de bons Sauvageons qui ne ſont pas naturellement contraires entr'eux, & qu'à cauſe de cela je jugeois qu'il étoit très eſſentiel d'avoir une Pépinière en propre. Cette diſconvenance des Sauvageons entre eux, quoique plus ou moins grande, n'eſt pas toujours extérieurement viſible; car l'expérience apprend, qu'il y en a qui ſe reſſemblent extérieurement, & qui cependant ne prennent point, ou bien difficilement, après les avoir entés ou gréfés, & qui dans la ſuite ne pouſſant que très peu, ſont un arbre fort maigre & fort grêle: tandis que la grefe des autres, à meſure qu'elle pouſſe, groſſit davantage que le tronc, ou fait groſſir ce tronc à proportion de ſa propre groſſeur. C'eſt ce qui arrive aux Limonniers, & encore plus aux Citronniers gréfés ſur des Orangers, ou bien à des Orangers ſur des Limonniers, comme auſſi aux Pommes douces entées ſur des aigres, ou bien aux aigres ſur des douces. Afin donc de cultiver avec ſuccès des fruits à pepins, on n'ente ou on ne grefe pas ſeulement des Pommes ſur des Pommes & des Poires ſur des Poires; mais auſſi de l'aigre ſur de l'aigre, & du doux ſur du doux; du fruit d'Eté ſur du fruit d'Eté, & du fruit d'Hiver ſur du fruit d'Hiver; du fruit qui a beaucoup d'eau ſur celui qui en a pareillement beaucoup, & du fondant & du caſſant chacun ſur ſon eſpèce.

Il en eſt tout autrement des fruits à noyau; car on ne les grefe point ſur la même eſpèce de Sauvageons, parce que dans ce cas ils prendroient fort difficilement: c'eſt pour cela qu'on ne grefe jamais des Abricots ſur des Sauvageons de cette eſpèce venus de noyaux, mais ſur des Sauvageons de ſouche de Pruniers, ou bien de Sauvageons venus de noyaux de Prunes. On grefe pareillement avec beaucoup plus de ſuccès dans ce Païs ſur les petites Prunes bleuâtres, les Pêches, qu'on grefe en France ſur des Amandes; étant certain par l'expérience, que l'écorce des Pêchers eſt contraire à l'écorce des gros Pruniers blancs, ſur lesquels ils ne prennent point ou difficilement. Ces Sauvageons de ſouche ſont au

con-

* Hiſt. Nat. Lib. XVII. Cap. 18.

contraire les plus naturelles pour la Grefe d'Abricots, au-lieu que les Sauvageons de fouche de la petite Prune bleuâtre ne s'accordent pas enfemble. Il s'enfuit de ces qualités contraires & femblables, qu'il ne faut jamais gréfer des Pêches fur des Sauvageons de fouche de Pruniers, fur lefquels on a gréfé des Abricots; ce qui fe pratique cependant par des ignorans, qui apprennent alors trop tard, que le Pêcher gréfé fur l'Abricotier, ou l'Abricotier fur lequel eft gréfé la Pêche, périt, & qu'il pouffe des jets par les racines. On peut cependant, pour rendre plus précoces & plus fertiles des Pêchers, les gréfer fur des Abricotiers gréfés auparavant fur des Pruniers, quoiqu'à cet égard il y ait grande différence dans les efpèces: car fi on fe fervoit pour cet ufage de l'Abricot blanc, on trouveroit qu'il ne croîtroit que peu ou point; c'eft-pourquoi on y employera le petit Abricot tiqueté.

Il faut auffi, quand on ente ou qu'on grefe dans des Saifons convenables, faire attention au tems. On n'entera & on ne gréfera point en approche, & fur-tout on ne gréfera point lorfqu'il fait du brouillard ou de la pluie, parce que la moindre humidité qui s'introduit entre le bois & l'écorce, fait mourir la Grefe. Rien cependant n'eft plus convenable pour cela qu'une année pluvieufe, pourvû que pour l'opération on profite d'un tems fec; & c'eft auffi pour cela que dans des Etés fort fecs, on arrofe quelquefois les Sauvageons, fur lefquels on doit gréfer. Mais le tems le plus propre à cette opération, eft un tems fec & chaud; & plus on le fait promptement, pourvû cependant qu'on ne précipite rien, mieux il en eft, afin que la petite écorce n'ait pas le tems de fe deffécher dans la main.

Les Outils dont on fe fert, pour enter, gréfer, & gréfer en approche, font de petits Cifeaux, une petite Scie bandée, de petits Gréfoirs, qui doivent être bien nets & bien affilés.

Comme il faut avoir grand foin de tenir entierement à l'abri de l'air ce qui a été enté, gréfé, & gréfé en approche, & empêcher que l'eau n'y pénètre, on enduira la Grefe de jonc de Mofcovie, & on couvrira bien exactement avec de la cire par le haut & par les côtés, les jointures du Sauvageon à l'endroit où il aura été gréfé. On peut fe fervir pour cela, à peu de fraix & fur le champ, du fuif indiqué ci-après: celui dont on fe fert pendant l'Hiver, eft compofé de quatre livres de la meilleure Corée bien fondue & bien mêlée avec une demi-livre d'huile de navette; mais comme celui dont on fe fert en Autonne doit avoir plus de confiftance, on prend alors fur les quatre livres de Corée, trois huitièmes d'u-

Partie I.Nne

ne livre d'huile de navette, & cela afin que la chaleur du Soleil ne le
faſſe pas fondre & diſtiller ſi facilement. On doit bien prendre garde,
au reſte, quand on fond & quand on mêle ce ſuif, qu'il ne cauſe quelque incendie, étant fort ſujet à monter lorſqu'il eſt ſur le feu ; c'eſt-pourquoi l'on aura ſoin de ne pas le faire boüillir ſur un feu à grande flamme, & de ne pas le perdre un ſeul moment de vue ; un petit pot de métal ou de fer, eſt beaucoup moins dangereux qu'un de terre ; ainſi l'on
fera bien de s'en ſervir préférablement : on en mettra après cela chaque
fois autant qu'on en aura beſoin dans un petit poelon de cuivre à queue :
on le fera chauffer à une chaleur tempérée, & on en graiſſera l'entaille
avec un pinceau ; car étant trop chaud, il feroit retirer l'écorce tout autour de la fente, & cauſeroit par cela même un grand inconvénient au
bourlet. J'ai appris par mon expérience que c'eſt là le meilleur ſuif, &
qu'il n'eſt point du tout nuiſible, comme l'eſt ſouvent celui qui eſt compoſé de poix, & principalement en l'appliquant aux Ceriſiers & aux
Poiriers, leſquels il rend, par deſſus & à côté de la fente, ſujets à de petits chancres, & les fait mourir par la cime.

Ayant traité ainſi en général de la manière d'enter, gréfer, & gréfer en approche, je paſſe à chacune de ces choſes en particulier.

On nomme proprement enter, ce qui ſe pratique, quand on introduit dans une fente faite dans le bois, un rejetton d'un an, coupé d'un
autre arbre fruitier, les rejettons d'un an propres à porter étant les meilleurs pour cela. C'eſt ce qui ſe pratique aujourdhui à l'égard des Pommiers & des Poiriers à haute tige, de même qu'à l'égard des jeunes Ceriſiers & Mériſiers. L'on entoit pareillement autrefois de vieux Mériſiers & Ceriſiers, comme auſſi de vieux Pruniers à haute tige : mais
comme l'écorce des vieux arbres eſt trop ſeche, & que la prémière de
ces écorces eſt ſujette à tomber, il eſt très peu ſûr de réuſſir quand on
les ente, & ils prendront rarement ; c'eſt-pourquoi la Grefe en approche
leur eſt beaucoup plus convenable, & réuſſit auſſi paſſablement à leur
égard.

Le tems le plus propre pour enter, eſt avant que les arbres montent
en ſève ; c'eſt pour cela qu'on entera les Ceriſiers immédiatement avant
le mois de Mars, ou au commencement de ce mois : enſuite les Poiriers
à la mi-Mars, ou un peu plus tard ; & les Pommiers, dont la ſève eſt
plus tardive, vers la fin de Mars ou au commencement d'Avril. Mais
il faut avoir ſoin de mettre pendant quelque tems dans un endroit ſec,
pour les y ſévrer avant que de s'en ſervir, les rejettons coupés & ſur-tout

ceux

ceux de Cerisiers & de Poiriers; desorte qu'il faudra couper vers la fin de Janvier les rejettons de Cerisiers, ou au commencement de Février, & ceux de Poiriers depuis le commencement de Février jusqu'au milieu de ce mois: cependant le lieu destiné pour sévrer ces rejettons ne doit pas être trop sec; car ils s'y dessécheroient entierement; ce qui se manifeste quand la prémière écorce est toute retirée; quoique quand l'entaille du bois reste blanche, il arrive encore quelquefois que les Entes prennent. On avoit ci-devant coutume de conserver dans des Caves, pour les sévrer, les Entes, & cela afin qu'elles ne se dessechassent pas; mais l'expérience a fait voir, que toute humidité est nuisible aux Entes, & même mortelle, quand elle est trop grande; ce qui se peut voir à la couleur roussâtre que prend le bois à l'endroit de l'entaille, ce qui l'empêche aussi absolument de prendre. On avoit de plus coutume, d'enter en Janvier les Cerisiers, ce qui leur tenoit lieu du besoin d'être sévrés, puisqu'ils n'étoient pas encore assez en sève; ce qui se pratiquoit aussi à l'égard des Poiriers qu'on entoit en Février, & dont alors on ne sévroit point les Entes.

Pour réussir par conséquent à souhait dans la manière d'enter, il faut avoir soin de couper dans le même tems les Sauvageons de Pépins, plantés avec ordre dans la Pépinière, & cela afin qu'ils poussent également sans s'incommoder les uns les autres. On coupera pour cet effet, les petits Sauvageons en talus, à deux ou trois pouces au-dessus de terre, & l'on émoussera ensuite un peu le côté tranchant, pour y pouvoir mieux poser l'Ente; & quand les Sauvageons sont assez gros, pour que l'on puisse y en poser deux, on le fera toujours, quoiqu'on doive se proposer de n'en laisser qu'une; car lorsqu'elles viendroient à grossir, il pourroit arriver qu'elles périroient l'une & l'autre. On aura soin de plus, puisqu'on peut choisir entre ces deux Entes, de conserver celui des arbres entés haut, qui ont le dos tourné du côté des vents les plus nuisibles; & de couper l'autre en talus avec un Ciseau, après une pousse de deux années.

La coupe étant faite, on fend prudemment vers le milieu à la profondeur de deux ou de trois pouces, le tronc ou la branche, en prenant bien garde de ne pas séparer le moins du monde le bois de l'écorce: c'est ce qu'on peut faire fort commodément par le moyen d'une Serpette commune & droite, quant aux jeunes arbres; mais quand il s'agit de gros troncs ou de grosses branches, il faut y employer une Serpette à longue queue: la longueur de cette Serpette doit être de trois pouces,

el-

elle doit avoir un dos épais; & afin que la fente ne se fasse pas plus grande que cela est requis, il faut avoir soin de ne pas mettre sur le milieu de la branche ou du tronc, la Serpette droite, mais un peu obliquement: on introduit ensuite dans la fente un Coin de fer ou de quelque autre matière, afin de la tenir ouverte, après quoi on coupe avec un petit Couteau bien affilé, les menus filamens de l'écorce & du bois même, autant que cela est nécessaire; car à proportion de l'épaisseur du tronc ou de la branche, il faut en couper des deux côtés le bois, selon la forme de l'Ente, afin que l'Ente introduite dans la fente, après en avoir retiré le Coin, ne soit pas trop comprimée. D'un autre côté, il ne faut pas aussi qu'on en retranche trop de bois; car dans ce cas l'écorce de l'Ente ne pourroit jamais se joindre avec l'écorce intérieure de l'arbre; ce qui étant fait bien à propos, est le vrai moyen de faire prendre les Entes sur de vieux & de gros arbres ou branches. Quand donc on a coupé uniment le bois & l'écorce, sans y laisser aucun filament, on retire le Coin, & on coupe aussi des deux côtés uniment le bois & l'écorce de l'Ente, selon la forme du tronc, (on doit cependant y laisser autant de bois qu'il est possible, pourvu que l'écorce conserve assez de superficie pour pouvoir se réunir avec celle de l'arbre), on l'y introduit de manière qu'elle soit droite & fixe, & que son écorce paroisse être réunie avec celle de l'arbre même. Il y a des Jardiniers, qui ne retirent le Coin qu'après cette opération, s'imaginant que l'Ente étant tant soit peu comprimée, prendra plutôt. Pour moi, je suis d'avis qu'il vaut mieux le retirer avant cela, pourvu qu'on soit assuré que la pression ne sera pas trop forte; mais dans ce cas il faut sur-tout que l'Ente soit posée d'une manière bien fixe, afin que les deux côtés touchent l'écorce de l'arbre, sans être plus en dehors ou en dedans: après cela on lie avec une petite écorce d'arbre, préparée pour cela, la fente entre les deux Entes, afin que le suif dont on l'enduit, ne pénètre pas dans le bois de la fente; ce qui à la vérité n'y feroit pas grand mal, mais qui pourtant y est inutile.

Après avoir ainsi posé & soigné comme il faut les Entes, on tâchera de les aider à prendre, & à bien pousser quand elles auront pris. Dans cette vue, il faut les défendre contre tout ce qui les retarde dans leur crue, contre les Chenilles principalement, leurs ennemies mortelles, les Araignées & les Fourmis.

Il faut élever les arbres selon l'usage auquel on les destine, soit qu'on veuille en former des arbres nains, des arbres à haute tige, des Espaliers,

liers ou des Haies. Si l'on veut bien faire croître de vieux arbres, qui ont été entés, on leur laiſſera quelques petites branches, qui abſorbent une partie de la trop abondante ſève. La même raiſon fait voir qu'il ne faut pas couper tous les bourgeons de ces arbres entés, mais ſeulement le ſuperflu. Pour ce qui regarde les grands arbres à haute tige, on ne manquera pas de couper prudemment les bourgeons ſurnuméraires, lorſque l'Ente fait ſa pouſſe: & cela afin qu'il n'y ait qu'un ſeul rejetton bien droit pour former le tronc: ce qui ayant été fait une fois, on n'en coupera plus aucun bourgeon, & on laiſſera pouſſer l'Ente en toute liberté, vu que le rejetton eſt encore menu & foible, deſorte que pour peu qu'on en retranchât, on nuiroit à ce petit tronc, & l'on ſeroit cauſe, qu'il lui faudroit beaucoup plus de tems pour parvenir à ſa longueur & à ſa groſſeur requiſes.

Quant à la manière d'enter de jeunes petits troncs, dont le bois n'eſt pas aſſez vigoureux, pour comprimer comme il faut la fente qu'on y a faite, & pour faire réunir leur écorce avec celle des Entes, il eſt néceſſaire de les lier tout autour de l'endroit de l'Ente, comme cela ſe pratique à l'égard des Grefes, afin que l'Ente ſuffiſamment comprimée & réunie pouſſe mieux.

Enter ou gréfer en approche eſt une manière d'enter dans la fente du bois, qui ſe fait de la même façon que nous venons de le décrire, mais avec cette différence qu'on ne ſépare point le rejetton, qui doit être vigoureux, de la mère-branche, que l'année ſuivante, lorſque leurs écorces ſont réunies: par conſéquent il eſt néceſſaire que l'arbre ſur lequel cette opération ſe fait, ſoit planté fort près de l'autre: on le pratique quelquefois auſſi en prenant une branche fort vigoureuſe, laquelle on couche obliquement en terre près de l'arbre, qu'on veut ainſi enter: ceci pourtant n'eſt pas ſûr, parce que de pareilles branches ne ſauroient attirer à elles la nourriture en auſſi grande quantité que celles qui ont racine. La meilleure manière d'enter en approche, & la plus uſitée, eſt que l'année précédente, on plante tout autour de l'arbre dont on veut ſe ſervir, quelques bons Sauvageons, afin qu'ils aient pris racine vers le tems qu'il faudra les enter; pour lors la ſève montera beaucoup mieux dans cette Ente: on doit bien prendre garde, après cela, que la branche de l'arbre ne ſoufre jamais la moindre ſecouſſe, & c'eſt auſſi pourquoi on ne manquera pas de la lier bien ferme à un piquet planté en terre; ce qui vaut infiniment mieux que de la lier au tronc ſur lequel on ente, comme cela ſe fait autrement. Le tems le plus conve-

na-

nable pour enter ainſi en approche, eſt depuis le commencement de Mars juſqu'au quinze de ce Mois. Cette manière d'y procéder eſt la meilleure & la plus ſûre à l'égard des arbres, dont la prémière écorce peut être ôtée tout autour, tels que ſont les vieux & les hauts Mériſiers, les Ceriſiers, les Griottiers & les Pruniers. On fait auſſi la même choſe à de gros troncs d'Orangers & de Limoniers, avec cette différence, qu'il vaut mieux prendre pour ceux-ci des Entes de deux ans que d'un: mais cela ne ſe pratique jamais à l'égard des Pommiers ou des Poiriers.

Gréfer eſt une manière d'enter le bourgeon ou l'œil dans l'écorce, étant la plus uſitée & la meilleure pour des Sauvageons de Prunier, pour y enter des Pêches, des Abricots, ou quelques ſortes de Prunes. On grefe pareillement ainſi des Pêches ſur des Abricots, qui ont déja été gréfés ſur des Prunes. On grefe ſemblablement des rejettons vigoureux de Poiriers, dont on veut faire des arbres nains: c'eſt ce qui eſt ſur-tout néceſſaire, quand on grefe des Poiriers ſur des Coignaſſiers, parce que la pouſſe des Entes dans les fentes des Coignaſſiers eſt très peu ſûre.

On grefe auſſi de jeunes rejettons d'Orangers & de Limoniers. La Grefe ſe fait de deux manières, à œil dormant ou bien à pouſſe, & cela auſſi chacune en différente ſaiſon. La Grefe à œil dormant, c'eſt quand elle pouſſe l'année ſuivante, ce qui eſt la meilleure, la plus ſûre & la plus ordinaire manière de gréfer. On ne peut pas déterminer, à quelques jours près, le tems convenable pour cette opération, parce qu'elle ne dépend pas ſeulement des Saiſons plus ou moins avancées, mais auſſi des arbres, ſelon qu'ils ont des rejettons plus ou moins vigoureux, & ſelon les eſpèces de fruits; car quand la ſève eſt tellement montée, que l'écorce peut être aiſément ſéparée du bois, alors on peut entreprendre la Grefe, dans l'eſpérance d'un bon ſuccès: on pourroit même le faire, pourvu que l'écorce ſe laiſſât facilement ôter du tronc que l'on veut gréfer, quoique l'Ecuſſon ne s'en laiſſât pas enlever tout-à-fait uniment & aiſément. Le tems ordinaire pour gréfer à œil dormant, eſt depuis la mi-Juillet juſqu'en Septembre: au-lieu que la Grefe à pouſſe ſe fait depuis Mai juſqu'à la mi-Juin, auquel cas la Grefe pouſſe la même année. Cette manière de grefer n'eſt cependant en uſage que dans la néceſſité, parce qu'on n'a pas alors du bois propre pour la grefe à œil dormant. Il eſt auſſi très peu ſûr qu'elle réuſſira, parce que la prémière ſève monte trop abondamment, ce qui eſt cauſe que l'Ecuſſon cède en dehors, & diſtille tout autour une gomme qui étoufe l'œil:

ou-

outre que ces Grefes commencent fouvent à pouffer fi tard, que le bois n’eft pas en état de réfifter aux injures de l’Hiver.

On grefe de la manière fuivante: on enlève un Ecuffon avec un œil ainfi ⬡ taillé, d’un bois fort vigoureux, le plus propre de tous à prendre, lequel on introduit dans un rejetton vigoureux d’un an dont l’écorce eft entaillée & féparée de la façon ci-jointe T; après quoi on attache tout autour du rejetton, où l’Ecuffon a été mis, au-deffous & au-deffus de l’œil, un jonc de Mofcovie, afin que l’air ou l’humidité pénétrant entre deux ne nuife point à la pouffe de la Grefe, mais que fe joignant au rejetton, ils croiffent enfemble fans pouvoir fe féparer. Il faut avoir foin d’ôter cette ligature après la quatrième, la cinquième ou la fixième femaine, à proportion que la branche fe gonfle.

Il eft cependant auffi néceffaire que la Grefe coupée conferve un peu de bois vers l’intérieur de l’œil, fans quoi elle ne prendra jamais: & comme il arrive à certaines Grefes, qu’on enlève ou qu’on arrache aux Orangers ou aux Limoniers, que le bois refte à la petite branche, & que l’œil retient intérieurement une petite cavité vuide, (ce qui arrive principalement à celles qu’on coupe d’un bois épineux, ou d’arbres très minces & languiffans), il faut remédier à cela en n’enlevant ni n’arrachant point la Grefe, mais en fendant avec un petit Couteau bien affilé la branche près de l’œil, & en retranchant le fuperflu, de façon cependant qu’il refte fuffifamment du bois à l’œil. Il faut outre cela que de pareilles Grefes confervent à l’œil plus de bois que ce qui s’en laiffe communément enlever ou arracher: il faut auffi que les Orangers, les Limoniers & tous les fruits à pépin, confervent plus de bois à l’œil que les autres. Pour ce qui regarde la manière de gréfer les arbres qui font des bras, comme les Griottiers, les Cerifiers, les Pêchers, il eft abfolument néceffaire que l’Ecuffon ait plus d’un œil, parce qu’il eft très incertain fi c’eft un bouton à feuilles; & fi ce n’en eft pas un, la Grefe eft fûrement morte. C’eft pour cela qu’il vaut mieux, & fur-tout quand il s’agit des Pêchers, que l’Ecuffon ait trois ou quatre yeux tout près les uns des autres.

Quoique nous ayons déja dit, que le tems propre pour gréfer dépend des faifons plus ou moins avancées, &c. on peut cependant pofer en général que cela fe fait le plus convenablement, à l’égard des fruits d’Eté & d’Autonne, un peu avant la maturité des fruits: pour lors il y a plus de fève dans le bois, ce qui détache d’autant mieux l’écorce, & permet d’enlever ainfi plus facilement l’Ecuffon. C’eft pour cela que le

tems

tems de gréfer l'Avant-Pêcher eſt communément vers la mi-Juillet, & celui des autres Pêchers à la mi-Aout.

Il eſt certain que les arbres venus d'une ſeule Grefe ſont les meilleurs: je conſeillerois pourtant d'en mettre toujours deux ſur chaque tige, un de chaque côté, quoique jamais l'une au-deſſus de l'autre, afin que l'arbre ne vienne pas à périr: quand il arrive qu'elles prennent l'une & l'autre, on en coupera une: quand on les met l'une au deſſus de l'autre, & que celle d'embas manque, la tige devient trop haute. Pour prévenir cet inconvénient, il eſt plus à propos de poſer les Grefes le plus bas qu'il eſt poſſible aux deux côtés.

L'écorce des branches de deux ou de trois ans, eſt pour l'ordinaire trop épaiſſe, ce qui fait que l'entaille a beſoin de trop de tems pour ſe fermer; d'où il arrive que les Grefes, qui ſont poſées ſur du gros bois, prendront & croitront très rarement.

Pour ce qui regarde le bois de la Pêche de Montagne ou de Zwol, ou ne ſauroit s'y tromper; car la branche d'une Pêche de Montagne, après en avoir ôté les feuilles, ira à fond, ſi on la jette dans l'eau, aulieu que celle d'une Pêche de Zwol ſurnagera.

CHAPITRE VIII.

De la Taille des Arbres fruitiers, tant en Hiver qu'en Eté.

COmme la fertilité des arbres augmente, quand la ſève monte lentement en ſe condenſant, & non pas ſubitement, & qu'au contraire tous les arbres d'un bois fort vigoureux, (ſi l'on en excepte les Vignes & les Figuiers), ſont les moins fertiles; il eſt néceſſaire de les tailler pour les régler dans leur pouſſe, & empêcher ainſi plus ou moins la trop prompte circulation de la ſève: deſorte que la plupart des arbres fruitiers demandent d'être taillés pendant l'Hiver, & quelques-uns pendant l'Eté.

On commence la taille d'Hiver auſſitôt que la ſève de l'arbre eſt deſcendue dans les racines, ce qui ſe voit par la chute des feuilles: on peut continuer à le faire, tant que la gelée n'empêche pas qu'on puiſſe couper le bois. Je n'ai jamais trouvé que la forte gelée nuiſît plus aux arbres taillés qu'à ceux qui ne le font pas: elle ne nuit pas même aux Vignes,

dont

dont le bois est fort spongieux, quand il y a quelque intervalle entre leur taille & la forte gelée.

Il n'est pas facile à déterminer le tems précis auquel la taille d'Eté doit commencer & finir, car cela ne dépend pas seulement de la saison, mais aussi de la pousse plus ou moins vigoureuse des arbres.

Il y a bien des choses à remarquer au sujet de la taille, qui doit se faire différemment selon les diverses circonstances; & non seulement encore selon les qualités particulières des arbres dans leur espèce, comme Pommiers, Poiriers, Cerisiers, Pêchers, Vignes, &c. mais aussi selon la diversité des fruits, chacun dans son espèce : comme semblablement selon que les arbres doivent être plantés en haute ou basse tige, en plein vent ou dans un endroit renfermé, contre des cloisons ou contre des murailles; selon encore qu'ils sont d'un bois qui pousse vigoureusement ou plus modérément, ou d'un bois plus menu & plus languissant. Il faut même bien se garder de faire à ces derniers la taille d'Eté, pas même celle d'Hiver, qu'après que la sève est prête à monter, ce qui arrive vers la mi-Janvier : encore doit-on se contenter de leur faire une très petite taille, parce qu'il faut les conserver plus pour leur bois que pour leurs fruits. J'enseignerai au Lecteur la manière de tailler, en traitant des espèces d'arbres fruitiers, me contentant de joindre ici les observations générales.

La prémière chose qui se présente à remarquer à l'égard de la taille des arbres qu'on doit planter, est qu'on en retranche les racines blessées & inutiles; ce que les arbres fruitiers ont de commun avec les sauvages. Pour connoître ces derniers, & de quelle manière se fait cette taille, il n'y a qu'à voir le *prémier Chapitre du II. Livre.*

On taille après cela les branches de la couronne des arbres fruitiers: on coupe les arbres nains près de terre, & ceux à haute tige à cinq ou cinq pieds & demi. Voyez sur ce sujet le *VI. Chapitre de ce même Livre.* Cette manière de planter sans branchage est très nécessaire pour les arbres fruitiers; car quand on les plante avec des branches, on les prend ordinairement plus vieux que les sauvages: alors leur sève ne monte pas assez, en attendant que les racines les affermissent dans la terre; ce qui fait que les petits tuyaux se serrent trop, pour pouvoir donner dans la suite un passage convenable à la sève, & causent souvent par-là la mort aux arbres, ou les rendent noués pour toujours, & incapables de porter des fruits d'un bon goût.

Au contraire il arrivera que des arbres coupés pousseront par enhaut des jets fort vigoureux, & que certains arbres à tige pousseront par les

côtés; lesquels pouvant fervir à amender la pouffe, ne doivent pas ê-
tre tous retranchés la prémière année, parce qu'il s'y trouve une grande
abondance de fucs qui y reftent quelque tems, & s'y préparent pour
pouvoir être pouffés plus haut: au-lieu que montant en trop grande quantité, ils caufent quelquefois une fuffocation, ou du moins des
obftacles qui interrompent la pouffe, & font que les arbres ne produifent jamais que des jets d'un bois fort menu & fort grêle: c'eft pour cela
qu'il ne faut pas retrancher toutes les branches vigoureufes, ni tailler des
arbres nouvellement gréfés, où en retrancher les jets qu'ils ont pouffés
de la tige.

Il ne faut pas laiffer croître trop fubitement en hauteur les arbres nouvellement plantés: on fe contentera la prémière & la feconde années
d'en retrancher les branches qui pouffent avec trop de vigueur, afin que
les autres puiffent d'autant mieux groffir: cela eft d'autant plus néces-
faire à des arbres à haute tige, que par ce moyen ils feront dans la fuite
de plus grandes & de plus belles couronnes, & qu'après cela ils n'auront
plus befoin d'être taillés.

Aux petits arbres pour des Haies, dont les branches pouffent trop vigoureufement, & qui par cela même abforberoient la nourriture des autres, on leur pince une feule fois la tige, pour arrêter un peu leur
pouffe trop vigoureufe, & les engager par-là à pouffer plus de branches
par les côtés, pour pouvoir couvrir le bas de la cloifon ou de la muraille:
mais s'ils pouffent d'une manière égale un bois bon & vigoureux, & par
les côtés des branches fuffifantes, on ne les taillera point du tout, fi ce
n'eft les petites branches de Poiriers, qui croiffent précifément devant la
branche du milieu, & qui par cela même ne pourroient pas être attachées d'une manière unie, laiffant pouffer toutes les autres branches en
pleine liberté, & ayant foin de les attacher de tems en tems, afin d'engager par ce moyen les arbres bien difpofés, à la fertilité. On a encore
coutume, quand la branche du milieu pouffant fuffifamment des branches
par les côtés, continue à croître vigoureufement en hauteur, d'en faire
une petite couronne au-deffus de la cloifon ou de la muraille; & quand
le bois eft propre pour produire, on coupe la couronne, & l'on taille ces
arbres tout comme les autres.

Aux arbres qui ont aquis leur grandeur, qui pour avoir été peu taillés font devenus fertiles, & qui par ce moyen pouffent des branches fort
vigoureufes, qui confument tellement la nourriture des autres que ces
dernières ne peuvent qu'être minces & languiffantes; on taillera pru-
dem-

demment ces prémières (qui s'appellent gourmandes quand il s'agit d'arbres qui verdiſſent en tout tems, & jets à eau quand il s'agit des autres);
on en retranchera quelques-unes, on en rognera d'autres, & on en lais-
ſera pluſieurs en leur entier; il faut pareillement uſer de beaucoup de
prudence à l'égard des Sauvageons de ſouche des arbres nouvellement
plantés.

Il faut, pour bien tailler un arbre, rafraîchir, à proportion de ſa vigueur, plus ou moins ſes branches annuellement. On retranchera entierement les branches ſurannées, & l'on en attachera de jeunes à la place,
afin de conſerver toujours par ce moyen les arbres dans un état vigoureux. On doit faire une plus grande taille aux branches qui ont trop
de boutons à fleur, afin de les empêcher de trop produire, & de les engager à faire de bon bois.

Les fruits à pépin, dont les ſucs montent en abondance & font du
bois vigoureux, pourront être rendus fertiles par la taille d'Eté, & modérés dans leur crue par celle d'Hiver.

Il eſt très mauvais de rogner par la taille d'Hiver, les arbres qui pouſſent des jarrets, c'eſt-à-dire, des bras ou des branches de côté dégarnies,
& qui ont ſouvent leurs boutons à feuille vers l'extrémité; car cela ne les
empêche pas ſeulement de croître, mais fait auſſi ſouvent tomber les
fruits, ou les rend petits & inſipides, parce que dans ce cas les ſucs ne
ſauroient circuler; outre que la ceſſation de la circulation des ſucs cauſe
encore la mort à d'autres boutons à fleurs, & les fait tomber avant que
de ſe nouer.

Le bois le plus rond, le plus court de membres, & pour lors auſſi le
plus gros, eſt le meilleur; c'eſt ce qu'on tâchera auſſi d'avoir le plus
qu'il eſt poſſible : on aura ſoin au contraire de couper toujours le
bois mince & frêle, pour l'ordinaire plein de rides & de nœuds : car ce
dernier, loin de pouvoir produire des fruits d'un bon goût, ne produira jamais une bonne branche; ce qui arrive encore quelquefois à ce
qu'on appelle jets à eau : il eſt ſur-tout néceſſaire de le couper aux Vignes, aux Figuiers & aux Meuriers.

Pour ce qui regarde la taille & le racourciſſement des branches des
arbres, des Haies, des Eſpaliers & des Nains, il faut toujours, autant
qu'il eſt poſſible, avoir grand ſoin de le faire au-deſſus de l'endroit où il
y a deux boutons à feuille (que des ignorans prennent ſouvent pour
des boutons à fleur), parce qu'il arrive aſſez ſouvent que de pareils boutons ſe changent l'année d'après en boutons à fleur; & comme par ce

O 2

moyen

moyen la vigueur de la pouſſe eſt arrêtée, on ſe gardera bien de les jamais couper, & principalement à cauſe qu'il n'en proviendra jamais de fort groſſes branches ; outre qu'il n'arrive que rarement ou jamais, que de pareilles groſſes & vigoureuſes branches aient de ces doubles boutons : mais pour rendre fertiles ces branches vigoureuſes & bien venues des arbres nains ou des Eſpaliers, on les coupera près du bouton par une longue entaille en talus, de manière qu'elle y touche preſque ; ce qui arrête les ſucs, & ne permet qu'à une partie de pénétrer juſques au bouton.

Il ne faut jamais laiſſer aux arbres des branches qui pouſſent en dedans, pour aider à former la couronne de l'autre côté de l'arbre, & point ſur-tout du côté du Nord au Midi : cela pourroit quelquefois être pratiqué s'il s'agiſſoit d'une branche qui rempliroit, pour l'ornement de l'arbre, du Midi au Nord, une place qu'une branche rompue ou morte auroit laiſſée vuide, puiſqu'elle n'y pouſſera guère à cauſe des vents froids de Nord & du peu de Soleil qu'elle y recevra : ce qui fait qu'on ne doit pas couper ſi légerement une groſſe branche au Nord qu'au Midi. Comme il ne faut jamais laiſſer aux arbres en plein vent des branches qui pouſſent en dedans, on doit les laiſſer encore moins à des Haies & à des Eſpaliers ; car leur beauté conſiſte en ce que leurs aîles, ou leurs branches des côtés, doivent partir d'une manière égale, de la tige, & doivent être liées au niveau ; ce qui ſe verra dans le *Chapitre ſuivant.*

La taille des arbres à haute & baſſe tige doit être faite de manière que les branches du dedans ſoient plus ou moins éclaircies, à proportion de l'étendue qu'ont leurs branches de la couronne ; & cela afin que le Soleil puiſſe plus ou moins rechauffer les branches & les fruits intérieurs. Les arbres ainſi conduits ne ſeront jamais toufus, & ſur-tout par le haut ; & comme il ne faut pas que les branches ſe frottent, on en rognera toujours une, & l'on ne ſoufrira point au haut ces *nids de Pie*, comme on parle. Il faut de plus ſonger toujours, en taillant, de couper la branche près du bouton, par une entaille unie, juſte & en talus, à une telle diſtance, que d'un côté le bouton ne ſe deſſeche pas, & que de l'autre l'entaille puiſſe être couverte comme il faut ; ce qui ne ſauroit être, quand en coupant on laiſſe de plus longs moignons, qui pour lors ſe deſſêchent, & empêchent que l'entaille ne puiſſe ſe couvrir comme il faut avec l'écorce du bourlet ; ce qui cauſe à cet endroit de la pourriture, & aux fruits à noyau la gangrène.

On coupe pour la même raiſon pendant l'Hiver toutes les groſſes
bran-

branches près de leur tronc, & comme ces entailles font si grandes qu'elles donnent ordinairement passage à beaucoup de sucs, il faut les couvrir exactement tout aussitôt avec du suif convenable, pour conserver par ce moyen les sucs; outre que cela est encore très propre à cacher plutôt les défauts : la composition de ce suif a été indiquée dans le *Chapitre précédent*.

En passant de la taille d'Hiver à celle d'Eté, je me contente uniquement de remarquer, qu'elle n'est nullement propre à toutes fortes d'arbres fruitiers, parce qu'elle rend la plupart des fruits à noyau moins fertiles, & qu'elle en rend le gout moins bon & plus insipide. C'est-pourquoi on se gardera de faire aux Pêchers d'autre taille d'Eté, que de couper dans l'arrière saison, les jets à eau trop vigoureux & trop abondans, & cela jusqu'au dernier bouton à feuille, afin de les tailler tout-à-fait l'Hiver d'après; la taille d'Eté étant en général nuisible à des arbres, qui ne poussent pas par intervalles, mais sans interruption. On pourra voir dans le Traité des espèces d'arbres fruitiers, ce qui doit s'observer à cet égard. La Vigne a le plus besoin de la taille d'Eté; j'en traite amplement & en particulier ci-après.

Il faut enfin bien observer à l'égard de toutes fortes de tailles, qu'on retranche le superflu aussi bien des minces que des grosses branches, en faisant avec une Serpette une entaille unie & en talus, & cela de façon que l'entaille, pour ne se pas trop dessécher, reçoive aussi peu de rayons du Soleil qu'il est possible. Afin que cette entaille soit plus unie & plus nette, on n'y employera jamais une Serpette crochue, car elle fait beaucoup plus d'entamures que celle qui est droite & courte; encore vaut-il mieux se servir d'une Serpette dont le tranchant soit un peu convèxe : fur-tout on n'y employera point de Ciseaux, pas même pour couper les plus petites branches; car outre l'incertitude où l'on est si l'on coupe ces branches au dessus du bouton, il est impossible de faire avec cet instrument une entaille en talus : sans compter que la coupe des Ciseaux, cause une meurtrissure, qui empêche que l'entaille ne puisse aussi se couvrir comme il faut.

CHA-

CHAPITRE IX.

Remarques touchant les Murailles, les Cloifons, &c. & la manière d'attacher & de conduire les arbres avec de l'Ofier.

LE Traité des Murailles & des Cloifons fervant à augmenter la chaleur, appartient au fecond Volume, dans l'Introduction duquel on dit, que les Cloifons bien jointes, où le vent ne fauroit pénétrer le moins du monde par derrière, peintes après cela en brun, font préférables aux Murailles, pour y cultiver des fruits en plein air: que même toutes les fortes de Murailles, que l'art a inventées, font nuifibles: de plus, que les Cloifons & les Murailles en droite ligne font les meilleures, pourvu qu'à la diftance de vingt-quatre ou de trente pieds, elles foient garnies d'un paravent pour rompre les vents nuifibles. On ne peut ficher qu'avec peine des cloux dans les Murailles, & encore moins les en arracher, fans faire tomber de la chaux, ce qui fait des cavités, où fe nichent les Infectes: c'eft pour cela qu'il faut que les Murailles foient garnies de petites Lates fort minces, pofées en longueur de haut en-bas, à cinq pouces les unes des autres, & de manière que l'Ofier puiffe paffer pas derrière. On ne garnira jamais de Lates les Cloifons, afin que la branche puiffe, pour un plus grand ornement, être liée tout contre, felon fon cours: la jufte hauteur d'une Cloifon pour des Treilles, des Pêchers, des Abricotiers, des Pruniers, eft de huit pieds; elles doivent être plus hautes pour des Poiriers & des Meuriers, & c'eft-pourquoi on fait mieux de planter ceux-ci contre de plus hautes Murailles de quelque Bâtiment.

Les Efpaliers font hors d'ufage, parce qu'ils coutent beaucoup d'entretien, & qu'ils font de très peu d'utilité, parce que les vents de bize les percent de tous cotés.

Pour donner une belle figure aux arbres par la manière de les conduire & de les lier, on commencera par la branche capitale: celle-ci doit être attachée droit vers le haut; c'eft d'elle que doivent fortir des deux côtés les autres branches. Ces dernières, bien tendues, autant qu'il eft poffible, doivent être liées, fur-tout de manière que les extrémités n'en foient pas plus bas que l'endroit de leur origine. On lie, pour bien

faire,

faire, à la distance de douze pouces les unes des autres, les branches d'un vigoureux Meurier; de dix pouces celles d'un Poirier; & si les arbres sont moins vigoureux, de huit. Quoique cette distance paroisse d'abord fort grande, l'expérience fait voir, que ce sont là les plus beaux arbres & les plus fertiles: au-lieu que les branches, liées plus près, causent en grossissant plus de difformité à la vue; & même il arrivera pour lors aux Meuriers de laisser tomber souvent leur fruit, avant que d'être mûrs, à cause de la trop grande quantité de feuilles.

On peut, quand il s'agit de Bâtimens fort hauts, y attacher les branches un peu plus vers le haut, en prenant toujours bien garde que cela ait la figure d'un éventail, ou des doigts d'une main étendue: il faut aussi avoir soin à tems, que les extrémités des branches, à mesure que ces dernières poussent, ne se touchent jamais, mais qu'elles restent toujours dans une juste distance: encore moins doit-on croiser ces branches, ou les attacher l'une à l'autre, ou plier de petites branches, à moins que les arbres ne fussent fort surannés, ou qu'ils eussent été entre les mains d'un Jardinier ignorant, qui dès le commencement ait négligé de les tailler ou de les conduire comme il faut; d'où il arrive qu'ils sont dégarnis au milieu des branches, ce à quoi on remédiera alors autant qu'il est possible, en garnissant ces places vuides, pour prévenir par-là une plus grande difformité.

On aura bien soin encore que les branches ne se meurtrissent pas en les courbant, ou qu'elles ne soient pas gênées; car étant comprimées, de manière que le cours de la sève soit interrompu, elles pousseront presque toujours au devant de la courbure, des jets à eau, qui absorberont la vigueur du reste de la branche: l'interruption de la sève y produit aussi de la gomme, ce à quoi les Pêchers & les Abricotiers sont fort sujets: outre qu'il est très desagréable de voir une branche mal attachée; c'est-pourquoi on ne se servira jamais des branches que la tige pousse par devant, pour les conduire & les attacher par les côtés.

Pour faire que les arbres paroissent des tapis verds, garnis de branches depuis le haut jusqu'en-bas, couverts de feuilles & chargés de fruits entrelacés, il faut mettre en usage les moyens indiqués: de plus il est pour cela nécessaire de détacher annuellement tout-à-fait & d'attacher de nouveau les arbres nouvellement plantés, dont les branches grossissent visiblement; de renouveller & de changer les liens; ce qui produit non seulement un bel arrangement de branches, mais empêche aussi que l'Osier ne les rompe à mesure qu'elles grossissent, qu'il ne les entame, & que

les

les ferrant trop, il n'y caufe de la gomme; ce qui arrive pareillement, lorfque les branches en groffiffant font comprimées par les cloux, ce qui eft extrêmement nuifible à tous les arbres, mais fur-tout aux Pêchers & aux Abricotiers. Pour prévenir cet inconvénient, on ne négligera jamais d'arracher tous les Cloux dont on n'a pas befoin ; & l'on aura foin que l'Ofier que l'on tourne autour du clou foit tellement tors, que les branches en groffiffant ne touchent point à ces Cloux. Il ne faut pourtant tordre l'Ofier qu'autant qu'il eft néceffaire pour prévenir cela; car autrement cela eft difforme, vu que les branches doivent être conduites auffi près des Cloux qu'il eft poffible, fans cependant les tirer trop fort en les attachant. Ainfi pour attacher comme il faut avec de l'Ofier les branches, fans toucher nulle part aux Cloux qu'on a plantés, on fera enforte que le gros bout de l'Ofier tordu foit mis derrière entre les branches & les Cloux. Il faut auffi avoir grand foin de ficher les Cloux au-deffus des branches qu'on doit attacher ; & quoiqu'alors les branches repofent davantage fur les liens, & foient plus ferrées contre les Cloux, cela eft pourtant néceffaire, puifqu'il eft autrement impoffible de pofer les liens comme il faut. Il faut favoir encore pour attacher avec de l'Ofier bien tordu, qui de lui même ne fe détord pas, que tout arbre croît felon le cours du Soleil, & qu'étant tordus dans ce fens, ils font non feulement plus fléxibles, mais auffi que, fuivant leur nature, ils joignent beaucoup mieux.

En traitant dans la fuite des arbres fauvages, on remarque au fujet des petits Saules, qu'il y a parmi eux diverfes fortes d'Ofier, & qu'il s'en trouve qui font plus longs, plus fléxibles & plus forts que d'autres. Celui qu'on appelle Ofier blanc dure le plus longtems; c'eft pourquoi il eft très propre pour attacher de fort groffes branches, fur-tout contre des Murailles fort hautes, expofées à des vents violens: mais comme il eft trop groffier & moins fouple que le rouge, il eft auffi peu propre pour attacher de minces & de jeunes branches qui groffiffent, lefquelles il entame fouvent; c'eft pourquoi à tout ce qu'on attache pendant l'Hiver, on y emploie de l'Ofier rouge, qui eft plus mince & qui périt tous les ans. Pendant l'Eté on lie les tendres rejettons avec des joncs qui, après avoir été trempés pendant une heure ou deux, font très propres à cet ufage; & à leur défaut on peut fe fervir de jonc de Mofcovie.

CHA-

LIVRE TROISIEME.

CHAPITRE I.

Des Fleurs, des Boutons de Fleurs, & des Fruits en général, & de quelques sortes en particulier, comme aussi du tems de leur maturité.

ON peut voir les fleurs de toutes sortes de fruits, (excepté les Figues dont les fleurs restent cachées à la vue dans le fruit), lesquelles paroissent en divers tems, de différentes manières, de différentes formes & couleurs, la plupart sortant de leurs boutons, qui l'Eté précédent ont commencé à se former sur de vigoureux rejettons, & quelquefois aussi sur du plus vieux bois de l'année précédente, ou de plusieurs autres années. Les boutons qui viennent de rejettons vigoureux la même année, sont les Raisins, les Griottes, les Pêches & les Abricots : il arrive aussi quelquefois que les Figues viennent à du bois de la même année ; mais les Pommes, les Poires, les Merises, les Cerises, croissent toujours sur des branches d'une ou de plusieurs années.

Les boutons se formant, comme il a été dit, pendant l'Eté vers l'Automne, se gonflent le plus pendant l'Hiver, jusqu'au Printems, qu'ils crèvent & poussent des fleurs. Il n'y a que les boutons des Noizettiers qui ne crèvent point, quoiqu'ils poussent leurs fleurs par la pointe, mais ils paroissent avant tous les autres, presque dans l'Hiver, & même hérissés d'une grande quantité de petites fibres d'un pourpre éclatant. Après cette fleur suit celle de Cornouille, ensuite celle d'Amandier, de la couleur de la fleur de Pêche : puis celle d'Abricot à feuille blanchâtre : après vient la fleur de Pêche, de couleur différente, selon ses espèces, comme pâle-clair, rouge, rouge plus foncé, pourpre ; aussi à plus grande ou plus petite fleur, mais à feuilles ouvertes, ayant au dedans de la fleur plus ou moins de filamens. Les Cerises des Cloisons viennent avec les Pêches ; mais celles qui sont en plein vent paroissent un peu plus tard : elles ont une fleur blanche, & il y en a quelques-unes qui tirent sur le rouge. Ensuite viennent les Poires, dont une espèce fleurit avant l'autre, mais cependant avant les Pom-

Partie I.   P   mes,

mes, qui viennent après. La plupart des fleurs à fruit ont cinq feuilles; l'Ananas n'en produit hors du fruit même que trois autour de chaque bouton: s'il s'en trouve plus, c'est un jeu de la Nature.

Les fruits à queue longue ont ordinairement de grandes fleurs aussi à queue longue; la queue de quelques-unes s'allongeant après qu'ils sont noués, comme la Bergamote Crasane, la St. Germain, le Beurrée, &c. Il y en a au contraire dont les queues ont la longueur requise, avant que les fleurs soient nouées, comme les Poires de safran, la Poire Madame, &c. Les fruits dont les queues sont les plus longues & les feuilles des fleurs les plus grandes, ont pour l'ordinaire la fleur plus simple & pas tant en forme de Rose, que ceux qui ont une queue courte, mais pendante en guise de cloche. Quand les fleurs ne poussent pas trop fort, elles se nouent beaucoup mieux, parce qu'alors il leur reste plus de tems pour se transformer en fruit; ce qui se voit sur-tout à ces fruits, dont le bois est poreux, & dont la feuille a une longue queue: car quand la sève monte abondammant, les queues deviennent trop minces en s'allongeant, ce qui les mettant hors d'état de recevoir les sucs abondans, les fera périr: celles qui ont la queue courte jauniront, & les unes & les autres tomberont avant que d'être nouées. D'un autre côté il est très nuisible que les fleurs restent longtems à fleurir, ce qui arrive par un trop long froid, parce qu'après avoir été ainsi exposées pendant quelque tems, elles tombent pour l'ordinaire, quoique les fruits soient déja formés, ne pouvant absolument venir à maturité.

Quoique les fruits des plantes soient tout ce qui est utile, qu'il y en ait dont les fruits sont les racines, les écorces, les rejettons vigoureux, les feuilles, les boutons, les fleurs, la semence, &c. j'entens cependant par le mot de fruit; ce qui peut d'une manière ou d'autre chatouiller la langue; en exceptant ce qui sert uniquement & simplement à la nourriture ou aux remèdes. Ainsi on appelle fruits, toutes sortes de Pommes, Poires, y compris les Coings, les Pommes de la Chine, les Oranges, & les Limons (quoique ces trois derniers soient des fruits étrangers), les Cerises, Merises, Meures, Pêches, Abricots, Prunes, Raifins, Figues, des Framboises, des Grozeilles rouges, vertes, noires, blanches, de l'Epine Vinette, des Bayes de Surau, Cornouilles, Nesles, grosses Noix, Noizettes, Amandes & Chataignes, tous ceux-ci étant des fruits d'arbre; à quoi j'ajoute encore les Fraises, les Melons, & les Ananas, dont les deux derniers sont des fruits étrangers, mais qu'on peut cependant cultiver aussi bien chez nous que dans leur propre Climat.   Que

Que tous les fruits dont je viens de faire mention aient befoin pour
faire du bois, des boutons, des fleurs, pour fe nouer & pour mûrir, de plus
ou moins de chaleur, & d'en être diverfement affectés, c'eft ce qui paroit clairement quand ils fleuriffent, & enfuite au tems de leur crue &
de leur maturité dans la faifon. Que les arbres puiffent auffi réfifter à
plus ou moins de froid, & cela non feulement dans leurs efpèces, comme
les Pommes, les Poires, les Pêches, &c. mais auffi quant aux différentes for-
tès d'efpèce, c'eft une vérité très certaine: il y a ainfi dans des Climats
fort froids (comme en Mofcovie), une forte de Pommes transparentes
dans lefquelles, quand elles font mûres, on peut voir les Pépins: dans le
tems qu'il n'y en fauroit croître aucune autre forte, encore moins des Poires. On trouve pareillement dans des Païs plus méridionaux de la Mofcovie, quoique pourtant forts froids, des Griottes, dans le tems qu'il n'y
fauroit croître des Cerifes, ni des Merifes, encore moins des Pêches, des
Raifins ou des Figues. Comme donc les arbres & les fruits demandent
moins de froid, ils ne fauroient réfifter auffi à une trop grande chaleur;
c'eft-pourquoi on ne fauroit cultiver dans plufieurs Climats fort chauds,
pas même par art, nos Grozeilles, nos Pommes, nos Poires, nos Cerifes, &c. Notre Climat de Hollande eft très propre pour produire les
arbres dont je viens de parler, & pour faire bien mûrir les fruits, &
fur-tout des Grozeilles, des Cerifes, des Merifes, des Griottes, des
Pommes, des Poires, des Pêches, des Prunes; quoique parmi ces derniers il s'en trouve quelques-uns qui n'y parviennent pas à une maturité parfaite, & font privés ainfi du jus délicieux requis pour être
mangés cruds; ce qui fait que, pour les rendre mangeables, il faut employer le feu, en les étuvant ou en les rotiffant, comme cela fe void à l'é-
gard du bon-Chrétien, du Virgoulé, des Prunes de Damas, & de plufieurs
autres, qui, quoique cruds, ne laiffent pas d'être excellens en France: en
faifant attention à cela, il me paroit probablement que nos Poires à cuire pendant l'Hiver, ne pouvant parvenir à leur maturité pour être
mangées crues, aquéreront par la chaleur dans d'autres Climats, une eau
beaucoup plus agréable.

Tous les fruits en queftion, & même les Raifins & les Figues, ne demandent pas trop de pluie vers le tems qu'ils font en fleurs, fur-tout
point de pluies fortes; mais beaucoup après être formés, particulierement quand les pépins étant formés, commencent à fe gonfler, car
alors ils groffiront davantage, ce qui fe voit vifiblement aux Raifins &
aux Pêches: il leur faut d'un autre côté de la féchereffe vers le tems de

P 2

leur

leur maturité , pour rendre leur jus meilleur ; comme auffi une chaleur continue , mais tempérée , la trop grande chaleur étant toujours fort nuifible , parce qu'elle refferre les pores du bois , & empêche ainfi la fève de monter autant qu'il le faut pour nourrir les fruits & les feuilles. C'eft auffi pourquoi une expofition continuelle au Soleil nuit toujours aux fruits , même à ceux qui ont befoin d'une chaleur durable , telle qu'il en fait peu dans ce Païs pendant l'Eté : car cela fait refferrer les pores, à caufe que la peau des fruits devient trop fèche , ce qui empê-che auffi que les parties aqueufes , qui par la fermentation dans l'inté-rieur des fruits , doivent être pouffées au dehors, ne peuvent s'exhaler: outre qu'une telle évaporation eft très néceffaire , elle donne auffi aux fruits , quelque chofe d'agréable à l'œil , parce que les parties les plus déliées fe fixent autour de la peau , y formant un coloris qui femble don-ner un bon goût au fruit.   La chaleur eft fur-tout néceffaire au Prin-tems & dans l'Autonne , faifant mûrir bien plutôt les fruits , quand même il feroit plus froid & plus humide au milieu de l'Eté & au mois de Juillet : & afin que les fruits ne foient pas trop expofés à l'ardeur du Soleil , il eft très bon, fur-tout quand il s'agit des Efpaliers , que ces fruits foient à l'ombre du feuillage , ce qui leur fait avoir plus de colo-ris , & leur communique ainfi un meilleur goût.   Mais comme trop de pluie dans la faifon des fleurs les fait tomber , fans qu'elles fe nouent, & caufe dans la faifon , où les fruits mûriffent, des fruits aigres & defagréa-bles ; il eft auffi très pernicieux de les couvrir de trop de feuilles , par-ce que cela empêche le bois de parvenir à fa maturité , & les fruits de fermenter d'une manière convenable , d'où il arrive que ces derniers mûriffant très peu, font toujours d'un très mauvais goût. Il faut les plan-ter dans une différente expofition au Soleil , & les traiter diverfement felon les befoins des fruits ; la nature des Fonds & des Plants donnera plus ou moins de bon goût aux fruits : & fi on les cueille bien à propos au tems de leur maturité, leur goût fera auffi infiniment meilleur , fi vous en exceptez les Raifins & les Figues ; car auffi longtems que les Raifins font gonflés & fans rides, & que les Figues quoique ridées ne fe cor-rompent pas , ils feront meilleurs étant cueillis lorfqu'ils font plus que murs : mais ce font là auffi les feuls qu'il faut cueillir ainfi , car après le jufte tems de la maturité, le bon jus commence à rentrer dans le bois : delà vient que les fruits venus comme il faut au point de maturité, fans être piqués par les Infectes, qui tombent fort doucement d'eux-mêmes, n'ont jamais un auffi bon goût, que fi on les avoit cueillis un jour ou

deux

deux avant leur chute, outre que ces fruits d'Eté tombés font pour l'ordinaire pâteux, mous, & d'un goût aigre, & ceux d'Hiver beaucoup moins durables, fans compter qu'ils perdent leurs parties les plus fubtiles. Les fruits qui ont été cueillis avant leur maturité, leur eau n'ayant pas fermenté affez, font par cela même d'un goût rude & âpre, peu ou point mangeables, à proportion du tems qu'il leur auroit falu pour mûrir parfaitement; c'eft pour cela que les fruits d'Eté cueillis bien mûrs, font les plus agréables, quoiqu'ils puiffent être moins maniés, & qu'ils fe pourriffent très facilement quand on les transporte. Ceux au contraire, qui font moins mûrs, peuvent réfifter à plus de fatigue, par cela même que la preffion les faifant fermenter, les fait auffi entierement mûrir. On vend les fruits peu mûrs d'Eté, parce qu'ils paroiffent de bonne heure mûrs, plus cher qu'on ne feroit, fi on les cueilloit quelques jours après, lorfqu'ils feroient en état; c'eft-pourquoi chacun s'empreffe à vendre le prémier, ce qui fait qu'on peut acheter rarement d'excellens fruits d'Eté cueillis bien mûrs, qui, mangés fur le champ, font fort préférables aux autres; & cela fur-tout quand on doit les recevoir d'un endroit éloigné. La plupart des fruits d'Eté indiquent vifiblement le tems propre à les cueillir; il n'eft pas fi vifible, quand ils font les plus propres à être mangés après avoir été cueillis, parce qu'ils paffent fort vite de leur jufte maturité à la pourriture. C'eft près de la queue qu'ils ont leur meilleure eau, & leur goût eft ordinairement plus agréable, quand l'entamure de la queue va vers le haut, que quand elle va du haut vers la queue: c'eft auffi près de la queue qu'ils commencent à mûrir.

Plufieurs fruits mûriffent entierement fur l'arbre, fans avoir befoin d'être gardés; mais la plupart des fruits d'Autonne & tous ceux d'Hiver aquièrent leur bonté, quand, après avoir été cueillis bien mûrs, on les garde pendant quelque tems, les uns plus & les autres moins. Mais comme on cueille dans le même tems les fruits d'Autonne & d'Hiver, felon leurs efpèces, & que ces fruits ne mûriffent pas pourtant tous à la fois, il n'eft pas rare que les uns foient meilleurs & plus durables que les autres; les indices de leur maturité précife étant auffi plus équivoques que ceux des Pommes & des Poires d'Eté: on connoitra qu'il eft tems de les cueillir quand ils tombent pendant le calme. Les indices généraux de la maturité des fruits font, qu'avec leur couleur requife, ils paroiffent à l'œil verniffés, & les opaques en quelque façon transparens: il faut fur-tout regarder au vernis, car il difparoit de plus en plus, à mesure

fure

fure que les fruits deviennent trop mûrs ; on peut cependant fe tromper à cette marque , fur-tout aux Pêches , parmi lesquelles on en trouve fouvent d'une telle cueillette que, pour les avoir gardées trop long-tems , elles deviennent coriaces , molles & d'un goût fort desagréable, & d'autres fi mûres , qu'elles perdent tout d'un coup leur couleur: elles ne font pus fi bonnes à beaucoup près, que celles qui, après avoir été ferrées pendant vingt & quatre heures , font devenues tendres par ce moyen.　Quoique la preffion nuife à toutes fortes de fruits , elle eft principalement nuifible aux Pêches, qui le donnent bientôt à connoître en fe pourriffant : on eft pourtant obligé quelquefois de le faire , pour s'affurer de leur maturité , en les ferrant entre les doigts : il faut s'y prendre bien prudemment, quand il s'agit de toucher ces fruits, de même que tous les autres , & le faire toujours à l'endroit par lequel ils commencent à mûrir , favoir à la couture tout près de la queue, quand ce font des Pêches ou des Abricots. La meilleure, la plus prudente, & la moins ruineufe manière cependant, eft de les ferrer dans le creux de la main, pour voir fi fans preffion ils quittent fans peine leur queue. La preffion n'eft pas feulement nuifible , mais auffi l'attouchement, quelque doux qu'il foit , parce qu'on emporte par-là le coloris, plus ou moins: c'eft pour cela qu'il faut manier les Pêches fort prudemment, même quand on les cueille , & que pour leur donner un plus beau coloris, il faut après la cueillette en emporter le coton avec un petit coupon d'une fort douce étoffe.

Parmi les fruits crus dans des terres graffes ou fablonneufes, les plus gros dans leurs efpèces font ordinairement les meilleurs; par conféquent les groffes Pêches provenues du même arbre, avec de plus petites, font les plus agréables; & ces dernières fort rarement bonnes : les plus petits Abricots, au contraire, font très fouvent les meilleurs : il en eft de même des Prunes, pourvu que cette petiteffe ne foit pas caufée par une trop grande quantité de fruits de l'arbre qui les a produits.　Ce ne font pas pourtant toujours les plus gros fruits qui font les meilleurs , il arrive fouvent au contraire , qu'ils font fpongieux , comme la plupart de ceux qu'on momme doubles , excepté les Pêches & les Poires , que nous nommons *Riet-peeren*, qui font meilleures que les fimples , au-lieu que les Courtpendus, les Pommes d'or, & les Noix doubles, ne font pas fi bonnes que les fimples. Lors donc que je dis que les plus gros fruits font les meilleurs, j'entens parler de ceux de la même efpèce, crus à un même arbre; comme font les Pommes rayées de gris, les Courtpendus, crues

à

à un même arbre, car les plus grosses sont les meilleures.

Les fruits des arbres surchargés n'ont jamais le goût fort relevé, ils l'ont même souvent insipide. Ceux qui doivent être mangés peu après la cueillette, comme ils meurissent sans qu'on soit obligé de les serrer, indiquent d'une manière plus visible que toute autre, le tems précis où il les faut cueillir. Les Cerises & les Mérises doivent avoir la couleur brune tirant sur le noir, être d'un brun plus ou moins foncé, d'un rouge plus clair ou plus foncé, d'un rouge mêlé de blanc. Il y en a quelques-unes qui doivent être blanches selon leur espèce, mais toutes doivent être couvertes de coloris ; c'est par où l'on peut juger de leur maturité. Il y a pourtant des espèces qui ont la chair plus cassante, moins remplie d'eau que les autres ; & cela, selon qu'après avoir été cueillies bien mûres, on peut les conserver plus longtems les unes que les autres.

Les Mérises sont toutes d'une même couleur, & lorsqu'elles sont mûres, cette couleur est d'un beau brun tirant sur le noir.

Les Meures, quoique moins colorées & moins transparentes que les Mérises, sont, étant mûres, d'un beau brun tirant sur le noir : leur coloris, quand elles sont trop mûres, s'efface, & elles s'aigrissent & se moisissent : aussi sont-elles sujettes à tomber.

Les Framboises sont d'un rouge foncé, moins colorées, mais plus cotonneuses.

Les Ronces ou les Meures sauvages sont de pourpre-bleu, très colorées, beaucoup plus que les Meures.

Les Meures de Renard sont d'un bleu foncé ou obscur.

Les Grozeilles noires sont d'un noir parfait luisant ; elles s'aigrissent quand elles sont trop mûres, & alors elles tombent de leurs grapes.

Les Grozeilles blanches sont presque de couleur de chair.

Les Grozeilles rouges sont d'un rouge foncé clair ; ces deux derniers fruits sont fort luisans, & laissent apercevoir les grains.

L'Epine Vinette a moins de jus, la peau plus épaisse, est plus petite, longue & plus mince que les Grozeilles, & par cela même moins transparente ; quand elle est mûre, elle doit être d'une couleur agréable, d'un luisant rougeâtre.

Les Baies de Sureau sont de couleur brune tirant sur le noir.

Les Cornouilles sont d'un rouge foncé.

Les Abricots. Il y en a de trois ou quatre sortes, parmi lesquels il s'en trouve de jaunâtres, & de blanc-vermeils ; mais les meilleurs sont d'un vermeil orange, tiquetés, d'un brun foncé tirant sur le rouge.

Les

Les Prunes font de différentes couleurs , comme d'un jaune foncé & pâle, bleues, violettes, rouges, rougeâtres, tachetées, vertes, parmi lesquelles il y en a qui ont plus ou moins de jus , la chair plus caffante & plus beurrée. Celles qui ont beaucoup de jus doivent avoir la peau transparente , & toutes doivent auffi avoir une tranfparence luifante fur leur coloris; ce qui eft plus particulier aux Prunes & aux Raifins qu'à tout autre fruit.

Les Pêches. Pour ce qui les regarde , les Friands ne font pas d'accord touchant la préférence qu'on doit leur donner. Il y en a qui penfent qu'elles font meilleures , quand on les mange dabord après les avoir cueillies : il y en a d'autres qui affurent que ce n'eft qu'après avoir été gardées pendant un jour ou un jour & demi , qu'elles ont leur goût le plus exquis : il a été remarqué ci-devant qu'on ne peut favoir fûrement le tems précis de leur maturité.

Les Raifins. Il y en a de différentes fortes , des blancs , d'un brun foncé, & d'un brun-bleuâtre plus clair, de noirs tachetés, &c. comme auffi d'un jus plus ou moins fondant, à proportion de leur maturité: ce qui fait auffi, qu'ils font plus ou moins tranfparens , & font voir leurs pépins. Ils ne fauroient être trop mûrs, car auffi longtems que les grapes ne fe deffechent pas, & que leurs grains reftent gonflés fans rides, ils gagnent de plus en plus à la Treille.

Les Figues meuries , jufques à fe rider , font les meilleures au goût, quoique moins agréables à l'œil.

Les Grozeilles nommées en Hollandois *Kruys-bezien.* Il y en a de jaunâtres, de blanches, de rouges; des tiquetées, des luifantes, des transparentes, qui ont des grains tirant fur le brun.

Les Oranges de la Chine, ou Oranges douces , font d'un beau rouge foncé clair, luifant, de même que

Les Oranges, avec cette différence, que le rouge de celles-ci tire fur le jaune. Auffitôt qu'elles perdent leur coloris , elles ont déja perdu leur jus.

Les Limons font d'un beau jaune luifant : quand cette couleur commence à fe changer en un jaune plus foncé tirant fur le brun, alors leur jus eft deja deffeché.

Les Noix : quand leurs Chatons commencent à fe fendre & à crever tout-à-fait, de manière que les Noix paroiffent , pour lors les parties huileufes font déja trop épaiffies.

Les Chataignes font tout comme les Noix.

Les

Les Noizettes : leurs chatons deviennent jaunes.

Les Coings font jaunes, & ont de l'odeur.

On ne peut pas compter fûrement fur les changemens des couleurs des Poires & des Pommes d'Eté, & encore moins connoître le tems précis de la maturité des fruits d'Autonne & d'Hiver, parce que c'eft lorfqu'ils font ferrés qu'ils deviennent d'un goût agréable.

Les Nefles fe cueillent en même tems que les dernières Pommes & Poires, & deviennent molles étant ferrées, ce qui leur tient lieu de maturité pour être bonnes à manger.

Les indices de la maturité des fruits des plantes, qu'on nomme Herbes, font très clairs.

On coupe les Melons quand la queue commence à fe détacher tout à l'entour : ils font meilleurs après avoir éte gardés deux ou trois jours, que lorfque leur queue tombe lorfqu'ils font encore fur la couche.

Les Fraifes doivent être luifantes, tendres & agréables : étant cueillies bien mûres, on ne fauroit les conferver pendant un jour.

Les Ananas font mûrs, quand ils font d'un jaune foncé, luifant, & qu'ils deviennent d'un brun tirant fur le jaune par deffus leurs tumeurs : quand ils font verdâtres, tant foit peu tranfparens, c'eft une marque qu'ils ont été trop humectés.

Les fruits qui s'aigriffent en pourriffant, font rafraichiffans : parmi lesquels ceux qui font pleins de fuc, fe détruifent & fe gâtent fort vite ; ils font fort fains pendant les chaleurs, mangés modérément ; & très mal fains quand l'eftomac eft rempli, fur-tout ceux qui ont la chair caffante & ne contiennent pas beaucoup de fuc, parce qu'ils reftent plus longtems dans l'eftomac, où ils caufent de la fermentation, ce qui fait que l'air entre dans le corps en beaucoup plus grande quantité, d'où proviennent les vents & les fpafmes.

Les fruits qui ne s'aigriffent pas en pourriffant font échauffans.

La différence des efpèces dans chaque genre de fruits, qui viennent de femence, eft due à ceux à qui il plait de donner à un tel fruit venu de femence, qui leur eft inconnu, un nom à difcrétion, quoique ce nom foit déja connu depuis longtems : le goût en eft pourtant fort différent, les mêmes fruits auffi quoique provenus des mêmes Sauvageons, n'ont pas le même goût ni le même jus. Les Climats & les Fonds caufent auffi fouvent la bonté du jus, il y a même de la différence, quand les fruits après un Printems fort favorable, un Eté & une autonne à fouhait, meuriffent plutôt ou plus tard. On ne fera pas furpris de la di-

<table><tr><td>*Partie I.*</td><td>Q</td><td>ver-</td></tr></table>

verfité des noms que portent les fruits , quand on confidérera que dans un Païs, une Ville, un Village, un Hameau, le nom d'un feul & même fruit varie; que même on en fait une différente defcription , quoique le fruit ne foit point du tout équivoque.   C'eft pour cela qu'on ne doit pás s'en raporter aux autres, quand il s'agit de planter des arbres, tant pour le nom que pour le goût des fruits ; mais il faut l'éprouver foi-même. On trouve ce même inconvénient chez les Auteurs François. L'Auteur du petit Livre intitulé, *Inftructions pour connoître les bons fruits*, dit, *l'Orange rouge d'un goût très relevé, excellente. Certeau d'Eté, la bellis-fime, la belle & bonne : la Bernardine excellente: la Jargonnelle très bonne*: & l'Auteur *du Théatre du Jardinage* dit de ce même fruit: *Ex-cellent, qui a le goût relevé :* & Mr. de la Quintinie dit de tous ceux-là: *Outre les méchantes Poires que je ne connois pas, voici une lifte par-ticulière de celles que je connois pour fi mauvaifes, que je ne confeille à perfonne d'en planter*; & l'Auteur de *l'Abrégé des bons Fruits* dit : *la Robine a la chair dure :* De la Quintinie au contraire, *la chair eft caf-fante fans être dure.*   Comme donc, felon ces exemples, ils différent entr'eux pour le goût, ils différent auffi quant aux noms, à la forme, au tems de leur maturité ; ce qui eft vrai non feulement à l'égard des Poires, mais auffi à l'égard de tous les autres fruits.

CHAPITRE II.

Des Poiriers & de leurs fruits.

ON trouve parmi les Poiriers, des arbres extrêmement hauts, dont les racines entrent plus avant en terre que celles des Pommiers, qui étendent davantage leurs branches à couronne.   Les Poiriers ont cette propriété, préférablement à toute autre forte d'arbres fruitiers, de produire les meilleurs fruits fur du bois raboteux, garni de branches gan-grénées, qui empêchent auffi ces arbres de devenir fort grands.

Le bois de Poiriers eft plus rouffâtre, plus fibreux & moins confus, que celui de Pommiers: il contient auffi plus de fuc, & l'écorce en eft plus épaiffe, plus fèche, & plus crévaffée : les feuilles en font plus lon-gues, plus pointues, plus épaiffes, plus liffes & plus luifantes.

Les fruits en font d'une rondeur plus oblongue, & plus pointue

vers

vers la queue : leur queue est aussi plus longue.

On emploie plus au travail le bois de Poiriers que celui de Pommiers , mais ce dernier est meilleur à bruler , donnant plus de chaleur , & pendant plus longtems.

On ne trouve aucun arbre parmi les Fruitiers , qui en produise de semence un si grand nombre de différentes espèces ; c'est-pourquoi il faut bien prendre garde à ces Sauvageons , afin de ne pas leur faire changer de nature quand on les grefe ; mais de leur conserver leur bonté , ou de les amender , afin d'aquerir par-là de bons arbres : étant visible, quant à ces arbres , que le Sauvageon ne se conforme pas toujours à l'Ente , & que l'Ente au contraire se fait beaucoup à la nature du Sauvageon.

On distingue ces fruits en Poires d'Eté , d'Autonne , & d'Hiver. Ces derniers se divisent encore en trois sortes : les unes ont la chair cassante & fondante ; les autres l'ont cassante ou moins fondante , & les troisièmes tiennent le milieu entre ces deux qualités. On les distingue aussi en Poires qu'on sert à table , & en Poires qui doivent être étuveés.

Les prémières sont celles qu'on mange crues , telles qu'elles sont naturellement , qui ont une bonne eau , qu'elles aquièrent sur l'arbre , ou bien dans les Serres.

Les Poires à étuver aquièrent leur degré de maturité , par le moyen du feu : étant trop âpres & trop rudes , pour être mangées crues. Les Poires qu'on sert à table sont encore excellentes à étuver.

Après avoir fait ces observations générales , je vais parler des propriétés de quelques-unes de ces dernières Poires.

Le *Citron de Sirène* est une Poire d'une grosseur ordinaire , oblongue , sans être pointue vers la queue : la peau en est épaisse , remplie de petites taches brunes : quand elle est mûre , elle est de couleur jaune , cassante , & l'une des meilleures Poires d'Eté. C'est la seule raison qui la rende digne d'être cultivée ; elle a une eau sucrée , qui n'a rien de relevé : étant trop mûre elle devient farineuse : elle fait très peu & de très mauvaises racines , & cependant du bois fort vigoureux ; ce qui fait qu'on en emploie beaucoup les Sauvageons , & qu'on les grefe : les boutons sont passablement gros , pointus par devant , poussant chacun douze fleurs qui tiennent à de petites queues d'une juste longueur , à côté d'une feuille qui est de la nature du bois.

Les *Poires sucrées précoces* sont de la plus petite sorte de Poires , & sont cependant un fort grand arbre , qui a peu de racines & produit beaucoup : elles meurissent en même tems que le Citron de Sirène , ce qui

Q 2

fait

fait qu'on en cultive beaucoup pour vendre ; elles ont un aſſez mauvais goût, & deviennent bientôt farineuſes.

Les *Poires ſucrées griſes*, appellées par les Romains (*a*) *Pyrum Fa-*
lernum, étoient autrefois fort eſtimées chez nous, mais elles ſont perdues
aujourdhui par l'ignorance ou par la négligence des Arboriſtes, ayant
employé, en les gréfant, des Sauvageons qui leur étoient contraires. C'é-
toit une Poire médiocre pour la groſſeur, & dans ſa maturité elle étoit
d'un rouge tant ſoit peu tirant ſur le jaunâtre, luiſante, tachetée de
gris, paſſablement ronde, finiſſant en pointe vers la queue, bientôt
molle quand elle eſt trop mûre, & cela à l'arbre même ; ayant autrement une eau excellente, tenant le milieu entre les Poires fondantes
& caſſantes. L'arbre qui produiſoit cette Poire, étoit fort haut, fort
grand, avoit beaucoup de racines, & étoit fort fertile à meſure qu'il vieil-
liſſoit.

Les *Poires ſucrées* d'aujourdhui n'ont pas un jus ſi agréable : leurs
branches outre cela ſont fort ſujettes au chancre ; ce qui les rend beaucoup moins dignes d'être cultivées.

Les boutons des Poires ſucrées ſont longs, menus, & s'allongent
ſenſiblement, en pouſſant par des extrémités déliées qui finiſſent d'une
manière fort pointue: chaque bouton produit ordinairement huit fleurs,
dont les queues ſont courtes, & un peu plus longues que celles des Bergamotes.

La *Poire Madame Suprême*, que les Grecs appellent Μυράτιον & *Ony-*
chinum, nom ſous lequel elle eſt auſſi connue des Romains, eſt une
des meilleures Poires d'Eté, & a une chair fort fondante : elle eſt groſſe & longue, rouſſâtre d'un coté : quand ſon verd clair jaunit, elle eſt
toujours molle, même à l'arbre ; & quand elle eſt trop dure, elle a
très peu de goût. Et comme de dures qu'elles ſont elles deviennent
molles en fort peu de tems, & que leur bon goût paſſe fort vite, il
faut bien prendre garde en les cueillant, de ne prendre jamais que celles que l'on ſoupçonne devenir jaunâtres. Ces Poires cueillies bien à propos ſont d'un goût merveilleux ; de cette manière on pourra manger
pendant pluſieurs ſemaines conſécutives cette Poire à l'arbre. Elle n'eſt
nullement propre à être transportée, parce qu'étant cueillie dans ſa
matu-

(*a*) Voyez les Remarques de BODÆUS ſur THEOPHRASTE *Hiſt. Plant. Lib. IV.*
Cap. VI. *pag.* 395. *col.* 1. Les noms Latins de quelques Poires ſuivantes ſont tirés du
même Auteur, & ſe trouvent dans le même endroit, *pag.* 365 & 396.

maturité parfaite, il ne lui faut que vingt & quatre heures pour devenir molle.

Cet arbre eſt pour l'ordinaire aſſez mal fait, ayant des branches recourbées, gangrénées, & mortes par les ſommités, ce qui eſt cauſé fort ſouvent par le Sauvageon. Ses boutons ſont des prémiers à ſe gonfler : ils ſont gros, grands, pointus, d'un gris tirant ſur le jaune : chacun d'eux donne pour l'ordinaire douze grandes feuilles rondes, qui ont de longues queues, & pendent vers la terre en guiſe de cloches.

La Poire que nous nommons *Franſe Kaneel Peer*, & que les Romains appelloient *Pyrum Lacteum*, eſt une Poire caſſante, remplie d'une bonne eau, un peu plus ronde & plus groſſe par le haut qu'une Poire ſucrée griſe, plus courte, & finiſſant à la queue par une pointe plus mince : quand elle eſt mûre, elle eſt jaune, & a des taches tirant ſur le brun : les meilleures ſont tachetées de gris ſur le jaune, ont la peau épaiſſe, & le goût un peu muſqué.

Cet arbre parvient à une aſſez grande hauteur, & eſt aſſez bien fait : il a beaucoup de racines, ce qui le rend très propre à devenir arbre à haute tige : ſes boutons ſont plus petits que ceux de la Poire Madame, quoiqu'ils ſoient très grands, pointus par devant, & de couleur griſe : chacun d'eux donne ordinairement huit fleurs, dont les petites feuilles finiſſent par devant & par derrière en pointe, & repréſentent, étant épanouies, une étoile tenant à des queues d'une longueur convenable.

Le *Safran d'Autonne*, que les Romains appelloient *Pyrum Nardinum*, eſt une des plus groſſes eſpèces de Poires, longue, raboteuſe, & ronde vers la queue : quand elle eſt mûre, elle eſt jaunâtre, & d'un rouge luiſant, reſſemblant en tout au Bonchrétien : elle a la peau épaiſſe, caſſante & pleine d'eau : elle devient encore meilleure dans les Fonds ſouphrés de Tuf.

Cet arbre eſt bien fait, il vient fort bien dans les Villes, où il produit du meilleur fruit, & en plus grande quantité qu'ailleurs : ſes boutons ſont les plus gros de tous, après ceux de la Poire Madame, un peu moins gros, & un peu plus pointus : ils commencent auſſi des prémiers à ſe gonfler, & chacun d'eux produit ſix fleurs qui tiennent à des queues aſſez longues, plus longues même que celles des Poires Madame : les petites feuilles des fleurs ne ſont pas ſi rondes, ce qui fait qu'elles ne pendent pas en guiſe de cloches.

Poire d'Orange : il y en a pluſieurs ſortes, toutes fort petites parmi

les

les Poires; les meilleures font rondes , tachetées de jaune , ont la peau épaiffe , & une eau fort fucrée & fort mufquée. Cet arbre charge ordinairement beaucoup, & c'eft ce qui m'a engagé à en faire mention ici.

Poire la Reine, appellée en Hollande *Poire bénite* à caufe de fa grande fertilité, eft de la groffeur d'un Courtpendu , quoique moins groffe : elle eft pointue vers la queue, de couleur jaunâtre mêlée d'un beau rouge d'un côté, felon qu'elle a été plus ou moins expofée au Soleil, ce qui la rend auffi meilleure à proportion : elle eft caffante, pleine d'une bonne eau mufquée : elle a la peau épaiffe , & eft très fujette à mollir, même à l'arbre, quand on l'y laiffe trop longtems; deforte qu'il faut avoir grand foin de la cueillir dans le tems précis de fa maturité, étant pour lors, à ce que prétendent plufieurs perfonnes, une des meilleures Poires. On peut cependant fe tromper très fort en cueillant ces Poires, car il arrive qu'elles font encore dures & fans goût, quoique prefque jaunes , & que peu de tems après elles jauniffent : elles commencent à meurir vers la fin du mois d'Aout , on peut pendant fix femaines confécutives les manger à l'arbre.

Dans un bon Fond cet arbre devient beau & raifonnablement haut; mais comme on en doit cueillir journellement les fruits , on le plante rarement à haute tige. Les boutons en font moins gros que ceux du Safran d'Autonne, mais du refte ils leur reffemblent beaucoup: chacun d'eux donne auffi fix fleurs: les feuilles en font plus petites , & les queues plus courtes: quand ils fleuriffent, ils ont à peu-près la figure de cloches, quoiqu'ils ne s'épanouiffent pas tout-à-fait.

La Poire nommée *Rouffelet*, eft une petite Poire ronde d'un rouge foncé, reffemblant beaucoup par le goût à la Poire la Reine, quoique plus musquée; c'eft-pourquoi plufieurs préfèrent cette Poire: elle a la peau épaiffe, & charge peu.

La *Bergamote*, connue des Romains fous le nom de *Pyrum Regium*, n'eft pas groffe: elle eft d'un rond aplati vers le haut, elle a la queue un peu enfoncée dans la chair, elle eft d'un verd tacheté, & d'un goût exquis, pleine d'eau, & fondante. Il y en a une forte qui ne jaunit pas fi fort, étant ferrée, qui ne devient jamais farineufe, mais qu'on trouve à peine aujourdhui, étant perdue, de même que les Poires fucrées grifes , par la négligence des Arboriftes: celles qu'on a aujourdhui font beaucoup plus groffes, elles ont moins d'eau, & molliffent ordinairement quand on les a ferrées. Il me paroit fort vraifemblable que cette Poire vient originairement de la Turquie en Afie, & qu'elle s'appelle

propre-

proprement *Begar*, ce qui signifie une Poire de *Grand Seigneur*, parce qu'elle surpasse toutes les autres pour le goût, & c'est aussi pour cela que les Romains l'appelloient *Poire de Roi*. Les Bergamotes ou Begarmotes ne deviennent bonnes qu'après avoir été serrées pendant quelque tems. Les arbres en sont ordinairement d'une grandeur raisonnable, mais ils chargent peu.

Beuré, *Poire d'Anjou*, *Poire d'Amboise*, en Normandie appellée *Isambert le bon* & *Gisambert*, a une eau d'un goût fort exquis, & est la plus grosse des Poires fondantes, qualité qu'elle aquiert après avoir été cueillie & serrée pendant quelque tems. Si cette Poire meurissoit deux ou trois mois plutôt, elle passeroit à juste titre pour la meilleure de toutes; mais comme elle paroit dans une saison plus froide, & qu'elle a aussi une eau extrêmement froide, son bon goût se perd par-là. Sa couleur & son bon goût varient aussi selon les Sauvageons sur lesquels elle a été gréfée : les meilleures en sont grises, couleur de canelle, & plus elles s'éloignent de cette couleur, moins elles valent.

Elles font un arbre plein de nœuds, dont les branches sont fort sujettes à se gangréner, ce qui doit empêcher de le destiner à de hautes tiges, quoiqu'il pousse de bonnes racines en terre. Les boutons en sont passablement gros & grands, pointus par devant, de couleur brune tirant sur le jaune, poussant quinze, seize, souvent même vingt & une fleurs, dont les queues ne sont guère longues ; desorte qu'elles paroissent en guise de Roses, les queues des fleurs s'allongent à mesure qu'elles croissent.

Beuré blanc, *Poire de Neige*, *Poire de St. Michel*, *la bonne Ente*, *Poire à courte Queue*, & *Citron de Septembre*, est une seule & même Poire, appellée souvent mal-à-propos *Doyenné* & *gros Doyenné*. C'est une grande & grosse Poire, finissant un peu en pointe vers la queue, pleine d'une eau sucrée de couleur jaune & tachetée : elle est bonne à vendre, mais peu digne d'être cultivée par un Curieux pour la table.

Le *Doyenné* ressemble, quant à sa grosseur & à sa figure, au Beuré blanc; il est comme lui d'un gris roussâtre, tiqueté d'un grand nombre de taches noirâtres, ayant la peau mince & pleine d'eau, & la chair agréable & fondante comme la Poire d'Anjou, à laquelle plusieurs le préfèrent, parce qu'ils prétendent qu'il a le goût plus fin & qu'il n'est pas si rafraichissant. Plusieurs de ces Poires n'ont pas une eau si agréable, les prémières années de la pousse des Grefes, & ressemblent fort pour le goût au Beuré blanc; mais au bout de quatre ou cinq années elles gagnent à ces deux égards. Le

Le bois, comme celui du Beuré blanc, en eſt plus jaune, plus min-ce, moins épineux, & moins ſujet à la grangrène, que celui du Beuré : il ne fait pas un fort grand arbre, les boutons en ſont plus petits, mais un peu plus gros à proportion que ceux du Beuré ; il fleurit autrement, mais les queues ſe reſſemblent.

La *Poire St. Germain*, que l'on nomme auſſi *Poire de l'Arteloire* & *l'Inconnue de la Fare*, eſt une Poire oblongue de la plus groſſe ſorte, plus mince vers la queue, ſans être pointue : ſa peau n'eſt pas épaiſſe , mais verte & tachetée, pleine d'une eau douce & agréable : la chair en eſt moins fondante que celle de la Poire d'Anjou, malgré cela on la met dans la claſſe des Poires fondantes : elle devient bonne ſeulement après avoir été cueillie. Les Sauvageons influent beaucoup ſur cette bonté, cauſant à cet égard de grandes variétés, & cela de manière que ces Poires gré-fées ſur certains Sauvageons n'ont ni goût ni ſaveur. Cet arbre vient auſſi beaucoup mieux en plein vent, que contre des cloiſons ou des mu-railles : il fait des jets fort droits. Quand on ne cueille pas trop tard cette Poire, & qu'on la ſerre bien , elle peut ſe garder juſqu'au mois de Mars ; mais quand on la laiſſe jaunir à l'arbre, elle ſe pourrit fort vite, & ne ſauroit durer ordinairement plus longtems que juſqu'en Décem-bre.

Les boutons en ſont raiſonnablement gros & grands : ils ne s'ouvrent pas en pointe, mais uniment par le haut, & comme en ſe recoquillant : il en ſort , comme hors de la Poire d'Anjou, quinze, ſeize , & même juſqu'à vingt & une fleurs, qui ont de courtes queues : ces fleurs paroiſ-ſent en guiſe de roſe : les queues s'allongent à meſure que le fruit avance.

La *Bergamote Craſane* eſt une Poire ronde & un peu pointue vers la queue, d'une groſſeur ordinaire : elle eſt plus grande, & non pas d'un rond plat comme la Bergamote commune. Les meilleures ſont d'un gris rouſſâtre comme la Poire d'Anjou : il y en a auſſi qui ſont d'un brun verdâtre, tachetées & rayées de couleur rouſſâtre : l'une & l'autre remplies d'une eau délicieuſe & d'une chair très fondante : quali-tés que cette Poire aquiert après avoir été cueillie ; & pourvu qu'on ne s'y prenne pas trop tard , on peut avoir le plaiſir de la manger en Janvier.

Les boutons en ſont plus grands, rouſſâtres, plus pointus, & moins gros que ceux de la Bergamote ordinaire : ils ont ordinairement dix fleurs, dont les feuilles ſont plus grandes, plus rondes, moins larges

vers

vers la queue que celles de la Bergamote: les fleurs ont auſſi de plus longues queues; & c'eſt pour cela qu'elles ne s'ouvrent pas en guiſe de roſe, mais plus uniment.

L'*Echaſſerie* eſt une ſorte de petite Poire ronde, & qui a la peau épaiſſe: quand on la cucille au tems qu'il faut, elle peut durer juſqu'au mois de Mars.

La *Virgoulée*, ou *Virgouleuſe*, eſt une Poire oblongue, d'une groſſeur médiocre: elle a la peau épaiſſe, & eſt entre le fondant & le caſſant.

Ayant traité des principales Poires de table, je paſſerai à quelques Poires peu communes & excellentes à étuver; à quoi toutes les Poires de table ſont auſſi très propres, pourvu qu'on ait ſoin de les cueillir avant qu'elles ſoient bonnes à manger: & principalement les *Poires ſucrées griſes*, celles que nous appellons *Poires canelles de France, Franſe Kaneel Peeren, & les Poires de la Reine*, &c.

La Poire que nous nommons *Double Rietpeer*, & qui étoit connue des Romains ſous le nom de *Pyrum Signinum*, eſt du nombre des plus groſſes Poires: elle finit en pointe vers la queue, eſt d'une couleur de canelle griſe, ni caſſante, ni fondante: elle aquiert ſa tendreur & ſon eau après avoir été cueillie; elle eſt cependant un peu rude, ce qui fait que les Curieux ne la mettent pas au nombre des Poires de table, mais c'eſt la meilleure de toutes pour mettre en pâte, ou pour faire ſécher; c'eſt-pourquoi il faut en planter.

Cet arbre devient fort beau, fort grand, charge beaucoup, quand il eſt planté dans un bon fond de terre, & gréſé ſur un bon Sauvageon.

Les Poires d'Hiver à étuver qui ſuivent, ne parviennent pas dans ce Païs en les ſerrant, à avoir aſſez d'eau agréable & fluide pour être mangées crues; mais elles retiennent toujours une certaine âpreté, qui vient de ce qu'elles ne ſont pas bien mûres, & que l'on peut corriger uniquement par le moyen du feu.

La *Poire de Bon-Chrétien*, chez les Grecs Ταλαντιαῖον ἄπιον, & chez les Romains *Muſteum*, eſt en France la meilleure de toutes les Poires; mais elle ne ſauroit parvenir chez nous à une maturité parfaite pour être mangée telle qu'elle eſt naturellement: c'eſt-pourquoi je la mets au nombre des Poires d'Hiver à étuver.

La Poire que nous appellons en Hollande *Kamper* & *Kamper Venus-Peer*, eſt-la même qui étoit connue des Romains ſous le nom de *Pirum Venereum*: l'une ayant la couleur plus luiſante & plus agréable que l'autre,

<table>
<tr><td>*Partie I.*</td><td>R</td><td>tre,</td></tr>
</table>

tre, ce qui vient du Sauvageon. Elle eſt d'une grandeur & groſſeur médiocres, oblongue, allant en diminuant vers la queue. C'eſt la meilleure Poire à étuver, auſſi rougit-elle d'elle-même quand on l'étuve.

Lorſque ces Poires ſont gréfées ſur de bons Sauvageons, elles font des arbres paſſablement grands & beaux, qui chargent aſſez ; ce qui étant négligé, les arbres en ſont très mauvais & les branches ſujettes à ſe gangréner.

La Poire que nous connoiſſons en Hollande ſous le nom de *Laeuwjes-Peer*, eſt une petite Poire oblongue, approchant fort de la précédente, quand on l'étuve, & rougiſſant comme elle. L'arbre en eſt grand & beau, il produit beaucoup.

Celle que nous appellons *Foppen-Peer*, eſt d'une couleur luiſante & agréable, plus grande & plus groſſe que la précédente, plus courte & plus pointue, allant en diminuant vers la queue comme la *Kamper-Peer*, dont nous venons de parler, & étant à peu près d'un goût auſſi bon, pouvant durer plus longtems que ces deux-là. Cet arbre charge extrêmement, ce qui l'empêche auſſi de devenir fort grand.

Celle qui porte le nom de *Maagden-Peer* eſt groſſe, plus ronde que la *Kamper-Peer*, n'allant pas ſi fort en diminuant vers la queue, d'une couleur griſe rouſſâtre, point du tout luiſante, d'un goût paſſable, approchant de la précédente: elle peut durer juſques vers le mois d'Avril. L'arbre eſt beau & grand, mais n'eſt pas de ceux qui produiſent le plus.

La *Poire de Livre*, que nous appellons *Winter-Gratiool*, eſt une Poire grande, groſſe & ronde, ayant une fort courte pointe vers la queue; d'un verd pâle avec un peu de roux, d'une chair beaucoup plus caſſante & plus groſſière que celle des quatre précédentes: le jeune bois en eſt auſſi plus gros, plus fragile & moins fléxible. Cet arbre charge extraordinairement, & comme les Poires en deviennent fort groſſes, il vaut mieux que l'arbre ſoit à baſſe qu'à haute tige.

Quoique cette Poire ſoit inférieure à celles dont on vient de parler, elle vaut pourtant bien la peine qu'on la plante, ſur-tout pour ceux qui font négoce en fruits, parce qu'elle eſt très maſſive, & qu'à cauſe de ſa groſſeur on n'en a beſoin que d'un très petit nombre pour remplir un panier.

CHA-

CHAPITRE III.

Des Pommiers & de leurs Fruits.

IL en est des Pommes tout comme des Poires, les meilleures viennent aux arbres les plus noués, dont les branches font fort fujettes à fe gangréner, ce que les Renettes ordinaires & celles d'Angleterre montrent entr'autres bien évidemment.

Les Pommiers ne croiffent pas fi droits que les Poiriers, mais ils font une couronne plus ronde & plus étendue : leurs racines s'étendent auffi beaucoup plus, & ne pénètrent pas fi avant en terre : l'écorce en eft plus platte, plus unie, moins crévaffée, plus mince, & contient plus de fuc : le bois en eft plus dur, plus confus, moins rouffàtre, & contient plus de fuc, il donne auffi plus de chaleur en brulant, que le Poirier : les Feuilles font un peu plus larges, longuettes, & d'un uni luifant ; mais plus rondes, plus minces & plus cotonneufes : les fruits en font plus ou moins ronds, n'allant point en diminuant ; mais ils font plus ou moins aplatis vers le haut & vers le bas : la queue fait auffi dans le fruit une entamure : ce fruit eft en général plus féc ; & fur-tout celui des Pommes douces, il n'a pas befoin de tant de chaleur que les Poires, pas même les Renettes ordinaires ni celles d'Angleterre ; c'eft-pourquoi les Pommes qui viennent d'arbres de haute tige, font ordinairement meilleures que celles que produifent les arbres de baffe tige, & elles ne font jamais bonnes lorfqu'elles viennent d'arbres plantés contre des Murailles & des Cloifons expofées au Soleil.

On trouve des Poires qui, dans ce Climat, ne parviennent pas à une maturité parfaite ; au-lieu que je ne connois aucune Pomme qui n'y meuriffe parfaitement.

Il faut à l'égard des Pommiers obferver la même chofe que ce qui a été dit à l'égard de la culture & du choix des bons Sauvageons dans leurs efpèces : mais il ne leur faut pas à tous, pour bien produire, une feule & même taille d'Eté.

On ne peut guère fe fier aux Auteurs pour ce qui regarde le goût, les efpèces, & les noms des fruits, parce que (comme il a été remarqué tout-à-l'heure) ils varient extrêmement entre eux, & que chacun leur

R 2

don-

donne des noms, & les change de même felon fon caprice.

Toutes les Pommes qu'on appelle *doubles*, font plus coriaces & plus infipides, comme les Renettes doubles, celles d'Angleterre, les Courtpendus, les Pommes d'or, &c. On en trouve auffi un nombre infini d'efpèces, parce qu'un feul & même fruit varie plus ou moins pour le goût, à proportion du changement des Sauvageons, des Fonds de terre, & des Climats.

Il y a en général très peu de Pommes, qu'un Curieux ne puiffe planter pour fa propre provifion; cependant les meilleures Pommes aigres de table font:

Les *Courtpendus* fimples & doubles: le double eft coriace & a très peu de goût: le fimple eft rond, d'un rouge foncé, tacheté de gris. Il me paroit que c'eft la meilleure de toutes les Pommes aigres, & cela non feulement pour être mangée crue, mais auffi pour être étuvée de quelque manière que ce foit, pour être mife en pâte & rotie. Il eft cependant bien fâcheux, que la meilleure efpèce de ces Courtpendus fe foit perdue par l'ignorance & par la négligence des Arboriftes, & qu'on ne puiffe plus la trouver dans ce Païs.

Ces arbres ne viennent pas bien à baffe tige, encore moins contre des Cloifons: ils font un bois mince, prefque comme les Pommes d'Oignon (*Kannetjes-appels*): ils deviennent cependant affez grands, & produifent des fruits très agréables: mais ceux que l'on vend ordinairement dans ce Païs font fort fujets à fe gangréner, & leurs jeunes rejettons à mourir par les fommités; ils meurent auffi tous les ans, & les fruits qu'ils produifent ne font ni fi bons, ni fi agréables, ni jaunes par dedans comme de l'or.

Les *Renettes d'Angleterre*. La plus petite efpèce, qui eft fort ronde, eft la meilleure. Ces Pommes ne font pas, à mon avis, d'un goût auffi exquis, quoique plus pleines d'eau, que les Courtpendus: elles perdent auffi bien que celles-là un peu de leur goût, quand on les met en pâte, ou bien quand on les étuve. L'arbre n'en eft pas grand, ni d'une belle figure, parce que les branches font fort fujettes à fe gangréner.

Les *Renettes* grifes, blanches, vertes. Les grifes font les meilleures à manger, telles qu'elles font naturellement: après celles-là, les blanches. Les vertes font meilleures en pâte ou étuvées, ayant pour lors une couleur j'aune d'or, & un goût fort relevé femblable à celui des Courtpendus, pouvant être confervées jufqu'au mois de Février ou de Mars.

Mars. Les autres Renettes ne font pas bonnes à étuver, en compotte ou en pâte : elles font même moins bonnes que les Pommes d'or, les Renettes vertes & les Courtpendus. Ces arbres font fort fujets à avoir des branches gangrénées.

Les *Pommes d'or fimples d'Hiver*, dont les meilleures font d'un jaune foncé, & tacheté de gris : on peut cependant à peine les mettre du nombre des Pommes de table, quoiqu'elles aient un goût fort agréable, & qu'elles deviennent jaunâtres quand on les fait étuver, & qu'on les met en compote & en pâte. Les arbres produifent beaucoup, ce qui les empêche de devenir fort grands. Ils font fort connus dès les tems les plus reculés, & les Romains leur donnoient le nom de *Scantiana* (a).

Les meilleures Pommes aigres, pour être bouillies, étuvées, ou mifes en pâte, font, à mon avis :

Celle qu'on nomme la *Couleur de chair* : c'eft une des prémières Pommes d'Eté : elle eft petite, ronde, tant foit peu platte, jaunâtre, rayée de rouge-pâle, de couleur luifante.

La *Kruyd-Appel*, dont il y en a auffi une efpèce un peu plus petite, mais qui lui reffemble d'ailleurs en tout, & que nous nommons *Lourisjens*. La *Kruyd-Appel* eft la meilleure & la plus précoce des Pommes d'Hiver, pleine d'une eau aigrelette exquife ; & fi elle ne paroiffoit pas dans une faifon où il y a d'autres fruits fondans, on la mettroit au nombre des Pommes de table.

Les arbres qui produifent ces Pommes, font fertiles & d'une grandeur médiocre, faifant des couronnes fort belles & fort étendues.

Les *Courtpendus*, *les Pommes d'or & les Renettes*, dont on a traité il n'y a qu'un moment dans la claffe des Pommes de table.

Les *Roode-Kruys*, & les *Gelderfe-Kruys* font de la groffeur des Courtpendus ordinaires : les prémières font prefque toujours d'un rouge foncé ; les autres plus rayées, & d'une couleur fi reffemblante à celle des Courtpendus, qu'à moins d'une grande attention on peut très facilement prendre l'une pour l'autre : ce font de très bonnes Pommes à cuire, qui fe confervent fort longtems : les arbres n'en font pas fort grands, parce qu'ils chargent beaucoup.

La *Pomme d'Oignon* (*Kannetjes-Appel*) eft fort platte, ronde, d'une

cou-

(a) Voyez les Notes de *Bodæus* fur *Théophrafte*, *Hiftor. Plant. Lib. IV. Cap.* 6. *pag.* 356. où le Lecteur trouvera divers noms de Pommes, qui fe rapportent aux nôtres.

couleur luifante: elle dure longtems; & quoique ce foit une fort bonne Pomme à cuire, on n'en fait chez nous que très peu d'ufage. L'arbre charge beaucoup, fait une grande couronne, & des branches fort minces.

La Pomme connue fous le nom de *Pieterfeli-Appel*, eft une Pomme connue depuis fort longtems, d'une groffeur médiocre, ronde, & rayée de rouge, elle fe conferve longtems. L'arbre eft beau, & produit beaucoup. On fera bien d'en planter, fur-tout dans des Vergers, dont on fe propofe de vendre les fruits.

Celles que nous nommons *Spiegel-Appel* & *Yfer-Appel*, peuvent être confervées jufques dans l'Eté, après que toutes les autres ont fini: elles n'ont leur véritable goût qu'après le mois de Mars, & font tout-à-fait infipides avant ce tems-là, mais pour lors excellentes en compote & en pâte. Les arbres en font beaux, & les Pommes d'une groffeur convenable.

Les meilleures Pommes douces à mon avis font:

Celle qui fe nomme en Hollandois *Blom-Zoet*, ou *Goe-Zoet*: c'eft une des meilleures Pommes douces de la plus groffe efpèce, d'une couleur luifante & agréable, & d'un très bon goût. L'arbre en eft grand, pouffe de hautes branches à couronne, mais produit peu.

La *Graeuwe-Zoet*, *Hool-Zoet* & *Vlaamfe-Zoet*, eft une Pomme fort ronde, d'une groffeur médiocre, d'un très bon goût quand on l'étuve ou quand on la rotit. L'arbre en devient fort grand & produit beaucoup: c'eft-pourquoi, on ne manquera pas d'en planter, quoique le fruit ne puiffe s'en conferver que jufques vers le mois de Février, & qu'il fe ride à mefure qu'il fe deffeche.

La *Pome douce* eft une Pomme grife, ronde & un peu plate, affez petite, à peu près de la couleur de la Renette grife. La plupart font un peu luifantes, ont la peau épaiffe, une douceur fort agréable, fans être fade. L'arbre eft beau, & produit beaucoup.

La *Zoete Hoolaart* eft d'une groffeur médiocre, ronde, d'une couleur grife luifante, tachetée, & l'une des meilleures Pommes douces d'Hiver; mais on ne doit la manger qu'en Janvier, parce qu'elle peut fe conferver j'ufques au mois d'Avril. Cet arbre eft fort fujet à avoir des branches gangrénées, & il produit très peu.

La *Witte Zoete* eft d'une groffeur médiocre, ronde, & quand elle eft mûre à l'arbre, elle eft jaune; mais elle eft moins agréable au goût que la précédente: cependant elle vaut bien la peine qu'on en plante, parce que

les

les arbres en font grands & beaux, & font de belles couronnes, des branches fort minces, & qu'ils produifent beaucoup.

CHAPITRE IV.

Des Mérifes, des Cerifes, & des Griotes.

ON peut diftinguer les Mérifes, les Cerifes, & les Griotes, non feulement au fruit, mais aufli au bois: malgré cela plufieurs perfonnes comprennent ces trois fortes fous le feul nom de Cerifes, parce qu'elles ont beaucoup de qualités qui leur font communes. Les François font pareillement mention de ces trois fortes fous les noms *de Guignes*, de *Cerifes & de Griotes*.

Le fruit & le noyau des Mérifes eft oblong; & on les diftingue en Mérifes fauvages, ou en Mérifes affranchies par la Grefe.

Parmi les Mérifes fauvages il y en a de noires, de rouges & de bigarrées, comme aufli de petites & de groffes, d'un goût fort doux & aufli fort âpre. Les noires font ordinairement douces, & les rouges pour l'ordinaire moins; les arbres en deviennenr affez grands, ils ont comme les Cerifiers une écorce unie, & produifent beaucoup.

La différence qu'il y a entre leur fruit eft venue de femence: on le grefe fur de petits Sauvageons de Mérifes pour la confervation & pour la multiplication de chaque efpèce, ce qui vaut mieux que fur des Sauvageons de Cerifes fauvages: c'eft pour cela qu'il ne faut jamais enter ni gréfer en approche des Mérifes fur des Cerifes. Pour favoir comment il faut s'y prendre, il n'y a qu'à voir le *V. Chap. du II. Liv. & le VII. Chap. du même Liv.* Les Mérifiers gréfés ne deviendront jamais fort grands, ils feront cependant plus grands que les Cerifiers gréfés: ces derniers pouffent aufli plus volontiers & vivent plus longtems.

Le fruit & le noyau des Cerifes font ronds: on n'en garde point de fauvages; mais on les cultive de Sauvageons de fouche de Cerifiers qu'on arrache à ces arbres, & non pas de noyau comme les Mérifes. Ces Sauvageons font en croiffant plus remplis de nœuds, & moins unis que les troncs de Griotiers, & ne deviennent pas fi grands, mais produifent plus; ce qui fait qu'on fe fert de ceux-là: il y en a cependant qui préférent pour enter ou gréfer les troncs de Griotiers.

On

On a plusieurs espèces de Cerises : il y en a d'un rouge foncé, d'un rouge clair & obscur, des blanches & des bigarrées, lesquelles sont venues chacune dans son espèce, de semence ou de noyau, & se conservent présentement en les entant ou bien en les gréfant en aproche. Il y en a aussi parmi celles-là qui viennent avec des bouquets fort près à près le long des branches, & sans pousser beaucoup de feuillage, comme cela se voit à la Cerise de Prague (*Praagse Kers*), dont la fleur est de couleur de chair, & la Cerise Duc (*Hertoge Kers*) ; mais les Muscats de Prague ont la queue plus longue, & poussent quelquefois des feuilles entre les fleurs, ce que font aussi les Cerises de Mai & celles qu'on nomme *Kersen van den Broek*. Les jeunes Cerisiers ne poussent pas tant de fleurs, ni même si serrées que les vieux, ce qui fait aussi que ceux-ci ne fleurissent pas en forme de rose, ni même les Muscats de Prague.

Les Griotes sont beaucoup plus grosses & plus grandes que les Cerises & les Mérises : elles sont moins oblongues que les Mérises, & moins rondes & moins plates à l'endroit de la queue que les Cerises. Celles-ci ne viennent pas de noyau, ni de Sauvageons de souche, mais uniquement par le moyen de la Grefe sur de petits troncs de Mérises dans leurs espèces, n'y ayant qu'une seule espèce de Griotiers qui me soit connue, qui donnent de plus gros ou de plus petits fruits, en moindre ou en plus grande quantité, selon la nature des Fonds de terre, & selon la manière dont ils poussent. Ces Griotes sont d'un brun foncé tirant sur le rouge, d'un goût aigrelet, & plus charnues que la plupart des Mérises & plusieurs Cerises : elles résistent aussi beaucoup mieux que ces dernières au grand froid, ce qui fait qu'on les plante souvent contre des Murailles ou des Cloisons exposées au Nord. Je ne saurois cependant que desaprouver cette méthode, parce que ces Espaliers exposés au Nord ne produisent que peu de fruits, & même des fruits fort mauvais, qui ne sauroient seulement dédommager de la peine & des fraix de la taille & de l'osier : ils prennent, quand ils sont contre des Cloisons, la nourriture des arbres fruitiers qui sont de l'autre côté au Midi, & produisent aussi très peu. Les Griotiers ne sont jamais aussi grands que les Cerisiers ou les Mérisiers ; c'est-pourquoi on les grefe souvent sur de basses tiges près de terre.

De tous les arbres fruitiers il n'y en a point qui demandent autant de circonspection, tant à l'égard de la nature des Fonds de terre, qu'à l'égard de la manière de les planter, de les gréfer, & de les tailler, que les Mérisiers, les Cerisiers & les Griotiers.   Ils

Ils deviennent les plus grands & les plus fains arbres quand ils font plantés dans de bons Fonds de terre graffe élevés : ils vivent auffi le plus longtems, & produifent les plus gros fruits.

Dans de bons Fonds de fable, ni les fruits ni les arbres ne grandiffent pas autant, quoique ces prémiers ne foient pas moins bons que dans des Fonds de terre graffe.

Les Fonds de terre fouphrés, bitumineux ou de Tuf, leur font contraires, (quoique les Arboriftes cultivent dans ces Fonds en très peu d'années, de gros arbres bien venus & propres à tranfplanter), parce qu'ils ne parviennent pas dans ces Fonds à la vieilleffe, & qu'ils n'y croiffent pas comme il faut, mais qu'ils y meurent ordinairement d'année en année par la gangrène à laquelle les branches font fujettes ; & même quelquefois fubitement & entierement dans la vigueur de leur pouffe, & lorfqu'on s'y attendoit le moins. Il faut auffi bien fe garder, quelque bons que foient les Fonds de terre, de replanter des Mérifiers, Cerifiers, Griotiers, dans les endroits où l'on a arraché un de ces arbres qui y avoit été pendant quelques années, & plus encore, & où il eft mort : car quelque peine qu'on fe donne en creufant, avant que de planter, de profondes foffes, & en les rempliffant avec de la terre neuve, on ne réuffira jamais à y faire venir de bons arbres ; mais ils y mourront infailliblement dans peu d'années, fuppofé même qu'ils aient pu y croître pendant quelque tems. Il faut auffi détruire, fans perdre de tems, les arbres nouvellement plantés, quand ils diftillent de la gomme, parce qu'il n'en viendra jamais rien de bon.

On a dit ci-devant qu'on multiplie ces arbres par la Grefe, ce qui fe pratique fur des Sauvageons d'un ou de deux ans ; car il eft fort incertain fi la Grefe réuffira, quand cela fe fait fur des Sauvageons plus vieux ou plus gros ; & alors on ente en aproche, parce qu'il arrive fouvent que la Grefe ne réuffit pas à l'égard de ces fruits à noyau. Il faut bien prendre garde, quand on les ente, que la Grefe ait au haut un bouton à feuille, ce qu'on trouve affez rarement à des rejettons de Griotiers dont on a coupé la tige, mais toujours aux extrémités ; ce qui fait qu'on ne doit jamais prendre pour cela que des Grefes des extrémités de ces rejettons.

On prend pour tranfplanter, parmi les arbres gréfés, ceux dont la Grefe a fait une pouffe d'un ou de deux ans, mais jamais d'autres que d'un an, parmi ceux qui ont été gréfés en aproche ; prenant bien garde que leur tronc foit jeune & gros à proportion, que le branchage

Partie I.   S   con-

confiſte en rejettons vigoureux, & que le talus de l'entaille, ou le deſ-ſus du tronc, ſoit bien environné d'un bourlet, & que l'écorce ſoit bien jointe à la Grefe, cette dernière devant être ſur-tout bien ſaine à l'endroit de l'entaille. Après avoir fait un pareil choix, on plantera ces arbres au commencement du Printems, afin que leurs racines ſoient moins ſujettes à ſe moiſir, ce à quoi ces arbres ſont fort ſujets quand leur pouſſe ſe trouve interrompue, quand on laiſſe la moindre cavité entre les racines & la terre qui les contient: ſans compter encore que leurs racines, de même que celles des Ormes, ſe reſſentent d'abord de la gelée.

Il ne faut pas, quand on les plante, couvrir trop de terre leurs racines, parce que cela nuit à la pouſſe; mais on les plantera fort haut, preſque à niveau du Fond, & on couvrira leurs racines, juſqu'à ce qu'elles aient pris, avec un peu de verdure d'eau, du vieux Tan, &c. pour empêcher qu'elles ne ſe deſſèchent.

On n'eſt plus dans le goût des arbres à demi-tige, en fait d'arbres fruitiers, de quelque eſpèce qu'ils ſoient, parce qu'ils occupent inutilement & ſans produire mieux, plus de place, & qu'il n'eſt pas à beaucoup près auſſi commode d'y faire la cueillette qu'aux nains. Cela n'empêche pas que je ne préfère les demi-tiges, quand il s'agit de certaines eſpèces de Ceriſiers qui ont des branches menues, & qui au-lieu de monter, ſont retrouſſés, comme ceux qui portent les Ceriſes auxquelles on a donné les noms de *Van der Nat*, *Jan Arendſe*, *Volgers*, &c; mais quand les branches montent droit, comme les Ceriſiers de Gatrop, d'Agathe, & comme le Muſcat de Prague, les nains valent mieux.

Il faut, pour ce qui regarde ce fruit, obſerver les mêmes choſes, qui ont été indiquées pour la taille des arbres en général dans *le VIII. Chap. du II Liv.* retranchant le moins de branches à ceux qui produiſent le moins, quoiqu'ils faſſent ordinairement du bois plus vigoureux & en plus grande quantité. Il ne faut pas non plus couper les bouts des Ceriſiers, moins encore ceux des Griotiers, parce que les extrémités de ces derniers n'ont très ſouvent qu'un ſeul bouton à feuille, lequel étant coupé, empêche les fruits de recevoir autant de nourriture qu'il leur en faut, d'où il arrive qu'ils ſont beaucoup plus petits, plus inſipides, & que ſouvent même ils ne meuriſſent pas, par la foibleſſe & la langueur de la branche qui les porte.

Quoique les Muſcats de Prague, les Gotrops, & les Agathes, &c. s'abâtardiſſent beaucoup, quand on n'en retranche pas les bouts des branches, & qu'ils pouſſent au contraire, lorſqu'on en coupe les extrémimités, d'autres branches suffisantes, qui paroissent bien plus belles, étant garnies d'une grande quantité de boutons à feuille & à fleur, que lorsqu'on les laisse croître sans en rien couper : il est pourtant de la dernière nécessité d'observer cette dernière circonstance, pour se procurer plus de meilleurs fruits & en plus grande quantité.

La Taille d'Eté est nuisible à tous les fruits à noyau, qui croissent en plein air & sans être génés, & par cela même aussi aux Cerises : au lieu que la Taille d'Eté est bonne à ceux qui sont contre des Murailles & des Cloisons.

Après avoir fait ces observations générales, je vais traiter en particulier de quelques espèces de Cerises.

Les *Mérises noires* sont les plus grosses des Mérises sauvages, ou qui n'ont pas été gréfées, & les plus petites des gréfées, les plus grêles & les moins charnues ; mais elles sont pleines d'une eau sucrée. Ce sont les arbres les plus grands & les plus sains.

Les *Mérises* que nous nommons *Kriek van den Broek*, sont les plus grandes & les plus grosses de toutes les Mérises. Quand elles sont mûres, elles sont d'un brun presque noir, pleines d'une eau sucrée, plus agréable que celle des sauvages. Elles font un arbre raisonnablement grand, qui ne produit que peu dans le commencement de sa pousse, & beaucoup à mesure qu'il vieillit : ses branches ne sont pas si droites que celles des sauvages, mais d'un bois plus épais.

Les *Cerises* connues sous le nom de Cerises *du Prince Maurice*, mais qui sont mal nommées, ont les mêmes qualités que les Mérises sauvages, excepté qu'elles sont un peu plus grosses, de couleur écarlate, couvertes de petites taches d'un blanc manqué : elles sont moins douces, mais d'un goût plus agréable que les précédentes.

Les *Cerises doubles de Rouen*, aussi mal-nommées, ont les mêmes qualités que les précédentes, mais elles sont un peu plus grosses, fermes, charnues, & croquantes, quoiqu'un peu moins que les Cerises de Gatrop, d'un rouge clair & bigarré.

Les *Cerises doubles de Mai*, pareillement mal nommées, sont appellées par plusieurs, le Muscat tardif de Prague, auquel elles ressemblent en effet beaucoup pour les qualités, le goût & la couleur, excepté que leur noyau est comme un noyau de Mérise. Elles produisent outre cela fort peu, fleurissent beaucoup, & quittent presque tous les ans leurs fleurs, comme cela arrive aussi à beaucoup de fruits déja noués.

Les *Cerises simples de Mai* n'ont rien qui puisse engager à en planter, fi ce n'eft qu'elles font des prémières à meurir; ce font de petites Cerifes qui produifent peu.

Les *Cerifes* nommées *Mufcats de Prague* font de deux fortes: il y en a de rondes, & d'autres qui font un peu longues. La ronde meurit la prémière: l'une & l'autre étant bien mûres font d'un brun foncé, charnues, mais moins douces, cependant fort agréables. Les longues font les meilleures au goût des vrais Curieux: elles méritent l'une & l'autre, comme les meilleures Cerifes, d'être cultivées, parce que ce ne font pas feulement parmi les bonnes Cerifes celles qui meuriffent des prémières, mais auffi parce qu'elles font fort agréables & fort abondantes ; outre qu'elles font de bons arbres qui viennent bien , & qui pouffent des rejettons vigoureux & bien droits , & fur-tout les longues , dont les arbres font pour le moins du bois auffi fort que les rondes. Pour les prématurer, on les plante puelquefois contre des Murailles ou des Cloifons expofées au Sud-eft ou bien au Midi : mais les meilleurs fruits en viennent à des arbres de baffe tige.

• Les *Cerifes* qu'on nomme *Jan Arendzens-Kers*, font plus petites, brunes, rondes, comme la Cerife ronde nommée Mufcat de Prague; mais elles font moins douces & moins agréables : cependant à mefure que cette dernière a commencé d'être en vogue , on a abondonné la culture de l'autre, deforte qu'il eft bien rare d'en trouver.

Les *Cerifes tardives* nommées *Volgers*, font des Cerifes rouges & rondes, plates vers la queue, peu charnues, mais pleines d'une eau qui n'a que peu de goût: on en a pareillement abandonné la culture à mefure que les Mufcats de Prague ont été connus. Cependant ces Cerifes fi peu eftimées font beaucoup plus faines que les Mufcats de Prague, ou autres Cerifes plus charnues, dans des Etés fort chauds, parce qu'elles paffent vite dans l'eftomac: elles font auffi fort bonnes, à caufe de leur agréable rougeur , pour être confites ou étuvées ; & c'eft pour cela qu'elles méritent bien d'être cultivées. Elles font d'affez bons arbres, dont les branches ne font ni groffes, ni droites, mais pouffent vers les côtés des bras fort minces.

Toutes les Cerifes qu'on nomme en France *Griotes* ou *Cerifes à courte queue*, font de la même efpèce, quoiqu'elles foient un peu plus charnues & beaucoup plus groffes : on ne fauroit en diftinguer les efpèces qu'en les confrontant · enfemble. Toutes ces Cerifes produifent très peu, quoiqu'elles foient les meilleures à confire, à caufe de leur couleur & de leur groffeur extraordinaire. Les arbres en font plus grands que les Cerifiers tardifs.

Les

Les *Cerifes d'Orange*, *de la Comteffe*, ou les *Cerifes rouges de Bru-xelles*, ne diffèrent point entre elles. Elles font d'un rouge un peu plus clair que les tardives, plus groffes & plus charnues; mais comme elles d'une rondeur platte: elle ont la peau épaiffe, une eau blanchâtre comme les tardives, & font cependant d'un goût fort relevé. Elles produifent très peu, & font des arbres qui n'ont pas belle apparence.

Les *Cerifes d'Agathe* font d'une rondeur platte comme les tardives. Etant mûres elles font d'un brun tirant fur le noir, charnues comme le Mufcat de Prague, mais d'un goût plus relevé. Elles produifent beaucoup de fleurs; mais ces fleurs tombent en quantité quand elles font nouées, d'où il arrive que ces arbres chargent très peu.

Les *Cerifes de Gatrop*, appellées auffi *Croquantes*, à caufe de leur chair croquante quand on les écrafe dans la bouche, font un peu longues, d'un brun tirant fur le noir, & d'un bon goût. Elles font des rejettons qui pouffent vigoureufement vers le haut, & des arbres paffablement bien formés.

Les *Cerifes* qui portent le nom de *van der Nath*, font un peu plus petites que la ronde nommée Mufcat de Prague; elles font auffi un peu plus rondes, & ont une plus longue queue. Elles doivent être d'un brun tirant fur le noir quand on les mange, ayant alors un goût aigrelet fort agréable: au-lieu qu'elles font rudes & âpres quand elles ne font pas bien mûres. Il y a bien des Curieux qui les regardent comme les meilleures Cerifes: elles font des plus tardives, & excellentes féchées. Elle font un arbre affez bon, garni par les côtés de branches fort minces: c'eft pour cela qu'on ne doit point les planter à baffe tige.

Les *Cerifes d'Efpagne*, ou *Bigarreaux*, font rouges & blanches, d'un goût fort femblable à la double Cerife de Rouen, mais plus croquantes, moins groffes & moins agréables, & produifent plus.

Les *Cerifes* nommées *Witte Spekkers*, font des corps fans réalité, & quoique fort abondantes, elles ne méritent cependant pas d'être cultivées.

CHA-

CHAPITRE V.

Des Pêchers & de leurs Fruits.

TOus les Fruits auxquels on donne dans ce Païs le nom de Pêches, font diſtingués par les Auteurs François en quatre claſſes : ils donnent le nom commun de *Pêches* à celles dont la peau extérieure eſt cotonneuſe, qui ont une chair pleine de ſuc & fondante, & quittent ſans peine le noyau, comme font les Pêches de Zwol & celles de Montagne, &c.

Ils appellent la ſeconde eſpèce *Pavies*, dont la peau eſt encore plus cotonneuſe, mais la chair moins fondante, & qui ne quittent pas ſi facilement le noyau.

On appelle la troiſième eſpèce *Brugnons :* celles-ci ont la peau unie comme les Prunes, ce qui fait qu'on les nomme chez nous *Pêches chauves* ou *Angloiſes.*

La quatrième eſpèce, appellée *Perſique*, a la peau cotonneuſe, & le fruit un peu long. Nous avons cette eſpèce parmi nos Pêches de Montagne, mais elles font toujours âpres & rudes.

On ne multiplie les Pêchers que par la grefe dans l'écorce, & cela chez nous ſur des Pruniers ou ſur des Abricotiers, après qu'ils ont été gréfés ſur des Pruniers & non ſur des Amandiers, comme cela ſe fait en France ; & quoique le Pêcher ſur l'Amandier prémature le fruit, on ſe gardera bien de le pratiquer dans ce Païs, parce que les fruits n'en auront pas ſeulement moins de goût, mais auſſi que les arbres ne croitront pas à beaucoup près ſi bien, vivront moins longtems, & mourront même ſouvent avant qu'on les transplante ; deſorte qu'on les gréfera, ſelon les qualités des Fonds de terre & les eſpèces de fruits, ſur des Pruniers ou ſur des Abricotiers.

Dans des Fonds ſecs & ſablonneux il n'en faut point planter d'autres que ceux qui ont été gréfés ſur des Pruniers, car ceux qui l'ont été ſur des Abricotiers, ne feroient dans de pareils Fonds que des arbres fort grêles, & par une ſuite néceſſaire, de mauvais fruits. C'eſt auſſi une règle ſûre que les Pêches à noyau rouge, crûes dans des Fonds trop ſecs, ont le goût infiniment meilleur, quand elles ont été gréfées ſur des Abricotiers, que ſur des Pruniers : cela ſe voit ſur-tout à la Pêche pourprée

ou

ou vineuse, car elle a autrement fort souvent une eau d'un goût verd & peu mûr : au-lieu que les Pêches de Montagne sur des Pruniers sont meilleures ; encore faut-il agir d'une manière qui convienne à la nature des Fonds de terre , car celles qui sont gréfées sur des Pruniers, prennent dans des Fonds bas & naturellement froids, un goût verd & rude, par conséquent il vaut mieux gréfer sur des Abricotiers dans ces endroits-là : cependant les Pêches sur des Abricotiers dans des Fonds secs, sont souvent pâteuses & moins agréables.

Il faut pour gréfer sur des Pruniers , prendre des Sauvageons venus de Souche, qui n'ont pas été gréfés auparavant ; desorte que si l'on veut gréfer des Pêches sur des Prunes de Damas, on le fera aussi sur des Sauvageons venus de Souche, qui produiront de très bons arbres ; au-lieu que celles qu'on grefe sur des Prunes de Damas , gréfées déja sur ces sortes de petites Prunes que nous nommons *Kroosje* , ne prendront que fort difficilement. Pour les Pêches gréfées sur des Abricots, il faut que le petit Abricot tacheté ait été gréfé sur la grosse Prune blanche , & jamais sur la petite rouge : cette double confusion dans la circulation des sucs rend ces arbres plus fertiles ; cela avance aussi la maturité des fruits, quoique par-là ils ont souvent moins d'eau.

J'ai indiqué dans le *Chap. VII du II Liv.* les Sauvageons qu'on doit employer à cet usage, & j'ai fait voir que la grosse Prune blanche, de même que l'Abricot blanc, ne s'accordent pas avec le bois de Pêcher, & que c'est pour cela qu'il faut prendre , pour gréfer des Pêches sur des Prunes ; la petite rouge ou la Prune de Damas, &c. On fait ordinairement deux ou trois grefes sur chaque Sauvageon , pour être assuré de la réussite , mais on se contente d'en conserver la plus basse quand elle est bien prise , & on retranche le reste. La multiplication des Pêchers de noyau n'étant pas si avantageuse, est aussi hors d'usage.

Il faut avoir bien soin, quand on plante des Pêchers, de ne pas faire une trop petite taille à leurs racines , sans quoi ils auront beaucoup de peine à prendre. Comme toutes les plantes aiment des Fonds de terre neufs, cela est encore plus particulier au Pêcher: j'en ai planté sur une Terrasse de sable tout pur, de la largeur d'un peu plus de trois pieds, couvert d'un pied en profondeur de limon menuisé par la gelée, & les ai vus devenir de grands & de bons arbres bien fertiles ; & comme j'étois surpris de voir continuer ainsi ces arbres à bien produire pendant plus de dix-neuf ans, je ne laissois pas d'admirer encore davantage la pousse & la fertilité d'un arbre, qui étoit planté dans un Fond fort ma-

réca-

récageux, à l'endroit où le Jardin alloit en pente, où l'eau venoit chaque année autour du tronc pendant l'hiver, s'élevoit par deſſus la terre à la hauteur d'un pouce, & s'y convertiſſoit en glace.

Il eſt encore néceſſaire de prendre, pour planter, de jeunes arbres dont les Grefes n'ont qu'une année & une ſeule tige; ils deviennent plus beaux, parce que cette tige d'un an, coupée deux ou trois pouces au-deſſus de l'endroit de la Grefe, ſuffit pour pouſſer aſſez de petites branches par les côtés, qu'on doit attacher auſſi alors aux Cloiſons en guiſe d'éventail ouvert. Les arbres dont les Grefes ſont plus vieilles & qui ont plus de branches, ne ſont pas ſi bons: les prémiers ſont moins propres à bourgeonner, & on ne ſauroit faire des autres de beaux éventails; deſorte qu'on ſe gardera bien d'en planter, ſi ce n'eſt au défaut de meilleurs; on n'en plantera non plus aucun dont la Grefe n'a pas pouſſé; car alors il arrive très ſouvent, qu'arrêtée dans ſa pouſſe par la tranſplantation, l'œil ſe deſſèche trop, avant que ſa pouſſe ne recommence, & il ne ſauroit par conſéquent croître avec vigueur.

Les Pêchers de même que leurs fruits requièrent une chaleur durable, tempérée, mais non pas exceſſive; ce qui fait que ni les arbres ni les fruits ne viennent pas ſi bien contre les Murailles que contre les Cloiſons: les meilleurs fruits étant ceux qui ſont crus le plus loin de la Cloiſon & du tronc; par conſéquent il eſt rare que les fruits des arbres, dont on arrête le cours par une taille d'Eté pour le plaiſir de la vue, ſoient bons; mais ils ſont ordinairement meilleurs quand on laiſſe ces arbres pouſſer en pleine liberté : c'eſt pour cela qu'on leur laiſſera quelquefois pouſſer des branches dégarnies, car ces branches produiſent ſouvent les plus gros, les meilleurs fruits, & en plus grande quantité.

Les Arbres gréfés ſur des Pruniers, ſont une plante bien plus vigoureuſe que ſur des Abricotiers: auſſi gagnent-ils plus ou moins du côté du bois, ſelon la différence qu'il y a entre les eſpèces de fruits : c'eſt ainſi que la Pêche verdâtre de Montagne croît mieux que la blanche, qui meurit plutôt. Ces Pêches de Montagne verdâtres ſur des Pruniers doivent du moins être à une Cloiſon de huit pieds par deſſus terre, & il faut les planter à quinze pieds de diſtance : au-lieu qu'une Cloiſon de cinq pieds de haut ſuffit pour celles qui ſont gréfées ſur des Abricots, & que leur diſtance ne doit être que de dix pieds ſeulement : de cette manière les arbres en deviendront bien plus beaux & plus fertiles en Eſpaliers; au-lieu qu'autrement le bois en devient trop gros, plus mou, & pouſſe des branches gourmandes. Il eſt fort remarquable que toutes les

fleurs

fleurs qui viennent à ces sortes de gros bois, sont des fleurs mâles, qui ne donnent jamais de fruits, ou bien si quelquefois & par hazard il y vient des fleurs femelles, elles tombent avant le tems, parce que la sève monte trop dans ces branches.

Les Pêchers poussent ordinairement l'Eté sans interruption jusques vers la Saint Jaques, après ce tems-là les rejettons des vieux arbres croissent rarement en longueur, mais bien en grosseur : c'est aussi alors que le fruit, qui pendant quelques semaines qu'il emploie à faire son noyau, cesse pour ainsi dire de croître, & commence tout d'un coup à se gonfler, & ensuite à meurir. Mais la pousse des arbres, qui sont jeunes & vigoureux, dure souvent jusqu'à la mi-Août, & même plus tard, selon que le tems est mieux disposé à force d'humidité : les fruits meurissent aussi plus tard. C'est sur quoi il faut se régler pour la taille d'Eté, en prenant bien garde de ne la commencer, que lorsque la pousse du bois est achevée : on n'attachera non plus, que le moins qu'il est possible avant ce tems-là, les jeunes branches vigoureuses, sur-tout aux Cloisons exposées au Midi, & cela afin que les fruits ou ces rejettons ne soient pas trop affectés par le Soleil.

Pour n'être donc pas sujet à avoir du mauvais bois & à voir de la gomme aux arbres, mais pour conserver l'arbre en bon état, garni de bon bois à fruit, on ne commencera jamais la taille d'Eté avant le mois d'Août, à moins que ce ne soient des arbres qui croissent fort vigoureusement, ou dans des années pluvieuses : dans ce cas on peut le faire plus tard, à commencer l'onze ou le douze : on coupe alors les branches gourmandes jusqu'à leur dernier bouton à feuille (à compter depuis le haut vers le bas), pour pouvoir couper ensuite après la chute des feuilles, le petit moignon, qu'on y laisse d'abord pour prévenir la gomme. On ne tranche encore tout-à-fait plusieurs branches surnuméraires, soit à fruit soit languissantes, sans couper ou sans rogner d'autres branches. Je comprens aussi sous le nom de branches surnuméraires, toutes celles qui sortent sur le devant du tronc ou de la branche, & qu'on ne sauroit attacher sans les plier & sans causer de la difformité : il est bon par conséquent de n'en laisser aucune.

On doit retrancher aux Pêchers à basse tige leurs jeunes branches gourmandes, de la même manière qu'aux Espaliers ; mais le reste de leur taille ne doit se faire qu'après l'hiver, parce que ces Pêchers sont encore plus sujets que les Espaliers à mourir par les sommités, par le froid du Printems. On ne doit non plus rogner aucunes branches,

Partie I.   T   grandes

grandes ou petites, ni pendant l'hiver, ni pendant l'Eté: mais comme il
arrive souvent que les tendres bouts se gelent & meurent, quand il faut
de nécessité leur faire la taille, il ne faut cependant pas dans ce cas les
retrancher tout-à-fait, ou les rogner plus loin que jusqu'au prémier œil
vivant qui paroit.   Ce qui doit néanmoins être bien obfervé, quant à
cette méthode, c'eft qu'il ne faut jamais faire cette taille au-deffus d'un
feul & fimple œil, étant incertain fi ce n'eft pas un bouton, auquel cas
la petite branche mourroit, & c'eft pour cela qu'il faut toujours la faire
au-deffus d'un bouton à feuille : pour en être affuré, on rogne jufqu'à
l'endroit où paroiffent, un, deux, ou trois petits boutons près à près.
On retranchera de plus toutes les branches chifonnes, menues, greles, & l'on n'en conferverra que de vigoureufes, pourvu que ce ne
foient pas des branches gourmandes, car ce bois vigoureux févré produit les fruits les plus agréables.   On ne confervera pourtant pas trop
de ce bois, fur-tout quand il apartient à des Abricotiers, & quand le
fruit a le noyau rouge, parce que ces arbres n'étant pas des plus vigoureux, meurent affez facilement quand ils font furchargés de bois : ce
qui arrive auffi fouvent à ces mêmes arbres quand ils font furchargés de
fruit.   Dans ce cas-là on les épluchera à tems, d'abord après que les
fruits font noués, enfuite une feconde fois encore, & pour la troifième
après leur mue, auquel tems les arbres ne doivent avoir que peu de
fruit, n'en avoir jamais deux l'un près de l'autre, pas même à une telle diftance qu'ils puiffent fe toucher, quand ils auront aquis toute leur
groffeur.   De cette manière on fe procure les plus groffes & les meilleures Pêches, n'y ayant aucun autre fruit dont les petits foient plus
infipides & les gros plus agréables.   Les vieux arbres qui pouffent avec
vigueur, produifent ordinairement les plus gros, les plus délicieux
fruits, & en plus grande quantité: au-lieu que les jeunes emploient fort
fouvent toute leur vigueur pour des branches dont on ne retire que du
bois.
Il faut pour défigner la groffeur & les qualités actuelles du fruit, en
donner à connoître auffi le contour & la pefanteur ; les plus pefantes é-
tant pour l'ordinaire les plus agréables au goût.   La plus groffe Pêche,
que j'aie vue, pefoit onze onces, poids de marc: elle étoit un peu plus
ronde qu'à l'ordinaire, & avoit treize pouces de circuit mefure de
Rhynlande.
Une Pêche de fept onces, poids de marc, eft déja une Pêche d'une
groffeur peu commune, & a ordinairement plus de neuf pouces de
circuit.   Une

Une Pêche de neuf pouces eſt d'une groſſeur peu commune , & peſe ordinairemeut ſix onces & dix eſtelins , & quelquefois juſqu'à douze, quatorze & ſeize eſtelins.

La fleur de Pêcher a cinq feuilles, mais ces feuilles ſelon les différentes qualités des fruits , ſont plus grandes , plus petites & diverſement colorées , & ont auſſi plus ou moins d'étamines au-dedans de la fleur. Les arbres qui produiſent les plus gros fruits ont auſſi les plus groſſes fleurs. La Pêche pourprée ou vineuſe, quoiqu'elle ne le cède pas ſouvent en groſſeur à la groſſe verte de Montagne, dont la fleur eſt très petite, a de petites feuilles rondes de couleur cramoiſi tirant ſur le violet, qui s'ouvrent fort rarement tout-à-fait , mais ſe tiennent plus fermées , du milieu desquelles s'élèvent ordinairement trente-huit étamines qui paſſent le haut de la fleur. Les Pêches de Montagne & de Zwol ont les fleurs & leurs feuilles plus grandes, qui s'ouvrent tout-à-fait en fleuriſſant, celle de la Montagne eſt pour l'ordinaire un peu plus ouverte & unie, d'une couleur plus claire, d'une couleur de chair plus blanche, & moins rouge dans le cœur, plus ronde autour que celle de Zwol, qui dans le cœur eſt d'un rouge violet qui forme comme un cercle.

Quoique les Pêchers meurent ſouvent par la forte gelée, & que leurs fleurs tombent ſouvent avant que de nouer , par le froid du Printems, je ne conſeille cependant pas de les couvrir avec des nates de roſeau : j'ai apris & me ſuis convaincu par mon expérience, que cela leur eſt encore plus nuiſible. J'ai trouvé qu'il vaut mieux mettre en terre devant les arbres , des rames à ramer des poids , pour rompre les vents de bize, en les y laiſſant juſqu'à ce que le fruit ſoit noué. Les meilleures Pêches ſont :

L'*Avant-Pêche rouge* , qui eſt à peu près de la même couleur que la Pêche de Zwol, d'un goût plus exquis que la blanche, plus ronde , & un peu plus groſſe : elle ne fait pas un arbre vigoureux, quoiqu'elle doive être gréfée ſur Prunier , ce qui fait qu'on a de la peine à en tirer de bons rejettons à gréfer ; outre que la Grefe ſe détache rarement en la tordant, deſorte qu'on eſt très ſouvent obligé de la couper dans le bois, comme cela ſe fait aux branches épineuſes des Limoniers.

L'*Avant-Pêche blanche* eſt un peu longue & pointue comme la Pêche d'Amande ; elle produit plus que la rouge, & fait un arbre plus vigoureux : les fruits en meuriſſent bien auſſitôt.

Les Anciens ont donné mal-à-propos le nom d'Avant-Pêches aux Abricots , ſans les déſigner autrement. Dodonée leur donne l'un & l'autre de ces noms.　　　　　　　　T 2　　　　　　　　La

La *Montagne blanche*. Il y en a de plufieurs fortes. Elle meurit la prémière après les Avant-Pêches. Sa chair eft blanche, & fa peau quand elle eft mûre, paroit auffi d'un blanc jaunâtre, & elle eft d'un côté d'un rougeâtre luifant. Les meilleures font de la groffeur des vertes, & point pâteufes. La feconde-forte eft plus petite, & moins colorée ; & la plus mauvaife eft d'un rond un peu long, & d'un goût âpre & rude.

La *Montagne verte*. Il y a encore plus d'efpèces de celle-ci que de la Montagne blanche, dont les plus groffes font toujours les plus exquifes au goût, & les plus belles à la vue : elles finiffent très fouvent par une boffe à la cime en pointe, & comme c'eft là ordinairement la figure des Amandes, on nomme ces Pêches, pour les diftinguer des autres, *Pêches-Montagne-Amande*. La chair & la peau en font un peu verdâtres, & l'un des côtés eft d'une couleur luifante fort agréable. Celle-ci meurit environ quinze jours après la Montagne blanche, & en Hollande on a ordinairement coutume de la planter. Je crois que c'eft la même que Mr. de la Quintinie nomme *l'Admirable*, quoiqu'elle meuriffe dans ce Païs, en efpalier, avant la mi-Septembre, qui eft le tems qu'il leur affigne.

La *Pêche de Zwol*. Il y en a auffi de plufieurs fortes, quoique diftinguées le plus fouvent en Pêches de Zwol doubles & communes, les doubles étant les meilleures. Cette Pêche eft d'une couleur blanche tirant fur le rouge, en général plus colorée de rouge par dehors que les Montagnes, ayant auffi le noyau rouge : elle meurit dans le même tems que la Montagne, favoir à la fin d'Aout & au commencement de Septembre.

Celle-ci varie quant au goût, felon les années, & felon que les arbres font d'un bois plus ou moins vigoureux : les fruits en font auffi ou plus gros ou plus petits, à proportion du foin qu'on a pris de les éclaircir, & par une fuite néceffaire auffi d'une eau plus ou moins abondante & exquife. Quant à moi, je préfère de ces deux meilleures efpèces de Pêches de Montagne & de Zwol, les dernières. Je crois que Mr. de la Quintinie les appelle *Mignones*, & qu'il les met dans la troifième claffe, parce qu'il dit qu'elles n'ont fouvent que très peu de goût.

La *Pêche* qu'on nomme en France, *pourprée* ou *vineufe*, eft ordinairement plus groffe que la Pêche de Zwol : la peau extérieure eft tachetée de violet foncé, & ce qui n'en eft pas coloré, moins jaunâtre, mais plus ou moins verdâtre, comme auffi la chair, qui tout proche du

noyau,

noyau , ainsi que le noyau même , est d’un violet tirant sur le rouge. Elle retient un goût verd dans des Fonds de terre froids, quoique gréfée sur Abricotier ; mais elle est pleine d’une eau délicieuse dans des Fonds sablonneux chauds, quoiqu’elle soit gréfée sur Prunier.

L’*Hermaphrodite*, que nous nommons aussi *Péche de Burat*, que les François appellent l’*Admirable jeune*, *la Sandalie* & *la Péche d’Abricot*, est de la grosseur de la Pêche de Zwol, & sans goût quand elle est petite ; autrement d’une eau passablement agréable , tachetée par dehors d’un pourpre foncé : elle a une peau cotonneuse tirant sur le jaune, par dedans elle est aussi jaune , excepté le noyau qui est d’un pourpre rouge : elle fait une petite fleur. On la grefe sur Prunier, & alors elle devient un arbre assez grand , mais le fruit n’en a pas une eau aussi exquise que lorsqu’elle est gréfée sur Abricotier. Mr. de la Quintinie dit qu’elle est *Mirlicotonne*.

Celle que nous nommons *Péche d’Angleterre*, que les Anglois appellent *Nectorins*, & les François *Brugnons* & *Perse-Noix*, est de la grosseur d’une grosse Prune blanche ordinaire , d’un rond un peu long , mais moins pointue vers la queue , ayant dans sa longueur une couture crévaffée. Elle est de couleur de Prune, mais tirant plus sur le verdâtre, & d’un côté rayée de rouge, unie, sans être cotonneuse comme les Prunes. Les Anglois vantent ces Pêches , comme étant d’un goût plus exquis qu’aucune autre. Mr. de la Quintinie dit la même chose d’une des trois espèces , mais il ajoute , qu’il faut pour cela la cueillir bien mûre. Chez nous elle a un goût fort commun tirant sur la Prune , ce qui à mon avis vient en grande partie de nos Fonds de terre.

La Pêche nommée en Gascon *Mirlicoton*, est une *Pavie* d’Autonne, qui ne quitte pas le noyau : elle est très cotonneuse & fort grosse, jaune en dehors & en dedans , sans aucune rougeur extérieurement. Ces Pêches ne meurissent pas tout-à-fait chez nous, quoiqu’on les laisse à l’arbre jusques dans le Mois d’Octobre , ayant alors la chair encore dure. Mr. de la Quintinie les appelle *Pavies jaunes*.

La *Péche Françoise*, différente de la précédente, qu’on appelle dans ce Païs *Mirlicoton*, est de toutes les Pêches la plus belle & la plus agréablement colorée ; elle a la chair blanche : du reste on doit la mettre au nombre des *Mirlicotons*, puisqu’elle ne quitte point le noyau, qu’elle reste aussi dure qu’une Pomme , & qu’elle n’a point de goût. Elle fait un beau coup d’œil, lorsqu’on la voit pendre encore à l’arbre dans le Mois de Septembre , où elle commence à se pourrir avant que de

T 3

meu-

meurir ; c'eſt-pourquoi on l'appelle *la Putain fardée*.

Celle que nous nommons *double Pêche-fleur*, ſe plante pour les belles fleurs que produit l'arbre , faiſant au Printems un beau coup d'œil, car les arbres en ſont très beaux & les branches garnies de fleurs. Le fruit eſt comme le Mirlicoton , moins coloré ; mais plus rempli d'eau , & moins jaune par dedans & par dehors , elle meurit vers la fin du Mois d'Octobre.

CHAPITRE VI.

Des Abricotiers & de leurs Fruits.

LEs Abricotiers croiſſent de la même manière que les Pêchers, quoiqu'ils pouſſent des branches ligneuſes plus vigoureuſes , plus longues & plus groſſes , deſorte qu'ils deviennent plus grands que ceux-là. On les grefe ſur Prunier , & en s'y prenant de cette façon on conſerve le fruit , & même on le rend meilleur : la Prune de Damas venue de Souche eſt la meilleure pour cela ; mais comme on ne la trouve point chez les Arboriſtes , on prend pour gréfer des Sauvageons de la groſſe Prune blanche.

Ces arbres fruitiers aiment les expoſitions les plus chaudes , & c'eſt pour cela qu'ils viennent le mieux contre une Muraille , à la diſtance de quinze pieds les uns des autres , ce qui en rend le fruit de meilleur goût.

On ne multiplie jamais les Abricotiers de noyau, parce qu'alors ils ne ſont pas de beaux arbres, & que leur fruit n'eſt pas à beaucoup près ſi bon, que lorſqu'ils ſont gréfés ſur Pruniers : le bois cependant ne ſe réunit jamais, mais bien l'écorce, avec laquelle l'Abricotier, comme ayant une pouſſe plus vigoureuſe, couvre le Sauvageon de Prunier, y faiſant un bourlet, aux environs duquel il arrive que les couronnes des arbres de tige s'abatent aſſez légerement par un vent fort : c'eſt-pourquoi il faut planter les arbres de tige dans des endroits où ils ſoient à l'abri des vents, & ne pas trop étendre leurs couronnes, mais leur faire occuper un moindre eſpace par la taille : ce qui eſt cauſe qu'on ne plante guère d'Abricotiers de tige , outre que dans ce cas les fleurs ſoufrant plus par les gelées du Printems, tombent fort ſouvent , & que les fruits ont beſoin

d'une

d'une chaleur bien plus longue pour meurir : du reste les fruits d'arbres de tige ont le goût beaucoup plus exquis, que ceux qui meuriffent contre des Murailles ou des Cloifons.

La raifon qui a engagé les anciens Auteurs à donner à ce fruit le nom d'*Avant-Pêche*, ne peut pas être tirée du bois, qui eft plus rouffâtre, croît plus vigoureufement, & forme auffi fes boutons d'une manière différente; ni pareillement du fruit, qui diffère entierement de la Pêche, en groffeur, en couleur, en figure, & pour le goût. Il n'y a que l'Abricot blanc qui puiffe avoir plus ou moins de reffemblance avec la Pêche, fi peu cependant, qu'il ne fauroit pour cela porter le nom d'Avant - Pêche.

Ces fruits font plus charnus & moins remplis d'eau que les Pêches: ils font cependant dans ce Païs, même les plus petits, fort agréables au goût, & peuvent être mangés cruds ; ce qui fait que plufieurs Friands les mettent dans la claffe des meilleurs. Le fucre aiguife auffi beaucoup le goût des Abricots, & cela à un point, que l'on fait des Tartes excellentes d'Abricots verds, dont les noyaux ne font pas feulement encore formés; & lorfqu'ils font féchés, on les tient pareillement pour la meilleure forte de Confiture.

L'*Abricot blanc* eft le plus gros & le moins agréable au goût, tirant un peu fur la Pêche : il devient pâteux quand il meurit.

Je crois qu'on a appellé en Grèce & en Afie cet Abricot, *Pêche hâtive*, & que les efpèces fuivantes leur ont été inconnues.

L'*Abricot de Breda* eft le plus gros après le blanc, par-tout de couleur Orange fans taches.

L'*Abricot Orange* eft de la couleur de celui de Breda, mais il eft plus petit : il produit beaucoup & eft très fouvent furchargé.

L'*Abricot de Bois-le-Duc* eft à peu près de la même groffeur que celui de Breda, mais il eft tacheté d'un pourpre foncé. Il eft meilleur au goût que le précédent.

Le *petit Abricot* dont le bois eft le plus propre pour y gréfer des Pêches, eft petit, ordinairement tacheté de brun, avec de petits points d'un pourpre foncé. C'eft de tous les Abricots le meilleur, & cela tant pour manger tel qu'il eft, que pour des Confitures fèches ou liquides, comme auffi pour des Tartes & pour étuver ; cependant il produit peu.

CHA-

C H A P I T R E   VII.

Des Pruniers & de leurs Fruits.

LEs Pruniers doivent être multipliés par des Sauvageons de Souche, & portent sans être gréfés : leur fruit est cependant meilleur quand ils ont été gréfés simplement ou en aproche : les arbres portent aussi davantage par ce moyen. Les Arboristes choisissent , pour les gréfer , la Prune nommée *Rost-pruym* , qui est une petite Prune sauvage , qui produit beaucoup, & fait de vigoureux arbres ; mais je crois qu'il vaut mieux y employer les Sauvageons de Souche de chaque espèce.

Les Pruniers poussent beaucoup de petites racines chevelues , aimant à être plantés dans un endroit humide , & où il n'y ait que peu de fumier, car cela les empêche de croître, & fait qu'ils produisent moins, surtout quand c'est du fumier de Cheval , qui fait tomber les fruits à moitié mûrs. Il ne faut pas leur faire une forte taille , ni les dégarnir de branches en dedans, parce que leurs fleurs qui ne sauroient résister aux froids frimats du Printems, sont alors défendues par les branches du dedans, qui sont fort toufues , & nouent beaucoup mieux. Les Pruniers d'un bois fort vigoureux produisent rarement beaucoup ; mais on les amendera en les transplantant, & en laissant dessécher un peu à l'air les racines de ces arbres , qu'on tire de terre , avant que de les y planter de nouveau.

De tous les fruits il n'y a que les Prunes, dont les petites diffèrent si peu au goût , des grosses : delà vient que c'est de tous les fruits celui qui a le moins besoin d'être épluché , quelque surchargés que soient les arbres. Elles ne font cependant pas exception à la règle générale, savoir que tous les fruits des arbres surchargés sont plus insipides.

On distingue les Prunes en diverses espèces , & cela tant pour le goût , la figure , la couleur , que pour la chair , qui est plus ou moins ferme & pleine d'eau.

Les *Mirabelles simples & doubles* sont verdâtres : les simples sont rondes à peu près comme des chiques , produisent beaucoup, & ne font bonnes que pour confire. La double est plus exquise au goût , de la grosseur de la double blanche commune , mais moins ronde , plus longue,

gue,

gue, ayant la couture plus enfoncée; elle est aussi plus charnue.

La *double blanche commune* est ronde, jaune, tirant un peu sur le verd, plus pleine d'eau & plus agréable au goût que la double Mirabelle, mais elle diffère peu pour le goût de la simple blanche commune.

La *simple blanche commune* est d'un jaune plus obscur que l'autre, & la meilleure sorte en est tachetée de rouge. Il y a beaucoup de personnes qui estiment ces Prunes plus que toutes les autres de ce Païs, sur-tout quand elles viennent d'arbres de tige.

La *Prune - Abricot* suit les précédentes : elle est de la grosseur des doubles, mais un peu longue & plus charnue, de couleur rouge tirant sur le violet, tachetée, & souvent mêlée de taches d'un rouge foncé; meilleure au goût que les grosses Prunes oblongues, mais moins agréable que les blanches communes.

La *petite Prune à confire*, que je nomme ainsi, est de l'avis de tous ceux qui l'ont goûtée la plus exquise au goût, & la plus digne de toutes d'être plantée en espalier, étant fort charnue & d'un goût délicieux; cependant elle produit très peu: sa figure est presque ronde, & elle est de la grosseur de la petite Prune bleuâtre commune, & de couleur de bleu foncé violet tirant sur le rouge.

La *Prune de Damas & de Ste. Catherine* est encore plus sèche & plus charnue que la précédente : elle n'est guère agréable au goût dans ce Païs, parce qu'elle n'y meurit pas comme il faut: il y en a de diverses sortes, de couleur violette, & un peu longues.

Les *grosses Prunes violettes & blanches*, d'une figure qui ressemble à un œuf, produisent beaucoup, & c'est-pourquoi il y a de l'avantage à les planter pour vendre, sur-tout les violettes, qui sont plus belles à la vue, & aussi réellement plus agréables au goût.

Les *petites Prunes bleuâtres* sont de plusieurs sortes : la plupart sont bleues & violettes : elles produisent toutes beaucoup, mais elles ont un goût assez mauvais.

Les Prunes sont pour la plupart, comme les Raisins, couvertes de cette espèce de fraicheur qu'on nomme *Fleur*; c'est-pourquoi il faut les cueillir prudemment & sans les manier beaucoup, sur-tout celles qui sont pleines d'eau, sans quoi elles perdent bientôt leur bonté.

❀❀❀❀❀❀❀❀❀❀❀❀❀❀❀❀❀❀

CHAPITRE VIII.

Des Figuiers.

ON multiplie les Figuiers par bouture, mais mieux encore par des
Sauvageons de Souche qui ont racine, & qui naiſſent abondamment tous les ans. On ne les grefe point, parce qu'ils produiſent le même fruit que l'arbre. Les arbres venus de ſemence ſont la plupart du tems
des eſpèces bâtardes. Ces arbres réſiſtent bien à une petite gelée,
mais pas à une forte, deſorte qu'on doit les conſerver dans la maiſon,
ou les couvrir avec des Nattes de Roſeau quand on les laiſſe à leur place : encore faut-il, en les couvrant, agir avec prudence, & le faire
d'une manière convenable; car quand on les couvre ſi fort, qu'ils ne
ſauroient tranſpirer (comme cela m'eſt arrivé plus d'une fois en les couvrant avec des Nattes de paille, qui joignent mieux), on leur fait autant de tort que ſi on les laiſſoit expoſés à la gelée.
Les Figuiers pouſſent une grande quantité de racines minces & ſerrées, deſorte qu'on peut tous les ans les arracher avec une motte de
terre marécageuſe ou graſſe, les conſerver dans la maiſon, & les planter de nouveau au Printems ſuivant, de la même manière : par ce moyen
les arbres produiront plus, & ſeront bien meilleurs que ſi on les enfer-
moit dans des Caiſſes ou dans des Pots. On les arroſe légerement avec
de l'eau avant que de les planter, afin que la terre tombe moins en
les tranſportant, & que les racines prennent mieux : c'eſt-pourquoi
il faut auſſi les arroſer copieuſement après qu'ils ſont plantés; ce qui
joint d'autant mieux la terre tout à l'entour & intérieurement. Ils aiment un Fond de terre bien gras, marécageux, de même qu'un Fond
ſablonneux bien fumé, & plus ou moins humide ſelon les eſpèces, les
pluies trop abondantes leur étant ordinairement contraires, faiſant
tomber les fruits avant leur maturité. Les Figues blanches par dedans réſiſtent le moins, & les rouges le plus à une grande humidité : c'eſt pour cela que les blanches doivent être plantées dans des
terrains plus élevés. Les Printems froids, où il gele dans les mois de
Mai & de Juin, n'empêchent pas ſeulement leur pouſſe, mais font auſſi qu'ils ne produiſent que peu ou point de fruits. Il leur faut de plus

un

un air ouvert & libre, une chaleur durable, mais modérée, ce qui leur convient le mieux : c'est-pourquoi les Figues font meilleures à des arbres en plein vent, qu'en Espaliers. Il en est précisément du bois de Figuier comme de celui de Vigne : le plus vigoureux produit le plus; car ce font ces jeunes rejettons qui n'ont pas encore porté, qui donnent le fruit: & comme les fruits d'Autonne tombent au Printems, & font que les arbres ont d'autant plus besoin de tems pour pousser d'autres rejettons à fruit, on tâchera de prévenir cet inconvénient, en les dépouillant de ces jeunes fruits d'Autonne, afin qu'ils puissent par ce moyen pousser d'autres rejettons fans fruit pour l'année suivante. Les Figuiers, comme on vient de dire, ne portant pas de fruit comme la Vigne, fi le bois n'est encore jeune, il s'ensuit qu'ils doivent pousser de longues branches dégarnies, qui font souvent du desordre, quoique les uns plus que les autres. Les Figues rondes & blanches viennent à des branches plus droites, plus grosses, & mieux rangées que les rouges. Toutes ces branches ont besoin d'être taillées, tant pour un plus grand ornement, que pour produire davantage, mais jamais de manière, que les branches furnuméraires & dégarnies foient retranchées ou rognées, à moins que les arbres ne viennent à dépérir & ne cessent de produire ; auquel cas on les rajeunira pas ce moyen, & on les mettra dans un meilleur état.

· La taille du Figuier doit se faire vers la fin d'Avril ou au commencement de Mai, quand les bourgeons donnent à connoître qu'il est en fève; il faut bien se garder de le tailler plutôt.

Il y a de plusieurs fortes de Figues, toutes fort faines.

La *Ronde-blanche* meurit la prémière, est par dehors d'un verd tirant fur le jaune. Dans des Etés fort chauds cet arbre porte deux fois des fruits qui viennent à maturité, & qui font généralement estimés, pourvu qu'ils foient bien mûrs, fans quoi ils font fort mauvais : ils passent outre cela fort subitement à leur parfaite maturité, après quoi ils molissent en fort peu de tems & se gâtent.

La *Longue-blanche* n'est pas fi bonne, & ne meurit pas de fi bonne heure que la ronde

Les Figues qui font rouges par dedans, font d'un rond oblong, & les meilleures après la ronde-blanche : il y en a même qui les confondent ensemble.

Les Figues violettes ou pourprées par dedans font plus longues, mais à proportion moins grosses, & d'un goût moins fin que la rougeâ-

V 2

tre

tre dont je viens de parler, mais elles font plus groſſes.

Les Figues qui font par dehors d'un verd tirant ſur le brun jaunâtre, & ponceau par dedans, que l'on nomme *Figues griſes* en France, font plus petites que les précédentes : elles meuriſſent des dernières, parceque les arbres produiſent ſouvent vers la fin de l'Autonne beaucoup de fruits, qui tombent au Printems, deſorte que l'Eté ſe paſſe avant qu'il ne s'y en forme de nouveaux.

CHAPITRE IX.

Des Meuriers.

LEs Meuriers ne font pas des arbres naturels à ce Païs, car la forte gelée les fait ſouvent mourir quand ils font en plein vent, mais rarement lorſqu'ils font en Eſpaliers. On les multiplie, de même que les Figuiers, par des Sauvageons de Souche : ils produiſent enſuite, ſans être gréfés, des fruits qui viennent au jeune bois de l'année précédente, & cependant pas au bois le plus vigoureux ; car les petites branches d'une groſſeur médiocre donnent les meilleurs fruits & le plus ſurement, dans le tems que les vigoureuſes font de nouvelles branches. Ces arbres jettent auſſi extraordinairement de racines ligneuſes, profondes, étendues, quoique peu chevelues. Leur bois eſt dur, mais facile à caſſer, ce qui fait que le vent les rompt aſſez facilement, & qu'il faut les planter dans des endroits où ils ſoient à l'abri. Ils viennent extrêmement bien autour des vieilles mazures, deſorte qu'à une muraille de vingt pieds, il faut les planter du moins à trente pieds les uns des autres, afin qu'ils puiſſent y devenir de beaux arbres bien unis, & bien garnis de feuilles. Il y a des Meuriers blancs, dont les feuilles ſervent de nourriture aux vers à ſoye, & il y en a dont le fruit eſt d'un brun rougeâtre tirant ſur le noir : on dit que parmi ces derniers il y en a de pluſieurs eſpèces différentes, qui produiſent de groſſes, de longues & de plus petites Meures rondes ; & d'autres qui produiſent les fauſſes Meures qui font très peu bonnes à manger. Pour moi je n'en connois qu'une ſeule eſpèce, dont les fruits font plus ou moins gros, ſelon la vigueur de l'arbre, placé de manière qu'il n'ait ni trop de chaleur ni trop de froid, & ſelon que l'Eté eſt plus ou moins tempéré.

On

On appelle fauſſes Meures ce qu’on appelle queues de chat aux Noizettiers. Ce ſont de petites fleurs verdâtres, pendant par grapes, contenant de la ſemence en pouſſière, & qui ne ſe changent jamais en fruits. J’ai vu cela à quantité d’arbres, qui avoient produit auparavant des Meures d’une groſſeur peu commune.

CHAPITRE X.

Des Framboiſes & des Meures ſauvages.

LEs Framboiſes & les Meures ſauvages croiſſent ſur des Ronces : ce ſont des eſpèces de Meures. Les ſauvages ſont auſſi connues des Grecs ſous le nom de Meures à baſſe tige, & les franches Meures ſous celui d’*Idea*.

Les Meures ſauvages ſont aiſées à diſtinguer des autres qui croiſſent dans leur voiſinage; car elles ſont plus petites & plus rondes que les Framboiſes, d’un violet bleu foncé, & ont de petits pépins : elles croiſſent dans les champs, ſouvent au bord des petits foſſés ou dans des bois. L’arbriſſeau a de longues & minces branches fort fléxibles & recourbées, garnies d’épines, qui ne ſe ſoutiennent pas, mais pendent fort près de terre.

Les Framboiſes ne viennent pas chez nous dans les bois, mais on les cultive dans nos Jardins, & on les multiplie par des rejettons de leur Souche : c’eſt ainſi qu’on les conſerve. Ces rejettons parviennent ordinairement à la hauteur de cinq & tout au plus de ſix pieds, dont on coupe annuellement rez terre les plus vieux, ne reſervant que les jeunes dont on ne laiſſe en tout que deux ou trois ſur chaque plante, dont les plus vieux ne doivent avoir que deux ans. Les jeunes rejettons n’ont point d’épines, mais les vieux en ont plus ou moins, moins cependant que les ſauvages. Quoique ces arbriſſeaux ſoient droits, ils ne laiſſent pas que d’être fort foibles, parce que leur bois eſt mince & mou, ce qui les rend fort ſujets à ſe briſer. Pour prévenir cet inconvénient on les échalaſſe fort ſouvent. Leur fruit eſt beaucoup plut petit & moins agréable au goût, quand on laiſſe à ces ronces trop ou de trop vieux rejettons, ce qui arrive quand on les rogne.

Les Framboiſes ſont d’un rouge foncé ou bien d’un blanc jaunâtre. Les

pré-

prémières font les meilleures : les unes & les autres font plus petites que les Meures, mais plus grandes & un peu plus rondes que les Meures fauvages, étant mûres elles tombent facilement de leur queue, laquelle en étant féparée laiffe une petite cavité dans le fruit. Quand le fruit eft trop mûr il s'y engendre d'abord un petit ver : il eft auffi fort fujet à fe moifir, & à perdre par-là tout fon goût.

CHAPITRE XI.

Des Grozeilles & des Grozeilles vertes.

LEs Grozeilles viennent à des Arbriffeaux, & ne font nulle part auffi bonnes que chez Nous, où il y en a de trois fortes, de rouges, de blanches & de noires.

Les rouges d'une couleur rouge luifante & claire montrent par leur tranfparence les pépins ; & font les plus exquifes au goût. Les blanches ont à peu près la couleur de chair, elles font transparentes comme les rouges, &, peu s'en faut, de même goût. Leurs arbres font précifément de même, les Grozeilles y viennent à de longues queues en grapes, qui ont fouvent vingt & plus de grains chacune.

Les noires d'une même grape ne font pas toutes de la même groffeur ; elles manquent toujours en fleuriffant, de manière qu'on en trouve de gros & de petits grains à la même grape, à laquelle il n'y en a jamais autant qu'aux autres. Les arbriffeaux auxquels ces Grozeilles noires viennent, font plus grands, leur feuilles plus crénelées, à peu près comme celles de vigne : elle ont auffi de l'odeur, & fur-tout quand ce font de jeunes rejettons : leur goût eft auffi différent de celui des rouges & des blanches.

Ces trois efpèces viennent toutes de Bouture ; mais comme les plus groffes Grozeilles & les meilleures au goût proviennent de jeunes rejettons, elles viennent mieux fur Souche que fur de petits arbres de tige. On retranche tous les ans de ces Souches qui pouffent quatre ou cinq rejettons, les plus vieux, & l'on conferve les tendres, jufqu'à l'âge de quatre ans & point au-delà : cette taille fe fait le plus convenablement pendant l'hiver ; auquel tems on rogne auffi tant foit peu les rejettons vigoureux des rouges & des blanches ; mais cela ne fe fait point aux noires, dont on retranche tout-à-fait les furnuméraires.   **Les**

Les Grozeilles viennent le mieux dans des Fonds fablonneux bien fumés, devenant dans ces endroits (quoique d'une groffeur médiocre) fort exquifes au goût, fucrées & avec des queues jaunes: elles abforbent confidérablement la graiffe de la terre, principalement les noires, ce à quoi il faut bien fonger quand on plante des Vergers.

Les Grozeilles vertes, que nous nommons *Kruys-bezien*, viennent à un arbriffeau garni d'épines, non pas par grapes comme les Grozeilles, mais chacune féparément. On les multiplie comme celles-là par bouture. Elles viennent auffi de la même manière fur de petits arbres ou fur des Souches, parce que les meilleures croiffent pareillement aux jeunes rejettons. Elles font chaque année plus de Sauvageons de Souche que les autres Grozeilles: on en conferve quatre ou cinq, & l'on retranche toutes les autres.

On en a auffi de différentes efpèces, des blanches, des jaunâtres, d'autres d'un bleu pourpré, des rouges, &c. comme auffi des rondes & des longues. De toutes ces Grozeilles les vertes longues font les meilleures pour être étuvées avant qu'elles foient mûres, & quand elles n'ont pas encore de pépins ; & les blanches pour manger quand elles font bien mûres.

De tous les fruits, qu'on veut conferver par art hors de leur faifon pour manger, il n'y en a aucun que l'on puiffe conferver auffi naturellement, comme fi on ne faifoit que de les cueillir, que les Grozeilles vertes quand elles ne font pas mûres, deforte qu'on peut les étuver en hiver, & en faire un mêts auffi agréable que fi elles étoient encore dans leur faifon.

CHAPITRE XII.

De l'Epine Vinette.

C'Eft un Arbriffeau qui devient plus haut, & fait plus de Sauvageons de Souche que les Grozeilles. Les rejettons qu'il pouffe chaque année, font garnis d'Epines fort pointues, ce qui les rend très propres à fervir de haies de féparation dans les Jardins à fruits, & pour les fermer. On les multiplie par bouture, & on les diftingue en Epines Vinettes avec ou fans pépins, quoiqu'il arrive quelquefois que celle qui d'abord n'avoit point de pépins, en aquiert dans la suite par une pousse vigoureuse; c'est-pourquoi on ne laissera point à ces arbrisseaux de rejettons ligneux trop vigoureux.

L'Epine Vinette est un petit fruit un peu long, rouge, coriace, ayant très peu d'eau, qui vient à des grapes pendantes comme les Grozeilles noires, c'est-à-dire avec moins de grains, & pendant plus obliquement que les Grozeilles rouges: il meurit vers la fin de Septembre.

CHAPITRE XIII.

Du Cornouiller.

ON ne sauroit mettre au nombre des grands arbres les Cornouillers, quoiqu'ils grandissent plus que les autres arbrisseaux: on les multiplie par des Sauvageons de Souche: leur bois est fort noué, & dur sans épines: leur fruit est encore moins pourvu d'eau que l'Epine Vinette; mais beaucoup plus grand, un peu long, venant seul à seul chacun à sa queue, comme les Grozeilles vertes: il a un noyau fort dur.

CHAPITRE XIV.

Du Sureau.

LE Sureau vient à souhait dans des endroits humides & ombragés; mais son fruit & son bois sont meilleurs, & ont plus de substance, lorsqu'ils croissent dans des Fonds de terre secs & élevés: le jeune bois forme un tuyau, rempli d'une moelle blanche & spongieuse, qui périt au bout de quelques années, comme cela arrive aussi aux Vignes, & alors le bois en est fort dur & fort coriace.

Il y en a de plusieurs espèces, qu'on distingue en Sureau ordinaire de Montagne, & Sureau d'eau; en deux fruits différens, savoir le brun tirant sur le noir, qui est le meilleur; & le jaunâtre ou d'un blanc pâle, qui est d'une espèce inférieure, & par cela même moins bon: il est d'un rond un peu long: chaque graine vient séparément à une petite
queue,

queue, qui pend tout autour d'une queue commune en guife de couronne.

Les Païfans plantent beaucoup le Sureau commun aux environs de
leurs Caves pour intercepter l'air & le Soleil, parce qu'il fait beaucoup
d'ombrage par la grande quantité de Sauvageons de fouche qu'il produit. Il vient de Bouture, mais plus fouvent de Sauvageon de Souche.

Les tendres rejettons de Sureau commun, comme auffi les boutons
à fleurs, mangés en ragout ou en falade, purgent fort doucement.
Les fleurs en étant féchées & tirées en guife de thée, font un fpécifique
pour bien des maux.

Le Vinaigre de Sureau qu'on fait avec ces mêmes fleurs féchées, eft
très rafraichiffant & très propre pour diffiper la chaleur des chambres des
malades: on en fait auffi des fauces excellentes, il ne faut pourtant jamais le mêler avec du beurre.

On fait du jus de ces graines bien mûres des Syrops & des Confer-
ves fort falutaires.

❈❈❈❈❈❈❈❈❈❈❈❈

CHAPITRE XV.

Du Coignaffier.

LE nom commun de Coing mâle fe donne auffi par ignorance aux
Coings femelles, que la plupart des Arboriftes cultivent pour manger. Le Coing mâle eft plus long & plus de la figure d'une Poire, que le
Coing femelle, ordinairement plus gros, plutôt mûr & meilleur au
goût. On les diftingue en ceux qui meuriffent de bonne heure, & ceux
qui font plus tardifs : ceux-ci ne valent pas la peine qu'on les plante;
au-lieu qu'on cultive principalement les précoces pour la grefe de nos
Poires communes. On multiplie ces arbres par des Sauvageons de Souche, mais plus encore par des Marcottes, produifant ainfi fans être gréfés, de fort bons fruits : on en amende cependant le fruit quand on les
grefe fur Epine.

Les meilleures des Coings mâles font ceux qu'on appelle de Portugal, qui font très aifés à diftinguer, à leur écorce brune prefque noire,
de l'efpèce tardive fauvage, dont l'écorce eft d'un gris couleur de bois,
plus tirant fur le blanc.

Partie I. X N

Il faut conserver, quand on leur fait la taille, le bois le plus jeune, le plus rond & le plus épais, & en retrancher le mince & le grêle : il ne faut pas non plus trop rogner ce meilleur bois, parce que c'est à l'extrémité qu'il produit le plus.

CHAPITRE XVI.

Du Néflier.

IL y a diverses sortes de Néfles, des franches & des sauvages. Le franc Néflier a le fruit gros & sucré, il l'a aussi aigre, & quantité de petits fruits près les uns des autres. On les multiplie par des Sauvageons de Souche : ils produisent de fort bons fruits, quoiqu'on les amende encore en les gréfant sur leurs propres Sauvageons ; ce qui vaut mieux que de les gréfer sur Coignassier ou sur Epine.

Il est profitable de planter des Néfliers, parce qu'ils viennent assez bien dans des endroits perdus, qu'ils donnent à coup sûr du fruit tous les ans, & que le bois en est assez recherché.

CHAPITRE XVII.

Du Noyer.

LEs Noyers se multiplient par le moyen des Noix que l'on fait germer pendant l'Hiver, & que l'on met dans la terre au Printems. Ils portent sans être gréfés ; mais on n'a aucune certitude par raport à l'espèce qui en viendra ; parce qu'il arrive même que d'une très bonne espèce, il provient de très mauvais fruits ; desorte que, comme parmi les Poires & les Pommes, il y en a une infinité d'espèces, de grosses, de petites, de longues à coquille dure ou molle ; mais on les distingue plus généralement en doubles & en simples, dont les doubles sont les moins bonnes. On distingue les simples en becs de Corbeau, en Noix de Cologne, & en Noix à bouquet.

Les becs de Corbeau, que nous nommons *Kraei-bekjens*, ont le bois
fort

fort mou, fur-tout par devant, ou fouvent il y en a peu ou point : elles font plus douces & meilleures au goût, mais moins fêches que les Noix de Cologne.

Les Noix de Cologne font plus groffes, plus longues, & ont le bois plus dur : cependant on les caffe très facilement avec la main ; elles font plus belles à la vue, & pour cela même plus eftimées, & elles font réellement les meilleures après les précédentes.

Les Noix à bouquet : il y en a de plufieurs fortes, toutes plus petites, plus rondes, d'un bois plus dur, & d'une chair plus fêche ; les arbres en font auffi moins grands & moins gros.

Les doubles Noix font fpongieufes, pleines d'eau & infipides, mais elles font les plus gros arbres, & cela en moins de tems que les autres.

Le bois a auffi les pores plus ou moins larges ou ferrés, à proportion des fruits.

CHAPITRE XVIII.

Du Noizettier.

ON multiplie les Noizettiers par des Sauvageons de Souche, qui viennent en abondance. Il y en a de beaucoup de fortes auffi bien que des Noyers. On diftingue les Noizettiers en francs & en fauvages. Les Noizettes franches font un peu longues, les unes ont les cernaux rouges, d'autres les ont blancs : les prémières font les plus eftimées, quoique les blanches & les longues foient les meilleures ; il en vient une, deux, & au plus trois ou quatre, à une même queue.

On peut rendre le fruit plus gros par la grefe en approche, mais cela le rend auffi moins bon, durcit & épaiffit extrêmement l'écale : deforte qu'on ne le fait plus. On doit laiffer aux arbres leurs propres Sauvageons de Souche, ce qui les rend plus féconds.

Les fauvages font toutes rondes & par bouquets, de même que les groffes Noix qui viennent ainfi.

CHAPITRE XIX.

De l'Amandier.

ON ne grefe point en écuſſon les Amandiers, mais on les grefe en approche ſur Prunier, & on les multiplie ainſi, car quand ils ſont venus d'Amandes, ils meurent fort ſouvent quand on les tranſplante : ils ne réſiſtent auſſi qu'avec peine au froid de nos Hivers rigoureux, ſurtout les Amandes douces : on en a de diverſes eſpèces, comme des Noix. Il s'en trouve dont l'écale eſt plus ou moins dure, il y en a de longues, & de rondes : on les diſtingue communément en Amandes douces & amères.

Les Amandes longues & amères, dont l'écale eſt fort dure, ne ſe cultivent dans notre Païs que pour la beauté de la fleur, & pour le chaton que l'on confit. Ces ſortes d'Amandes réſiſtent le mieux à nos froids d'Hiver.

CHAPITRE XX.

Du Chateigner.

LEs Chateigners, de même que les Noyers, viennent de leur fruit, & deviennent de fort grands & de fort gros arbres. On en a diverſes eſpèces, qu'on diſtingue en Chateignes ſauvages & franches. Les franches ſont bonnes à manger, mais elles ne réſiſtent point au froid rigoureux de nos Hivers : outre qu'elles ne viennent pas comme il faut dans des Fonds de terre marécageux & bas, produiſant dans ces endroits des fruits pâteux, petits & ſans goût.

LIVRE QUATRIEME.

DE LA
VIGNE.

CHAPITRE I.

De la culture & de la manière de planter la Vigne.

LA Vigne eſt un arbre, qui ne monte & ne croît en hauteur qu'autant qu'on l'y conduit : ſon jeune bois a de larges pores, étant ſpongieux & fait en manière de tuyaux, dans lesquels ſe trouve une moelle coriace rouſſâtre : chaque tuyau eſt auſſi ſéparé à chaque œil par une eſpèce de cloiſon ; & comme le bois ſe ſerre plus avec le tems, qu'il devient plus ferme & plus dur, il arrive delà que les tuyaux ſe bouchent, que la moelle diminue, & que la cloiſon diſparoit. Quand les Sarmens ſont vieux, leur écorce eſt nerveuſe, ayant des eſpèces de filamens, & elle peut être otée fort aiſément.

On peut cultiver & multiplier la Vigne de quatre manières, ſavoir de Semence, de Bouture, de Marcottes & de Sauvageons de Souche.

Multiplication de Semence.

Il eſt fort incertain quelle eſpèce de fruit on aquerera de ſemence, étant fort remarquable que les pépins de Raiſins blancs produiſent ſouvent des Raiſins noirs, & les pépins de Raiſins noirs des blancs, & même fort ſouvent auſſi des eſpèces bâtardes : c'eſt-pourquoi on multiplie fort rarement la Vigne de ſemence, cela ne devroit pourtant pas en détourner un vrai Curieux, parce que ce n'eſt pas ſeulement de ſemence que les meilleurs Raiſins viennent, mais on peut auſſi par le moyen d'une bonne culture en avoir du fruit dans très peu d'années.

Pour donc les avoir à ſouhait de ſemence, on choiſit des pépins des meilleures Raiſins parfaitement mûrs ; pépins qui bruniſſent : il faut les ſemer au commencement de Novembre dans une bonne terre ſablonneufe, raifonnablement humectée, & les bien couvrir contre le froid de l'Hiver. Il faut auffi avoir foin pendant l'Eté de couvrir contre l'ardeur du Soleil les tendres rejettons, de les munir contre les vents furieux, de les attacher à mefure qu'ils croiffent, & de les entretenir continuellement dans une moiteur convenable. Quand ces Sauvageons de femence ont plus d'un farment, il faut pincer le plus foible dans le cœur, afin que l'autre reftant feul puiffe pouffer plus vigoureufement, & faire de meilleur bois, à la hauteur d'environ trois pieds : on pince pareillement à cette tige le farment mitoyen, afin que le bois groffiffe mieux, & que les yeux fe gonflent davantage. Pour que cela réuffiffe d'autant mieux, il faut auffi pincer chaque fois les tendres rejettons, qui fortent à côté des yeux, jufques au deffus de la dernière feuille : il faut de plus qu'au Printems fuivant cette branche foit coupée jufques aux trois ou quatre derniers yeux, afin d'aquerir par ce moyen du bois bien vigoureux ; car une chofe que l'on doit fur-tout obferver, c'eft qu'il faut faire tous fes efforts pour mettre les jeunes vignes en état de faire du bois bien vigoureux, afin d'avoir dans la fuite par ce moyen des Vignes bien arrangées & bien fertiles. C'eft l'unique & le meilleur moyen que l'on puiffe employer pour cela. Quand il arrive que les jeunes Vignes, tant celles de femence, de bouture ou autres, ne font plus l'anneé fuivante, après avoir été coupées rez terre, des branches ligneufes vigoureufes & groffes, on doit les tailler au Printems de la feconde année fuivante de la même manière, mais en prenant bien garde que cette taille fe faffe au - deffus d'un œil, & jamais au - deffus d'un bouton à fruit, ce qui arrive rarement aux Vignes venues de femence ; & fi cela arrive, on peut compter d'avoir toujours de très mauvaifes plantes.

Multiplication de Bouture.

Il n'y a guère que quelques curieux qui, pour avoir des efpèces différentes, multiplient les Vignes de femence, parce que la meilleure méthode de les multiplier eft par Boutures, qui doivent être mifes en terre au commencement d'Avril ; mais après une expérience plus fûre, encore au commencement de Novembre, quand le bois eft bien fermé, parfaitement mûr, & que la Vigne n'eft plus en fève.

On coupe la Bouture d'un bois gros, dont les yeux & les boutons font fort près à près, & dont le bois inférieur a deux ans, le bois fupérieur

périeur d'un an devant avoir trois ou quatre yeux & boutons; ayant bien soin que le bouton d'en-haut soit un bouton à feuille & non pas à fruit, pour être plus assuré d'une pousse bien vigoureuse; ce qui doit sur-tout être pratiqué quand on veut mettre des Boutures de Raisins fort pleins de jus, parce que ces Vignes, ayant du bois plus serré, que les Raisins charnus & musqués, ne prennent pas si bien, & ne poussent pas des Provins aussi vigoureux. Mais comme la Bouture, dont la partie qui est au-dessus des trois ou quatre jointures tenant au vieux bois, devant avoir un bouton, a presque toujours un œil, & qu'il est même fort rare de pouvoir la couper à des Vignes auxquelles on a fait comme il faut la taille d'Eté, on ne négligera jamais de pincer les bouquets de fleur qu'on voit s'y former.

Le vieux bois, qui reste au tendre Provin bien nourri, doit avoir du moins une main en largeur, & avant qu'il soit mis en terre, être tordu à cet endroit, de manière que cela craque; afin que par ce moyen les pores du bois, (le passage des sucs étant en quelque façon arrêté par cette froissure), se disposent d'autant mieux à faire des racines. Il faut après cela que la bouture soit posée jusqu'à la profondeur d'une bonne largeur de main dans de la terre sablonneuse, assez obliquement pour que l'œil supérieur ne soit que peu ou point visible, & cela dans des endroits où il y ait de l'ombrage; à moins qu'on n'en eût besoin pour des cloisons ou pour des murailles, auquel cas on aura soin que ces Boutures ne se dessèchent par l'ardeur du Soleil, en les humectant pour cela comme il faut, & leur donnant un peu d'ombre, jusqu'à ce qu'elles soient en pleine vigueur, ce qu'on peut faire en couvrant la superficie de la terre avec un peu de vieux Tan, de la verdure d'eau, & en les arrosant quelquefois pendant la sécheresse.

On fera au reste, à l'égard des Boutures, les mêmes choses qui ont été dites à l'egard des Vignes de semence, savoir qu'on ne doit conserver qu'un seul jet; qu'il faut couper à tems les jets surnuméraires près du dernier bouton à feuille, & pincer continuellement jusques à la dernière feuille, les tendres petits jets à côté de l'œil, comme aussi toutes les Vrilles. Quand cette Bouture aura fait un jet ligneux assez gros, on en fait un Courson, ou bien on la coupe l'Autonne suivante ou en Hiver, à proportion de sa vigueur, en lui laissant deux ou trois yeux, quelquefois aussi plus ou moins; tâchant toujours de se procurer une Vigne bien vigoureuse: on tâchera aussi, s'il est possible, de la couper en ne lui laissant qu'un œil.

Multi-

Multiplication de Sauvageons de Souche.

Les Vignes qui viennent de Souche, doivent être uniquement déchargées de leurs racines froissées ; après quoi on étend bien les autres quand on les plante, on les couvre tout autour, de terre bien foulée, afin que le fond ne soit pas trop ouvert. On aura soin de plus de les tenir à l'abri de la prémière gelée, de la grande ardeur du Soleil, de la sécheresse & du vent : on cultivera aussi les tendres Provins, & on les attachera continuellement, comme cela a été remarqué à l'égard des Vignes de semence.

Multiplication de Marcottes ou de Provins couchés en terre.

On cultive les Vignes de Marcottes, de la même manière que celles de Bouture, tordant pareillement le bois d'un an qui doit être mis en terre, afin qu'il prenne d'autant mieux racine : la seule différence de ces deux méthodes consistant en ce que le bois des Marcottes reste uni à la Vigne, jusqu'à ce qu'il ait pris racine, & qu'il s'en nourrisse jusqu'à ce qu'on le transplante dans l'Autonne ou le Printems suivant.

Les Marcottes font souvent de jeunes sarmens plus vigoureux que les Vignes de Bouture, ce qui n'empêche pas que je ne préfère à toutes la manière de multiplier de Bouture, sur-tout quand la Bouture peut rester où elle est sans être transplantée ; quoiqu'encore qu'il faille la transplanter, elle fasse une meilleure plante : au-lieu que les Marcottes transplantées, se trouvant privées de la nourriture ordinaire qu'elles attiroient à foi de la Vigne, tardent plus à pousser ; mais c'est de quoi on tâche de les dédommager, en mettant le Provin dans un petit panier rempli de terre pour y prendre racine, avec lequel on le transplante dans la suite, brisant après cela le panier & l'ôtant, pour donner ainsi un libre cours à la pousse des racines : j'ai trouvé cependant que cette méthode nuit plus à la pousse, que de les planter sans panier.

De tous les arbres il n'y en a point qui doivent plus nécessairement être transplantés jeunes que les Vignes, parce que les vieilles qu'on a transplantées, meurent fort souvent. Il faut bien prendre garde en transplantant ces jeunes Vignes, que les racines en soient bien nétoyées, bien étendues, bien couvertes de terre foulée, comme aussi qu'elles ne se dessèchent pas ; ce qui est bien difficile à empêcher, quand ces Vignes viennent d'endroits éloignés : c'est pour cela qu'on les fait mieux provigner de Bouture. Com-

Comme l'Autonne eft le tems le plus convenable pour mettre en terre les Boutures, c'eft auffi la faifon la plus propre pour planter les Vignes, & cela d'abord que le jeune bois a quitté fes feuilles & eft bien
mûr. Les jeunes Vignes qu'on veut tranfplanter, ne doivent conferver
qu'autant de bois qu'il en faut pour fortir à peine de terre avec deux ou
trois yeux.

Toutes les Vignes doivent être plantées dans des Fonds de terre élevés & hors de l'eau, & même dans une terre molle, fablonneufe, humide, fur-tout quand elles font jeunes; car pour lors une terre fort
graffe, mêlée avec du fumier ou du vieux tan, leur eft mortelle: il faut
par conféquent bien fe garder de mettre du fumier dans la terre aux
environs des jeunes Vignes, parce que leurs tendres petites racines ne
périffent pas feulement par l'acreté de ce fumier, mais auffi font fujettes à être rongées des vers, que ce fumier ou cette terre graffe produit. Quand on veut faire prendre racine à de jeunes Vignes dans des
terres fortes, comme font les graffes, il faut les planter dans des foffes profondes d'environ un pied, & larges de trois, remplies d'une terre molle, grife, fablonneufe: pour lors les racines y poufferont avec
tant de vigueur, qu'elles feront en état après cela de percer une terre
plus ferme; & afin que les vieilles Vignes puiffent continuer à bien
pouffer dans de pareils Fonds de terre graffe, il eft néceffaire de leur
faire de tems en tems un petit labour, afin que leurs racines puiffent
par ce moyen être humectées fuffifamment par l'eau de pluie & de neige, & être échaufées par la chaleur du Soleil. On fe fert le plus convenablement pour ce labour d'une houlette à deux dents, chacune
longue environ d'un pied, & large par deffous environ d'un demi-pouce, & dont l'extrémité d'embas foit un peu plus pointue pour pénétrer
d'autant mieux: ces dents devant être de plus à deux pouces de diftance, & avoir par deffus une douille pour y introduire un manche: c'eft
là l'inftrument le plus convenable pour ne pas bleffer les racines.

Les Anciens avoient coutume de faire ce labour non feulement pour
faire mieux pouffer par ce moyen les racines, de même que la tige,
mais auffi pour défendre les Raifins, lors de leur maturité, de la trop
grande ardeur du Soleil. Par le moyen de ce troifième ou dernier labour (qui fe fait ordinairement lorfque les Raifins commencent à être
tranfparens, & par conféquent immédiatement avant qu'ils meuriffent)
on brifoit la terre, on la réduifoit en pouffière, dont ils fe cou-
vroient, afin que leur peau étant par-là moins coriace, ils puffent d'au-

Partie I.   Y   tant

tant mieux meurir. J'ai éprouvé chez nous la même chose à l'égard de la trop grande chaleur ; car quoique les Raisins , sur-tout les charnus, comme les Tocayes musqués, les Frontignac, les Catalogne, &c. soient des fruits de Climats plus chauds que n'est le nôtre, & que par cela même ils meurissent rarement parfaitement dans ce Païs, quoiqu'étant contre des murailles ou des Cloisons ils reçoivent plus de chaleur par la réverbération ; ces raisins pourtant ne demandent pas une chaleur ardente du Soleil, mais une chaleur durable, sur-tout vers le tems qu'ils meurissent. J'ai même vu que ces Raisins charnus, exposés contre des murailles à une grande chaleur, hâlent si fort par la chaleur dans des Etés brulans, que les feuilles & les grapes se dessèchent pour la plupart, ensorte qu'ils ne meurissent jamais : tandis que les Vignes, qui portent des Raisins pleins de jus & d'eau, ne souffrent pas, ou que fort peu, dans le même aspect du Midi, donnant des fruits parfaitement mûrs. Il paroit delà que l'aspect du Midi est moins nuisible aux Raisins pleins de jus, desorte qu'il faut planter ceux-ci contre des cloisons qui y sont exposées, tout ce qui est au-delà du Midi du côté de l'Ouest étant nuisible : d'un côté parce qu'il vient de mauvais vents de ces quartiers ; de l'autre parce que la chaleur du Soleil n'y est pas si grande, & que dans des Printems froids & où il gele, le froid succède subitement à la chaleur.

La meilleure exposition pour tous les fruits d'Autonne, qui est nécessaire à tous les Raisins musqués dont je viens de parler, comme ayant besoin pour meurir d'une chaleur durable, est que sur la muraille ou sur la Cloison peinte en brun, le Soleil fasse à dix heures un angle droit, étant un peu plus vers l'Est, que vers le Sud-sud-est. Le Soleil est moins brulant contre de pareilles Cloisons, & dure tout aussi longtems vers le tems de la maturité, que le Soleil du Midi, outre que ces Cloisons reçoivent au Printems les rayons du Soleil de meilleure heure, ce qui n'empêche pas seulement ce prémier froid si sensible, mais rend aussi la chaleur du jour plus longue ; sans compter qu'elles sont aussi moins exposées aux vents nuisibles.

Les Anciens, comme il a été dit, faisoient trois labours à leurs terres : la prémière au Mois de Mars, quand la Vigne monte en sève : la seconde au mois de Juin, quand elle fleurit : & la troisième au mois d'Aout, quand les Raisins commencent à meurir ; mais comme nos terres légères sont naturellement fort menuisées, & sujettes pendant la sécheresse à se convertir en poussière, ce labour est superflu dans ce Païs:

au-lieu

au-lieu de nos murailles & de nos Cloifons, ils fe fervoient pour conduire & attacher leurs Vignes, du petit Erable, du Frêne fauvage & de l'Ormeau. Les Romains donnoient aux Vignes plantées de cette manière, le nom d'*Arbufta*. Les arbres en queftion, de même que les Frênes & les Ormes, font auffi ceux dont les racines nuifent le moins aux Vignes.

CHAPITRE II.

De la Taille de la Vigne en général.

IL n'y a point d'arbres qui aient plus befoin de la taille que les Vignes, fur-tout de celle d'Eté; mais comme les farmens de Vigne les plus gros, crus avec vigueur, & qui ont les plus courtes jointures, produifent les plus groffes grapes, & en plus grande quantité, de même que les plus excellens Raifins, il ne faut pas leur faire la taille d'Eté, avant qu'ils aient pouffé de pareils farmens bien vigoureux; c'eft pour cela qu'on laiffera fans taille, la prémière année, toutes les jeunes Vignes plantées, ou bien qui ayant pris de Bouture, n'ont pas pouffé vigoureufement, & on aura foin, comme il a été dit, d'attacher les jets: à moins qu'il n'arrivât qu'une jeune Vigne plantée ne fît des branches gourmandes, qui font fauvages, plattes, & qui ont de longues jointures: pour lors on coupera ces branches, quand elles feront de deux pieds ou plus au deffus de l'œil, & dans ce cas feulement on leur fera la taille d'Eté, afin de rendre franche par ce moyen, cette plante groffière & fauvage: on coupera auffi chaque fois les petites branches à côté des yeux, afin que les farmens puiffent pouffer avec plus de vigueur. Quand donc cette jeune Vigne pouffe comme il faut, & que ces branches font ligneufes, on la coupe rez terre, comme il a été dit dans le *Chapitre I.* afin qu'elle faffe dans la fuite, avec d'autant plus de vigueur, des branches groffes & épaiffes.

Tout le monde n'approuvera pas à coup fûr, que je prefcrive la taille au Mois de Novembre, & ainfi avant l'hiver, puifqu'on croit qu'il fuffit de faire la taille d'hiver au Mois de Février: mais j'ai appris par expérience, que la gelée ne nuit pas davantage à des Vignes taillées, qu'à celles qui ne le font point, fur-tout quand l'entaille eft fermée, & que la

gelée

gelée ne fuit pas de fort près la taille, ce qui arrive rarement quand on la fait de fi bonne heure, parce que les Vignes ont alors plus de tems pour fe fermer à l'endroit de l'entaille : par ce moyen la fève de la poufle fuivante fe diffipe, & s'écoule beaucoup moins ; deforte que j'ai trouvé cette taille d'Autonne meilleure que celle d'hiver, fur-tout aux Vignes qui font dans des Serres, & qui commencent leur poufle de bonne heure. Ce que je propofe n'eft pourtant pas fans exemple; car les Anciens faifoient cette taille après la Vendange, comme cela fe voit dans *Columelle*, *de Arboribus Cap. X*, & dans *Palladius Lib. II. tit. 4.* Il eft bien vrai que leurs Climats étoient moins fujets à la gelée ; mais cela ne fait rien à ce qui vient d'être dit ; & quoique je pourrois confirmer ma méthode par les Auteurs qui viennent d'être cités, comme auffi par *Théophrafte*, *de caufis Plantarum Lib. III. Cap. 20*, qui prefcrit la même taille dans des Païs plus froids, où il gele, immédiatement avant que la Vigne bourgeonne ; je ne le fais cependant que fur l'expérience que j'en ai faite moi-même dans nôtre Climat fi froid.

CHAPITRE III.

De la Taille de la Vigne, qui fe fait à l'entrée de l'Hiver, ou à la fin de l'Autonne.

LE tems le plus convenable pour cette taille eft, comme je l'ai dit, en Autonne, d'abord que les branches font ligneufes, quand même les extrémités n'en feroient pas encore tout-à-fait fans feuilles, comme cela arrive quelquefois encore au commencement de Novembre ; car alors l'entaille a du tems de refte pour fe fermer avant la gelée, & les Vignes ne foufriront pas davantage de la gelée quand elle furvient, que fi elles n'avoient pas été taillées.

Il y a des gens qui mettent une différence pour le tems de la taille des Vignes qui poufent avec trop de vigueur, voulant qu'on faffe la taille à celles-ci au Printems, quand elles commencent à monter en fève ; afin que par la diftillation des fucs, elles faffent moins de progrès dans leur poufle, & produifent une plus grande quantité de boutons à fruit. Cela eft cependant tout-à-fait fuperflu, quant à celles à qui on a fait comme il faut la taille d'Eté, lefquelles produiront fuffifamment en

diftidiſſipant moins de leurs forces ; deſorte que les Curieux expérimentés ne doivent jamais négliger cette taille d'Autonne.

Au reſte on ne ſauroit déterminer la taille des branches à une certaine longueur ou à un certain nombre de boutons , ni donner des règles ſûres pour ſavoir, quels ſarmens il faut laiſſer plus ou moins longs: étant une marque d'ignorance chez ceux qui le prétendent autrement , parce que cela dépend uniquement de la pouſſe vigoureuſe de la Vigne , comme auſſi des ſarmens qui en ſont provenus : ce qui fait qu'on laiſſe ſouvent l'extrémité d'en haut plus longue, & qu'au contraire on la retranche quelquefois entierement , ſe contentant de conſerver la branche ſuivante. Il ne faut au reſte jamais oublier de conſerver avec ſoin le bois le plus groſſier, rond, bien mûr & à petites jointures, pour les plus longs ſarmens, & celui qui le ſuit pour la taille en courſon, étant en général très néceſſaire d'attacher les ſarmens à une bonne diſtance les uns des autres, & de tailler les courſons fort court. Dans cette ſuppoſition , on coupe tout-à-fait , à la fin de l'Autonne , toutes les vieilles branches ſurnuméraires: on retranche même auſſi les jeunes ſarmens ſuperflus , quoique féconds : ou bien on les racourcit comme des courſons à un ou à deux boutons , & les courſons de manière qu'il ne leur reſte qu'un ou deux yeux , & cela pour que la Vigne continue à pouſſer avec vigueur : on retranche encore tous les ſarmens greles & minces; à moins qu'on ne juge à propos d'en laiſſer quelques-uns à une vieille branche pour y arrêter la ſève : pour lors on les taille à deux ou à trois yeux ; & comme ces branches minces & greles ne produiſent que de très petites grapes de Raiſin , il ne faut pas en faire plus de courſons qu'il n'eſt néceſſaire , & il faut outre cela l'année ſuivante les couper entierement, de même que les rejettons qu'ils ont pouſſés.

Cette taille à courſon, faite avec la taille ſur un bouton à fleur, comme auſſi de manière que le petit moignon d'en-haut ne ſoit coupé ni trop long ni trop court, comme je le montrerai dans la ſuite, eſt auſſi bien que la taille d'Été le moyen d'avoir peu ou beaucoup de Raiſins: c'eſt-pourquoi celui qui taille ne doit pas ſeulement mettre de la différence entre des boutons à fleur & des yeux , mais même auſſi entre des boutons plus ou moins gonflés. En général les boutons ſont plus gros & preſque une fois plus gonflés que les yeux : les yeux ſont au contraire plus minces & plus pointus. Il y a encore de la différence parmi les boutons , car les uns ſont plus gros & mieux nourris que les autres, & cela non ſeulement à proportion de la vigueur du bois auquel ils ſont

Y 3

venus, mais aussi selon que pendant l'Eté ils ont eu un petit bourgeon dans leur voisinage ou non. Les boutons avec ces bourgeons qu'on a racourcis par la taille d'Eté, sont moins gros, moins vigoureux en poussant, que les autres boutons bien gros & bien nourris; c'est pour cela qu'on fera à ceux-là la taille jusqu'aux boutons les plus hauts, pour conduire d'autant mieux vers le bas la trop grande sève, & faire que les autres boutons suivans produisent plus sûrement de bons fruits bien nourris. Comme la sève, en montant, cause vers le haut la plus vigoureuse pousse, & que les boutons les plus élevés & les plus gros attirent à soi la nourriture des autres, il arrive delà que ces boutons d'en haut poussent fort vigoureusement, les suivans avec moins de vigueur, & produisent aussi de très petites grapes: il arrive au contraire, quand on taille sur des boutons d'en-haut moins vigoureux, que la prémière sève les fait gonfler & grossir, tandis que les boutons suivans continuent de croître, quoique les boutons d'en-haut semblent ne pas pousser, à en juger extérieurement.

On aura de plus grand soin de tailler toujours sur un bouton, & non sur un œil à feuille; car si cela se fait sur un œil (sur-tout à de vigoureux sarmens, qui par le moyen de la taille d'Eté ont poussé abondamment des boutons), il arrivera que plusieurs boutons ne produiront que des jets garnis de feuilles sans fruits: outre cela le petit moignon audessus du bouton ne doit pas être ni trop long ni trop court; car s'il est trop long, il arrivera pareillement que plusieurs boutons à fruit se changeront en feuilles, parce qu'il se rassemble trop de sucs dans ce moignon trop long: s'il est trop court, & que l'entaille soit trop près du bouton, on court risque que le bouton ne se dessèche; auquel cas le bois au dessous du bouton desséché deviendra un long moignon dans lequel se rassembleront les sucs les plus solides, qui pour lors contraignent pareillement les boutons suivans à se changer en boutons à feuilles; desorte que la taille doit être faite au-dessus d'un bouton, de manière que le petit moignon conserve par le moyen d'une entaille un peu oblongue, la largeur d'une paille au dessus du bouton, quand la sève est suffisamment arrêtée en montant, pour produire des fruits d'autant plus sûrement: outre que la sève, par le moyen d'une pareille taille, descend mieux jusqu'aux plus basses branches; ce qui fait que la Vigne reste toujours garnie par dessous de jets bien vigoureux: au-lieu que la taille étant faite sur un œil, les boutons ne se changent pas seulement en boutons à feuille, mais attirent aussi à soi les sucs des branches qui sont plus bas,

ce

ce qui fait que la Vigne fe dégarnit entierement de branches par deffous. Il faut bien prendre garde encore que l'entaille fe faffe de l'autre
côté du bouton, afin que la Vigne, quand elle pleure, ne diftille point
fon fuc fur ce bouton, mais du côté oppofé.

Quand on taille la Vigne on retranche la plus haute branche, & on
conferve ordinairement la fuivante; ce qui fe fait pour deux raifons: la
prémière, parce que le fecond farment a fouvent le meilleur & le plus
fécond bois: & la feconde, parce que la Vigne ainfi taillée, s'abâtardit
moins.

Lorsqu'on attache les farmens qui croiffent avec vigueur, qui font du
bois trop fort, & qui font parvenus à une grandeur requife, de manière qu'on ne fauroit leur donner plus d'étendue, on doit avoir foin de
les tordre, comme je l'ai dit dans le *I Chap. de ce Livre*, à l'égard des
boutures, afin que la fève trop abondante foit arrêtée dans fa circulation ordinaire, & que fans plier ces farmens, comme on a coutume de le
faire, ils pouffent plus régulierement, en les attachant toujours proprement felon leurs plis. Il faut auffi bien prendre garde que les farmens,
à force d'avoir bien ferré les liens, ne foient ni comprimés, ni froiffés,
encore moins bleffés, car cela arrêteroit les jets dans leur pouffe, de
même que les grapes.

On peut rajeunir de vieilles Vignes en les coupant fort près de terre,
afin de les engager par-là à pouffer de nouveau de vigoureufes branches: mais il faut bien prendre garde en pratiquant cela, que cela fe
faffe au deffus d'une élévation de nœuds, ou telle inégalité qui fait préfumer qu'à cet endroit elle pourra bourgeonner; car autrement elles
tardent fouvent fi longtems à repouffer, que les fucs trop abondans les
étouffent; & afin que le bois ne foit pas pour cela trop gros & d'une
trop dure écorce, ce qui rendroit le bourgeonnement fort difficile, on
fait cette taille près de terre tous les neuf ou dix ans, & quelquefois
plutôt encore: il me paroit fort vraifemblable que les Ifraélites le faifoient tous les fept ans.

C H A-

CHAPITRE IV.

De la taille d'Eté des Vignes.

DE tous les Arbres portant fruit il n'y en a point qui aient plus befoin de la taille d'Eté que la Vigne , par le moyen de laquelle elle fait du bois plus fort , & devient auffi plus belle & plus féconde : il n'eft pas cependant poffible de déterminer le tems auquel cette taille doit commencer & finir , parce que cela ne dépend pas feulement de la faifon pendant laquelle elle pouffe plus ou moins longtems , mais auffi du plus ou du moins de branches vigoureufes qu'a la Vigne. On taille donc plus tard les Vignes qui pouffent avec vigueur , afin que les nouveaux yeux furvenus puiffent fe gonfler comme il faut , lesquels deviennent autrement, à caufe des fucs qui montent en abondance, des farmens fort minces. Il faut auffi pour la même raifon laiffer alonger davantage les farmens des Vignes vigoureufes, c'eft-à-dire, leur laiffer plus d'yeux, qu'aux farmens moins vigoureux , avant que de les racourcir , parce que les yeux des Vignes vigoureufes, fe difpofant plutôt à devenir des boutons, quand ils font taillés courts , fe convertiroient fouvent dans la même année en feuilles, ou bien que leurs grapes fe convertiroient l'année fuivante en fauffes grapes , & cela par trop de vigueur ; ce que tâchant d'empêcher, il arrivera que les nouveaux yeux poufferont plufieurs jeunes farmens.

Il faut tailler fort court toutes les branches greles , minces, auffi bien que celles dont les Vignes ne pouffent pas avec affez de vigueur , afin que leurs yeux deviennent en fe gonflant des boutons , qui produifent de bonnes grapes , ce qu'on auroit tort d'attendre quand on fait la taille moins grande.

En général les Vignes de Raifins musqués , & fur-tout ceux que nous connoiffons fous le nom de *Franken-daelders* charnus , deviennent de plus gros arbres , que celles des Raifins d'une eau fucrée & autres moins charnus, quoique plus remplis de jus : c'eft pour cela qu'avant de racourcir les mufqués & les charnus , il leur faut laiffer deux ou trois yeux de plus.

Quoique les plus vigoureux farmens foient les meilleurs , il faut pourtant

tant bien prendre garde s'ils sont provenus d'un bois à petites jointures; car on conservera toujours ceux-ci comme les meilleurs & les plus fé-conds. D'un autre côté on retranchera dans leur prémière pousse ceux qui sortent près ou hors de terre (comme cela arrive souvent à de jeunes Vignes qui poussent vigoureusement), étant pour l'ordinaire sauvages, gourmandes, & stériles. Il faut encore observer si les Vignes ont leur étendue requise ; car de celles qui ne l'ont pas, on racourcit souvent le sarment d'en-haut, & on laisse croître, sans le racourcir, l'œil suivant, jusqu'à ce qu'il soit allongé d'un, de deux, ou de trois yeux de plus, après quoi seulement on le racourcit ; ce second sarment étant pour l'ordinaire le plus rond, le plus épais, à plus petites jointures, & le plus fécond bois pour l'année suivante : c'est dans cette vue qu'on le conserve, retranchant tout-à-fait, comme je l'ai dit, par la taille d'hi-ver, le sarment d'en-haut.

La taille d'Eté commence plutôt & finit plus tard, à proportion de la chaleur & de la fécondité des saisons : on la commence souvent dans des saisons précoces avant la mi-Mai, & elle dure souvent, quand dans l'Autonne la chaleur continue, jusques en Septembre, dans lequel intervalle il y a toujours à faire ; & quoiqu'il y ait ici de l'intervalle, je ne laisse pas que de distinguer cette taille d'Eté en prémière, seconde & troisième.

Il ne faut pas commencer trop tôt la prémière taille d'Eté, afin que les yeux ne se gonflent pas trop vite, parce qu'il en arrive qu'au-lieu de devenir des boutons, ils croissent en pointe & deviennent des jets : il ne faut pas non plus la commencer trop tard, afin que le bois ait le tems de meurir comme il faut, & que les yeux se gonflent jusqu'à deve-nir de gros boutons : le tems convenable est ordinairement vers la fin de Mai.

Les Anciens commençoient cette prémière taille d'Eté environ huit ou dix jours avant que les prémières petites grapes commençassent à fleu-rir ; ce que je préfère pour nos Vignes qui sont dans des Serres, dont la chaleur est au même degré que chez eux ; mais cela doit être fait plutôt à nos Vignes qui se trouvent en plein air, souvent même trois semaines avant qu'elles ne fleurissent.

Cette taille faite comme il faut, donne lieu à l'agrandissement de la Vigne, & en fait l'ornement, puisqu'on ne retranche pas seulement a-lors tout-à-fait quelques sarmens superflus, & qu'on en taille quelques-uns à un ou deux yeux pour des coursons (à l'égard de cette taille à

Partie I. Z cour-

courſon , il faut prendre garde à l'état de la Vigne & à la vigueur des ſarmens , qui doivent être racourcis) , mais qu'alors on coupe pareillement les grapes ſuperflues (ſavoir quand chaque bouton produit plus d'une grape , ce à quoi on doit s'attendre infailliblement , quand les Vignes ſont bien cultivées) , afin que les autres puiſſent meurir mieux & plutôt , être plus grandes & d'un meilleur goût , ſur-tout les Vignes muſquées , auxquelles il faut laiſſer moins de grapes qu'à celles d'une eau ſucrée , parce que les muſquées ſurchargées ne meuriſſent jamais , mais celles d'une eau ſucrée quelquefois. De plus on coupe pour lors , & toujours dans la ſuite , les vrilles , car elles abſorbent conſidérablement la nourriture des Vignes , & par ce retranchement continuel , il arrivera que les yeux , qui ſont à l'oppoſite des vrilles , ſe gonfleront avec plus de force , & deviendront des boutons à fleur. Il faut que le pied & les vieilles branches d'une bonne Vigne bien cultivée ſoient garnis par embas de ſarmens & de feuilles : non pas cependant de manière que ces tendres petits rejettons ſoient ſi près les uns des autres qu'ils cauſent de la confuſion; c'eſt pour cela qu'on aura ſoin de les ranger à une juſte diſtance par la prémière taille d'Eté , afin qu'on puiſſe les conſerver dans une agréable propreté à meſure qu'ils pouſſent : on ne ſoufrira pas non plus trop près les uns des autres les ſarmens des côtés qu'on taille à courſon : ceux-ci ayant pour l'ordinaire pluſieurs jets , doivent , après avoir été réduits à un ſeul jet , & racourcis à un œil , être placés à un pied de diſtance pour le plus près; parmi leſquels petits courſons venus au devant d'une Vigne moins grande , dont tous les ſarmens ont été pareillement coupés , ou bien autour de leurs petits ſurgeons tardifs , il ne doit ſe trouver qu'un ſurgeon tout au plus , lequel on racourcit ſelon qu'il eſt à feuille , à deux ou à trois yeux. La raiſon pour laquelle on taille ſi court les gros courſons , venus par les côtés , eſt d'une part pour éviter la confuſion des branches ſuperflues , & de l'autre pour en attendre de bons ſarmens propres à être attachés : au lieu que lorſqu'on ne les retranche pas , & qu'on laiſſe quelques jets , en guiſe de boſquet enſemble , il y ſurvient , au tems de leur bourgeonnement , une cavité ſemblable à un tuyau , qui eſt très nuiſible aux Vignes : cela cauſe auſſi une grande confuſion , fait du bois mince , grele , & moins bon , que quand on taille les courſons à une plus grande longueur.

Le racourciſſement des autres branches ſe fait plus haut ou plus bas , ſelon la vigueur de la Vigne; ce racourciſſement à des ſarmens bien venus de Vignes bien traitées, se fait ordinairement au-dessus de la seconde feuille, ce qui vient au dessus de la dernière ou de la seconde grape d'en haut (dans la supposition que ce sarment produit du moins deux grapes): pour lors l'œil qui est au-dessus de cette feuille devient ordinairement un bouton à fleur, lequel on conserve pour le dernier en faisant la taille d'hiver. Cependant les sarmens bien vigoureux de Raisins charnus & musqués ont le bois moins creux & de plus larges pores; c'est-pourquoi il faut, suivant leur état, leur faire la taille, un, deux, & mêmes trois yeux plus haut; mais si c'est un sarment qui n'est pas fort vigoureux, quand même il porteroit deux grapes, il faut la faire plus bas, souvent auprès ou au-dessous de la grape. On ne laissera point au reste aux Vignes de pareilles branches languissantes, à moins que cela ne soit nécessaire pour leur agrandissement; mais on les retranchera tout-à-fait par la taille d'hiver.

Il faut aussi avoir soin, quand on fait la prémière taille d'Eté, de remplir la place de quelque vieille branche qu'on a dessein de retrancher l'année suivante, & de conserver pour cela une branche surnuméraire à la Vigne, laquelle il faut laisser devenir plus longue en toute liberté, sans la racourcir, en l'attachant à mesure qu'elle s'allonge: alors elle deviendra bien plus vigoureuse, au-lieu que si on la racourcit, elle s'affoiblira, & poussera plusieurs petites branches par les côtés.

De plus il ne faut ôter aux Vignes que les feuilles qui tombent en faisant cette taille d'Eté si nécessaire; car elles servent beaucoup à la nourriture & à la pousse des branches & des tendres sarmens, comme aussi à intercepter la brulante ardeur du Soleil, qui nuit extrêmement tant aux branches qu'aux Raisins, les pores du bois devenant par ce moyen moins larges, ce qui empêche la sève de monter comme il faut, & rend la peau des Raisins épaisse & coriace, fait qu'ils ne meurissent pas, parce qu'ils ne transpirent pas quand ils fermentent au travers d'une peau si durcie, ce à quoi les Raisins musqués sont principalement sujets: il ne faut pas pourtant que les grapes soient à l'ombre, de manière qu'elles soient entierement privées des rayons du Soleil; car cela empêche pareillement les Raisins de meurir, parce que la sève ne sauroient dans ce cas fermenter comme il faut; les Raisins même, quand il arrive qu'ils meurissent, en sont aussi moins agréables, outre que le bois qui est trop à l'ombre ne meurira pas non plus parfaitement: il faut par conséquent intercepter d'une manière convenable les rayons du Soleil trop ardens, & laisser jouir le fruit, de même que le bois, d'une chaleur tempérée.

Z 2

Quant

Quant à la manière d'attacher les branches racourcies, fur-tout quand elles font groffes & pleines de fuc , il faut bien prendre garde , en les pliant, de ne pas les froiffer ou de les rompre, & que cela fe faffe felon leur cours, uniment, fans froiffure, & fans que le lien les bleffe ; c'eft pour cela qu'on ne les attachera jamais que dans un tems chaud quand le Soleil luit , les gros farmens pleins de fuc étant alors plus fléxibles; au-lieu qu'ils fe rompent facilement , quand on le fait fans que le Soleil paroiffe , le matin de bonne heure , ou bien pendant un tems froid & pluvieux : on fe fervira pour ces liens de jonc rond dont on fait les chaifes, qu'on laiffe un peu tremper dans l'eau avant que de s'en fervir, après quoi il eft d'un très bon ufage pour cela.

La feconde taille d'Eté commence ordinairement après que les Vignes ont fleuri , ou d'abord après la St. Jean : tems auquel le tendre farment, après avoir été racourci , a pouffé de nouveau trois ou quatre yeux , dont font forties quelques autres petites jeunes branches : alors on racourcit ce farment d'en-haut, de même que ces jeunes petites branches , jufqu'au deffus de leur dernière feuille , où l'on peut voir un œil. Il faut, quant à cette feconde taille d'Eté, avoir grand foin de laiffer de très petits moignons, pourvu cependant qu'on ne bleffe pas les yeux ; quoiqu'il y auroit plus de mal encore à laiffer les moignons trop longs qu'à bleffer un peu légerement les yeux , parce que les yeux qui font aux environs des moignons trop longs & trop éminens, fe formeroient en pointe , & deviendroient des branches dans la fuite : au-lieu qu'étant coupés fort court & même un peu bleffés , ils deviennent fouvent de doubles boutons ; mais , comme je l'ai dit , il vaut mieux que les yeux ne foient pas bleffés , & que la taille fe faffe tout joignant , alors ils fe gonflent & deviennent de gros boutons à fleurs. Mais comme toutes les branches ne pouffent pas avec la même vigueur , enforte qu'on puiffe dans le même tems les racourcir ou les tailler également, il peut arriver qu'on eft obligé de faire dans le même tems, la prémière, la feconde, & la troifième taille d'Eté.

On peut comprendre fous cette feconde taille d'Eté, l'épluchement des grapes qui font en trop grand nombre , ou bien qui font venues de fleurs tardives ; comme auffi l'épluchement des grains qu'on pince de chaque grape , ce qui eft très néceffaire aux Mufcats blancs & paillets à courte queue & fort ferrés. Cela fe fait par le moyen de petits cifeaux pointus & bien affilés, auffitôt que les Raifins ont fleuri, & qu'ils font de la groffeur d'une tête d'épingle : alors les petites queues des

grains

grains font tendres & fibreufes , ce qui fait que les entailles fe ferment bientôt fans aucun inconvénient. Il faut , pour bien faire , en retrancher au Mufcat blanc , comme ayant les plus courtes queues de tous , & étant fort ferrés , pour le moins deux tiers , qu'oiqu'il vaudroit mieux encore , trois quarts , afin que les autres plus fimples puiffent devenir auffi plus gros & meurir mieux.

Les Mufcats paillets , les Frontignac , ont pareillement de courtes queues & font fort ferrés , mais moins que les blancs ; deforte qu'on fe contentera d'en retrancher les deux tiers. On fera la même chofe aux autres mufqués noirs , comme auffi à ceux qu'on nomme Catalans , & qui font d'un brun noirâtre foncé. Ceux que nous nommons *Franken-daelders* ont de plus longues queues , mais ils font fort ferrés , parce qu'ils fe gonflent extrêmement, faifant ordinairement de groffes grapes , dont les Raifins meuriffent difficilement , & pour cela on en retranchera du moins les deux tiers.

On fait la troifième taille d'Eté à des farmens , dont les yeux , auxquels on avoit efpéré de voir des boutons à fleur , fe font convertis, contre toute attente , en jets ; on leur fera la taille de la même manière qu'il a été dit de la feconde taille d'Eté.

CHAPITRE V.

Remarques concernant quelques propriétés de la Vigne , & quelques effets remarquables.

IL en eft précifément des Vignes comme de tous les autres arbres fruitiers , favoir qu'elles ne veulent pas être dans un endroit trop expofé à l'ardeur du Soleil , fur-tout les Raifins mufqués & autres charnus , qui peuvent moins fuporter une chaleur ardente , que ceux qui ont une eau fucrée. Les Raifins qui viennent à des échalas font généralement meilleurs au goût, quand ils font bien mûrs, que ceux qui font venus à des efpaliers.

On ne fauroit faire bien meurir les Raifins dans des Serres vitrées, ni fous de la gaze , pour les défendre par ce moyen des Guêpes : c'eft pour cela que , lorfqu'on veut les conferver dans de petits facs de gaze ou de papier contre les infectes , il faut attendre qu'ils foient à peu près

mûrs,

mûrs, encore feront-ils moins bons que ceux qui viennent à découvert, quoiqu'à la vûe le coloris en foit bien plus beau.

Cette forte de vapeur nommée *Fleur*, qui eft fur les Raifins mûrs, eft une évaporation, que l'intérieur du Raifin exhale extérieurement, & qui refte condenfe fur la peau extérieure. Ce qui le prouve inconteftablement, c'eft que tous les Raifins qui ont été dans de petits facs de papier, font plus chargés de cette Fleur, & font beaucoup plus agréables à l'œil que les autres, qui font expofés à l'air & à la rofée, parce que la peau extérieure de ces derniers devient dure & coriace par la trop grande ardeur du Soleil; ils ne paroiffent non plus jamais fi colorés, parce que les parties fubtiles dont cette Fleur eft compofée, ne peuvent pas pénétrer au travers de la peau.

Les Vignes qui produifent des Raifins mufqués & fort charnus, ont befoin de plus de place, pour que leurs branches produifent des fruits auffi abondans qu'agréables au goût, que celles dont les Raifins ont l'eau fucrée & qui font moins charnus, deforte qu'on peut cultiver ces derniers contre des cloifons baffes, mais non pas les autres avec le même fuccès.

La trop grande abondance de fruits ne rend pas feulement les Raifins plus petits, mais les empêche auffi de meurir, & même à un tel point que, dans des Etés où il fait une chaleur à fouhait, on fera à peine meurir ceux d'une eau fucrée à des Vignes furchargées, & jamais les mufqués & les charnus.

Les Raifins les plus agréables au goût font ceux, qui à de jeunes Vignes vigoureufes meuriffent le plus loin du pied : & au contraire les plus agréables au goût à de vieilles Vignes, font ceux qui meuriffent le plus près du pied, & non pas à des branches fi étendues, parce qu'ils n'ont pas eu fouvent affez de nourriture : du refte ces Raifins venus à de vieilles Vignes font ordinairement moins bons.

Les jeunes Vignes qui, par le moyen d'une bonne culture, ont fait du bois bien vigoureux, produifent plus de fruits, même de plus beaux fruits & meilleurs au goût, que les vieilles; mais ils ne meuriffent pas de fi bonne heure; une feule & même efpèce différant quelquefois à cet égard de quinze jours, les Raifins d'une jeune Vigne meuriffant plus tard que ceux d'une vieille.

Un Printems avancé, auquel vers la mi-Mai le froid fuccède, accompagné de pluie & de vent, fait fouvent que les fleurs manquent : les Etés trop fecs font pour le moins auffi nuifibles que les Etés froids &
plu-

pluvieux; & cela non feulement parce que la peau des Raifins devient trop dure & coriace, fans que les grains puiffent tranfpirer, mais encore parce que cela ferme trop le bois, ce qui empêche qu'il ne monte affez de fève par fes pores pour nourrir & pour meurir les fruits: d'où il arrive fouvent que les feuilles & les queues des grapes fe flêtriffent, ce que j'ai vu fur-tout aux Mufcats, & même à un point que dans des Etés chauds, pendant lefquels il n'y eut que quelques jours extrêmement chauds, beaucoup de Vignes fe grillèrent: on ne peut alors faire meurir aucun Raifin en efpalier, mais bien en échalas, comme cela m'eft arrivé dans les années 1713, 1719, 1720, 1723, 1726, &c.

Quand les feuilles de Vigne ont par deffus une éminence comme une puftule de figure ronde & point unie, elles ont par deffous dans la cavité correfpondante, une matière d'un gris-blanc, fpongieufe, qui contient une humidité glutineufe: cela eft caufé aux farmens vigoureux par la gelée du Printems; les Mufcats & fur-tout les blancs y font extrêmement fujets.

Les Raifins en plein air commencent ordinairement à fleurir dix femaines après que les grapes fe font fait voir au Printems entre le jet ou la feuille: mais l'intervalle requis pour ceux qui viennent fous des vitres fans feu, eft de fept à huit femaines, & de quatre dans une Serre où l'on fait du feu au Printems.

Le tems de la maturité, après celui qu'ils ont fleuri en plein air, dépend en général de la chaleur des Saifons: ceux qui meuriffent fous des vitres ont ordinairement befoin pour cela de neuf ou dix femaines après avoir fleuri: ceux-ci pouvant tout comme ceux qu'on cultive en plein air, produire fucceffivement, quand on fe contente de les voir mûrs au mois d'Aout: ceux pour lefquels on a employé le feu au Printems, n'ont befoin que de huit ou neuf femaines, & quelquefois même quelques jours de moins.

En 1714 il fit au Printems extrêmement froid, même jufqu'au 25 de Juin: il y avoit même encore la nuit de ce jour-là de la glace dans les petits foffés: depuis le 25 de Juin il fit jufqu'au 8 d'Aout un tems d'Eté à fauhait avec féchereffe: depuis le 8 d'Aout jufqu'au 17 il plut: depuis le 17 d'Aout jufqu'au 11 de Septembre le Soleil parut: depuis le 11 jufqu'au 24 de Septembre il fit une pluie continuelle: mais depuis le 24 de Septembre jufqu'au 10 de Novembre il fit une Autonne charmante. Je n'ai jamais eu des Raifins plus mûrs que cette année-là.

Par

Pareillement en 1715 il fit en Juillet & en Aout, un tems froid & pluvieux : en Septembre un tems d'Eté à souhait : en Octobre un tems chaud accompagné de pluie & de tempête : le Printems fut si favorable que la taille d'Eté commença le 6 de Mai à une Vigne fort vigoureuse de trois ans, plantée en plein air contre une muraille panchée en arrière au dos d'une Terrasse ; & la seconde taille d'Eté le 4 de Juin, continuant avec celle-là jusqu'à la fin d'Aout : mais comme quantité de boutons de cette Vigne, ainsi gênée ou étouffée quant à sa circulation, se changèrent en branches, je remarquai que j'avois fait trop tôt la première & la seconde taillée d'Eté : on lui fit pourtant en Novembre la taille d'hiver, dans le tems qu'elle avoit de nouveau une quantité suffisante de gros boutons à fleur. Cette Vigne fut mise sous des vitres à la fin de Janvier 1716 : le Printems suivant fut froid & sec, quoique le Soleil parut beaucoup ; ce qui rendit le tems très favorable pour les Vignes mises dans des Serres, mais point pour celles qui restèrent en plein air : celles-là avoient quantité de grapes le 30 d'Avril : la taille d'Eté commença, lorsqu'elles étoient sur le point de fleurir, & celle des Vignes en plein air seulement le 28 de Mai. Il est remarquable que je coupai à ces Vignes, mises dans des Serres, quoique ces Vignes n'eussent que quatre pieds de haut, la Serre en ayant trente-huit en longueur, (la figure de cette Serre se trouve dans *la seconde Partie au I Liv. Chap. I.*) plus de deux cent grapes, & que j'y en laissai pour le moins encore autant pour meurir.

En 1717 le Printems fut fort venteux, froid, rude, plus favorable pourtant aux Vignes, tant à celles qui étoient en plein air qu'à celles qui se trouvoient dans les Serres, de cinq jours qu'en 1716 ; desorte que la taille d'Eté commença à se faire aux Vignes qui étoient dans les Serres, le 24 d'Avril, & aux autres le 25 de Mai.

Le Printems de l'année 1718 fut si favorable, que les personnes les plus âgées ne se souvenoient pas d'en avoir jamais vu un pareil, ce qui avança les Vignes de quatre jours plus qu'en 1717. Je coupai le 9 d'Avril quelques extrémités de Vignes sous des vitres, auxquelles je ne fis pourtant la taille d'Eté que le 25 d'Avril, & à celles qui étoient en plein air le 20 de Mai.

En 1719 il fit aux mois d'Avril & de Mai généralement fort froid, & le tems fut très rude : je vis de petites grapes à des Vignes dans des Serres échaufées artificiellement le 4 de Février, auxquelles je fis la taille le 28 ; mais trop tôt, parce que toutes ces petites grapes manquè-

rent ;

rent ; cela peut cependant bien être venu aussi de ce qu'il fit très peu de Soleil avant la taille & beaucoup après , accompagné de vents du Nord contre lesquels ces Vignes furent mises à couvert: la taille des Vignes qui étoient dans des Serres, commença à se faire le 27 d'Avril, & à celles qui étoient en plein air le 25 de Mai. L'Eté du reste fut fort chaud & fort sec , ce qui fit griller presque toutes les feuilles des musqués, & empêcha qu'il ne meurît une seule grape des charnus.

Je semai en 1722 des pépins du Raisin blanc précoce nommé *vroege van der Laan* ; & je cueillis en 1725 aux Vignes venues de ces pépins des Raisins noirs & aussi des blancs.

Je mis en terre en 1724 une bouture du Raisin nommé *Frankendaelder* contre une Cloison exposée à l'Est, laquelle bouture sans que je l'eusse racourcie, monta la même année jusqu'à la hauteur de dix pieds, que je taillai dans le Printems de 1725 à six yeux , & qui porta six grapes; en 1726 j'en cueillis trente-six grapes, & en 1727 c'étoit une fort grande Vigne , qui avoit des branches vigoureuses chargées de plus de cent grapes.

Je mis avec le même succès en terre en 1726 & 1727 des boutures pour des Vignes en échalas contre une Cloison au Midi, où le Soleil desséchoit extrêmement: cela m'engagea à les arroser un peu deux fois la semaine avec de l'eau tirée de la plus grande profondeur du fossé : outre cela je mouillai encore chaque fois assez copieusement le feuillage avec de l'eau de pluie froide : l'une de celles-là produisit au mois de Septembre de la même année une petite grape: mais en 1728 quelques-unes d'un an & celles de deux ans en produisirent abondamment : j'eus aussi un pied de Raisins de Tokai extrêmement chargé.

En 1725 nous n'eumes pour ainsi dire point d'Hiver, il fit beaucoup de Soleil, & la Saison au mois de Mars & d'Avril fut la plus favorable qu'on eût jamais vue pour les plantes qui étoient dans des Serres: les Vignes qui étoient en plein air avoient aussi poussé d'une manière incroyable, & il est remarquable que la Vigne du Raisin nommé *Paerldruyf*, plantée contre une haute muraille, avoit le 22 de Mai en plein air des grapes qui commençoient à fleurir: malgré cela on n'eut pas de Raisins mûrs en plein air cette année, parce qu'il fit fort froid cet Eté-là, & qu'il plut beaucoup.

En 1727 il arriva par hazard qu'il parut sur une couche de Tubereuse une Vigne de semence, qui ayant été d'abord rechauffée sous des vitres de la même manière que les Tubereuses, & poussée par du fumier, crût

Partie I.   A a   tellement

tellement que par notre taille d'Eté ordinaire, elle auroit vraisemblable-ment produit l'année 1728 suivante des grapes, si on eût pu l'élever où elle étoit.

On trouvera le reste de la culture des Vignes renfermées dans des Serres, dans la seconde Partie, où l'on traite amplement de la manière de prématurer les fruits par le moyen du feu.

CHAPITRE VI.

Des différentes sortes de Raisins.

QUoique les Muscats bien mûrs soient regardés presque généralement comme les plus agréables au goût, & doivent par cela même être les prémiers en rang dans ce Traité: dans ce Climat cependant ceux qui ont l'eau sucrée, méritent la prémière place, parce qu'ils meurissent d'ordinaire tous les ans, au-lieu que les Muscats meurissent rarement chez nous, & même presque jamais. Je mets donc dans le prémier rang des Vignes:

Le Raisin précoce nommé *vroege van der Laan*, provenu de semen-ce, par les soins d'*Adrien van der Laan*, en son vivant Receveur du Rhynland. Je mets ce Raisin dans le prémier rang, parce qu'il manque rarement de fleurir, parce qu'il est un peu plus charnu, & qu'il a un jus un peu plus épais, ce qui fait qu'il dure davantage : mais sans ces deux qualités le Raisin nommé *Paerl-druyf* mériteroit la préférence. Les grains sont un peu longs, leur peau est épaisse, & ils ne meurissent pas de si bonne heure que les *Paerl-druyven*, & sont aussi moins agréables au goût, de l'avis des plus fins Connoisseurs. Cette Vigne, outre cela, ne sauroit ni s'élever ni s'étendre beaucoup, sans se dégarnir de feuilles à l'endroit des vieilles branches ; elle ne produit pas non plus autant que l'autre: pour la rendre plus fertile, il faut lui faire produire du bois bien vigoureux : c'est pour cela qu'on la coupe tous les neuf ou dix ans près de terre ; il faut l'exposer au Soleil du Midi, ou bien au Sud-Est; l'Ouest est extrêmement nuisible à la fécondité. Il me paroit cependant fort vrai-semblable que le Raisin nommé *Diamant* est un nom supposé, qui a été donné à un *vroege van der Laan* bien cultivé & bien venu.

Je mets dans le second rang la Vigne nommée *la Perle (de Paerl-druyf)*,

Aray), qui mériteroit pour ses nombreuses qualités le prémier, si les raisons que je viens d'alléguer ne décidoient en faveur de l'autre: ce Raisin est aussi rond qu'une boule, & quand il est bien mûr, il est le plus gros de tous les blancs que je connois, & des prémiers mûrs, ordinairement plus de huit jours avant le *vroege van der Laan*: son jus est plus fluide & plus agréable, & c'est pour cela qu'on ne peut pas le conserver si bien l'hiver.

Des Raisins qui ont l'eau sucrée je mets dans le troisième rang le Raisin nommé *Frankendaelder*, étant originaire de Franconie & fort connu chez nous sous ce nom. Cette Vigne venue de Bouture, comme cela a été dit dans le *V Chap. de ce Liv.* fait au bout de peu d'années une Vigne parfaite d'un bois extraordinairement vigoureux: elle est très féconde, portant des grapes & des grains d'une grosseur admirable. Il y a cinquante ans que j'en ai goûté deux espèces d'une même couleur & d'un même goût: mais aujourdhui on ne connoit plus l'espèce dont les grains sont longs, & l'on n'en trouve plus chez nous qu'à grains ronds. Ces Raisins ont une couleur d'un bleu foncé, & sont charnus, ce qui fait qu'ils meurissent difficilement: ils meurissent ordinairement en même tems que le Muscat de Catalogne, savoir un peu plus que trois semaines après le Raisin nommé *la Perle*; desorte qu'ils ne meurissent jamais comme il faut dans des Etés un peu froids. Il faut décharger de quelques grapes cette Vigne, qui en produit de fort grosses & de gros grains bien serrés, ce qui les empêche de meurir, & ne leur en laisser que très peu pour meurir: il faut aussi couper les grains pour qu'ils se gonflent davantage, de manière que de trois il n'en reste qu'un. J'ai mangé en 1726 d'une grape si bien épluchée, que les plus petits grains avoient trois pouces, mesure de Rhynland, de circuit; plusieurs trois pouces & demi, & quelques-uns en petit nombre trois pouces & trois quarts. Cette Vigne avoit environ trente ans, étoit exposée au Midi contre une Muraille, & avoit en hauteur plus de douze pieds, mesure de Rhynland.

Le Raisin de *Catalogne* est rond, passablement gros, d'un brun bleuâtre foncé, tirant un peu plus sur le musc, que le petit Muscat, qui meurit plutôt, & après celui-là l'un des prémiers parmi les musqués; mais il est moins agréable au goût que le Muscat blanc & le Frontignac.

Le *Muscat blanc* est rond, passablement gros, & a la queue fort courte, ce qui fait que les grains en sont fort serrés; ces grains sont fort charnus, & meurissent difficilement: quand ils sont bien mûrs ils

Aa 2

passent,

paſſent, au goût de pluſieurs, pour les plus agréables de tous les Raiſins.

Le *Frontignac* eſt un peu long, d'une couleur bigarée, rouge &
blanche, c'eſt pour cela qu'on l'appelle *Frontignac pâle* : il a auſſi ſes
Partiſans, qui préfèrent le goût de ce Raiſin à celui du Muſcat blanc :
il meurit auſſi fort difficilement, tant parce qu'il eſt fort charnu, que
parce que les grains en ſont extrêmement ſerrés. J'ai coupé à une
ſeule & même Vigne des grapes ſi différentes, que l'on croyoit qu'il y
en avoit de quatre diverſes eſpèces : les grains des grapes qui n'avoient
point été à l'ombre étoient d'un rouge obſcur un peu paſſé, & avoient la
peau dure & coriace par l'ardeur du Soleil : les grapes qui avoient été
médiocrement à l'ombre, & qui avoient reçu une chaleur convenable,
avoient auſſi la peau moins dure & moins coriace, les grains en étoient
auſſi plus ou moins longs & d'une couleur bigarée verdâtre, tirant
ſur le blanc mêlé de rouge. Les grapes qui avoient été entierement à
l'ombre, ſans avoir été échauffés par le Soleil, portoient des grains
qui avoient une peau plus mince, ſans aucune rougeur, d'une couleur
verdâtre tirant ſur le blanc : cette Vigne produiſit auſſi des grapes dont
les grains étoient fort ſerrés, & d'autres grapes dont les grains étoient
fort clairs-ſemés.

Le *Muſqué bleu* a de plus petits grains & de plus petites grapes : les
grains ſont un peu longs, d'une couleur bleue, mais pâle & ſalie, &
d'un goût un peu muſqué : il meurit de bonne heure, & en même tems
que ceux qui ont l'eau ſucrée : & mérite pour cela d'être planté.

Les Eſpèces ſuivantes ſont celles que je ne conſeille à perſonne de planter:

Le *Raiſin long de Lisbonne*, qui m'a été donné ſous le nom de *Raiſin
de Tokai*, a des grapes extrêmement grandes & des grains fort gros :
il eſt fort charnu & tire un peu ſur le muſc ; mais il ne meurit point
chez nous.

Le *Muſcat bleu* à gros & à petits grains : ceux à petits grains ſont
ronds, d'un bleu foncé, tirant auſſi davantage ſur le muſc que les autres :
Je leur ai donné le nom de *Marſemine di Vincenza*, qui paſſent dans
cet endroit pour les plus agréables au goût.

Le *Raiſin bleu perlé* eſt gros comme les plus gros grains des blancs, il
ne meurit pas également : il arrive très rarement que tous les grains de
la même grape meuriſſent, quelquefois même ils ne meuriſſent pas : ils
                                                                    man-

manquent encore plus souvent que les blancs en fleurissant, desorte que je n'ai jamais pu cueillir de cette espèce une grape bien conditionnée: les grains précoces meurissent dans le tems des blancs perlés, mais à peine sont-ils mûrs que les mouches les dévorent, s'y attachant en grande quantité.

Le *Raisin bleu* que nous nommons *Pottebakker*, a un goût sucré fort commun; il est un peu long, d'un bleu foncé, produit beaucoup, meurit de bonne heure & donne de fort grosses grapes.

Les *Raisins d'une eau sucrée*, nommés *Water-zoeten*, sont de plusieurs espèces différentes, très aisées à distinguer.

Le *Raisin* nommé *Pieter-seli-druyf* est de l'espèce de ces sucrés, mais moins agréable au goût; ses feuilles sont plus crénelées, ayant quelque raport à celles du Persil.

Le *Raisin blanc de Leipsic* est un peu long, mais plus petit & fait autrement que celui de *Tokai* : il est d'une couleur verdâtre tirant sur le blanc, plus charnu que les sucrés, mais hormi cela de même goût : il meurit dans le même tems que les sucrés.

Le *Raisin* qu'on nomme *de Vin de Rhin*, ou *Ritzeling*, est petit & blanc, a de petites grapes & fort serrées : il ne meurit pas dans ce Païs d'aussi bonne heure que les Raisins sucrés; du reste il est d'un fort mauvais goût tirant sur l'aigre.

L'*Avant-Raisin* vient de bonne heure, le prémier de tous, a de petits grains, & un mauvais goût.

Le *Raisin bigaré* est beau à peindre, à cause de la diversité des grains d'une même grape, étant d'un bleu parfait, blanc, & aussi de deux couleurs au même grain; mais il est d'un goût extrêmement mauvais.

LIVRE CINQUIEME.

CHAPITRE I.

Traité général des Arbres fauvages , qui réfiftent au froid qu'il fait chez nous pendant l'hiver. La manière de les planter , de les tailler, & de les tondre , pour en faire des Haies.

JE fais fuivre ici les arbres fauvages après les francs ou les fruitiers, quoique le prémier rang leur foit dû à jufte titre ; car fans le fervice qu'ils rendent en rompant les vents, il n'y a ni Verger, ni Potager, ni Jardin à fleurs, qui pourroient fubfifter. D'un autre côté on peut jouïr par le moyen des arbres fauvages bien cultivés, de toutes fortes d'agrémens tant pour le corps que pour l'efprit , & cela fans inquiétude ; au-lieu qu'on ne tire fouvent aucun avantage des fruits, ou qu'ils manquent même , lorfqu'on s'attendoit à une abondante cueillette. Il eft fort incertain en troifième lieu , fi planter pour faire du bois de charpente ou à bruler , n'eft pas plus profitable, que de planter des fruitiers , quand même ces Vergers feroient placés près des Villes bien peuplées , où l'on peut vendre les fruits plus cherement : on fe trompe fouvent à cet égard, parce qu'on en tranfporte ordinairement en abondance dans ces Villes ; outre qu'on deftine infiniment plus d'endroits à y planter des arbres fruitiers , & qu'on en trouve tres peu qui foient plantés d'arbres fauvages.

J'ai traité *dans les 4 prémiers Chapitres du fecond Livre*, des Arbres en général , & de la manière de les multiplier en particulier, comme auffi du tems qu'ils vivent , y ayant ajouté quelques remarques concernant la pouffe de ces arbres & la manière de les cultiver.

Il eft dit à la page 66 , qu'il y en a qui produifent de femence plufieurs efpèces batardes , & que pour cette raifon il faut multiplier d'une autre manière ceux qui font fujets à cet inconvénient ; de plus, qu'il y en a qui prennent plutôt ou mieux de Bouture, de Sauvageons de Souche, ou bien par des Provins couchés en terre ; & , dans le *Chap. IV.* on a fait voir de quelle manière cela doit être fait , & comment il faut fe conduire quand on plante ou lorfqu'on tranfplante.

J'ai

J'ai dit à la page 70, qu'il y a des arbres fauvages qui ne doivent pas du tout être taillés, & qu'en général il n'en faut retrancher que les branches gourmandes ; qu'il faut aussi avoir grand soin de les faire monter droit avec une seule tige, & qu'ils pouffent de cette tige de tous côtés, des branches étendues pour former la couronne : mais quand, par quelque accident, il arrive que l'on est obligé de couper de groffes branches, il faut que cela se faffe fans bleffer qu'auffi peu qu'il est possible le tronc d'où ces branches font forties : cette taille doit se faire uniment à l'endroit de leur origine ; on ne doit cependant le pratiquer que quand il s'agit d'arbres qui ne groffiffent pas beaucoup : car on ne coupera pas fi près du tronc les arbres vigoureux qui groffiffent fort, mais à un bon demi-pouce delà, afin qu'à mefure qu'ils groffiffent l'entaille se couvre mieux ; fans quoi il s'y forme une cavité, où il se raffemble fouvent de l'humidité. Pour prévenir encore mieux cet inconvénient, il faut couvrir fur le champ entierement & uniment l'entaille avec de la graiffe (cela ne doit s'entendre que des groffes branches coupées, car cela feroit inutile quand ce font de petites branches) : par ce moyen on n'empêche pas feulement l'air & l'eau extérieure de pénétrer, mais auffi que la fève en montant ne diftille par les ouvertures des cicatrices ; ce qui ne manque pas de produire, lorfqu'on le néglige, cette humidité dont on vient de parler.

J'ai dit en traitant dans le *Chap. III du Liv. II.* du tems que les arbres vivent, que ceux qui croiffent vîte, périffent vîte auffi : il n'y a pas même jufqu'au bois qu'on en a retranché, qui ne foit plus fujet à fe confumer que celui des arbres qui pouffent moins vîte : deforte que les Arbres d'une même groffeur, venus dans des terres fablonneufes, font du bois plus précieux & plus durable, que ceux qui font venus dans des terres marécageufes ou graffes. Tous les arbres auffi, chacun dans fon efpece, dont les parties font les plus ferrées, font plus forts & plus durables, que ceux dont les parties le font moins : cependant le bois qui est le plus précieux, après avoir été coupé, porte rarement le plus de profit à celui qui l'a planté, parce qu'il ne groffit que très peu chaque année. C'est pour cette raifon qu'on trouve plus de profit à planter des Ormes, parce qu'ils groffiffent plus que les Ypreaux, & encore plus que les fins Ypreaux, quoique le bois des Ypreaux, & fur-tout celui des derniers, foit d'une plus grande valeur. Il faut cependant dans tous ces cas, foit qu'on plante pour le profit, foit qu'on plante pour le plaifir, le gouverner felon la nature des Fonds, & felon qu'ils s'accordent

avec

avec les qualités des arbres quant à la faculté de les nourrir. Il faut de plus, quand il s'agit de planter des endroits expofés à des vents violens, choifir ceux qui peuvent leur réfifter le mieux : de cette manière on trouvera fouvent plus de profit & de plaifir à voir bien pouffer des arbres & à les vendre, quoiqu'ils valent fouvent moins que d'autres, quand on les vend.

Je décrirai préfentement les arbres fauvages fuivant leurs efpèces différentes, leurs qualités & leur ufage, avant & après qu'ils ont été coupés ; & comme le bois de Chêne, celui de Sapin rouge & blanc font d'un grand ufage dans ce Païs, je traite auffi des Chênes, des Pins & des Sapins, quoique nos Fonds bas ne foient nullement propres pour ces arbres, & que ni les Pins ni les Sapins ne doivent pas être taillés ni tranfplantés, fi l'on veut qu'ils deviennent de grands arbres.

Les Planes deviennent de grands arbres, mais ils ne font pas de fi belles couronnes que les Tilleuls : leurs feuilles font fort grandes, & ont les bords crénelés. C'eft pour cela qu'ils font peu propres à en faire des Haies tondues ; & comme ils font fort fujets à fe rompre par le vent, & que leur bois coupé n'eft d'aucune utilité ou de peu de valeur, je ne confeillerois à perfonne d'en planter.

Les arbriffeaux toujours verds & autres qui fleuriffent, fe mettent dans de beaux Plantages fauvages plus naturellement que dans des jardins à fleurs, parce qu'étant tondus proprement & uniment, ils ne produifent que peu ou point de fleurs.

Il y a de plus une grande différence à faire quant à la manière de travailler les Fonds des Maifons de Plaifance, & le choix des arbres qu'on y doit planter ; & quant à celle de travailler les Fonds qui font d'un entretien moins beau, & qu'on plante avec du bois de charpente ou à bruler. J'ai traité fort amplement des labours des Fonds des Maifons de Plaifance dans le *Chap. VIII du I. Livre.* On fème, on met en terre, & on plante dans ces derniers, des arbres qui conviennent le mieux pour brifer les vents, donner de l'ombrage, de l'ornement ou bien pour des Haies à tondre, fans fonger au profit qui pourra en revenir à celui qui les plante ou à fes defcendans, quand ils feront en état d'être coupés ; car c'eft là le feul but qu'on fe propofe quand on plante du bois dans le deffein de le faire fervir à la charpente ou au chaufage. On eft encore fouvent obligé de planter dans des Campagnes de Plaifanfe, de jeunes arbres pour les bien alligner, lefquels viendroient autrement mieux avec une racine droite fans être tranfplantés, étant pour

lors

lors non feulement plus fermes contre les vents , mais pouffant auffi a-
vec plus de vigueur.   Il faut au commencement faire monter près à près
les arbres deftinés à la charpente, afin qu'ils fe contraignent les uns les
autres à ne pouffer qu'une feule tige, ce qui épargne auffi la peine de les
tailler pour cette fin : & quand on prend foin d'ôter à tems ceux qui
incommodent les autres , il arrive que cette taille naturelle fait de plus
beaux arbres que quand on les taille réellement.   On n'ôte les mauvaifes herbes des fonds qui font plantés pour le profit qu'on en retire, qu'autant qu'elles font nuifibles à la pouffe des arbrres; on fait au contraire tout
ce que l'on peut pour que la fuperficie n'en foit pas poudreufe : c'eft ce
qui fait qu'on fème de la paille lorsque ce font des terrains d'une grande
étendue, chofe fur-tout fort néceffaire dans des terres fablonneufes &
fèches.

Pour planter avec ordre & comme il faut, on doit mettre dans l'allignement des arbres qui bourgeonnent en même tems & qui foient
d'un même verd: il faut auffi que celui qui plante, marque l'année
d'auparavant les arbres qui bourgeonnent en même tems, & qu'il les
marque pour la feconde fois quand ils font verds; car cela déplait fu-
rieufement quand dans des Jardins de plaifance, & fur-tout à des
Haies tondues, on voit du même coup d'œil, des arbres plantés, qui ne
pouffent pas également, qui ne font pas du même verd, qui bourgeonnent en différens tems, & qui perdent de même leurs feuilles: cette diverfité, quant au bourgeonnement, fe voit dans toutes les efpèces d'arbres qu'on multiplie de femence ; tout comme il vient diverfes plantes
& divers fruits , de la femence des arbres fruitiers , felon les efpèces de
Pommes, Poires, Cerifes, Prunes, Pêches , Noix, &c. & qu'un arbre
bourgeonne plutôt au Printems que l'autre, que leurs fruits meuriffent
de meilleure heure, & qu'ils quittent plutôt leurs feuilles.

Il faut planter à une grande diftance dans les Jardins de plaifance, &
plus près quand c'eft pour le profit; car quoique le bois qui eft venu en plein
& grand air à une bonne diftance, foit, quand on l'à coupé, plus ferme,
plus dur, & plus précieux, il n'eft pourtant pas bon de le planter de cette
manière quand c'eft pour le profit, parce que (fans compter que le terrain
donne moins d'arbres) les arbres, qui font ainfi expofés de tous côtés aux
vents furieux , groffiffent très peu , & ne font pas fi beaux à l'œil, ce
qui fait qu'il n'y a que les Connoiffeurs qui les préfèrent à ceux qui
plaifent plus à la vue: il arrivera au contraire que les arbres plantés plus
près à près fe contraindront les uns les autres à pouffer une plus haute

tige, dont on peut attendre le plus de gain : il faut pourtant avoir soin de faire ôter à tems ceux qui sont semés ou plantés trop près, afin que les arbres du voisinage n'en soient point endommagés : & si dans l'alignement il s'en trouve quelques-uns qui soient trop toufus, il faut les couper près de terre après la pousse d'une année, afin qu'ils montent avec plus de vigueur & avec une seule tige.

Pour faire que les Tilleuls à couronne, les Chateigners sauvages, les Bouleaux, les Ormes, &c. qui sont à couvert comme il faut des plus violens vents, soient beaux, fort étendus, ayent des branches menues, de grandes & de vigoureuses feuilles, il faut les planter à la distance de trente-six pieds ou plus encore, & dans des terres légères à la distance de trente, & prendre garde qu'on ne raccourcisse les branches des arbres qui ne s'étendent pas beaucoup.

Les Haies tondues fort hautes, dont les troncs sont dégarnis de branches, doivent être plantées à la distance de dix-huit pieds, & de quinze dans des terres plus légères. Les Ormes, les Hêtres, &c. tondus par en-bas, tout au moins à la distance de cinq pieds.

Il est certain que les arbres font au Printems leurs plus vigoureux jets au dessus de terre ; & que depuis le commencement de l'Autonne jusques dans l'Hiver, ils produisent le bois tant des branches que des racines, surtout les arbres qui verdissent en tout tems : c'est-pourquoi on plantera les derniers au mois de Septembre, excepté le Bouis dont on veut faire des ornemens, lequel il vaut mieux planter au Printems, après la gelée, & immédiatement avant sa pousse, parce qu'autrement il soufre trop quand la terre est gelée. On plantera pareillement les autres arbres sauvages dans l'Autonne, dès que la chute de leurs feuilles commence ; & seulement au Printems les Pins & les Sapins.

On peut voir dans le *I Chap. du II Livre*, ce qu'il y a à observer avant que de planter, dans le tems qu'on plante, & après qu'on a planté. Il faut abattre & couper les arbres plantés dans des fonds bas destinés à la charpente ou au chaufage, qui naturellement demandent beaucoup d'humidité & en contiennent aussi beaucoup, dès qu'ils ont quitté leurs feuilles : mais plus tard quand ce sont des arbres dont le bois est plus dur & plus ferme : on ne doit couper qu'au Printems ceux dont la sève est résineuse, quand ils sont prêts à bourgeonner, le bois en étant alors beaucoup plus dur & plus ferme. Suivant cette règle on abat prémierement les Saules, ensuite les Peupliers & les Aunes, après cela les Ormes, les Chênes après tous les autres, afin que la

sève

fève ait le tems de se dissiper, parce qu'ayant une espèce d'aigreur, cela cause une espèce de suffocation : il faut au contraire que les Pins & les Sapins montent actuellement en sève quand on les abat.

Il faut, quant au choix des bons Plants pour des Haies, qui servent tant pour briser le vent, que d'ornement ou de séparation, se conduire selon qu'on veut que les Haies tondues soient hautes ou basses. Il faut en général que les Haies tondues, qui servent d'ornement, soient minces, qu'elles ayent aussi des branches bien déliées & de petites feuilles; qu'elles soient cependant fort garnies de feuilles, & près à près; qu'elles soient unies, sans aucun vuide ou sans aucune éminence, ayant des branches de côté fermes & entrelassées, pointues par le haut, minces; de manière qu'elles ne paroissent qu'un seul arbre à branches étendues, dont on ne puisse voir le bois à l'endroit où on les a tondues. On ne peut pas faire tant d'attention à l'ornement des Haies qui doivent servir de brise-vents, parce que les qualités qu'on y demande consistent à parer le vent, à l'empêcher qu'il n'y pénètre, & à le forcer à se glisser le long des cimes. C'est pour cela que leurs branches doivent être plus grosses, fléxibles, point sujettes à se rompre aisément : c'est ce qui fait que les Peupliers sont les meilleurs & les plus hauts brise-vents dans les Allées extérieures, parce qu'ils ont des racines fort grosses & fort étendues, du bois fort gros, fléxible, & beaucoup de feuillage.

Les grands Saules à écorce blanche sont ceux de leur espèce qui montent le plus haut, ils résistent mieux au vent que ceux à écorce rouge; leurs branches montent en très peu de tems fort haut, sont fléxibles sans se rompre ; les feuilles sont peu larges & résistent assez bien au vent: ces bonnes qualités font qu'on les plante ordinairement derrière les Peupliers dans les Allées.

On en plante aussi dans de nouveaux Plantages, & cela dans de petites partitions, à la distance de trois pieds les uns des autres, pour servir pendant un court espace de tems de défense contre les vents aux autres arbres; comme aussi pour empêcher la dissipation des terres sablonneuses en tems de sécheresse.

L'Aune croît aussi fort vite: sa feuille est grande, épaisse, dure, & résiste passablement bien au vent; mais il ne devient pas fort haut, ses branches se rompent aussi plus aisément ; & comme il n'a pas des racines fort grosses & fort étendues, il est le plus propre de tous pour servir de Haie sur de petites partitions dans des champs potagers, où on plante ces arbres par allignement à trois pieds de distance les uns des autres.

On

On en plante auſſi dans les Allées extérieures entre les Peupliers & les Saules. On ne plantera jamais pour l'ornement des Haies, des Peupliers, des Saules ou des Aunes; on n'y employera pas non plus des Epines, à moins que ce ne ſoit pour ſervir de défence, étant extrêmement ſujettes à être rongées par les Chenilles.

On ne peut pas tondre proprement les arbres qui ont de grandes feuilles, parce que les feuilles endommagées font un fort mauvais effet à la vue, comme le Platane, le Plane, le Chateigner ſauvage, ni même les Tilleuls ordinaires, dont les feuilles ſont auſſi trop grandes pour des Haies qui doivent être bien vertes par-tout, depuis le haut juſqu'au bas; mais ces derniers à haute tige, déja parvenus à une grande hauteur & grandeur, pour lors tondus, font de hautes & de très belles Haies.

On peut faire les plus belles Haies tondues hautes & baſſes, du Hêtre à feuille petite & luiſante & à branches minces; étant pour cela de tous les arbres qui quittent leurs feuilles ou bien dont les feuilles ſe ſèchent, le meilleur : & après celui-là le Charme dont les feuilles ſont plus épaiſſes, point luiſantes, pleines de petites côtes, d'un verd plus foncé que celles des Ypréaux.

Les feuilles de Chêne ſont grandes, d'un verd foncé luiſant, épaiſſes & fermes : c'eſt pour cela que les Haies n'en ſont pas desagréables; la feuille, quoique coupée en partie, ne laiſſe pas d'y produire au aſſez bon effet.

Les Ormes & les Ypréaux deviennent de plus gros arbres, mais le verd de leurs feuilles n'eſt pas ſi agréable à la vue; on en fait cependant de fort hautes Haies, parce qu'ils réſiſtent mieux au vent.

Le Petit Chêne ne devient pas fort haut, mais il a une belle petite feuille d'un verd foncé; c'eſt pour cela qu'il eſt propre pour de baſſes Haies. On plante auſſi uniquement pour la feuille les Cornouillers, l'Epine vinette, les Troeſnes; car quand ils ſont tondus uniment, ils ne donnent ni fleur ni fruit.

Comme parmi les arbres dont les feuilles ſe ſèchent, le Hêtre convient le mieux pour faire les plus belles Haies tondues; de même les plus belles Haies de ceux qui verdiſſent en tout tems, ſont faites d'Ifs qui ont pris de bouture, lesquels on peut par le moyen d'une bonne culture conſerver minces & bien garnis par-tout juſques à la hauteur de quatorze pieds & plus. L'If réſiſte beaucoup mieux à la gelée que le Houx.

Le Houx a de grandes feuilles garnies de petits piquans; c'eſt-pourquoi on en fait des Haies qui ſervent de défenſe; mais il eſt très ſouvent

ſujet

sujet à se geler jusques à la racine, quand la gelée est rude ; du reste il monte comme l'If, à la hauteur de quatorze pieds & plus.

Il faut en général que toutes les belles Haies soient mises à couvert des vents furieux par d'autres arbres, sur-tout ceux qui verdissent en tout tems, comme l'If, le Houx & le Bouis : ces trois plantes ne sont propres que pour de belles Haies tondues.

Le gros Bouis ne monte pas si haut que l'If & le Houx ; c'est-pourquoi on en fait des Haies plus basses.

Le Bouis fin n'est pas propre pour des Haies, mais il vaut mieux pour des ornemens de Parterre ; & c'est le seul arbre toujours verdoyant qui soit bon à cet usage & qu'on y employe.

Tous les arbres, dont les feuilles sont de deux couleurs, sont estimés à cause de leur rareté ; mais dans le fond ils sont moins beaux à la vue ; c'est-pourquoi on ne plantera ni Houx, ni Bouis, ni Ifs, qui ont ces deux couleurs, sur-tout pour en faire des Haies.

Pour faire de beaux ornemens de Bouis, & de plus pour les conserver en bon état, il faut y employer du Bouis fin ordinaire, qui a été planté pendant trois ans sans jamais avoir été tondu : le Bouis, quand il est plus vieux, étant déja trop ligneux pour cela, de même que celui qui a été tondu, mais sur-tout encore celui qui a été tondu l'année précédente. On peut ordinairement, quand c'est du pareil Bouis de trois ans, dont on a retranché les queues ligneuses, qui n'a aussi que des jets vigoureux & qui a tout au plus, à côté l'une de l'autre, trois petites branches vertes, planter l'espace de deux toises, sur la longueur de douze toises, pour ces sortes d'ornemens ; car il faut le planter à une telle distance, que les petites branches étendues par les côtés se touchent à peu près.

Il faut que le Plantoir, par le moyen duquel on enfonce le Bouis en terre, soit aux deux côtés de la cavité, rond & point tranchant, afin de ne pas froisser ou rompre ces tendres branches du Bouis en les enfonçant en terre ; & comme le Planteur peut d'abord s'en appercevoir par sentiment, il arrachera incessamment de pareilles branches rompues, & y en mettra d'autres à la place. Il ne faut pas tondre le Bouis nouvellement planté.

Un Tondeur habile tond en tenant les ciseaux droit de bas en haut & de haut en bas, presque sans faire de bruit ; au-lieu que les ignorans tondent obliquement, & font beaucoup de fracas.

On diminue la vigueur des arbres à force de les tondre : on tond aussi chaque fois les racines chévelues qui sont sous terre ; ce qui rend les

feuil.

feüilles de ce bois languiſſant plus minces & plus greles, d'où il arrive que les arbres toujours verdoyans ne réſiſtent pas ſi bien au vent ni à la gelée, qu'ils perdent par-là leurs feüilles, ou bien qu'ils meurent. Pour préve-nir cet inconvénient, on ne tondra qu'une ſeule fois par an toute ſorte de Haies, excepté les Ormes & les Ypréaux, qui pouſſent avec une extrême vigueur, & qui, à cauſe de cela, doivent être tondus deux fois par an, afin de les engager à faire de meilleures & de petites bran-ches bien déliées.

CHAPITRE II.

Des différentes ſortes d'Arbres ſauvages, de leurs propriétés, de la ma-nière de les élever dans les fonds qui leur ſont propres, de celle de les cultiver, de les planter, de les tailler, & de l'uſage qu'on doit faire de leur bois.

APrès avoir traité juſques ici des arbres ſauvages en général, je paſ-ferai préſentement à la deſcription de leurs propriétés, ſuivant leurs eſpèces différentes, en indiquant auſſi ce qu'il faut obſerver pour les planter, les cultiver & les tailler, comme auſſi à quoi ces arbres ſont pro-pres, & l'uſage qu'on fait de leur bois.

Le *Peuplier.* Il y en a de trois diverſes eſpèces, ſavoir, le *Peuplier noir,* le *blanc* & le *Tremble.*

Le Peuplier ordinaire ou noir fait un arbre fort grand, ayant des branches à couronne très nombreuſes & très étendues : il fait auſſi de groſſes racines qui s'étendent fort loin : l'écorce eſt griſâtre, & a de profondes crévaſſes : le bois eſt noué, nerveux ; les prémiers ger-mes en ſont glutineux ou réſineux, s'attachant aux doigts ; ſes feüilles ſont unies & luiſantes des deux côtés, plus rondes, plus petites & moins crénelées que celles des deux autres eſpèces.

Les deux autres eſpèces ont l'écorce plus blanchâtre, le bois plus blanc, plus mou & plus facile à fendre ; ils jettent moins de rameaux en haut, mais plus élevés, commençant naturellement plus haut: les ra-cines s'étendent fort loin & ſont fortes ; mais elles pénètrent moins profondément que celles du Peuplier noir, ce qui fait que ces arbres ſont plus ſujets à être abatus par des tempêtes.

Le

Le Peuplier blanc a la feuille luifante, dont la queue eft moins lon-gue que celle de la feuille du Tremble, qui eft un peu plus ronde, d'un verd en deffus plus brunâtre, blanche & lanugineufe en deffous.

Toutes ces feuilles s'agitent d'abord au moindre vent ; celles du Tremble fur-tout font beaucoup de bruit, d'où vient auffi qu'on lui a donné ce nom.

Le bois ou les branches des Peupliers & des Trembles font fort fléxi-bles : les feuilles épaiffes réfiftent au vent, ce qui les rend les meilleurs brife-vents; mais comme leurs racines font fortes, & s'étendent fort au long en terre, il eft néceffaire qu'il y ait un foffé entr'eux & entre les autres Plantages.

On préfère ordinairement le Peuplier noir pour fervir de brife-vent, parce qu'il eft moins fujet à être renverfé par le vent, & qu'il fait moins de bruit.

Le bois de ces arbres eft de très peu de valeur ; mais comme il eft mou & très facile à fendre, il eft très bon pour fervir aux Bouchers de billot.

Le *Boulcau* vient fous les arbres de haute futaie, & eft rarement auf-fi grand, auffi gros qu'un des plus gros Aunes : il prend le mieux dans des terres fablonneufes, fèches & élevées : il fait une couronne dont les branches font minces & fléxibles; mais il pouffe avec beaucoup plus de vigueur, & il devient plus grand dans de fortes terres graffes ou maré-cageufes, quoique ces arbres viennent naturellement fur les rochers de Norvège.

Le bois en eft dur, & fert prefque uniquement au chaufage, quoi-qu'il ne faffe pas une flamme fort vive ni fort agréable, à moins que d'être coupé extrêmement mince ; car d'abord que l'écorce en eft bru-lée, il eft tout amorti, s'il n'eft pas au milieu d'un feu bien ardent : mais on en étouffe les charbons qui font meilleurs que ceux du bois d'Aune, & moins bons que ceux de Hêtre.

Les tendres rameaux en font fort propres pour des balets d'Ecurie; on en fait auffi des Verges pour fouetter.

Le *Hêtre.* Il y en a de deux fortes : l'un eft un grand & gros ar-bre, dont les feuilles font petites, minces, un peu rondes, pointues, unies, & d'un verd luifant en deffus: le bois en eft dur & difficile à fen-dre, & d'un ufage plus général qu'aucun autre. L'autre forte de Hêtre ne devient ni fi grand ni fi gros: fes feuilles ne font pas luifantes, elles font d'un verd plus obfcur, plus épaiffes, avec plus de côtes, plus

poin-

pointues, reſſemblant beaucoup à celles des Ypréaux. Cet arbre, à proprement parler, n'eſt pas un Hêtre, mais celui que Théophraſte (*Hiſtor. Plantar. Lib. III. Cap. II.*) nomme *Carpinus :* le bois en eſt fort & dur, & on en fait d'admirables charbons pour les Orfèvres: on fait auſſi de ſes tendres & fléxibles rameaux entrelacés de fortes claies.

On ne multiplie ces arbres que de ſemence, dont il en vient pluſieurs eſpèces, mais peu différentes, la différence conſiſtant preſque toute en ceci, que l'une bourgeonne avant l'autre, & verdit de même, & que le verd des feuilles varie auſſi. Ces arbres aiment à croître dans des fonds paſſablement humides, quoique point trop bas : leurs racines ne ſont pas fort nombreuſes; la plus petite eſpèce en a très peu de bonnes : c'eſt pour cela que les Sauvageons de ſix ou ſept ans prennent fort difficilement, & ſur-tout quand ils ſont plantés dans des endroits où le vent les ébranle : il faut dans ce cas les attacher à un pilier fiché en terre, de manière qu'ils ſoient immobiles : il vaut cependant mieux planter de vigoureux Sauvageons de deux ans.

On fait de ces derniers les plus hautes & les plus belles Haies tondues, auquel cas il faut ſur-tout avoir grand ſoin qu'ils bourgeonnent en même tems, & qu'ils ſoient d'un même verd : il faut alors les planter dans de bons Fonds de terre à cinq pieds de diſtance ; & quand ce ſont de grands arbres à couronne, à trente-ſix pieds.

Le bois eſt d'un fort grand uſage, & très propre, à cauſe de ſa dureté, pour des eſſieux de Chariots, & pour les grandes roues, qui doivent beaucoup fatiguer. Il eſt auſſi très bon à bruler, meilleur même que le Chêne.

Le *Sapin.* Les Auteurs le diſtinguent en *rouge & blanc*, & chacune de ces deux eſpèces encore en deux autres, donnant fauſſement à la plus haute eſpèce de blancs le nom d'*Arbres de Mâts (Maſt-boom)*, lesquels, à ce que *Dodonée* & d'autres aſſurent, ont le bois blanc, compoſé de pluſieurs envelopes, préciſément comme un oignon ; deſorte qu'il eſt mou, a de larges pores comme dans ce Païs le bois de Sapin, qui a, quand on le ſcie, un ſuc blanc, tranſparent, clair & réſineux, & des nœuds noirs ; le bois des Mâts au contraire a des parties plus ſerrées & plus déliées, moins blanches, & qui diſtillent de la réſine rouſſâtre plus épaiſſe, moins tranſparente : les noeuds en ſont auſſi rouſſâtres, & point noirs, tels que nous le diſons dans la deſcription du bois de Sapin rouge. Les Sapins blancs ont tout autour le long de leurs rameaux, de

petites

petites feuilles, minces & rondes, oblongues, un peu piquantes : les arbres de diverses espèces en sont plus ou moins gros, & entr'autres le Sapin, qu'on nomme en Hollande *Sparre-boom* : ceux de cette espèce qu'on appelle *Vuuren-sparren*, viennent de Norvège. Ce dernier a ses racines fort haut, proche la superficie de la terre ; elles sont fort grosses : on peut transplanter cet arbre avec plus de succès que le Sapin, dont les feuilles sont semblables à celles des Ifs, quoique d'un verd plus clair : on peut aussi se servir des autres pour faire des Haies tondues.

Les Sapins a feuille platte & dentelée poussent des racines droites & profondes, & ne souffrent pas qu'on les transplante ; il faut sur-tout bien se garder de racourcir leurs racines.

On nomme à tort le bois le plus compacte & le plus dur de ce Sapin blanc qui a les plus fins nerfs, *Vuuren-hout*, comme on appelle faussement aussi le bois de Sapin rouge, qui est rempli d'une résine roussâtre & épaisse, qu'il distille, & dont les nœuds sont aussi roussâtres, *Greenen-hout* : car comme ce Sapin nommé *Vuuren-hout* est plus sujet à se pourrir, que le *Vuuren-hout* de Pins ; celui qu'on nomme *Greenen-hout* est encore plus sujet à se corrompre que celui qu'on nous apporte des Pins de Norvège.

Le *Chêne* est un arbre qui croît dans des endroits élevés & secs, qui a une racine droite fort profondément en terre, & par cela même contraire en tout à nos fonds bas & humides : il prend de glands, lesquels produisent cependant souvent diverses sortes d'arbres durs ou moins durs, différens aussi dans leur pousse & dans leur feuillage. Cette diversité remarquable est encore causée par la différence des Climats & des Fonds ; car le bois le plus dur & le meilleur croît dans une terre sablonneuse, & y produit des fibres plus entrelacées. Il grossit plutôt au contraire dans des terres marécageuses, devient plus gros & plus grand, mais le bois en est plus spongieux, & a de plus longues fibres, comme celui d'ais de Chêne. L'expérience fait voir qu'il est faux que cet arbre vive trois cens ans, & produise pendant tout ce tems-là de bon bois ; car si l'on en veut faire un bon usage, il faut qu'il n'ait tout au plus que cent ans, parce qu'après ce tems-là il arrive souvent que le tronc en meurt, vu que son bois contracte de mauvaises qualités très remarquables.

Le bois de Chêne compacte, qu'on appelle chez nous bois de *Wesel*, est très dur & fort durable, propre pour des pilotis, des seuils de Croisées, ou bien pour ce qui doit avoir en plein air une certaine épaisfeur ; car quand il eſt ſujet à ſe retirer , il ne vaut rien pour les lambris , les fenètres , ni pour les ouvrages qui ſervent d'ornemens extérieurs, à quoi on emploie les ais de Chêne.

Les Ais de Chêne ſont la moitié de l'épaiſſeur de l'arbre , ou moins encore, quand l'arbre eſt ſcié en trois , depuis la circonférance juſqu'au cœur ; c'eſt pour cela qu'il a un côté dur , le bois eſt auſſi en général plus dur vers le côté intérieur , & vers l'extérieur plus mou & plus blanc : c'eſt ce côté qu'on appelle l'Aubier , qui eſt du bois très mauvais, mou, ſans couleur & ſujet à ſe pourrir. Du reſte tout le bois de Chêne , de même que celui que nous appellons Sapin blanc (*Greenenhout*) a de ſemblables côtés chargés d'Aubier ; & plus le bois a crû vite & avec vigueur, plus l'Aubier eſt mou, épais, & ſujet à ſe corrompre: quand cet Aubier eſt en plein air , il s'emplit d'eau, & ſe pourrit: quand il eſt à couvert & dans des lieux ſecs , il eſt ſujet aux vers & devient vermoulu; c'eſt-pourquoi un Seigneur qui bâtit , ne permettra pas qu'on laiſſe au bois le moindre Aubier. Le Nord de tous les arbres croît le moins, quoique ce bois ſoit le plus compacte & le plus dur ; il en eſt de même des ais de Chêne , ceux du Nord ſont les plus durs & les moins ſujets à périr : mais les durs ſont auſſi ſouvent ſujets à ſe reſſerrer , & par cela même peu propres pour de beaux ornemens intérieurs, ſur-tout quand on ne les peint pas: on choiſit alors pour cela les ais blancs, & d'une même couleur , qui ont de longues fibres , des nerfs fins & peu nuancés ; c'eſt-là le bois le plus précieux , mais il eſt difficile à trouver.

La ſève du Chêne eſt aigrelette & mine extrêmement le bois, ſurtout le gros bois, quand il eſt renfermé; ce qui pourrit en peu de tems & entierement les plus groſſes poutres : il faut pour cela abatre le bois de Chêne de bonne heure , c'eſt-à-dire au milieu de l'hiver , quand la ſève eſt à peu près deſcendue toute entière dans les racines: il faut outre cela encore, quand ce bois eſt préparé pour des poutres , lui laiſſer perdre ſes ſucs pendant quelques années ſous de l'eau douce; mais quand il eſt plus mince, comme lorſqu'on en fait des piliers pour les Cloiſons, une année ſuffit; après quoi il ſe ſèche en très peu de tems. On ne met pas les ais de Chêne ſous l'eau pour leur faire perdre leur ſève, parce qu'ils y perdent trop de leur couleur, & qu'ils deviennent moins beaux ; mais on les dreſſe en plein air à un doigt de diſtance l'un de l'autre, ce qui eſt la meilleure méthode.

Le bois de Chêne, coupé trop tôt, ne vaut rien, étant plein de ſucs;

&

& comme on trompe souvent en le coupant en Eté, parce que cela peut se faire alors en moins de tems & à moins de fraix, les jours étant alors plus longs & la terre plus sèche, & qu'on peut aussi le transporter de même en Autonne, les Rivières étant alors fort enflées; il me paroit qu'il n'est pas avantageux d'employer de gros bois de Chêne dans les cas où l'on peut employer le meilleur bois de Sapin de Norvège, & cela d'autant plus encore qu'il n'y a aucune différence sensible entre le Chêne coupé à tems ou hors de saison.

Théophraste (*Histor. Plantar. Lib. V. Cap. 5*), & principalement Bodæus dans leurs remarques, disent que le bois de Chêne sous l'eau douce, est presque incorruptible, & sous l'eau salée sujet à se corrompre bientôt: ce qui est absolument contraire à l'opinion de ceux, qui chargent les Vaisseaux, de Sel à leur prémier voyage, afin que le bois en étant imbibé soit plus durable.

L'*Aune*. On le multiplie de semence : nos Païsans qui font leur séjour dans les endroits marécageux, en sement beaucoup dans leurs terres, & les transplantent l'année d'après; les plus courts & les plus gros de ces arbres de deux ans sont les meilleurs pour planter dans toute forte de fonds nouvellement remués, où il n'y a point d'autres arbres entremêlés. Les précoces ou les plus gros de ceux qui viennent de semence & qui ont trois ans, sont les meilleurs pour mettre au milieu des autres, dans les endroits où l'on craint pour de mauvaises herbes, mais hors de ce cas-là on n'en plantera jamais.

Les Aunes aiment un fond bas, humide, marécageux ou sablonneux : ils y croissent plus naturellement & mieux que dans des terres grasses & élevées. Les arbres deviennent passablement hauts, mais ils n'ont pas des couronnes si étendues que les Ormes, les Tilleuls, les Chênes, les Hêtres & les Saules : leur bois est aussi moins souple que celui de Saule, mais plus sujet à se rompre; c'est-pourquoi on plante plus souvent l'Aune parmi les Saules & les Peupliers, dans des allées extérieures, afin qu'étant jeunes encore ils s'aident à parer les vents, jusqu'à ce que les Peupliers étant devenus grands les couvrent de leur ombre, & distillent sur eux l'eau de pluie. L'Aune croît vite, il a peu de racines, peu grosses & peu étendues, mais minces & qui pénètrent profondément en terre, de manière qu'elles ne nuisent guère à la terre des environs : ils ont outre cela une feuille épaisse & visqueuse, qui résiste assez au vent : leurs feuilles tombées & leur petit bois de taille servent aussi d'engrais à leur propre fond : on les plante beaucoup pour ces

trois

trois bonnes qualités dans & autour des Jardins potagers , pour fervir d'ombre aux herbes qui y font femées.　On en plante outre cela pour bruler, autour des terres dont a ôté le fable, & dans de grands champs entiers: on les coupe fouvent tous les fept ans , quoique ceux qui ont véritablement leur intérêt à cœur ne le feront jamais qu'au bout de douze; car outre que dans ces dernières années ils groffiffent confidérablement plus , & font ainfi d'une valeur bien plus grande , le bois en eft plus durable & donne plus de chaleur quand il brule , & par cela même eft plus cher quand on le vend.

Le bois d'Aune prend feu fort vite, mais n'eft ni fi chaud ni fi durable que le Frêne , le Chêne, l'Orme ou le Hêtre , & cependant chez nous c'eft le bois qu'on brule le plus communément : il eft du refte de peu d'ufage , fe corrompant aifément fur terre pendant le tems qu'il feche , & étant fort fujet aux vers ; c'eft-pourquoi on ne doit pas le garder longtems, parce qu'il perd alors toute fa force : il eft comme incorruptible fous l'eau ; c'eft-pourquoi on en faifoit autrefois & aujourdhui encore des tuyaux pour conduire l'eau , de même que des pilotis.　On faifoit auffi autrefois de ce bois, de grandes pompes pour les Vaiffeaux, mais aujourdhui à caufe de la cherté du bois , ou bien à caufe qu'on ne trouve pas d'affez gros arbres pour cela , on y emploie des mâts de Sapin.　On fait auffi de ce bois d'Aune des charbons pour les Orfèvres, mais ils ne font pas fi bons que ceux de Charme, ou de Bouleau.

Le *Frêne* ne fe multiplie que de femence, & il en produit différentes efpèces.　Les Frênes qui ne donnent point de femence , & qui n'ont pas les feuilles fort luifantes, font les meilleurs : au-lieu que ceux dont les feuilles luifent beaucoup font les plus mauvais , parce qu'ils ne deviennent jamais fort grands: les meilleurs de ceux qui donnent de la femence, font auffi ceux qui en donnent le moins, dans de grands follicules fimples & membraneux, au-lieu que les plus mauvais ont ces follicules plus petits & par bouquets : ces arbres ont fouvent beaucoup de gros boutons.

Les Frênes croiffent avec vigueur , & deviennent de grands & gros arbres droits , dans des terres humides, comme l'Aune, & même quelquefois dans l'eau : fes racines ne font pas fi profondes , mais elles s'étendent beaucoup plus & font plus groffes ; c'eft-pourquoi ils n'eft pas fi propre que l'Aune à être planté autour des prés: du refte on le plante auffi pour bruler , & l'on remplace même fouvent les fouches d'Aunes qui font mortes, par des Frênes.　Il eft encore remarquable, que quelque

que fortes racines qu'aient les Frênes, toutes fortes d'arbres croissent à souhait dans les fonds d'où ces Frênes ont été arrachés.

Le bois en est blanc, nuancé, à longues fibres, dur, uni, souple & pliant; desorte qu'il est très propre pour du bois de charpente, qui doit être un peu plié: mais il est fort sujet à se corrompre pendant une longue sécheresse, sur-tout quand on le manie peu; car alors il est dans peu d'années tout vermoulu. Il est cependant plus dur que l'Aune, & chaufe davantage quand on le brule, & est par conséquent meilleur.

L'*Epine* devient par une bonne culture un arbre à couronne, plus haut & plus gros que le Frêne sauvage. Elle vient de semence bien mûre, laquelle on met tremper jusqu'au Printems, pour la semer au mois de Mars quand il ne gele plus. L'Epine blanche, dont les baies font rouges, quand elles font mûres, résiste au froid qu'il fait chez nous pendant l'Hiver: son bois est fort dur, fort compacte, & fort propre pour des peignes & autres pièces de résistance. On fait de cette Epine des Haies de défense; mais elle est fort sujette à une espèce de Chenilles noires, qui à cause de leur prodigieuse quantité mangent dans peu de tems les feuilles, & n'y laissent que leurs ordures & leurs toiles: pour prévenir cela autant qu'il est possible, on baliera souvent ces Haies de bonne heure avec des balets; étant impossible de les en délivrer quand une fois elles en font couvertes. On ente des Poiriers sur ces communes Epines blanches; sans cela ces arbres font de très peu d'usage dans ce Païs, qui est bas & humide, parce que les petits fossés y tiennent ordinairement lieu de séparation & de défense.

Le *Houx* se multiplie en semant des baies mûres, comme on vient de le dire de l'Epine. Il n'est jamais ni si grand ni si gros que l'Epine; mais on en peut faire des Haies de seize pieds de haut. Ses feuilles font luisantes, vertes en tout tems, garnies tout autour de piquans, très propres par conséquent pour des Haies tondues; mais quand le Houx est suranné ces piquans s'émoussent: il est aussi sujet, quand il fait de rudes gelées, à se geler jusqu'à terre.

Parmi les espèces de Houx piquans, il y en a dont les feuilles font d'un verd mêlé de jaune, & d'autres d'un verd mêlé de blanc: l'un & l'autre résistent moins à la gelée que les verds: il y en a aussi une espèce dont les feuillés font moins pointues & cornues.

L'If, qu'on nomme en Latin *Arbor mortis*, devient dans des fonds élevés & gras, par une bonne culture, un grand & gros arbre, même comme un Tilleul ordinaire: mais ordinairement il a sans culture une couronne

Cc 3

plus

plus ronde qu'un Pommier paſſablement grand: ſes racines ont quantité de fibres & ſont fort entrelacées, ce qui ſemble devoir conſumer la graiſſe de la terre; cependant toutes ſortes d'arbres croiſſent à ſouhait dans des terres bêchées, d'où ces Ifs ne ſont que d'être arrachés.

La ſemence d'If produit pluſieurs eſpèces différentes: les feuilles de l'une ſont fort foncées, celles de l'autre ſont d'un verd naiſſant, plus fines & plus minces, de même que le bois: les feuilles de l'eſpèce la plus groſſière ſont d'un verd obſcur, & d'un bois plus groſſier: il devient auſſi plus grand, ayant de fortes branches étendues, mais plus ſimples; delà vient qu'on ne ſauroit faire de celui-ci, des Haies tondues, baſſes, belles & bien fermées, comme on en fait de l'eſpèce qui eſt plus fine.

Quoiqu'en Angleterre l'If croiſſe en pluſieurs endroits, ſeul, & dans des bruières ouvertes, juſqu'à la hauteur qu'ont chez nous les Pommiers ordinaires, il faut dans ce Païs les planter dans les endroits les moins expoſés au vent, ſans quoi ils meurent facilement pendant l'Hiver, ſur-tout quand ils ſont encore jeunes, & quand on les a tondus, ſoit pour en faire de petits arbres pommés, ſoit pour en avoir de petites Haies.

L'If aime un fond ſpongieux, gras, humide, ſuffiſamment élevé: on peut auſſi faire en peu de tems, dans de bonnes terres ſablonneuſes mê-lées avec beaucoup de limon de foſſés, de parfaites Haies tondues, par le moyen de boutures d'un an, qui aient au bas un peu de bois de deux ans; il faut pour ces boutures choiſir des jets de tige bien droits, qui ſoient garnis tout autour de petites feuilles: ces jets montent avec une tige droite, & ſe ſoutiennent d'eux-mêmes: au-lieu que la bouture des jets des côtés, dont les petites feuilles ſortent par les deux côtés des branches dentelées, comme celles des Sapins rouges, ne pouſſent jamais droit en haut, & ne ſont par conſéquent pas propres pour des arbres de tige, ou pour des Haies qui ſe ſoutiennent d'elles-mêmes.

Il faut de plus, pour ce qui regarde l'entretien d'une jeune & belle Haie tondue d'If, avoir ſoin de couper chaque fois tout près de leur origine, les jets de tige qui montent, juſqu'à ce qu'ils ſoient ſuffiſamment entourés de jets de côtés, plats & dentelés: ſans quoi on n'aura ja-mais de belles Haies tondues bien fermées, ni de jolis petits arbres: ces jets droits viennent rarement de Sauvageons qui ont pris de ſemen-ce, mais ordinairement de ceux de bouture: mais de bouture on a plu-tôt des Haies & de petits arbres; & par ce moyen on eſt auſſi aſſuré de l'eſpèce d'arbre qu'on veut avoir. Quand on plante des Ifs dans de bons Fonds de terre, pour des Haies à quatre pieds de diſtance les uns

des

des autres, & qu'on les tond une fois l'an, après leur prémière pouſſe pendant un tems de pluie, & qu'on les cultive dans la ſuite comme il faut, en coupant au commencement les tiges, & en les mettant auſſi à l'abri des vents impétueux & de l'ardeur du Soleil, pourvu qu'ils ne ſoient pas trop à l'ombre, ni mouillés par d'autres arbres; on peut alors en faire de magnifiques, très bien fermées, & toujours verdoyantes Haies, de la hauteur de ſeize pieds, & même de plus.

Le *Genévrier*, en Latin *Arbor vitæ*, réſiſte au froid de nos Hivers; mais comme ce n'eſt pas un bel arbre, & qu'on ne ſauroit en faire de belles Haies, il n'eſt pas avantageux d'en planter; d'ailleurs ce ne ſont pas des arbres de tige, mais des arbriſſeaux.

Le *Tilleul* prend de Provins couchés en terre, parce que ceux qui viennent de ſemence produiſent différentes eſpèces, & preſque toutes bâtardes, comme le Tilleul qui a la feuille de Peuplier ou de Bouleau, qui n'eſt jamais un arbre ſi grand, ni ſi garni de feuillage : il en eſt de même des Tilleuls qui ont une écorce rouge, ils croiſſent dabord fort vite, & font un arbre vigoureux à grandes feuilles; mais leur pouſſe diminue de plus en plus au bout de quelques années, & leurs jeunes branches ſont fort ſujettes à ſe gangréner.

Le Tilleuls qui ont de la ſemence & les plus grandes feuilles, ſont les plus beaux & les plus grands; auſſi eſt-ce pour cela que des Arboriſtes entendus les cultivent. Le Tilleul croît vigoureuſement, & naturellement dans nos Fonds marécageux & humides; c'eſt pour cela que les François l'appellent *Tilleul de Hollande*, & les Anglois *Hollandſe-Tree*. Il n'aime pourtant pas d'être planté trop bas près de l'eau, comme les Saules, les Aunes, les Frênes, &c. mais du moins un pied & demi au deſſus de la plus grande hauteur de l'eau pendant l'Hiver : il ne ſauroit outre cela réſiſter au vent impétueux, ſa feuille étant grande & mince (qui au défaut de foin ou d'herbe eſt de toutes les feuilles d'arbres la meilleure nourriture pour certains animaux); mais il devient, quand il eſt planté dans des endroits renfermés, un fort grand, fort beau & bien touffu arbre à couronne fort étendue, lequel il faut avoir ſoin dès le commencement de faire monter par le moyen de la ligature avec un ſeul jet droit, d'où doivent ſortir tout autour les branches à couronne, après quoi il ne faut jamais plus le tailler. Il faut auſſi que les Tilleuls pour faire un bel ombrage dans de bons Fonds de terre, ſoient placés pour le plus près à trente-ſix pieds de diſtance.

Le bois de Tilleul eſt de peu de valeur, étant léger, peu propre au
chau-

chaufage, blanc & mou : on en fait à cauſe de ſa blancheur des plan-ches non peintes, ſur lesquelles les Femmes plient le linge, ou bien de petits tiroirs pour l'y mettre : il ſert auſſi à cauſe de ſa tendreur aux Cor-donniers & aux Sculpteurs.

L'*Orme*, l'*Ypréau*, & ce que nous nommons *Herſleer*, ſont trois eſpêces du même genre, venant toutes les trois de ſemence d'Orme, laquelle produit plus d'Ypréaux que d'Ormes ; c'eſt-pourquoi on multi-plie ces trois eſpèces comme les Tilleuls, chacune ſéparément par des provins couchés en terre, avec cette ſeule différence qu'on ne les atta-che point ; mais après les avoir ſéparés & tranſplantés, & lorſqu'ils ont fait une pouſſe d'un an, on les coupe au niveau de terre, afin qu'ils puiſſent croître avec vigueur & avec une ſeule tige.

De ces trois eſpèces l'*Orme* eſt le plus grand & groſſit le plutôt, mais le bois en eſt moins compacte, les feuilles plus grandes, plus rondes, moins pointues, & d'un verd plus brunâtre : il y en a auſſi une eſpèce appellée *Orme brun*, dont l'écorce eſt plus claire & les feuilles plus bru-nes, & lanugineuſes en deſſous, comme auſſi les tendres rejettons : cet-te eſpèce groſſit encore incomparablement plus que l'Orme commun : il y en a outre cela encore deux eſpèces ; l'une a la feuille & l'écorce plus brune, & l'autre moins : il eſt fort remarquable que les Sauvageons de Souche d'Orme ſont des Ypréaux.

L'*Ypréau*. Il y en a qui l'appellent Orme rouge, parce que ſon bois eſt plus rouſſâtre : il ne devient jamais ſi grand, & ne croît pas non plus ſitôt que l'Orme : ſes feuilles ſont plus petites, d'un verd plus clair, plus étroites & plus pointues que celles d'Orme. Le bois en eſt plus dur, plus compacte, & de plus de valeur.

Le *Hersleer* eſt un Ypréau qui groſſit & grandit fort lentement, d'où il arrive que ces arbres ſont ſouvent étouffés : du reſte ſon bois, quand il a bien réuſſi, eſt encore plus dur, plus compacte & de plus de valeur que l'autre.

Les Ormes réſiſtent le mieux au vent, & pour cela on les plante ſou-vent autour des vergers pour les couvrir, & on en fait auſſi d'autres très beaux plantages : ils ſont bien plus précieux que les Peupliers & les Saules, leſquels toutefois, étant fort plians & ſouples, ont de meilleurs briſe-vents ; ce qui fait auſſi qu'on en plante beaucoup dans les allées extérieures.

Les Ypréaux ſont les meilleurs pour faire de hautes Haies tondues, leſquelles on tond de bas en en-haut ; mais je ne trouve pas qu'on puiſſe

plan-

planter avec le même avantage que l'Orme, qui groſſit avec plus de vigueur; la troiſième eſpèce, quoique pluſieurs la préfèrent, ſous prétexte que le bois en eſt plus précieux : outre que cet Orme fait des Haies moins toufues, qui forment tout autour des excroiſſances ligneuſes ſemblables à du Liège, très deſagréables à la vue, deſorte que je n'en planterois jamais.

Aucun de ces arbres ne croît avec une ſeule tige, mais avec des branches à couronne qui montent droit. *Voyez dans le I Chap. du II Liv.* ce qu'il faut obſerver, quand on plante les Ormes, ou quand on en couche des provins en terre.

L'Orme, & encore plus l'Ypreau, comme étant plus compacte, eſt un bois admirable de charpente; car on en fait des pivots de moulins, des affuts pour les plus gros Canons, & beaucoup de pièces de charonnage. C'eſt auſſi un excellent bois de chaufage, il produit beaucoup de chaleur : on peut même, quand il eſt brulé, en conſerver des charbons allumés comme on le fait à l'égard des Tourbes.

Le *Chateigner Sauvage*, que nous connoiſſons en **Latin** ſous le nom de *Caſtanea Equina*, devient un arbre grand, gros, avec une couronne fort étendue & ombragée, qui a tous les ans de très belles fleurs en forme de bouquets, leſquelles produiſent dans l'Autonne des Chateignes amères, rondes & groſſes. Cet arbre a autant de racines qu'aucun autre qui me ſoit connu, mais peu profondes: & comme il aime aſſez l'humidité, il croît à ſouhait dans nos fonds médiocrement élevés: les feuilles viennent à de longues queues, ordinairement à ſept petits rameaux ſur une queue.

Le bois en eſt de peu de valeur, étant ſpongieux & mou : il n'eſt bon ni pour la charpente ni pour le chaufage.

Le *Bouis* groſſier & fin à bords dorés & argentés. Voyez ce qui en a été dit dans le *I Chap. de ce Livre*.

Le *Plane* a de grandes feuilles rondes, qui ſont un peu pointues ſur le devant, d'un verd clair, & minces: l'écorce eſt blanchâtre, & à meſure qu'elle croît, elle ſe dépouille de certaines enveloppes. Le bois eſt fort caſſant, deſorte que le vent rompt aiſément ſes branches; il eſt auſſi de très peu de valeur.

Le *Platane* devient un très grand arbre, & d'une groſſeur ſi extraordinaire, qu'on aſſure qu'il eſt arrivé ſouvent que douze perſonnes ont pris leur repas ſur une table faite du tronc ſans l'écorce: ſes feuilles ſont d'une grandeur extraordinaire, encore plus anguleuſes & plus pointues

Partie I.   D d   que

que les feuilles de Vigne; reſſemblant davantage ſur le devant aux feuilles du Chateigner ſauvage; mais ſes feuilles pointues ne ſont pas ſéparées les unes des autres. Le bois eſt caſſant, & ne réſiſte pas à un vent un peu fort.

Le *Frêne Sauvage* eſt auſſi appellé *Frêne de Montagne* par oppoſition à nos Frênes ordinaires, qui aiment les endroits bas & humides, & qu'on appelle à cauſe de cela *Frênes de Campagne*. Comme les prémiers n'aiment point à être plantés dans des endroits auſſi bas & auſſi humides, ils ne deviennent jamais auſſi grands chez nous, que ſur les Montagnes.

L'eſpèce de *Plane*, nommé *Schotſe Linden*, *Booghout*, *Eſchdoorn*, *Luyt - hout*, a les feuilles anguleuſes, elles reſſemblent fort à celles de Vigne, mais elles ſont d'un verd plus obſcur, & plus minces. Ces arbres deviennent fort grands, & ont des branches à couronne fort droites, ce qui fait que leurs couronnes ne ſont pas ſi étendues ni ſi ombragées que celles des Tilleuls: le bois eſt caſſant, deſorte qu'un vent un peu fort le rompt facilement: il eſt auſſi de peu de valeur, & uniquement bon à faire des inſtrumens de muſique. Je ne le crois nullement propre à ſervir d'ornement, ni à apporter du profit.

Le *Petit Chéne*, que nous nommons *Spaanſe Aker* ou *Haag-Eyk*, ſe multiplie chez nous par des provins couchés en terre; il ne devient pas fort grand: c'eſt pour cela qu'on ne s'en ſert que pour faire de belles Haies tondues, baſſes, leſquelles étant tondues uniment peuvent monter juſqu'à la hauteur de dix ou douze pieds. La feuille eſt d'un verd obſcur, différant peu de celle de l'Epine blanche, mais elle eſt un peu plus grande & plus anguleuſe.

Le *Lierre*. Il y en a de beaucoup d'eſpèces, parmi leſquelles le Lierre commun toujours vert eſt le meilleur, & mérite ſeul de trouver ici ſa place. Il ne ſauroit croître en enhaut ſans quelque appui, auquel il s'attache par de petits rejettons en guiſe de racines: il croît dans des endroits & des Païs humides; il prend beaucoup mieux de vigoureux rejettons, comme de bouture, que de branches qui ont racine; parce que ces racines ſont minces, à pores reſſerrés & grêles; au-lieu que les rejettons de tige vigoureux ſont gros, plus gonflés, ayant des pores plus larges, plus propres par conſéquent à recevoir les ſucs néceſſaires. On met ces rejettons en terre depuis le mois de Mars juſques à celui de Juillet, ayant bien ſoin qu'il ſe trouve aux deux côtés, à un demi-pied de diſtance, un petit bouton d'une ſeule feuille, le reſte devant être mis

ſous

fous terre, après avoir été paſſablement humecté pour prendre à la profondeur de deux pouces; & afin que les murailles contre leſquelles le
Lierre s'attache le mieux, en ſoient entierement couvertes, il ne faut
pas qu'il ſoit planté trop près, & il faut avoir ſoin de l'attacher ferme au
bas de la muraille, afin qu'il monte uniment ſans s'écarter ailleurs.

Il faut, quand on retranche les rameaux ſurnuméraires ou mal venus,
toujours les couper de bas en haut, & jamais de haut en bas, ou bien
les arracher; car il en naîtroit des inconvéniens ſans remède, & le ra-
meau arraché en détacheroit pluſieurs autres de la muraille, ce qui n'arrivera jamais quand on le tire en en-haut.

Il eſt contre toute expérience que le Lierre gâte les murailles bien maſ-
ſonnées & bien jointes; elles deviennent au contraire meilleures par-là;
en ce que la pluie, le vent & le froid ne ſauroient à beaucoup près ſi
bien pénétrer; mais il eſt funeſte à de vieilles murailles dont la chaux eſt
uſée, & qui ont de larges jointures, parce qu'il pénètre dans cette terre mêlée de chaux & de ſable qui eſt entre les jointures, où il s'attache & ſe gonfle.

Le tort que fait le gros Lierre eſt qu'en Hiver & en Eté ce ſont des nids
à Rats: mais il eſt d'un excellent uſage contre le dos des Fourneaux &
des Orangeries, parce que le Lierre bien cultivé eſt d'une défenſe plus
grande contre le froid, qu'une Muraille épaiſſe d'une demi-brique.

Le *Pin Sauvage*. Il y en a de différentes eſpèces, parmi leſquelles
ſe trouve le Pin dont on fait les planches (*Greenen-hout*). Les Pins ont
tout autour de leurs branches des feuilles plus rondes, plus oblongues, plus
grandes, & plus en manière de queue que les Sapins: on les fait prendre
de ſemence, & ils ne doivent pas être tranſplantés.

Le Pin Sauvage eſt un arbre de Montagne. Quand il croît dans un
fond pierreux, il eſt plus dur, plus compacte & plus durable; c'eſt-pourquoi le meilleur bois de Sapin vient de Norvège: mais comme les petites Rivières qui ſont dans ce Païs-là, vont en ſerpentant, les groſſes
poutres ne peuvent conſerver que quinze ou ſeize pieds de longueur.

Après ces Poutres, dont le bois a les plus fins nerfs, & eſt le plus
compacte & le meilleur, ſuit le Sapin de la Norvège Danoiſe, & qui
eſt le plus durable & le meilleur. Après celui-là le Sapin de la Norvège Suédoiſe, qui eſt plus long, mais il a les nerfs moins fins, & eſt moins
compacte & moins durable.

Le Sapin de Hanebourg eſt fort réſineux, fort gonflé & fort ſujet à ſe
corrompre, ſur-tout près des endroits humides; deſorte que les poutres
qu'on en fait, placées dans des murailles humides, ſe pourriſſent en fort
peu de tems.   D d 2   Le

Le Sapin de Berlin eſt de tous le moins compacte & le plus ſujet à ſe corrompre. Le meilleur, le plus compacte, celui qui a les plus fins nerfs, vient des Pins ſauvages qu'on charge à Nerva.

Les *Saules*. Il y en a différentes eſpèces très aiſées à diſtinguer, ſurtout quand ce ſont ou de fort grands ou de fort petits Saules, les derniers étant dans la claſſe des Arbriſſeaux.

On diſtingue auſſi les grands Saules en pluſieurs eſpèces: les uns ont l'écorce blanche & rouſſâtre; les autres l'ont blanche: ceux-ci ſont les plus grands, & réſiſtent auſſi beaucoup mieux aux vents impétueux que les autres. Ils aiment d'être plantés dans un fond bas, humide, marécageux; auſſi ne croiſſent-ils nulle part mieux que dans notre Païs aquatique, où on les fait prendre de bouture. Le bois en eſt fort ſouple, pliant; & comme il n'y a point d'arbres qui parviennent en ſi peu de tems à une auſſi grande hauteur & groſſeur que les Saules, ils ſont auſſi les meilleurs pour couvrir d'autres plantes plus tendres, d'autant plus qu'ils pouſſent quantité de branches à couronne, & qu'ils ont ſous terre beaucoup de racines chevelues & autres, ce qui fait que le vent ne les renverſe pas auſſi facilement que les Trembles. C'eſt auſſi pour cela qu'on plante ſouvent au côté extérieur des Allées, une rangée de ces grands Saules à écorce blanche, pour ſervir de défenſe contre les vents les plus impétueux, quand on fait de beaux plantages: on en met auſſi communément au milieu des Allées, une rangée pour des Haies tondues, à trois pieds de diſtance, pour ſervir de prémière défenſe, ce qui eſt ſurtout néceſſaire dans des fonds légers, ſablonneux, ſujets à ſe convertir en pouſſière, pour empêcher la diſſipation du ſable.

Les petits Saules donnent l'Oſier à écorce blanche, jaune, rouge & verte: celui qui a l'écorce blanche eſt le meilleur, le plus long, ſans rejettons latéraux, très ſouple, & très pliant, ſans être ſujet à ſe rompre: il eſt très bon pour lier des fagots & pour attacher de groſſes branches; mais il ne vaut rien du tout pour de petites branches tendres, ſur-tout pour celles de Pêcher ou d'Abricotier, parce qu'il entame, fait gommer & mourir les branches; il meurt lui-même au bout de l'an. Après l'Oſier blanc, le plus long, le plus fort & le plus gros, c'eſt le jaune. Le rouge ou bien l'orange a pluſieurs petits rejettons latéraux, qui meurent tous les ans; c'eſt-pourquoi il eſt le meilleur pour attacher de tendres & de petites branches déliées.

Quoique le bois de Saules ſoit de très peu de valeur, on ne laiſſe pas que de les planter à bon profit dans des fonds bas, parce qu'ils croiſ-

ſent

fent vite, & qu'ils font d'un fort grand ufage à caufe de leur foupleffe;
fervant beaucoup aux Charrons, & à ceux qui conftruifent des Moulins,
&c. Ce bois eft bon encore pour faire des cercles, pour ramer des poids,
faire des paniers, &c.; mais il ne vaut rien pour bruler, car il donne
peu de chaleur & beaucoup de cendres qui voltigent par-tout.

CHAPITRE III.

Des Arbriffeaux qui fleuriffent.

LEs fleurs des Arbriffeaux qui fleuriffent, viennent à de tendres rejettons, deforte que quand on les tond court & uniment ils n'en
produifent que peu ou point; c'eft-pourquoi on ne les place pas dans les
Jardins à fleurs, mais dans de beaux plantages, où ils conviennent
beaucoup mieux. Je traiterai de quelques-uns de cette efpece, qui réfiftent au froid de nos hivers.

La Guimauve eft un Arbriffeau qui prend de femence & de bouture: il
pouffe, quand on le cultive bien, de fort jolies petites branches étendues
en rond, à la hauteur de trois ou quatre pieds: l'écorce eft de couleur
de cendre: les feuilles font dentelées, & finiffent en pointe un peu large. Les fleurs font blanches, ayant au centre une belle tache rouge
ronde: il y en a auffi qui ont des fleurs d'une feule couleur violette. La
Guimauve commence à bourgeonner en même tems que les arbres les
plus tardifs, & fes fleurs paroiffent comme des cloches au commencement du mois d'Aout, elles font fuivies auffitôt qu'elles tombent par
d'autres, & cela confécutivement jufqu'en Octobre.

La *Coluthée* ou le *Bagnaudier* eft un Arbriffeau, qu'on fait prendre
de femence, ou bien de tendres Sauvageons de Souche: il pouffe des
rameaux plus longs que la Guimauve; deforte qu'on n'en fauroit faire
un auffi joli petit arbre; il vient des fleurs jaunes à fes tendres petites
branches.

Le *Chèvre-feuille*, appellé en Autriche *Rofe de Jérico*, eft un Arbriffeau qui s'attache en rampant. Il y en a de diverfes efpèces, favoir à fleurs
jaunes, rouges, bigarrées: les rouges ne réfiftent point au froid de nos
hivers: ceux qui font d'un rouge plus clair, & dont les feuilles font
prefque blanches & rouges, de même que les bigarrés, ont les fleurs les plus

bel-

belles, les plus durables & les plus agréables tant à la vue qu'à l'odorat. On les fait prendre de leurs jeunes branches qui ne fleuriſſent point, en les mettant en terre.

Le *Millepertuis* n'étoit pas connu des Anciens, & n'a été connu dans ce Païs que depuis peu d'années qu'on l'a aporté des Iles Canaries. Il croît ordinairement à la hauteur de trois pieds, ayant un petit tronc d'un bois fort dur, & de petites branches garnies de petites feuilles, qui donnent continuellement de fort jolies fleurs à cinq feuilles chacune: celles-ci ne tiennent pas à une queue, mais elles ſont contigues aux branches, deſorte qu'il faut les couper avec la branche même. On peut par la tonſure donner à cet Arbriſſeau une très belle figure: il prend de Sauvageons de Souche; il reſiſte à un froid modéré, mais non pas à une forte gelée.

Le *Jasmin.* Il y en a de différentes eſpèces; mais les ſuivantes réſiſtent à notre air froid à découvert. Le *Petit bleu*, ou le *Jasmin de Perſe*, eſt un petit Arbriſſeau, qui par conſéquent borne peu la vue dans un Jardin à fleurs: ſa fleur tire ſur le violet, mais le bouquet eſt plus petit que celui du Syringa: les feuilles ſont petites, pointues ſur le devant: il prend de Sauvageons de Souche. Le *Jasmin blanc ſauvage* a les fleurs & les feuilles à peu près ſemblables à celles du Jasmin de Catalogne: il ne réſiſte point à un froid fort rude; car il arrive ſouvent alors que ſes feuilles & ſes racines meurent: mais quand le froid eſt modéré, & qu'il eſt planté dans une expoſition au Midi ou au Sud-eſt, il reſte quelquefois en vie pendant pluſieurs années, même ſans être couvert; & il réſiſte à un froid aſſez rude, quand on le couvre avec une natte de roſeau ou autre, & qu'on a bien ſoin de ſes racines, quoiqu'il quitte ſes feuilles tous les ans: il prend de Bouture, mais plus encore de Sauvageons de Souche: on grefe en approche ſur ces petits Sauvageons, le *Jasmin blanc de Catalogne.* Cet Arbriſſeau eſt en Angleterre, de même que l'*Alaterne* & le *Phyllirea* ou *Filaria*, la couverture ordinaire des murailles, comme chez nous le *Lierre.* Le *Heuning-bloem*, nommé mal à propos *Jasmin blanc Sauvage*, & cependant connu chez nous ſous ce nom, eſt appellé par pluſieurs *Syringa blanc*, ou *Syringa d'Italie*, & en Hollandois *Fluiten-boom*: ſon bois eſt à jointures, & plein de tuyaux, de couleur rouſſâtre, & rempli par dedans d'une moelle blanche, ſpongieuſe, molle: les feuilles ſont dentelées, de couleur rouſſâtre, d'un verd pâle, & point unies: les fleurs viennent à des ſommités tendres, & ont quatre ou cinq feuilles rondes, larges & pointues.

L'Arbriſſeau nommé en Hollandois *Dubbelde Bloem-kers*, eſt petit,
&

& a une fleur d'une odeur fort agréable, en guise d'une petite rose.

Le *Vogel-kers* a une grande fleur en guise de bouquet, presque comme celle du *Chateigner sauvage*; il prend de Sauvageons de Souche.

Le *Laurier-Cerise à feuilles vertes luisantes* est connu en Latin sous le nom de *Laurus-Cerasus*. Il y en a de deux sortes, qu'on distingue en *grand* & *petit Laurier*; il a une feuille luisante fort belle; mais il fleurit rarement chez nous, à moins que l'été ne soit extrêmement chaud; les fleurs sont blanches: il résiste au froid de nos hivers: il prend de Sauvageons de Souche.

Le *Troesne*, en Latin *Ligustrum*, a une fleur blanche en guise de bouquet, semblable à celle du *Syringa blanc*; desorte qu'on pourroit le prendre pour une espèce blanche plus petite; comme on pourroit prendre le *Jasmin de Perse* pour l'espèce du petit bleu. Il résiste à un froid fort rude: il prend de Sauvageons de Souche. Le bois a des rameaux fort minces & des feuilles étroites & pointues; desorte qu'il est fort propre pour faire des Haies tondues basses; aussi l'emploie-t-on beaucoup à cela; mais alors il ne faut pas s'attendre à le voir beaucoup fleurir.

L'Arbrisseau que nous nommons *Naenties-Amandel*, croît environ à la hauteur de quatre pieds. Il y en a deux espèces, l'une ayant des fleurs simples & l'autre des doubles, les unes & les autres fort belles, d'un rouge clair. Il prend de Sauvageons de Souche & de Marcottes; mais il ne croît pas dans des terres de tuf ou de bitume.

Le *Poivrier*. Il y en a deux espèces: l'une dont les fleurs sont de couleur de chair, qui viennent au commencement du Printems, joignant le bois, avant les feuilles: l'autre dont les fleurs ne sont pas si belles, elles sont vertes & recoquillées: on ne peut guère les faire croître l'une & l'autre à plus de deux pieds de hauteur, savoir en plein vent & avec une petite couronne; ils prennent de Sauvageons de Souche.

Les *Rosiers* sont des Arbrisseaux ligneux, lesquels croissent selon leurs espèces, à plus ou moins de hauteur, en plein vent. Je mets aussi dans la même classe l'*Eglantier*, dont les rameaux sont plus fins & font de plus beaux petits arbres à couronne: les feuilles ont une odeur plus agréable, les fleurs ont moins de feuilles, mais le bois en est garni d'épines plus grosses, plus courtes & plus crochues. En général les Rosiers ont des rameaux plus longs & plus étendus que les Eglantiers; desorte que ces derniers ne sont pas si propres pour en faire de petits arbres pommés. Il y en a plusieurs espèces différentes, comme des roses brunes, rouges, jaunes, blanches, doubles & simples; il en est de même des Eglantiers. Ils prennent tous de Sauvageons de Souche & de Marcottes,

cottes, comme auffi de petits morceaux de leurs racines, qu'on met en terre à la profondeur de deux pouces.

Les Rofes les plus communes font celles qu'on appelle chez nous *Rofes de Provins*, dont il y en a beaucoup de rouges, de jaunes & de blanches : on diftingue les rouges en grandes & petites doubles : nous donnons à ces dernières le nom de *Juffer-roosje*. La plus grande *Rofe de Provins*, eft la meilleure pour être mife dans des pots, car elle y devient plus mignone ; c'eft pour cela que la petite, ou *Juffer-roosje*, ne donne pas des fleurs comme il faut quand elle eft dans des caiffes.

La double jaune a rarement dans ce Païs des fleurs en plein air comme il faut, elle ne réfifte pas non plus à un froid un peu rigoureux. Elle n'aime point à être mouillée par deffus, car alors les boutons périffent : il ne faut pas auffi la rogner beaucoup par le haut, & on ne doit la tailler que peu.

Celle que nous nommons *Maend-roos* eft mife par quelques-uns dans la claffe des Rofes de Provins, mais elle eft beaucoup plus fimple, & fa fleur dure très peu.

La *Rofe lanugineufe* eft defagréable à la vue, parce que fa feuille lanugineufe reffemble beaucoup aux poux verds.

La *Rofe mufquée* : la double ne réfifte point au froid de nos hivers.

L'*Eglantier fimple* : fes boutons font fort gros, rouges, excellens en confitures & en ragout.

La *Rofe-Canelle* eft petite & a de petites feuilles, mais en grande quantité : ce Rofier eft de la grandeur de l'Eglantier.

Il y a des Rofes qu'on nomme *Rofes de Camelot*, de *Terre*, de *Morleon*, brunes & pâles.

Le *Rofier de Gueldre* ne peut pas être mis au nombre des Rofes, le bois ayant une écorce grifâtre fans épines, faifant un joli petit arbre pommé, qui a de petites branches, & qui vient à la hauteur de quatre ou cinq pieds : les feuilles font fort rondes & fort dentelées ; la fleur reffemble à celle du Sureau, & forme comme une boule ramaffée ; deforte que cet Arbriffeau ne reffemble point au Rofier, ni du côté du bois, ni de la feuille, ni de la fleur.

Le *Syringa*. Il y en a des bleus & des blancs. Il croît en Arbriffeau, avec des rameaux fort minces, qui s'étendent loin, à une grande diftance les uns des autres. Il parvient quelquefois à la hauteur de plus de douze pieds : fes feuilles font paffablement grandes & larges, étroites en haut, & finiffant en pointe : les fleurs viennent par bouquets à des queues, avec un pédicule par deffous : il prend de Marcottes.

Fin de la Prémière Partie.

LES

AGREMENS
DE LA
CAMPAGNE,
OU
REMARQUES PARTICULIERES

Sur la manière de cultiver & de prématurer les Plantes. Avec une description exacte de la manière de cultiver des herbes potagères & des Légumes. De même que pour avoir infailliblement & en abondance tous les ans des fruits d'ANANAS & autres, comme CITRONS, LIMONS, ORANGES, des RAISINS, par le moyen de Serres artificiellement réchauffées: avec un avis sur la fabrique des Thermomètres nécessaires pour cela.

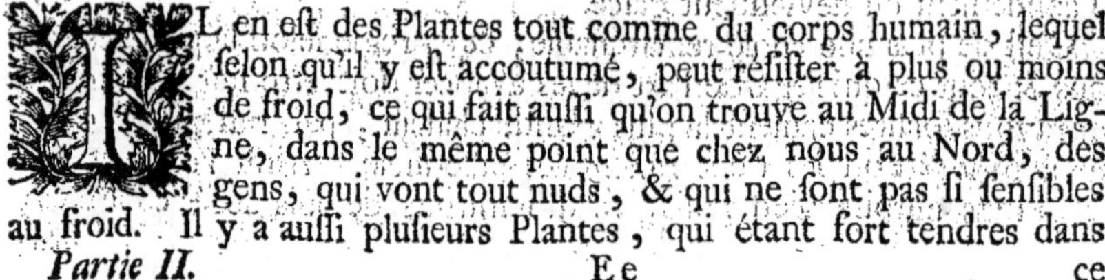

SECONDE PARTIE.

Avertissement touchant la manière de cultiver les Plantes hors des Saisons ordinaires, & touchant quelques Plantes étrangères, de même que touchant les herbes du Parterre, & les Arbrisseaux du Potager.

IL en est des Plantes tout comme du corps humain, lequel selon qu'il y est accoutumé, peut résister à plus ou moins de froid, ce qui fait aussi qu'on trouve au Midi de la Ligne, dans le même point que chez nous au Nord, des gens, qui vont tout nuds, & qui ne sont pas si sensibles au froid. Il y a aussi plusieurs Plantes, qui étant fort tendres dans

Partie II.   E e   ce

ce Païs, font fujettes à mourir par le moindre froid, qu'on peut cependant accoutumer infenfiblement de plus en plus à ce Climat ; ce que prouvent bien évidemment, les Citronniers, les Limoniers, les Orangers, venus des Climats plus chauds, où il ne gele jamais ; puifque dans plufieurs endroits, en pleine terre, dans un air libre & découvert, ils croiffent vigoureufement fans aucun empêchement, & y produifent des fruits ; & même dans des endroits où l'hiver convertit l'eau en glace. Il vaut infiniment mieux dans ce Païs ne pas trop couvrir les plantes venues des Climats plus chauds ; mais les accoutumer plutôt à un plus grand froid ; quoiqu'il me paroiffe impraticable de les faire tellement changer de nature, qu'elles puiffent réfifter à la gelée rigoureufe & aux vents de bize qu'il fait dans ce Païs ; deforte qu'il faut tâcher par des moyens artificiels, fervans à les aider dans leur pouffe & à meurir leurs fruits, non feulement d'avancer les Saifons, de les défendre contre la gelée & les vents de bize, mais auffi d'augmenter tellement la chaleur, qu'elle foit dans chaque faifon au même point, que ces plantes font accoutumées d'avoir dans leur propre Climat pour y pouvoir croître, & faire meurir leurs fruits.

Il eft bon de favoir, avant que de paffer à ce Traité, que je diftingue le plus ou moins de chaud de l'ardeur même ; comme auffi le plus ou moins de froid, de la gelée. J'appelle *ardeur* lorfque les parties ignées font tellement abondantes & vives, que les corps qui en font affectés fe brulent ; *chaleur*, quand ces parties ignées ne font pas en fi grande quantité ni affez ardentes pour faire bruler, mais fuffifamment cependant pour féparer davantage les vapeurs, & pour les entretenir dans un tel mélange, que la pouffe & la maturité des fruits fe faffent par le moyen de ces parties mêlées. J'appelle *froid*, quand les parties ignées font en fi petite quantité ou font fi peu ardentes, que les vapeurs dont elles fe trouvent mêlées, font plus étroitement jointes enfemble, ce qui rend le froid plus ou moins grand, & approchant de celui qui produit la glace. Je nomme *gelée*, quand ces parties ignées font encore en moindre quantité, & moins ardentes, de manière que les vapeurs raffemblées en eau, fe condenfent ou deviennent glace.

C'eft de plus une chofe remarquable, & la règle félon laquelle les Saifons & tout ce qui regarde l'art de les avancer doit être fait, favoir que les rayons folaires caufent la plus grande chaleur, par réfléxion : comme auffi lorfqu'on les tient raffemblés pêle-mêle. Ainfi l'on voit que de grands miroirs bien polis, & des miroirs de bois dorés concaves,

bru-

brulent terriblement, sans qu'ils s'échaufent eux-mêmes le moins du monde, ou qu'ils en soient endommagés; que l'air reste souvent chargé de glace, & les Montagnes couvertes de neige pendant l'Eté, quoique les rayons solaires causent dans ce même Païs une chaleur excessive; que l'air à la hauteur de 75 degrés jusques dans les 80, quoique le Soleil y luise continuellement pendant l'Eté, n'est pas cependant si chaud chez nous à cinq degrés près, que dans le Printems & l'Automne: au-lieu que dans les endroits où le Soleil n'éclaire la Terre, que douze-heures les vingt-quatre, & où à midi il est perpendiculaire, il y fait souvent une chaleur excessive, parce que les rayons solaires qui réfléchissent vers le haut, sont repoussés chaque fois par ceux qui tendent vers le bas, & y restent confondus.

Comme dans ce Païs pendant l'hiver & au commencement du Printems, le Soleil est fort bas, qu'il ne décrit qu'un très petit cercle, & n'éclaire la Terre que par des rayons obliques; ces rayons par cela même ne peuvent y produire aussi que très peu d'effet, ce qui fait souvent que les vapeurs & les exhalaisons restent rassemblées & comme suspendues autour de nous, & causent un air fort bas chargé de nuages, de brouillard ou de glace: encore moins est-il possible que ces rayons obliques mettent tellement en mouvement les sucs de la terre, qu'ils les fassent servir à l'agrandissement des plantes; pas même quand le Soleil luiroit alors beaucoup tous les jours, parce qu'on est fort sujet à tout moment, à des vents fort rudes de Nord-est, d'Est ou de Sud-est, qui condensent encore davantage ces vapeurs & ces exhalaisons. C'est-pourquoi il faut tâcher avant tout de défendre les corps & les terres, qu'on veut rechaufer, de tout ce qui peut nuire à la force des rayons; il faut faire aussi ensorte que ces corps & ces terres soient éclairés par ces rayons en angles droits.

On ne sauroit mieux rompre les vents que par des arbres de haute futaie, qui soient fort garnis de branches, & uniment tondus, lesquels on peut planter au Nord, à l'Est & à l'Ouest, sans qu'ils y gênent le moins du monde les rayons solaires. Lorsque ces grands arbres, ou brise-vents uniment tondus se plieront par la force des vents, ils laisseront aussi couler les vents le long de leurs cimes, lesquels vents après cela tomberont seulement à une grande distance delà: il en est tout autrement aux environs des Bâtimens peu exhaussés, murailles ou Cloisons, car les vents dans ces endroits s'étant glissés par derrière jusqu'au haut, & tombant près delà de l'autre côté, y causeront des tourbillons

fort

fort ruineux, ce que font pareillement par réfléxion les vents de devant. Ces brife-vents bien joints font encore très bons pour conferver les rayons folaires, lesquels s'y mêleront & y refteront en grande quantité comme fufpendus, ce qu'on ne fauroit fe procurer par le moyen des murailles ou des cloifons, étant trop baffes pour cela.

Outre ces brifes-vents, confiftant en de fort hautes Haies tondues au Nord-eft & à l'Oueft, on plante auffi dans de plus petites partitions, des Haies tondues moins hautes, pour retenir encore d'autant mieux les rayons folaires dans ces moindres partitions: on aura par le moyen de ces fortes de brife-vents, une chaleur plus grande & plus féconde, fur-tout pendant l'Hiver ou au commencement du Printems, que là où le Soleil luit plus longtems fans être ainfi renfermé: mais il faut fonger avant qu'on plante, & fur-tout quand on conftruit des Edifices, des murailles ou des Cloifons, que pendant l'Hiver & dans l'Autonne, leur ombre s'étende fort loin, & qu'ils interceptent par conféquent confidérablement le Soleil, comme on peut le voir ci-après, où la déclinaifon du Soleil, fa hauteur au-deffus de l'Horizon, & par conféquent fon ombre eft calculée à un pied de hauteur perpendiculairement; à la hauteur du Pole de 51, 52, 52$\frac{1}{2}$, 53 & 54 degrés divifés par pouces, & ceux-ci chacun en cent parties.

Le 21 de Décembre la déclinaifon du Soleil eft de 23 degrés 30 minutes.
Le 21 de Janvier　-　-　-　-　19 degr. 45 min.
Le 21 de Février　-　-　-　-　10 degr. 26 min.

Hauteur du Pole.

	51 degrés.	52.	52.$\frac{1}{2}$	53. &	54 degrés.
Le 21 de Décembre à 12 heures, hauteur du Soleil.	15 degr. 30	14.30.	14.	13.30.	12.30.
Ombre.	43. $\frac{26}{100}$	46. $\frac{40}{100}$	48. $\frac{11}{100}$	49. $\frac{92}{100}$	54. $\frac{33}{100}$
à 11 & à 1 heures, hauteur du Soleil.	14.11.&20 fecond.	13.12.10.	12.43.50.	12.15.	11.15.
Ombre.	47. $\frac{46}{100}$	51. $\frac{16}{100}$	53. $\frac{12}{100}$	55. $\frac{27}{100}$	60.33.
à 10 & à 2 heures, hauteur du Soleil.	10.12.	9.18.20.	8.51.30.	8.24.40.	7.31.30.
Ombre.	66. $\frac{74}{100}$	73. $\frac{24}{100}$	77.	81. $\frac{16}{100}$	90. $\frac{84}{100}$
Le 21 de Janvier à 12 heures, hauteur du Soleil.	19.15.	18.15.	17.45.	17.15.	16.15.
Ombre.	34. $\frac{36}{100}$	36, $\frac{39}{100}$	37. $\frac{48}{100}$	38. $\frac{67}{100}$	41. $\frac{18}{100}$
à 11 & à 1 heures, hauteur du Soleil.	18.20.	17.1.30.	16.32.	16.2.20.	15.4.10.
Ombre.	36. $\frac{21}{100}$	39. $\frac{20}{100}$	40. $\frac{42}{100}$	41. $\frac{74}{100}$	44. $\frac{17}{100}$

à 10.

à 10 & à 2 heures, hauteur du Soleil.	14. 11. 10.	13. 15. 50.	12. 49. 40.	12. 22. 10.	11. 24. 30.
Ombre.	47. $\frac{47}{100}$	50. $\frac{205}{100}$	52. $\frac{70}{100}$	54. $\frac{72}{100}$	59. $\frac{47}{100}$
à 9 & à 3 heures, hauteur du Soleil.	7. 37. 30.	6. 52. 10.	6. 29. 50.	6. 7. 10.	5. 23.
Ombre.	89. $\frac{63}{100}$	99. $\frac{61}{100}$	105. $\frac{17}{100}$	111. $\frac{91}{100}$	127. $\frac{34}{12}$
Le 21 de Février à midi, hauteur du Soleil.	28. 34.	27. 34.	27. 4.	26. 34.	25. 34.
Ombre.	22. $\frac{4}{100}$	22. $\frac{59}{100}$	23. $\frac{45}{100}$	23. $\frac{95}{100}$	25. $\frac{8}{100}$
à 11 & à 1 heures, hauteur du Soleil.	27. 28.	26. 28. 20.	25. 58. 40.	25. 29. 10.	24. 30. 10.
Ombre.	23. $\frac{8}{100}$	24. $\frac{9}{100}$	24. $\frac{61}{100}$	25. $\frac{17}{100}$	26. $\frac{33}{100}$
à 10 & à 2 heures, hauteur du Soleil.	24. 2. 40.	23. 6. 40.	22. 37. 50.	22. 22. 30.	21. 15. 40.
Ombre.	26. $\frac{89}{100}$	28. $\frac{11}{100}$	28. $\frac{78}{100}$	29. $\frac{11}{100}$	30. $\frac{86}{100}$
à 9 & à 3 heures, hauteur du Soleil.	18. 7. 40.	17. 18. 50.	16. 54. 40.	16. 30. 20.	15. 42. 30.
Ombre.	36. $\frac{26}{100}$	38. $\frac{91}{100}$	39. $\frac{47}{100}$	40. $\frac{16}{100}$	42. $\frac{67}{100}$

Les Plantations, les Edifices, les Murailles, & les Cloisons doivent être placées à une telle distance, qu'elles ne puissent donner de l'ombre aux corps qui ont besoin d'être affectés par le Soleil: & comme on a démontré ci-devant que les rayons obliques, sur-tout en Hiver, donnent peu ou point de chaleur, il faut tâcher, autant qu'il est possible, que ces rayons affectent les corps par des angles approchans des droits, ce qui est sur-tout nécessaire à l'égard des vitres, parce que ces rayons pénètrent alors beaucoup mieux au travers de leurs pores; au-lieu qu'autrement ils réfléchissent sans produire aucun effet. Il faut, pour la même raison, que la terre soit placée en talus du côté du Soleil; & comme les corps noirs, spongieux, légers, laissent un plus libre passage aux rayons solaires, qu'aucun autre, il faut que la terre soit bien fumée, légère & noirâtre; mais il faut que les fonds qui sont devant les Serres, les Caisses vitrées, les Murailles, les Cloisons, soient bas, durs, unis, afin que les rayons solaires en réfléchissent delà vers les Serres, & qu'ils y augmentent la chaleur: il faut bien prendre garde aussi qu'au devant des Orangeries, des Serres & des Caisses vitrées, un grand air fort spacieux rend pendant l'Hiver la gelée plus rude, & cela d'autant plus que dans cette Saison, il fait souvent pendant plusieurs jours de suite un air chargé & sombre sans Soleil.

Quand on garnit des deux côtés les Orangeries, les Serres & les Caisses vitrées, de brise-vents, lesquels renvoient les rayons solaires vers ces Orangeries, &c. ils n'augmentent pas seulement auprès des Orangerics, &c. la chaleur, mais ils rompent aussi continuellement le vent, ce qui est cause que les rayons solaires rassemblés se perdent d'autant moins. Il ne faut pas, au reste, que ces brise-vents des côtés, placés aux environs des Caisses pour prématurer les fruits pendant l'Hiver, soient à une trop grande distance les uns des autres, afin qu'ils empêchent d'autant mieux l'entrée aux vents: car de tels brise-vents placés près les uns des autres, & réfléchissant ainsi les rayons obliquement, ne rompent pas le Soleil, parce qu'ils sont fort bas & d'une petite étendue. On place aussi par la même raison des brise-vents par derrière, & l'on en place au dessus des Serres & des Caisses vitrées obliquement, d'où les rayons solaires réfléchissent vers le bas sur les vitres. Ces derniers ne doivent pas pencher trop en avant, afin qu'à la mi Février ou au mois de Mars, quand le Soleil s'élève plus haut, ils n'interceptent point de rayons; à moins qu'on ne fasse faire ces Cloisons de manière qu'on puisse les racourcir & les rendre plus hautes. Il faut que tous ces brise-vents soient faits d'un bois dur, compacte, peint en dedans en blanc, afin qu'il réfléchisse de ce côté-là d'autant mieux les rayons solaires; au-lieu que ce qui doit absorber la chaleur doit être peint en noir ou bien en brun foncé; car j'ai remarqué à des espaliers, que les rayons réfléchis d'une couleur blanche nuisoient souvent beaucoup aux fruits, sur-tout aux Raisins charnus.

Il n'est pas bon de couvrir les Cloisons de planches, parce que ce ne sont pas seulement des nids à Araignées, à Chenilles, à Perce-oreilles & autres insectes, mais aussi parce qu'elles détournent la rosée & l'eau de pluie, de manière que les plantes n'en sont pas si bien arrosées par devant, outre que ces planches arrêtent aussi les vents furieux du Midi, ou du Sud-ouest, qui vont par devant en montant, & les font ensuite descendre de nouveau, en froissant & rompant les tendres rejettons, & en les pliant à contre-sens; ce qui nuit infiniment davantage que des torrens de pluie ou des bourasques de grele, lesquels sont plus rares, & par cela même moins ruineux.

Celui qui voudra augmenter aux environs des arbres fruitiers, la chaleur de l'Eté par une certaine construction de Murailles ou de Cloisons, ne se trompera pas moins, que celui qui fait construire d'autres Orangeries, Serres, Caisses vitrées, autrement qu'en droite ligne: car celles qui sont en droite ligne sont les seules bonnes, & reçoivent en Eté une chaleur suffisante; les murailles creuses, celles à retranchemens, les zig-zacs & les Cloisons penchées en avant, peintes en blanc, brulent: car les Murailles sont ordinairement trop chaudes à cause de la réfléxion des rayons solai-

res;

res; desorte que j'ai trouvé infiniment meilleures les Cloisons étroitement jointes; mais il ne faut pas les garnir de lates, parce qu'autrement
les vents qui y passent entre-deux chassent la chaleur du Soleil : & afin
de prévenir encore d'autant mieux, le long des Cloisons, cet vents, on
pose à la distance de 24 ou de 30 pieds un petit brise-vent, qui consiste
uniquement dans une seule planche placée en longueur, clouée à la Cloison en angle droit. Les Murailles doivent être garnies de lates, parce
que les petits cloux, dont on a besoin pour lier, n'y tiennent pas assez,
& parce qu'en les arrachant on emporte une partie de la chaux, d'où il se
forme des creux où se nichent les insectes : du reste, il ne faut y employer que des lates d'un demi-pouce d'épaisseur, sur lesquelles on cloue
des lates tout-à-fait pareilles en longueur à la distance de cinq pouces,
auxquelles on peut attacher pour lors comme il faut les branches des arbres, lesquelles souffriront aussi beaucoup moins alors par la réflexion des
rayons solaires.

Toutes ces précautions sont très nécessaires pour augmenter & pour
conserver les rayons solaires, à l'égard des plantes qu'on conserve à l'a-
bri de la gelée pendant l'Hiver, dans des endroits fermés, comme O-
rangeries, Serres artificiellement chaufées, ou autres Caisses vitrées :
elles sont au contraire nuisibles à l'égard de celles, qui croissent en plein
air, car cela fait rassembler de nouveau par la gelée de la nuit ou du matin, la sève que le Soleil avoit fait monter; & plus la gelée suit de près
la chaleur du Soleil, plus aussi elle est nuisible : ainsi l'on voit de tendres
plantes, qui peuvent résister à peine au froid qu'il fait chez nous pendant l'Hiver, mourir beaucoup plus souvent vers le Printems sur des couches fort exposées au Soleil au devant des Murailles ou des Cloisons, que
celles qui pendant l'Hiver n'ont point du tout de Soleil, & dont la sève est ainsi montée : delà vient que les Cloisons au Sud-ouest, & les couches qui sont au devant d'elles, sont infiniment moins avantageuses,
que celles qui sont au Sud-est, parce que les prémières étant beaucoup
plus affectées par le Soleil, se ressentent d'abord de la gelée, & que cel-
la continue jusqu'à ce qu'elles passent encore subitement du froid ou de la
gelée à la plus grande chaleur, comme dans un endroit où le Soleil luit
pendant douze heures; au-lieu que les Cloisons exposées au Sud-est &
les couches qui sont au devant, ont le Soleil, lorsqu'il a le moins de
force; & lorsqu'on a le plus de lieu de s'attendre à la gelée, qui au Printems, pénètre ordinairement plus que jamais; le Soleil les quittant de
nouveau lorsqu'il a le plus de force, & que la chaleur du jour est ordi-
nai-

nairement au plus haut point: par ce moyen les plantes qui sont au devant & contre de telles Cloisons s'accoutument insensiblement à un plus grand froid & à une plus rude gelée.

Il faut avoir des endroits artificiels pour conserver pendant l'Hiver les tendres plantes, & plus encore pour les faire pousser: des endroits où l'on attire la chaleur du Soleil par le moyen de vitres, où on tâche de la conserver non seulement par des couvertures, mais aussi de l'augmenter par le moyen du feu. Les meilleurs endroits artificiels destinés à cet usage sont ceux qui peuvent chaufer en peu de tems l'air qui y est renfermé, & le conserver longtems dans cet état; c'est pour cela qu'on les fera construire de manière qu'ils aient par devant autant de vitres, & par dedans aussi peu d'air qu'il est possible; de telle manière cependant que ces vitres puissent être comme il faut à couvert de la gelée; car il ne faut pas sur-tout ignorer que la chaleur, que l'on conserve par le soin qu'on prend de couvrir pendant la nuit, est beaucoup plus féconde & meilleure, que celle qu'on pourroit procurer par le moyen du feu.

Les Serres doivent, selon l'usage qu'on en veut faire, avoir une longueur, hauteur & profondeur requises; étant une chose remarquable que par le moyen du feu seulement, sans le secours du Soleil, on peut faire croître aussi peu, que l'on pourroit faire croître en Hiver, sans l'aide du feu, des tendres plantes. Pour se servir avec succès de ces endroits artificiels, il est de plus nécessaire qu'on sache jusqu'à quel degré de froid ou de chaleur les plantes doivent être affectées: il faut aussi avoir une idée de la chaleur naturelle de l'air extérieur selon les Saisons: il faut encore savoir comment il est dans les Orangeries, dans les Serres, & dans les Caisses vitrées, sans & avec feu; & ne pas ignorer l'effet de cette chaleur. Enfin on doit connoître les moyens de remédier à ce qui y manque, pour imiter aussi naturellement qu'il est possible, selon les Saisons, l'air du dehors.

Le froid ralentit le mouvement, & fait que les vapeurs se rassemblant davantage, se condensent plus aussi, & se convertissent en glace lorsqu'elles se gelent. La Chaleur, au contraire, cause du mouvement, ce qui sépare & dissout les corps. De ces vérités infaillibles il suit, que les corps mous, fluides, sont beaucoup plus atténués & dispersés, que les corps plus durs, plus solides, plus secs: de plus, que lorsque de tels corps fluides & mous sont agités sous la terre, leurs vapeurs font contracter aussi à l'air des parties plus molles & plus fluides; pareillement que ces corps atténués & dispersés, se laissent pousser sans beaucoup de ré-

sistanfiſtance, ou attirer dans les petits tuyaux des plantes, où ſe condenſant, pour peu qu'ils ſe raſſemblent, y cauſent une pouſſe fort vigoureuſe.

Il en eſt ainſi particulierement à l'égard de la chaleur dans les Serres vitrées, où les vapeurs de la terre, ou des Pots & des Caiſſes ſouvent arroſées, liquéfiées par l'introduction des rayons ſolaires & nullement deſſéchées, reſtent comme ſuſpendues autour des plantes, juſques à ce que le froid les raſſemblant davantage, les condenſe. Mais, comme dans les terres molles & humides, la pouſſe pendant les Etés pluvieux, eſt ordinairement un compoſé de corps mous ſubitement formés, il en eſt de même de la pouſſe de ceux, dont les arbres, les plantes, de même que leurs fruits, ſont grands, & ont des tuyaux larges, mous, gon-flés, & pleins d'eau: au-lieu que la pouſſe n'eſt pas ſi forte, ni ſi ſubite, lorſque la chaleur met en mouvement des corps plus ſecs, plus ſolides; mais les arbres & les plantes ſont alors plus compactes, plus ſolides & ont des pores moins larges: les fruits en ſont auſſi alors meilleurs au gout, à cauſe que par ce moyen ils parviennent à une plus promte & une plus parfaite maturité; ce qui ne ſauroit jamais avoir lieu, tant que la cha-leur promène autour des fruits de pareils corps mous & fluides; car pour la maturité des fruits il faut une chaleur qui agite des corps ſolides & plus petits: & de même qu'un pot qui bout ſans couverture, exhale à tout moment des vapeurs aqueuſes, il faut que les parties minces & aqueuſes que les fruits contiennent, en ſoient expulſées comme en bouillant, & s'exhalent enſuite par les ouvertures qui ſont au haut des Serres.

On ne trouvera pas ſeulement infaillible ce qui vient d'être dit à l'é-gard des fruits qui meuriſſent en plein air, & cela dans des années fort pluvieuſes où le Soleil luit fort peu; mais auſſi toujours, quand dans des endroits renfermés & vitrés, on veut faire meurir des Raiſins; ſur-tout quand les Serres ſont profondes & que la Vigne, de même que ſes bran-ches, eſt loin des vitres; car les Raiſins y deviendront bien alors d'une groſſeur ordinaire, mais ils ne meuriront jamais parfaitement, quoiqu'il s'en faudra de peu; ce qui eſt cauſé par les exhalaiſons qui y voltigent continuellement, qui ſe fixent, étant comme condenſées autour des fruits, leſquels par ce moyen deviennent dans le commencement, avant que de meurir, coriaces, ſe moiſiſſent & ſe pouriſſent dans la ſuite. Pour prévenir cela, il faut à l'égard de tout ce qu'on cultive ſous des vitres, dans des Serres ou des Caiſſes vitrées, avoir ſoin de donner beaucoup d'air, & ſur-tout quand il s'agit de faire meurir des fruits qui ont la peau mince & la chair pleine d'eau: ceux-ci, de même que les Melons précoces, doivent être airés continuellement, pour laisser exhaler les parties ignées, & cela par derrière, en y employant, pour les couvrir, plus ou moins de couvertures de poil, selon que la gelée est forte.   Quand à l'aide du Soleil, ou par quelque autre moyen, les vapeurs ne sont ni assez liquéfiées, ni séparées, la meilleure voie pour les pousser en dehors est alors le feu; mais quand ces corps mous (consistant pour la plus grande partie en vapeurs & moins en exhalaisons), se fixent dessus & autour des plantes, ou bien qu'ils y voltigent, comme il arrive souvent en hiver, que le Soleil qui n'a alors que peu de force, ne sauroit mettre assez en mouvement l'air intérieur au dessus du fond, ou bien que l'air extérieur est tellement gelé, qu'il n'y a pas moyen, à moins d'un dommage bien réel, d'ouvrir ou de découvrir les Orangeries, les Serres, les Caisses vitrées, alors ces vapeurs font moisir & pourrir les plantes : cela arrive presque toujours lorsque par le moyen du fumier de Cheval on peut cultiver dans les Mois de Novembre, de Décembre, & de Janvier, des fruits précoces; & cela sur-tout encore quand on ne les laisse par exhaler par derrière.

Il est encore très nécessaire, que l'air renfermé dans les Orangeries, dans les Serres & les Caisses vitrées soit quelquefois rafraichi par un air de passage; tout comme le vent en plein air chasse les mauvaises exhalaisons, qui nous environnent; desorte qu'on ne laissera échaper aucune occasion favorable, pour laisser entrer par un côté un air frais & pur, & laisser exhaler de l'autre, l'air chargé de parties corrompues & mauvaises; ce qui doit toujours être pratiqué, lorsqu'il ne fait pas trop froid, ou quand il ne gele pas : & afin que cet air extérieur en pénétrant, ne cause aucun dommage aux plantes renfermées, on chaufera un instant auparavant l'air intérieur, en lui procurant une chaleur un peu plus grande que celle qu'il doit avoir, pourvu cependant qu'elle ne soit pas nuisible.   Pour être assuré de cela, comme aussi dans la suite, de la constitution de l'air intérieur, quant au froid & à la chaleur, on se sert de Thermomètres, qui en décident infailliblement, & dont on ne peut absolument se passer; je les décris amplement, de même que les expériences faites par leur moyen dans le *Chap. III.* suivant, & je donne pareillement dans le *Chap. IV.* suivant une description de l'air, & de ses effets sur les plantes, comme aussi de la chaleur, du froid, de la pluie, de la neige, de la grele, des frimats, de la rosée & des vents.

Un air spacieux & libre, pareil à celui dont les plantes jouissent naturellement lorsque le Soleil les éclaire dans leurs Saisons fécondes, est celui qui leur fait faire la plus naturelle pousse, & qui sert le plus naturellement

ment aussi à nourir leurs fruits: desorte que l'endroit le plus convenable
dans les Orangeries, dans les Serres, & dans les Caisses vitrées, est celui où les plantes peuvent jouir d'un air libre, tel qu'est celui qui se
trouve le plus près des vitres; car on voit que c'est là qu'elles croissent
avec le plus de vigueur & qu'elles produisent le plus de fruits; ce à quoi
on ne doit jamais s'attendre de celles qui étant plus enfoncées, ne reçoivent point de Soleil; & cela sur-tout lorsqu'elles sont trop serrées; c'est
pour cela qu'il ne faut pas seulement placer les plantes de manière que
près des vitres elles puissent recevoir le Soleil, mais encore que leurs feuilles & leurs branches libres & dégagées, puissent tout autour être affectées
d'un tel air échauffé par le Soleil; étant presque une erreur générale, par
laquelle quantité de plantes se gâtent & périssent, & par laquelle aussi la
prématuration des fruits réussit souvent très mal, qu'on fait trop d'usage &
même un mauvais usage des Orangeries, des Serres, des Caisses vitrées; je
dis trop, savoir quand on y gêne trop les plantes, quand on n'y laisse pas
le moindre vuide, ce qui réellement est un abus pernicieux; car c'est la
même chose, que si un nombre fort considérable d'hommes étoient obligés de demeurer ensemble près à près dans un lieu renfermé, sans aucun
rafraîchissement d'air: puisqu'il est certain que, si parmi une quantité
de plantes fort serrées, il s'en trouve quelques-unes d'une mauvaise constitution, & dont par conséquent les exhalaisons soient plus corrompues, ces dernières infecteront leurs voisines & celles-là d'autres. On se
trompe encore quand on place des plantes qui doivent être affectées di-
versement de l'air, de plus ou de moins de chaleur ou de froid, près les
unes des autres, ou bien de telle manière quelles jouissent de la même
chaleur & du même froid, comme cela est immanquable dans les Orangeries, dans les Serres, &c. où l'on a placé ensemble ces différentes sortes de plantes.

La règle fondamentale pour cultiver les plantes tendres & pour a-
vancer les Saisons, est principalement d'imiter leur pousse naturelle, afin qu'autant qu'il est possible elles soient de tems en tems affectées de la manière qu'elles le font naturellement en plein air: on trouve
à cet égard que celles sur qui la pluie distille, ou celles qui sont trop serrées, ne deviennent jamais bonnes, & ne produisent pas de bons fruits;
comme aussi que la Nature, relativement à la pousse & à la maturité des
fruits, produit selon la diversité des Saisons, sur une plante, un effet
différent que sur une autre; ce qui fait qu'en tout tems dans le Printems,
dans l'Eté, dans l'Autonne, & même dans l'Hiver, on a des fleurs &
des fruits.   Ff 2   La

La Nature nous apprend encore, qu'il n'est pas possible de cultiver ensemble, dans un endroit renfermé, où il y a la même constitution d'air, des Cerises, des Pêches & des Raisins; parce que les Pêches & les Cerises n'ont pas besoin au tems qu'elles fleurissent d'une aussi grande chaleur que les Raisins. Les Cerises, outre cela, meurissent en moins de tems, & par la chaleur ordinaire de l'Eté; au-lieu que les Pêches, quoique plutôt fleuries, ont besoin de beaucoup plus de tems pour croître & pour meurir, & ne sont bonnes à manger qu'en Automne. De plus les unes & les autres fleurissent avant que d'avoir des feuilles: on voit le contraire à l'égard de la Vigne, puisque ses fleurs se manifestent au milieu de l'Eté, lorsque la chaleur est à son plus haut degré, & deux mois par conséquent après la pousse des Sarmens & après que le fruit s'est montré; d'où il suit évidemment qu'il n'est pas possible de cultiver ensemble des Cerises & des Pêches dans des Serres où il y a des Cerises & des Pêches.

Traitant dans le *Chap. V.* suivant, de la Terre & de son usage, on dit aussi que les arbres & autres plantes prennent une meilleure & une plus naturelle nourriture, étant plantés dans un vaste terrain, que lorsqu'ils sont plantés dans un terrain fort resserré, comme dans des pots ou dans des Caisses: ce qui doit sur-tout être observé quand il s'agit de prématurer les fruits dans les Saisons, les arbres devant être plantés derrière les vitres contre les murailles des Serres dans un terrain spacieux & libre, de telle manière que leurs racines puissent par devant chercher & tirer leur nourriture en long & en large dans la terre extérieure, & aussi profondément; étant très remarquable, par raport à ces arbres plantés en plein air, que quand on rechauffe par le feu les extrémités de leurs racines & de leurs branches, on avance la Saison de cinq mois ou peu s'en faut, par cette chaleur intérieure, pourvu que devant ces Serres la superficie de la terre, où les arbres & les Vignes font de fortes racines, soit couverte contre les fortes gelées, d'un peu de paille détachée; alors la plus rude gelée ne fera pas le moindre tort à la racine des arbres, ni ne retardera en aucune manière leur pousse.

Je distingue les Serres, qui servent à prématurer les fruits, en chaudes & en froides; étant les unes & les autres fabriquées de telle manière, que par devant en terre sous les vitres il n'y a aucune séparation de muraille ou de planche, afin de ne pas empêcher les arbres, qui y sont renfermés, de pousser leurs racines dans la terre extérieure: les fenêtres vitrées sont par-embas dans la rainure d'un soliveau, lequel repose sur trois petits piliers pour l'empêcher de baisser, & contre ces pilliers on cloue

une

une planche étroite de deux pouces d'épaiffeur , laquelle defcend jufqu'à la fuperficie de la terre commune, enforte que la terre qui eft dans
la Serre, foit égale & de niveau avec celle de dehors. Les fenêtres vitrées de ces deux fortes de Serres, font par embas & par en-haut à peu
près à une égale diftance des arbres qui y font plantés, & cela afin que
ces arbres puiffent profiter autant qu'il eft poffible, de l'air & du Soleil.
Voyez pour ce qui regarde une plus ample defcription de ces Serres *le
1 Chap. fuivant du 1 Livre*: & vers la fin du *Liv. III.* où l'on traite en
particulier de la manière de cultiver les Vignes dans des Serres artificiellement échaufées.

On trouvera de plus exactement dans chaque *Chapitre du prémier Livre*, felon fon fujet, ce qu'on doit obferver à l'égard de la manière de
cultiver les Plantes d'un Climat plus chaud, comme auffi de celle d'avancer les Saifons.

Le *Second Livre* commence par un Traité concernant la manière
de cultiver des herbes potagères, des légumes, fous le nom de Potager,
auquel appartiennent auffi le Laurier, le Romarin, & le Thym, dont
les feuilles font bonnes à affaifonner les Sauces, de même que les racines
du bois de Regliffe & la Rhue.

Je divife en fept claffes les herbes du Potager.

De la *prémière efpèce* font les fruits bons à manger qui croiffent fous
terre: je les appelle herbes patagères, comme Oignons, Ciboules, Echalottes, Porreaux, Reponces, Navets (lefquels font dans nos Potagers
extrêmement gras, fort amers & pleins de piqûres de vers, c'eft pourquoi on les feme avec plus de fuccès après la moiffon dans des champs
fablonneux), Carottes de toutes les fortes, comme jaunes, de couleur o-
range, blanches; des racines de Perfil, de Salfifix, de Scorfonnerres, de
la Pafferage, qui fervent à affaifonner les mêts.

De la *feconde efpèce* font les Afperges, les Choux de toutes les fortes,
comme Choux-fleurs, blancs, rouges, frifés, cabus, pommés; de plus
du Celeri & du Fénouil.

De la *troifième efpèce* font les Fèves de Marais, dont les Anciens ne
font aucune mention, les Haricots, les Pois tant à écoffes que des autres
de différentes fortes: il y a plus d'efpèces diverfes de ces prémiers que
des feconds. Il y a des Pois dont on mange les coffes, lefquelles font
meilleures que les grains: il y en a parmi ceux-ci de plus précoces & de
plus tardifs qui font fucrés; des petits précoces, & d'autres plus tardifs, gros, larges, crochus, comme auffi des bâtards : de ces derniers,

F f 3

qui

qui font moins larges, mais qui font remplis de quantité de gros grains: outre cela encore des Pois nains qui rampent près de terre. Parmi les Pois à écoffes, dont les coffes font plus dures, lefquels on ne mange point à caufe de cela, il y en a de blancs, de couleur paffée, de gris, des bleus, & des verds, & de chacune de ces efpèces encore d'autres efpèces, lefquelles ne fe cultivent guère que par les Curieux dans les Potagers de leurs Maifons de Campagne, & cela pour les manger verds & tendres; les pois verds féchés croiffent pour l'ordinaire dans les champs, fans être ramés, mais en rampant; les Pois ramés des Jardins potagers font infiniment meilleurs.

De la *quatrième efpèce* font les plantes rampantes, comme les Fraifes, les Melons de plufieurs différentes fortes, les Concombres & les Citrouilles, dont il y a moins de fortes différentes: ces dernières au refte font un mauvais mêts, difficile à aprêter, deforte que de même que les Courges, elles ne méritent pas d'occuper une place dans un Potager.

De la *cinquième claffe* font toutes les fortes de Salade, comme Laitues pommées de plufieurs efpèces différentes, de la Doucette, de la Chicorée, des Epinars, de la Poirée, du Cerfeuil, du Pourpier, de l'Ofeille & du Perfil.

De la *fixième efpèce* font les fruits de Chardons, comme Artichots francs & fauvages, appellés Cardons, dont les côtes ayant été liées, & par ce moyen étant devenues blanches & tendres, font bonnes dans de longs bouillons.

De la *feptième efpèce* font les fournitures de Salade, comme du Bafilic, de la Bourache, de la Ciboulette, de la Meliffe, de la Sariette, de la Menthe, de la Marjolaine, du Calament, de la Pimprenelle, de la Roquette.

Toutes ces plantes, ces Arbriffeaux, & ces herbes, font décrits amplement dans le *Chap. IV. du Second Livre*: en attendant il eft bon de remarquer, que la plupart des herbes ne fe multiplient que de femence. Les Fraifes fe multiplient cependant de plants enracinés. Les Artichaux, l'Eftragon, la Ciboulette & l'Ozeille franche, de touffes éclatées. Les Chalons & les Echalottes, de Cayeux; & la Pafferage de fes fommités.

Pour femer avec fuccès, il ne fuffit pas d'avoir foin de recueillir de bonne femence, d'en connoître les bonnes qualités, & de favoir fi elle a été produite de fon propre fruit ou d'un épi; mais on ne doit pas non plus ignorer ce qu'il faut faire avant, pendant & après la femaille. Il faut de plus connoître la nature de la terre & la convéxité du fond, & quels

font

font les grains de femence germés qu'on doit laisser où ils font venus, & quels font ceux qui doivent être tranfplantés, comme auffi le tems convenable pour cela. De plus il faut favoir quelles font les plantes dont on doit femer les graines d'une année, & quelles font celles qui produifent de meilleurs fruits, lorfqu'elles font venues de graine de deux ou d'un plus grand nombre d'années. J'ai traité fort amplement de tout cela, comme auffi de la purge de la terre en arrachant les mauvaifes herbes, & des plantes femées qui viennent trop ferrées, dans le *III. Chap. du fecond Livre.*

La culture, l'entretien & la confervation des Herbages demandent une grande & continuelle application : c'eft-pourquoi j'ai cru ne pouvoir mieux placer la culture du Jardinage pour chaque mois, fuivant le cours de l'année, comme auffi quels fruits & quelles fleurs chaque mois procure, qu'à la tête du Potager, deforte que cela fait le fujet *du I Chap. du fecond Livre.*

Je mets de la différence entre le Potager, dont les fruits fervent uniquement au ménage, & les champs Potagers que travaillent & cultivent en Hollande certains Jardiniers pour le profit. Nos Potagers, placés contre les brife-vents qui les entourent, font communément environnés de Cloifons, du moins à l'afpect le plus chaud du Soleil, pour y cultiver certains fruits, lefquels fans ce moyen ne meuriroient jamais, ou du moins qu'imparfaitement dans ce Climat.

Dans le Chap II. du fecond Livre, j'ai donné un plan d'un tel Potager garni de fruits délicats & fins, comme Raifins, Pêches, Abricots, Cerifes, &c. Ce Potager eft environné en quarré d'un foffé, en partie pour faciliter l'écoulement de la trop grande quantité d'eau de pluie qui tombe au Printems & en Autonne, & en partie auffi afin que les arbres plantés pour rompre les vents furieux, ne confument pas par leurs racines trop étendues la graiffe de la terre, comme auffi pour avoir plus de fureté, & pour faciliter tout ce qu'on doit y apporter ou en tranfporter.

On peut objecter à cela, que les jeunes arbres (vu que les Cloifons ne font qu'à fix pieds de diftance du foffé) courent plus de rifque que leurs racines ne foient rongées par les Rats-d'eau; deforte qu'il vaudroit mieux, quand on n'a pas foin d'attraper ces animaux fi nuifibles, ce qui peut fe faire cependant fans peine par le moyen de quelques ratières ou trapes, de ne pas creufer des foffés près des Cloifons, & de rogner tous les deux ans les racines des Ormes à la diftance de huit ou dix pieds de la Cloifon.

J'ai

J'ai traité dans les *Chap.* 8, 9, *&* 10 *du prémier Livre de la pré-miére Partie*, en général, de la manière de travailler les Fonds & de les amender par le moyen du fumier; desorte que je n'y reviendrai plus, quoique la dernière de ces choses appartienne proprement à cette secon-de Partie, puisque le Potager & les arbres plantés dans des Pots ou dans des Caisses ont besoin annuellement de plus d'engrais, que les arbres francs & sauvages, lesquels ont rarement ou point du tout besoin de fu-mier: mais je renvoie le Lecteur aux Chapitres que je viens d'alléguer.

J'ai traité dans *les six Chapitres du troisième Livre suivant*, de la ma-nière de planter & transplanter, tailler, & cultiver les Orangers, les Citronniers, les Limoniers, comme aussi de la manière de les soigner pendant l'Hiver ou l'Eté; après quoi suivent quelques remarques tou-chant certaines plantes.

Je donne ensuite des observations exactes touchant la culture de la Vigne & la manière infaillible d'avoir des Raisins dans des Serres échau-fées par le feu.

On trouvera encore ci-après la véritable manière de cultiver sûrement des plantes & des fruits d'Ananas; & comment il faut les soigner pen-dant l'hiver dans les Serres chaudes, & pendant l'Eté dans les Caisses vi-trées garnies de Tan.

Le tout enfin finit par une ample déduction touchant la culture des Tubereuses, & par une déduction moins détaillée touchant les autres fleurs en général.

LES AGREMENS DE LA CAMPAGNE,

OU

REMARQUES PARTICULIERES

Sur la manière de cultiver les Plantes en avançant les Saisons.

SECONDE PARTIE.

LIVRE PREMIER.

CHAPITRE I.

Observations sur la manière de construire des lieux convenables pendant l'Hiver & de s'en servir : ou des Orangeries, Serres échauffées par le feu & autres, Caisses vitrées, fixes & mobiles, Murailles, Cloisons, &c.

CE qui mérite en premier lieu d'être consideré ici c'est l'exposition au Soleil, celle qui est au Midi étant la meilleure de toutes en hiver pour les Serres & les Caisses vitrées. Mais quant aux Murailles & aux Cloisons, celles sur lesquelles les rayons du Soleil sont à dix heures ou à dix heures & demi des angles droits, sont d'un meilleur & d'un plus grand usage, n'étant pas si ardens, & recevant au Printems le Soleil de meilleure heure.

Tout ce qui au devant des Bâtimens s'éloigne de l'exposition au Midi, est nuisible ; l'éloignement de cette exposition vers le Couchant est plus nuiſible que vers l'Orient: de même les murailles expoſées au Sud - eſt ſont préférables à celles qui ſont au Sud-oueſt. Toutes les Orangeries, les Serres échauffées par le feu & autres, les Murailles & les Cloiſons, ſont infiniment meilleures lorſqu'elles ſont en droite ligne ou tirées au cordeau, que lorſqu'elles ſont convèxes ou concaves.

Les Serres convèxes rendent le moins de ſervice, ſur-tout pendant l'hiver, quand le Soleil donne une chaleur naturelle ſeulement depuis dix juſques à deux heures; car pour lors, la rude gelée pénétrant vivement, il y aura pluſieurs vitres qui ne recevront point du tout de rayons ſolaires ou tout au plus fort obliquement, ce qui fait que les plantes qu'elles couvrent ne reçoivent que peu de chaleur; tandis que les autres vitres, ſur leſquelles le Soleil ne donne point du tout, lorſqu'on les découvre, ne ſauroient être comme il faut mis à l'abri d'une gelée rude; &, ſi on ne les découvre point, elles empêcheront l'air réquis d'y parvenir. Outre que ces dernières ne reçoivent pas aſſez de chaleur, parce que le Soleil darde toujours ſes rayons perpendiculairement dans un même point: auſſi rendent-elles moins de ſervice à proportion de leur grandeur & de l'air qui y eſt renfermé; &, en général, on ne ſauroit non plus les bien couvrir contre une forte & rude gelée.

Celui donc qui fera conſtruire une Serre échaufée par du feu en droite ligne, ne ſauroit mieux faire, que de placer derrière elle au Nord une eſpèce de Serre que nous nommons *Trek-kas*, pour y mettre pendant l'Hiver les plantes qui ſont dans des pots ou dans des Caiſſes, & qui ne ſauroient réſiſter autrement au froid de l'Hiver, laquelle pourra dans ce cas-là être échaufée par un ſeul & même poele. Encore eſt-il très bon d'y conſtruire par derrière une loge, pour couvrrir les deux Serres: dans la Muraille mitoyenne on place les conduits pour l'exhalation des vapeurs de la Serre, leſquels doivent avoir leur ſortie dans le grénier de la Loge. Cette Serre doit être intérieurement par devant, haute de 12 ½ pieds, & par derrière de 19; de plus large de 9 ½ pieds, & longue de 30 à 31; le Poele pour la Serre ſuivante occupant les 8 ½ pieds qui reſtent. La Serre doit être pourvue en-haut de fenêtres placées obliquement, leſquelles il faut couvrir pendant l'Hiver, comme on le recommande dans le 2 *Chap. ſuivant.* La Serre échaufée par le feu, qui eſt placée au devant, doit être telle, qu'on l'a indiquée dans le 7 Chap. où l'on traite du Poele, *fig. I.* étant, ſuivant la place coupée par le milieu qui y eſt jointe *fig. II.* intérieurement au deſſus du fond, par deſſus le pavé des conduits, haute par devant de 8 ½ pieds & par derrière de

6, &

, & longue intérieurement de 39 ½ : les fenêtres *a* ont 8 pieds de haut, e qui déborde par en-haut *b* a 1 ½ pied : la Serre *c* est couverte de tuiles : e vuide qui est sous les tuiles *d* est rempli avec du foin : *e* sont les conduits pour la fumée : la muraille de brique qui est sous la Serre *f* a 2 ½ ieds de haut : la Serre a par dessous sur les conduits pour la fumée 6 ½ ieds de profondeur : la muraille qui sépare les deux Serres est jusqu'à a goutière, de deux briques ; & les vitres qui sont par dessus devant la erre ont quatre pieds de haut.

Les vitres qui sont devant, & les Murailles qui sont derrière les Serres chaufées par le feu ou autres, doivent, selon qu'on en a besoin dans les ifons, être plus ou moins penchées en arrière. Une Muraille penchée n arrière contre une Terrasse ou un ados, lesquels on peut couvrir par evant avec des vitres, est extrêmement propre pour y placer une Vige, qu'on n'échaufe pas par le feu, parce qu'à cause de cette pente les itres sont par-tout à une égale distance de la plante. On peut, selon a figure ci-jointe, construire une pareille Serre avec plus ou moins de enêtres : elle penche 9 pouces sur chaque pied : elle a en pente par en-aut 15 pouces en dedans des fenêtres, lesquelles sont hautes de 6 ½ pieds, larges de 3 ½. Comme le Printems avance davantage, lorsqu'on se rt de cette Serre, on pose ensuite les fenêtres plus obliquement : & omme l'air qui y est renfermé, ne sauroit être échaufé par le feu mioyen, il ne faut pas hâter sitôt la pousse des plantes qui y sont renferées, parce qu'une gelée inattendue survenant pourroit nuire beaucoup ux tendres rejettons, sur-tout quand il n'y auroit pas moyen de les en arentir par la couverture : desorte qu'il ne faut pas se servir d'une telle erre froide avant le mois de Février, quand le Soleil montant plus haut e jour en jour, fait pénétrer plus vivement ses rayons au travers des itres plus penchées ; & comme cette Serre est pourvue au haut d'un pa-fol, il est impossible que les petites ouvertures d'en-haut donnent dans s mois de Mai, de Juin & de Juillet, une quantité suffisante d'air, est-pourquoi on ouvre de tems en tems les petits volets qu'on a pratiués au bas, & par ce moyen on donne plus d'air.

Les Croisées, & par conséquent aussi les fenêtres d'une place d'Hiver our les Orangers & les Limoniers, sont droites, parce qu'on ne sauroit s fermer autrement si bien contre la gelée : celles des Serres échaufées ar le feu sont un peu penchées en arrière, parce qu'au commencement u Printems elles sont d'un plus grand usage : celles des Serres sans feu pour es Vignes ou autres, desquelles on se sert le plus après l'Autonne, sont

Gg 2

en-

encore plus penchées; & tout cela pour recevoir les rayons folaires
plus perpendiculairement qu'il eft poffible, comme cela eft indiqué da
les figures.

Dans les Serres d'Hiver à haut étage, qui font couvertes par deva
de beaucoup & de hautes vitres, les Plantes feront beaucoup moins a
fectées des vapeurs voltigeantes: mais d'un autre côté il faut remarque
que ces endroits font fort expofés à la gelée fur les vitres & fur les joint
res: & cela d'autant plus encore que pendant l'Hiver il gele fouve
longtems de fuite, & il fait un air fombre; deforte qu'il eft difficile alo
de défendre contre la gelée des endroits fi vaftes: cependant quand l'O
rangerie eft conftruite de manière qu'on la peut couvrir & ferm
comme il faut, ainfi que nous le dirons dans la fuite, on ne doit ri
craindre pour la gelée, parce qu'alors on faifit toujours le tems que
Soleil luit clairement pour la rechaufer. Je trouve cependant fort bo
quoiqu'on n'ait pas befoin de feu pour rechauffer, de ne point fe nég
ger à cet égard, à caufe des accidens qui peuvent furvenir. J'ai trou
que la gelée pénètre rarement dans la terre à plus de dix-huit pouces
profondeur: j'ai même trouvé que la glace dans cet Hiver fi rude &
long de l'année 1684, tems auquel il gela pendant dix-fept femaines
fuite, & même avec toutes fortes de vent, n'étoit pas feulement épai
de deux pieds.

On a befoin, pour donner paffage aux vapeurs voltigeantes & a
mauvaifes exhalaifons, auxquelles on eft fort fujet dans les Orangeri
fermées, & encore plus dans les Serres échaufées par le feu, de tuya
ou conduits, dont l'ouverture la plus éloignée du feu foit dirigée en é
haut. Ces conduits font auffi par devant plus larges, que par derrièr
où ils vont en fe retréciffant, pour laiffer entrer moins de froid. Po
prévenir cet inconvénient, & faciliter encore davantage la fortie des v
peurs, il eft néceffaire que la prémière évacuation fe faffe dans la pla
renfermée, parce qu'autrement la preffion du froid & du vent extérieu
condenferoient par la contre-preffion les vapeurs, & les empêcheroie
ainfi de fortir; c'eft pourquoi on fera conftruire en même tems par d
hors des cheminées tout-à-fait femblables à celles des Serres échaufé
par le feu (par le moyen defquelles la fumée communique la chale
qu'elle a reçue du feu, & fort feulement enfuite): car pour lors le fro
ne pénétrera pas au travers des jointures de ces conduits, quelque pr
eaution que l'on prenne. Quant à l'évacuation de ces vapeurs humide
les endroits renfermés, & plus encore ceux qu'on échaufe par le feu

p

ur quélque autre chaleur, ne laiſſent pas que d'en contenir, & cés humeurs
ſaudes étant pénétrantes, font périr dans peu toutes choſes: deſorte
ſ'il eſt d'une néceſſité indiſpenſable de faire maſſonner tout ce qui peut
re fait de brique, & cela avec des briques fort dures & fort compactes,
ſquelles doivent être poſées comme il faut dans de la chaux mêlée avec
ſ peu de ciment, pour réſiſter au froid qui pourroit entrer: pour cet
ſet de la chaux bien préparée & bien cuite avec de la brique eſt préfé-
ble à celle qui eſt faite de coquille brulée.

On ſe ſervira pour tout ce qui doit être fait de bois, du bois de Sapin
ſ Norvège, d'arbres âgés, comme étant le plus durable, & moins ſu-
ſ à ſe pourrir que le Chêne: ce bois de Norvège étant, comme il
ſété dit dans la *I Partie*, dans le *II. Chap.* du *cinquième Livre* ſous
ſrt. du *Pin Sauvage*, le meilleur; car il eſt dur, compacte, chargé
ſ beaucoup de réſine, & le moins ſujet à ſe fendre. On n'employera à
ſs Bâtimens aucun autre bois, comme étant moins durable.

On fera ſier de ces meilleures Poutres de Norvège le bois pour les
ſoiſées, & tout ce qu'on doit employer dans l'intérieur en Solivaux:
ſur les revêtements intérieurs des Portes, des Volets, des Planchers, &
ſs Toits, on ſe ſervira de pareilles planches de Norvège, ou, à leur dé-
ſut, du meilleur Sapin de Nerva.

Le bois de Chêne qui deſcend Rhin, eſt plus durable que celui de
ſorvège; & celui de Weeſel l'eſt encore davantage; mais comme ce
ſrnier eſt fort dur & fort noueux, & ſujet par-là à ſe courber, on auroit
ſrt auſſi de l'employer à ces ſortes de Bâtimens.

ſLes fenêtres extérieures, & les chaſſis des vitres doivent être faits
ſais de Chêne qui ne ſoient pas fort rudes: leſquels doivent auſſi avoir
ſrdu entierement leur ſève & avoir été ſéchés pendant pluſieurs années
ſ plein air, expoſés à la pluie, au vent & au Soleil, dreſſés pour cet effet
ſ jour, & encore être ſéchés à couvert parfaitement avant que de s'en
ſrvir. C'eſt une règle générale, que tout ce qui doit ſervir à bâtir u-
ſ Orangerie, une Serre échaufée par le feu, ou ſimplement vitrée,
ſ même que les Caiſſes vitrées, doit, avant qu'on l'emploie, être parfai-
ſment ſec, afin d'être aſſuré qu'il ne ſe fendra pas quand on l'aura
ſnployé, ou qu'il ne deviendra pas ſujet à ſe fendre: car tout le boiſa-
ſ doit être uni, ſans fentes, poli, bien joint & exactement ſerré. Les
ſroiſées doivent être faites juſtes ſelon l'équerre, ayant par dehors des
ſinures doubles pour les fenêtres, & par dedans trois rainures pour des
ſlets doubles: les rainures doivent être faites de manière que les fenê-

Gg 3

tres

tres s'ouvrent aisément, & celles du seuil inférieur de manière qu'elles n
retiennent pas l'eau.   Tout bois qui est cloué sur bois, ou qui join
dans ou sur d'autre bois, doit être peint avant toutes choses d'une pein
ture épaisse, & être joint ainsi par le moyen de cette peinture avar
qu'elle ne soit seche: mais tout ce qu'on peint d'huile ou de peinture a
près la bâtisse, doit être parfaitement sec, afin que l'huile imbibée & l
peinture enduite, par la croute qu'elles forment, empêchent d'autar
mieux l'humidité d'entrer dans le bois, dans le tems qu'elles empêcher
autrement l'évaporation des sucs qui y sont restés, lesquels sucs mis dan
la suite en plus grand mouvement par la chaleur, font pourrir d'autar
plutôt le bois.

Le fin & le meilleur fer de Suède périt bientôt par les humeurs chau
des: c'est-pourquoi on ne s'en servira point; mais on prendra le meille
fer d'Allemagne, qui est plus dur & plus grossier; & afin que la rouil
ne le gâte pas tant, on le plongera tout ardent dans un pot d'huile, :
fin qu'elle le pénètre: on fera la même chose aux fers qui soutienne
les vitres, & en général à toute la ferraille qui est exposée à l'air &
l'humidité, & ensuite on aura soin de la peindre: ces fers, quand il s'a
git de vitres, de Serres ou de Caisses vitrées, doivent être attachés pa
dedans.

Le verre fin & mince, ou bien les glaces, quoique les rayons sola
res y passent mieux, font inutiles, sans compter qu'elles coutent fo
cher, parce qu'elles se cassent plus aisément, & qu'elles se gâtent pl
tôt.   Le Verre mince d'Allemagne est pareillement fort fragile, «
se gâte aussi en moins de tems qu'une espèce de Verre plus gro
sier, lequel est connu en Hollande sous le nom de *Gilde-glas*: quan
ce dernier tire sur le jaune, il est le moins sujet de tous à se g
ter, & il est le plus propre de tous à servir, quand il est uni, sans de ce
taines petites ondes, convéxités ou cavités: je dis qu'il doit être uni «
poli, parce que les convéxités font les miroirs ardens, & brulent ain
les plantes renfermées; dans le tems que les autres défauts allégués en
pêchent la pénétration des rayons solaires. Le même effet est aussi pr
duit par le Verre sale: pour cette raison on le lavera pour le moins deu
ou trois fois l'an avec de l'eau de pluie, quand il fait un air couvert, «
on le purifiera ainsi de toute ordure; auquel cas il ne se gâtera pas no
plus sitôt.   Les Carreaux ne doivent être ni trop grands ni trop petit:
sur-tout quand ils font enchassés dans du plomb, & cela fort exactemen
comme aussi lorsqu'ils font enchassés dans du bois, par le moyen d'ur
ce

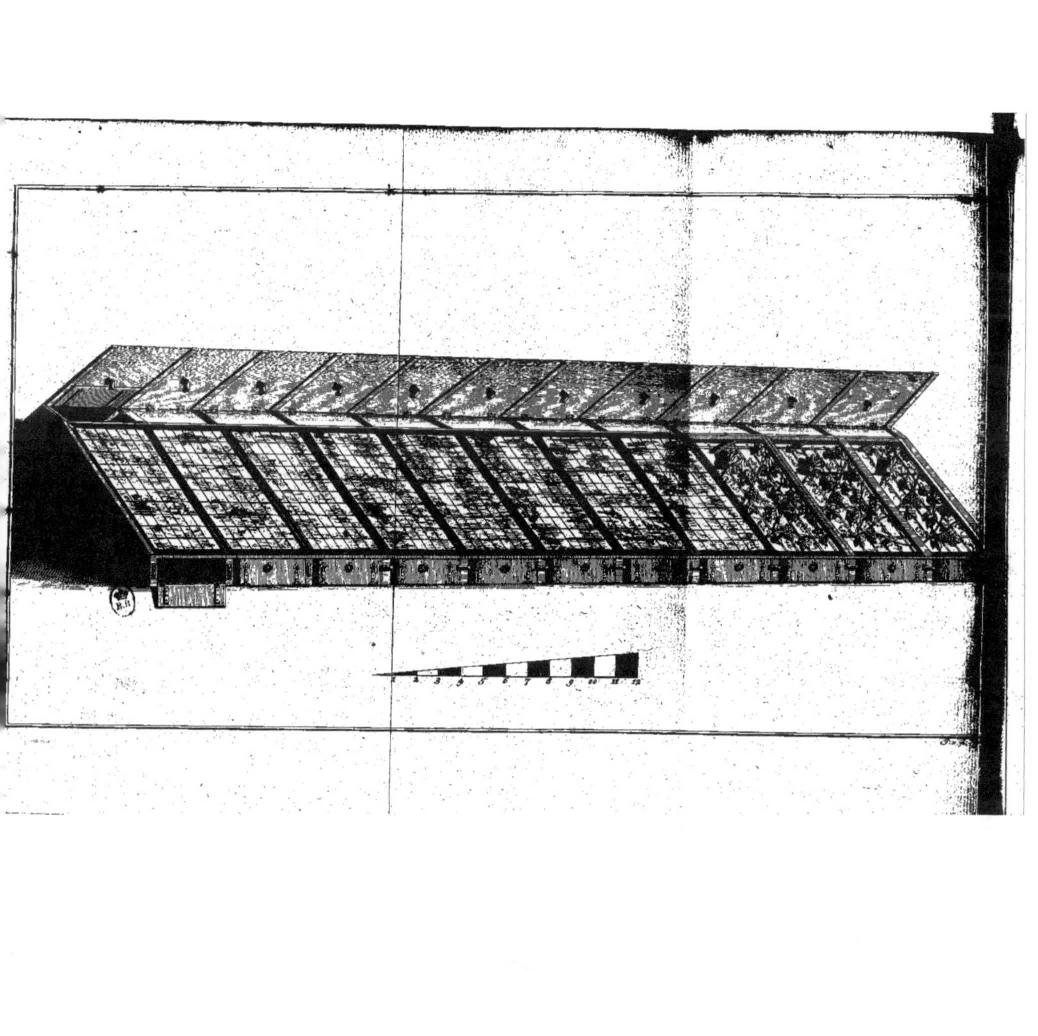

certaine pâte ou compofition; car outre que les grands carreaux font fort fragiles, on ne peut pas non plus les faire joindre fi bien, ni les faire tenir fi ferme dans le plomb; & quand ils font trop petits, le plomb intercepte trop de rayons folaires.

Le plomb des vitres doit être auffi d'une jufte largeur; &, afin qu'on puiffe faire joindre les carreaux exactement, il doit être épais dans le cœur, & avoir des côtes d'une groffeur raifonnable; car lorfque ces côtes font trop minces, elles font fujettes à fe recoquiller par l'ardeur du Soleil, comme auffi à force de les couvrir & de les découvrir; lorfqu'elles font trop groffes, on ne fauroit les refermer comme il faut, en y remettant des carreaux neufs à la place de ceux qui ont été caffés; & le cœur étant trop mince, il arrive que les carreaux s'affaiffent aifément au travers du plomb. Il ne faut jamais employer, pour lier les vitres, de plomb tiré dont fe fervent les Vitriers, mais fe fervir de plomb non tiré, d'une épaiffeur raifonnable; & cela afin que les vitres, fur-tout celles des fenêtres penchées, foient d'autant moins fujettes à s'affaiffer. Encore faut-il que tous les bouts qui fe joignent foient foudés exactement & uniment.

Pour foigner pendant l'hiver fans le fecours du feu, foixante Orangers dans des Caiffes, & quelques autres petites plantes dans des pots, je crois que l'Orangerie, felon la figure ci-jointe, & felon la mefure de Rhinlande, doit avoir intérieurement cinquante-quatre pieds de long, vingt de large, & feize en hauteur, depuis le fond jufqu'à la partie inférieure des folives, & que le pavé doit avoir deux pieds de haut de plus, que la fuperficie du fond du Jardin. Elle doit être de plus de toutes parts environnée d'une double muraille: la muraille extérieure doit être large d'une brique & demi, & avoir au Nord & à l'Eft un vuide ou un intervalle de fix pouces, & de quatre au Sud & à l'Oueft: enfuite vient la muraille intérieure, large d'une brique, cette muraille ayant au deffus du fond la hauteur de dix-fept pieds, & la muraille extérieure deux pieds & demi de plus. Ces doubles murailles doivent refter ouvertes par le haut, non feulement afin de pouvoir remplir comme il faut cet intervalle de fix pouces avec du fon bien fec de Sarrazin, quand les murailles feront parfaitement feches, mais auffi afin de pouvoir le remplir continuellement à mefure que ce fon s'affaiffe. Ces murailles féparées font de quatre pouces plus baffes que le pavé, lequel eft pofé dans du ciment de briques placées de plat, fur un autre pavé. Ces deux murailles doivent être foutenues dans quelques endroits au Nord par des crampons minces & ronds; il faut auffi que les briques, quand on maffonne toutes les murailles,

railles, foient trempées comme il faut, bien enduites de chaux, & que leurs jointures foient bien fermées: comme auffi les murailles féparées, lefquelles à mefure qu'elles rehauffent, il faut enduire par dedans uniment avec de la chaux, pour empêcher encore d'autant plus que le froid ne pénètre, & afin auffi que le fon de Sarrazin s'arrange mieux.

Les Solives de cette Orangerie ont dix & douze pouces: elles font garnies par deffous d'ais de ¼ pouce, ce qui fait un plancher de 1 ¼ pouce, il en faut laiffer le tiers ou le quart, fans être cloué, pour pouvoir remplir de nouveau l'intervalle avec du fon de Sarrazin, quand il vient à s'affaiffer. Immédiatement fous les Solives garnies, il y a par derrière des conduits pour les exhalaifons. Les Solives du faîte & les apuis font des chevrons de 7 & 9 pouces: ce que nous nommons *Spruiten* de 5 & 7 pouces: les chevrons de 4 & 6 pouces; le faîtage de 4 & 5 pouces: la muraille qui fait le fond de la goutière, de 4 & 16 pouces; fur laquelle doit être pofée une planche de 2 & de 12 pouces. Ce toit doit être couvert avec des planches d'un pouce & ½, bien exactement jointes enfemble par le moyen de rainures, fur lefquelles il y ait des ais de ¼, enfuite avec des lattes, & celles-ci enfin avec des tuiles.

Au milieu de la muraille extérieure, vers le Couchant, fur un parapet de 1 ¼ pied au-deffus du pavé doit être mife une croifée, laquelle fans l'épaiffeur du bois doit avoir 14 ¼ pieds de haut & 6 pieds de large; le feuil de cette croifée eft une pierre bleue, large de 11 pouces, & épaiffe de 8, avec de doubles rainures. Le bois du haut de la croifée a 11 & 8 pouces; & le bois pour les vitres au deffus du feuil 6 ¼ pieds: les piliers ont 6 & 11 pouces; & le bois pour les vitres 6 & 9 pouces. La croifée doit avoir au haut une fenêtre fixe, & une en-bas qui puiffe monter & defcendre; lefquelles on ferme par dehors, par le moyen de quatre fenêtres (favoir deux en-haut & autant en-bas), d'ais de chêne de ¼ pouces, clouées en double, avec de doubles rainures, chacune profonde d'un pouce.

Au milieu de la muraille intérieure au Couchant, il doit y avoir auffi à la même hauteur, une Croifée de la grandeur prefcrite; mais les feuils, dont l'inférieur eft pareillement une pierre bleue, ne doivent avoir que 8 pouces en quarré, les piliers & le bois pour les vitres 6 & 8 pouces. On pofe devant elle par dedans quatre volets, dont les traverfes ont intérieurement 2 & 3 ½ pouces: les cadres des vitres font des Solivaux de 4 ½ & 6 pouces, avec de doubles rainures, chacune de la profondeur d'un pouce, mais celle du côté intérieur de ¼ pouce. Les volets font doublés des deux côtés de

plan-

planches de ¼: il doit y avoir au milieu de chaque volet une planche détachée, qu'on assujettit par le moyen de tourniquets, pour pouvoir en tout tems combler la cavité mitoyenne, laquelle est remplie de son de Sarrazin. Ces volets doivent être attachés par des gonds à des pantures en équerre, & se fermer par des verroux plats.

Ces croisées posées à quatre pouces de distance les unes sur les autres, doivent être jointes ensemble par le moyen d'une planche de deux pouces au côté extérieur des poteaux, pour empêcher que le son de Sarrazin ne vienne à se dissiper. Il faut aussi que l'ouverture, qui est sous les seuils, soit couverte d'une pareille planche, mais fixée par des vis.

Il faut poser dans la muraille intérieure & extérieure au Midi, quatre croisées intérieures avec des volets faits de même hauteur, largeur & grandeur que je les décris: & cela quatre pieds hors de la façade à l'Orient & au Couchant, & à quatre pieds les unes des autres; ce qui procurera des trumeaux de quatre pieds. Au milieu de cette muraille au Midi doit être placé le Cadre de la porte, lequel sans compter l'épaisseur du bois est large de six pieds & haut de 15 ¼ pieds, depuis la partie supérieure du seuil d'en-haut, jusqu'à la partie supérieure du seuil inférieur, ayant 8 ¾ pieds. Le seuil d'embas est une pierre bleue, qui a 23 pouces de large & 8 pouces d'épaisseur, à doubles rainures pour fermer les portes tant intérieures qu'extérieures. Les Poteaux de la croisée extérieure ont 6 & 11 pouces: le seuil d'en-haut a 8 & 11 pouces; & le bois des vitres 6 & 11 pouces. Les Poteaux du cadre de la porte intérieure, lequel est précisément de la grandeur prescrite, ont 6 & 8 pouces, le seuil supérieur 8 & 8 pouces, & le bois des vitres 6 & 8 pouces. Il doit y avoir dans le cadre extérieur deux portes de trois pouces d'épaisseur à double rainure, à paneaux au bas & vitrées au haut, dont les vitres s'ouvrent en dehors: de plus au-dessus du bois des vitres il doit y avoir un chassis fixe avec une rainure tout autour, qui entre à un pouce de profondeur dans le cadre; cette fenêtre de même que les portes vitrées, se ferment par le moyen de doubles fenêtres de bois de chêne, comme cela a été dit au sujet du cadre extérieur dont on vient de parler: comme aussi le cadre de la porte intérieure, par le moyen de doubles volets, selon que cela a été indiqué ci-devant.

On devroit faire construire un petit bâtiment à l'Orient de l'Orangerie, pour pouvoir y entrer l'Hiver par une porte intérieure. Cette porte doublée, placée dans la muraille intérieure, doit avoir son ouverture haute de 6 ¼ pieds & large de 3: il faut que cette porte soit aussi remplie avec du son de Sarrazin; à moins qu'on ne voulût construire à côté de l'Oran-

Partie II.   H h   l'Oranl'Orangerie au Nord une loge pour y ferrer tout ce qui appartient au Jardinage, auquel cas on pourroit entrer par-là par une porte inrérieure dans l'Orangerie, & alors on pourroit, au-lieu du petit bâtiment en queftion & de la porte intérieure, placer à l'Orient une croifée à chaffis tout-à-fait femblable à celle qui eft au Couchant.

Il faut que toutes les croifées foient garnies de ce qu'on nomme en Hollandois *Quel-houten*, qui foient épaiffes d'un pouce & larges de deux, lefquelles on fait entrer à la profondeur de 3.$\frac{1}{4}$ pouces dans le devant des croifées: il faut encore pofer au devant d'elles des Architraves en quarré, qui repofent un pouce fur les trumeaux.

Il ne faut pas faire ufage des Orangeries, Serres échaufées par le feu & autres nouvellement conftruites, qu'après que la brique & la chaux ont été parfaitement féchées, fans qu'il y refte la moindre humidité, puifqu'autrement le fourneau créveroit d'abord en y faifant du feu, les murailles donneroient paffage à la fumée, & cauferoient ainfi en général un air très nuifible. Pour la même raifon on laiffera fécher parfaitement, avant que de s'en fervir, tout ce qui aura été peint, afin d'empêcher que les exhalaifons huileufes ne caufent un air étouffé & pernicieux.

Le remplage, quoique exactement ferré, eft cependant toujours fujet à s'affaiffer, fur-tout celui des murailles, volets pendans, portes & toits en talus: deforte qu'il y refte enfuite inévitablement au haut un vuide, au travers duquel le froid pénètre fouvent fans qu'on fache à quoi l'attribuer. Pour prévenir cet inconvénient, il faut que tout ce qui devra être ainfi rempli, foit fait de manière qu'on puiffe l'ouvrir & le fermer fans aucun dommage, par le moyen de tourniquets, afin de pouvoir ajouter du nouveau remplage felon le befoin, comme cela a été dit ci-devant.

Une *Caiffe vitrée pour les Ananas pendant l'Eté*, laquelle on chaufe au Printems par le moyen du feu, & dans la fuite avec du Tan. Cette Caiffe doit être faite felon le modèle qui s'en trouve dans la planche ci-jointe; on y va en montant obliquement. Elle a au Nord une muraille de deux briques, & enfuite tout autour d'une brique & demi: la *Fig. I.* fait voir fa hauteur & fa largeur; les vitres qui la couvrent ont 6 pieds de haut & 3 $\frac{1}{2}$ de large, montant fur chaque pied en talus 5 $\frac{1}{2}$ pouces: il y a par-deffus 6 volets, lefquels on leve & baiffe par derrière par le moyen d'une corde qui paffe au travers d'une poulie: il y a pareillement dans la muraille de derrière des conduits pour les vapeurs, qu'on peut boucher (un derrière chaque volet); l'ouverture de ces conduits é-

tant

D
Fig. 1.
Fig. 2.

tant large de 2 à 3 pouces en quarré, pour faire sortir par-là les mauvaises
exhalaisons : le trou des deux côtés pour tirer les cendres étant large d'un
pied & ¾, & haut d'un pied. Dans la Fig. II. *aa* est le trou des deux
côtés par où l'on fait le feu : *bb* la voûte des deux côtés sur la longueur
mitoyenne de la couche, depuis une muraille jusqu'à l'autre, au bout de
laquelle il y a dans l'un des coins une ouverture qui va en tournoyant
pour la cheminée, par laquelle la fumée est conduite vers les rigoles des
deux côtés *cc* : ayant, sans compter l'ouvrage même, 8 pouces de haut :
de plus ces rigoles des deux côtés pour la fumée se joignent dans le milieu de la couche, où la fumée qui vient de chaque côté sort alors par la
cheminée.

Des *Caisses mobiles pour des fleurs pendant l'Hiver, & des Caisses
pour prématurer avec du fumier.* Ces Caisses sont faites de bois, &
composées simplement d'une planche de derrière, d'une de devant, &
de deux planches des côtés, comme aussi de lates assemblées en queue
d'aronde, qui tiennent aux planches de derrière & de devant, & sur lesquelles on pose les vitres. La planche de derrière est la plus large, sur laquelle
est clouée au haut en dehors une planche large de 3 pouces, laquelle
planche déborde assez l'autre, pour faire la rainure dans laquelle on pose les vitres, & pour empêcher ainsi les vents de Nord de pénétrer par
derrière les vitres au travers des jointures : au bout de la planche de devant & de derrière, il y a des crampons de fer à ressort, qui étant pas-
sés dans les trous des planches des côtés, serrent par le moyen de che-
villes de bois en quarré la Caisse ; après quoi on place les lates assemblées en
queues d'aronde, dans les ouvertures qui doivent être extrêmement justes,
& sur elles les vitres. Ces Caisses, quand elles sont bien faites, sont les plus
utiles & coûtent peu, pouvant être placées par-tout à souhait, & être
mises plus ou moins en talus à l'aspect du Soleil ; & après s'en être servi,
on peut les démonter en très peu de tems, & les réduire en un très petit
volume. On les pose sur le fumier, après avoir mis un peu de terre
entre le fumier & la partie inférieure de la planche, pour empêcher
celle-ci de se pourrir par la chaleur du fumier. On aura soin cependant
de garnir de toutes parts les Caisses, de fumier long ou de paille, pour
les défendre du vent & de la gelée : c'est ainsi qu'on garnit pareillement
les Caisses pour des fleurs pendant l'hiver, de Tan, qui est fort chaud.
On les pose de plus, de même que leurs vitres, aussi près de terre qu'il
est possible, & à proportion que les plantes qui y sont renfermées croîs-
sent, on les fait aussi monter de plus en plus, ayant soin chaque fois que

Hh 2

cela

cela se fait, de les garnir de toutes parts de terre tant en dedans qu'en dehors.

Les *Caisses à volets* ne diffèrent des précédentes qu'en ce que ces dernières se ferment par de petits volets de bois, au-lieu de vitres. Les Fleuristes s'en servoient autrefois, sur-tout pour la culture des Renoncules & des Anémones: mais on a appris par l'expérience, qu'ils ne sont d'aucun ou que de peu d'usage ; & cela parce qu'en ouvrant ces petits volets en hiver, le Soleil étant toujours accompagné d'un vent de bize, y cause plus de mal que de bien.

CHAPITRE II.

De la manière d'empêcher le froid & la gelée, par le moyen de couvertes: de celles qui sont les plus propres à cela, & comment on doit s'en servir.

C'Est très souvent par négligence que la gelée ou les vents de bize font mourir les tendres plantes; & cela non seulement parce qu'on n'a pas soin de les couvrir comme il faut, mais sur-tout parce qu'on ne les couvre pas assez longtems, ou parce qu'on ne les découvre pas chaque fois qu'il fait du Soleil, & qu'on les couvre de nouveau quand le tems change: car on aquiert par le moyen de la couverture une chaleur infiniment meilleure que par le feu.

En traitant dans le suivant Chap. IV. de l'air, je dis que dans des endroits renfermés, le froid & le chaud, ou bien le chaud & le froid ne se mêlent pas fort subitement ensemble, & que lorsqu'une fois la gelée a pénétré jusques dans les Orangeries, on l'en bannit difficilement par le moyen du feu, sans faire préjudice aux plantes qui y sont renfermées; desorte qu'il est d'une importance extrême d'empêcher à tems par toutes sortes de moyens possibles qu'il ne s'y introduise. Le meilleur & le prémier pour cela, c'est d'y attirer les rayons du Soleil. Pour cet effet on ne négligera jamais, quand le Soleil luit clairement après neuf heures & demi (pendant les plus courts jours, quand même il geleroit très fort) de tout ôter, excepté les vitres, & de laisser ainsi darder le Soleil sur les vitres jusque vers deux heures, après quoi ces vitres doivent de nouveau être couvertes comme auparavant: ce tems convenable pour la couverture se manifeste par des vapeurs qui obscurcissent intérieurement les vitres.

Quand

Quand pendant un certain tems il a gelé si fort, que la gelée a pénétré fort avant en terre; & sur-tout encore quand la terre est couverte de beaucoup de neige, alors cette gelée ne sauroit y pénétrer plus profondément, ce qui fait qu'elle cherche d'autant plus à entrer dans les plus petites fentes des Orangeries, Serres vitrées, &c. pénétrant outre cela avec le plus de force tout près de terre. Il faut dans de pareils tems avoir grand soin de les en garantir par le moyen de la couverture; cependant la gelée est rarement si forte ou si durable, quelle pénètre à plus de dix-huit pouces dans les fonds de terre: ce qui arrivant, il faudroit y prendre garde.

Une couverture légère empêche mieux que toute autre chose la pénétration de la gelée, parce que les corps ne sont pas affectés par une pression égale: par conséquent,

La *Neige* est la plus convenable couverture pour détourner la forte gelée, parce que chaque flocon légerement entassé sur les autres, est une couverture, qui séparément empêche la pénétration, & détourne ainsi la gelée. Il faut encore remarquer au sujet de cette couverture de neige, que les vapeurs & les exhalaisons de la terre passent beaucoup mieux au travers d'elle qu'au travers de telle autre couverture contre la gelée; ce qui fait que les plantes ne sont jamais ou rarement endommagées sous la neige, mais qu'elles paroissent tout au contraire souvent d'un verd plus beau. Pour cette raison il faut tâcher, autant qu'il est possible, de se servir de cette couverture, & principalement quand il fait une rude gelée & que l'air est couvert.

La *Paille* est, après la neige, la plus légère couverture; parce que chaque tuyau contenant un espace rempli d'air mitoyen, fait comme une double couverture; plus la paille est légerement entassée, mieux elle empêchera le froid de pénétrer; mais comme le vent a beaucoup de prise sur de la paille détachée, il en dissipe beaucoup: comme elle occupe beaucoup de place, qu'elle déplait à la vue, & est aussi fort difficile à manier quand on s'en sert en couvrant ou en découvrant, on la joint ensemble dans toute sa longueur par des liens faits de corde goudronnée, & l'on en fait ainsi des nattes de deux pouces d'épaisseur ou même un peu plus: de pareilles nattes de paille sont d'un grand usage pour couvrir des vitres couchées pendant une rude & sèche gelée; mais elles sont inutiles pour des vitres dressées, parce que la paille est trop fléxible, & sujette à se rompre facilement à force de la placer & de la déplacer continuellement: outre cela elle boit trop d'eau dans des pluies

H h 3

qu'on

qu'on n'a point prévues, & enfuite étant mouillée elle fe féche difficilement à caufe de fon épaiffeur, ce qu'on prévient quand il s'agit de vitres
couchées en les couvrant de nattes de rofeau, qui boivent moins d'eau,
& qui la laiffent mieux paffer: mais il faut, quand le tems le permet,
les mettre chaque fois à couvert.

Les *Couvertures épaiffes* fans cordes, faites ou tiffues entierement
de *poil de Vache*, font bonnes & propres à couvrir: après les nattes de
paille, elles empêchent mieux que toute autre chofe la pénétration de la
gelée, & pourvu qu'elles foient bien tiffues, elles font auffi fort durables; mais elles boivent beaucoup d'eau, ce qui les rendant fort épaif-
fés, fait qu'elles ont non feulement beaucoup de peine à fe fécher, mais
auffi qu'étant devenues pefantes elles caffent fouvent les vitres quand on
les ferre. Pour prévenir cela, il faut faire la même chofe que ce qui
vient d'être dit au fujet des nattes de paille, favoir les couvrir de nattes
de rofeau, & d'abord qu'on en a l'occafion, les faire fécher au Soleil.

Ces couvertures de poil de Vache (fans compter leur durée) font fort
fouples, & s'accommodent très bien aux rainures des fenêtres couchées,
& par conféquent font les meilleures pour intercepter le vent & la gelée: on peut auffi aifément les plier & déplier fans falir les vitres; quand
elles font au devant de Serres dreffées, attachées à de petits crampons,
elles pendent uniment vers terre; ce qui fait que pour la couverture inférieure c'eft la meilleure de toutes.

Les *Nattes de rofeau*. On s'en fert pour la prémière couverture fur
des vitres couchées, quand la gelée n'eft pas forte; mais comme elles
ne font pas fouples, elles ne joignent pas fi on veut les pendre, &
par cela même elles ne fauroient être employées fur des vitres, pour les
défendre du vent ou de la gelée, à caufe des rainures antérieures & pof-
térieures.

Quand les nattes peuvent être faites de rofeaux minces, compactes,
durs, alors elles empêchent beaucoup mieux la pénétration du froid &
de l'eau de pluie, que celles qui font faites de rofeaux plus groffiers &
plus épais, parce que celles qui font faites de rofeaux minces, ont plus
de tuniques que les autres: telles font entr'autres communément les nattes dont on fe fert pour couvrir les Melons & les fleurs d'Hiver; mais
quand il s'agit de nattes plus hautes, il n'eft pas poffible d'en faire de
rofeaux minces, mais on y emploie des rofeaux plus groffiers & plus
longs; étant meilleures ainfi, que lorfque pour les faire plus hautes, on
joint enfemble deux rofeaux, non feulement parce que dans ce cas elles fe
bri-

brisent plus facilement, mais aussi parce qu'elles ne peuvent pas se décharger de l'eau dont elles sont pénétrées.

Pour faire de bonnes nattes de roseau, il faut de bons roseaux, durs & fins, crus dans des fonds inondés par une eau douce, car ceux des fonds saumaches ne sont pas si bons, & ceux qui viennent dans des fonds inondés par l'eau salée sont encore plus mauvais. Il faut de plus les bien serrer, & les lier dans toute leur longueur avec de la ficelle bien goudronée à 2, 3, 4, 5 & même quelquefois à 6 cordes. La méthode d'employer de la ficelle goudronnée n'étant plus en usage à l'égard de la plus petite sorte de ces nattes, on aura soin de bien recommander que cela se fasse de cette manière. Pour les rendre plus fortes, il faut que les cordes extérieures soient près des extrémités des deux côtés; & comme il est plus profitable, payant à proportion, de faire mettre une corde de plus à chaque natte, on fera mettre trois cordes goudronnées à celles qui n'en ont ordinairement que deux; celles-ci sont faites des plus minces roseaux.

Les *Nattes à trois cordes* sont faites ordinairement de roseaux plus grossiers, plus épais & plus longs: elles ont six pieds en hauteur, cinq en largeur, & sont jointes ensemble par le moyen de cordes goudronnées.

On se sert de ces nattes pour couvrir ordinairement pendant l'Hiver & au Printems quand il fait de petites gelées; mais quand le Thermomètre annonce des gelées plus fortes, comme quand il est à treize degrés, on emploie des nattes doubles; on couvre aussi d'abord avec de pareilles nattes les couches de Melons; mais celles où on en a semés doivent être couvertes d'une couverture épaisse de poil de Vache, & celle-ci avec des nattes doubles.

Les *Nattes à quatre cordes* sont faites de roseaux plus épais: elles sont hautes de sept pieds, & de même largeur: à l'égard desquelles il faut sur-tout bien recommander, qu'on se serve d'une sorte de corde goudronnée, meilleure que celle qu'on y emploie communément.

C'est de celles-ci dont on se sert pour la première couverture d'hiver sur des couches vitrées plus larges, comme aussi au devant des Serres artificiellement échauffées & des Serres à vignes, d'abord simples, &, si le froid augmente, doubles.

Les *Nattes à cinq cordes* n'ont pas tout-à-fait huit pieds de haut, mais elles sont larges de sept, les plus hautes étant de toute la longueur des roseaux; & afin que les deux extrémités d'en-haut & d'embas soient moins sujettes à se rompre, on met les cordes à quatre pouces de distance de ces deux extrémités.   Cel-

Celles-ci font encore meilleures pour couvrir les Serres artificiellement échaufées, comme auſſi pour les Serres à Vignes, quand elles ne ſont pas trop longues: encore vaut-il mieux, qu’on lie celles-ci ou bien celles qui ſont hautes de huit pieds, un peu moins qu’à trois pouces des extrémités, & qu’on en faſſe ainſi des nattes à ſix cordes.

On couvre la Serre nommée *Trek-kas*, au commencement de l’Hiver avec des nattes à cinq ou ſix cordes, autant qu’elles peuvent s’étendre depuis le bas, & ce qui reſte avec une couverte de poil: mais quand l’Hiver eſt plus avancé, on ſe ſert, au-lieu de nattes de paille, ſimplement de paille détachée, laquelle on fait entrer peu à peu, de manière cependant qu’elle ſoit épaiſſe & bien jointe, autant qu’il eſt poſſible, entre les petits volets qui ſe trouvent en cet endroit, & entre ceux qui ont trois quarts de pouce d’épaiſſeur, & qui les couvrent.

La *prémière Couverture dont on ſe ſert pour les Serres artificiellement échaufées* contenant des Ananas, &c. ſe fait avec des rideaux d’une groſſe toile nommée vulgairement toile de Flandre, laquelle doit ſur-tout avoir été bien tanée, & doit l’être tous les deux ou trois ans, afin que les rideaux ſoient moins ſujets à ſe pourrir par le bas; car c’eſt à quoi ils ſont fort expoſés par les vapeurs & les exhalaiſons des Serres échaufées par le feu. On fait au reſte cette couverture à proportion du plus ou du moins de chaleur que demandent les plantes renfermées; parce qu’il faut toujours abſolument empêcher que la gelée ne les touche. Quand il paroit par le Thermomètre placé dans la Serre, que le froid eſt à ſix ou à ſix degrés & demi au deſſus de la gelée, on met ordinairement ces rideaux devant la Serre à la mi-Novembre, & plutôt quand il gele de meilleure heure; & quand la gelée eſt encore plus forte, on met par deſſus les rideaux,

La *ſeconde Couverture*, faite d’une toile d’Oſnabrug, laquelle étant mouillée & enſuite peinte, ſe plie aiſément, quoiqu’elle ſoit doublée d’une fort groſſe toile à voiles qui a peu ſervi. Pour que ces couvertes joignent bien exactement, & qu’on puiſſe les rouler en petit volume, on les lie par en-haut à la planche qui déborde, à de petits crampons qu’on a fichés près à près dans cet endroit; après quoi ces couvertes pendent entre deux cordes; les deux bouts de chaque corde atteignant en-haut à la corniche, & les deux autres bouts paſſés par une petite poulie pendante devant la corniche, autour de deux perches rondes bien unies, qui pendent dans des liens deſſous la couverte doublée, & autour deſquelles ces couvertes ſe roulent quand on les tire: les perches en queſtion ſont meilleures quand elles pendent ainſi dans des liens,

que

que quand on les cout dans un sachet, étant moins sujettes alors à la pourriture. On les attache par dessous à une late clouée à la muraille.

Devant la Serre échaufée par le feu, longue de quarante pieds, il y a cinq couvertes pareilles, dont chacune déborde l'autre d'environ quatre ou cinq pouces, afin que le vent d'Est, qui soufle plus froid que les autres, passe par dessus. On attache de plus ces couvertes à une hauteur où l'on puisse atteindre, chacune avec trois liens, pour empêcher que le vent ne les enlève, y ayant pour chaque lien un anneau de cuivre, au travers duquel passant un bout du lien, on le lie ainsi ensemble; il y en a pareillement par dessous aux extrémités & au milieu des liens, quatre à chaque couverte, par le moyen desquels on attache au bas près de terre les perches aux couvertes; ces couvertes extérieures ayant aussi des deux côtés un rempli, ensorte que les vents froids d'Est ou d'Ouest ne sauroient y pénétrer.

La *troisième Couverture*, quand il commence à geler plus fort, se fait en clouant au haut, immédiatement au dessous de la corniche, une double couverte de poil, laquelle dans son espèce doit être des plus minces & des plus larges; & afin que cette couverte pende bien uniment & joigne exactement, on cloue en longueur par dessus une petite late extrêmement mince: on pose devant les couvertes peintes qu'on roule, & qui enlèvent aussi de cette manière les couvertes de poil, une natte de roseau de cinq ou six bandes, dont le bout d'en-haut couvre la couverte de poil: on pose ces nattes de roseau selon le vent, de manière qu'elles se débordent de la largeur d'une main, afin que le vent passe par dessus; & de plus on fait passer au milieu une grosse corde bien tendue, attachée aux deux côtés de la Serre.

Quand la gelée est encore plus rude on a pour

La *quatrième Couverture*, une pareille seconde natte de roseaux, & dans la plus rude gelée,

La *cinquième Couverture*, embas sous les rideaux, suivant la longueur de la Serre, une couverte de poil, quoique je me serve souvent pour cela une troisième natte de roseaux au-lieu de la couverte en question, ayant trouvé que cela vaut mieux; ces nattes étant moins embarassantes, & pouvant être plus aisément roulées & transportées.

La *sixième Couverture* pourroit se faire à l'aide de couvertes de poil: mais comme je crois qu'il est impossible que la gelée, quelque rude qu'elle soit, pénètre au travers des trois nattes de roseau dont je viens de parler, cela est inutile. Il est cependant bon de savoir, qu'il faut très souvent, même sans qu'il gele, couvrir avec ces nattes de roseau pendant la nuit, pour aquerir par ce moyen une chaleur requise, quand le jour ne l'a pas fournie.

Dans les Serres qu'on échaufe par le moyen du feu, pour faire croître les plantes & leur faire produire plutôt des fruits, on cloue au dessus des petites fenêtres qui servent à airer, à la muraille, des couvertes de poil, lesquelles, pourvu que ces petites fenêtres ayent par dessous une ouverture d'un peu plus de trois, quatre ou plus de pouces, doivent descendre jusques au second carreau des vitrages en question, afin que quand elles s'ouvrent pour faire entrer l'air, ou exhaler les vapeurs, elles ne laissent pas entrer le froid ou la gelée: il faut pour cela, que cette couverte de poil soit pour le moins de trois bandes séparées, & que chacune déborde l'autre assez, pour préserver une, deux ou trois petites fenêtres ouvertes de la pénétration du vent ou de la gelée; ce qui ne sauroit se faire par le moyen de cette couverture quand elle est d'une seule pièce en longueur.

On commence à faire du feu vers la fin de Décembre, ou au commencement de Janvier, & on ne couvre pas les vitres de devant aussi longtems qu'il ne fait qu'une petite gelée blanche; car alors le Thermomètre qui est dans la Serre montre la chaleur à 16, 17, 18 ou plus de degrés: seize étant dans le commencement le plus grand froid quand la gelée est plus forte, ensorte que le Thermomètre descend davantage: on met devant les vitres des nattes dressées, qui comprennent la couverte dont ces vitres sont déja munies. Quand la gelée est plus rude encore, on y ajoute des nattes doubles, qui sont plus hautes: cela se fait aussi à mesure que la saison avance, & que le Thermomètre doit monter davantage. On se sert pour la troisième couverture, de couvertes de poil par dessous, qui étant attachées à de petits crampons, descendent depuis le haut jusques au dessous des Carreaux inférieurs: la quatrième couverture se fait par dessus par le moyen de pareilles couvertes; les vitres dressées étant alors entierement munies de couvertes par devant.

On a parlé ci-dessus dans ce Chapitre, de la Couverture des Melons, &c. mais on l'augmente, quand celle qu'on a ne suffit pas. Lorsqu'on transplante les Melons, il ne gele point ou rarement si fort, que des doubles nattes ne suffisent pas à empêcher le pénétration, souvent même il fait au mois d'Avril un tems si doux, qu'une simple couverture suffit, & que vers la fin de ce même mois, ou au commencement de Mai, on s'en passe entierement, suffisant alors que les plantes de Melons & autres soient couvertes de vitres.　　　　　　　　　　　　　　　　　Le

Le vieux Tan eſt léger & lanugineux, ce qui fait qu'en en mettant une couche d'un demi-pouce ſur les Renoncules, les Anémones, les Narciſſes, & les Jonquilles, cela ſuffit pour les munir contre une petite gelée; mais quand la gelée eſt plus forte, on met encore par deſſus le Tan des rameaux, & quand elle eſt plus rude encore, on le couvre de paille.

Les Rameaux ſont une bonne couverture pour des herbres potagères d'hiver, comme Choux, Salade, Cerfeuil d'hiver, Epinars, Carottes d'hiver; mais quand la gelée eſt rude, ces dernières ont beſoin d'être plus couvertes. On couvre de plus avec ces rameaux ce qu'on a planté ou ſemé au commencement du Printems, comme auſſi les fleurs & autres plantes, qui ſont moins tendres, mais auxquelles les vents de bize nuiſent plus que la gelée; ce que les rameaux couchés légerement ſur terre empêchent à merveille.

CHAPITRE III.

Des Thermomètres qui font connoître la température de l'air, ſavoir la chaleur, le froid & la gelée; leur néceſſité pour cultiver des plantes étrangères, & pour avancer la maturité des fruits dans les ſaiſons qui leur ſont propres: de leur fabrique, & de la manière dont on peut les faire: avec quelques obſervations particulières.

COmme toutes les Plantes, pour croître comme il faut & pour produire leurs fruits, n'ont pas ſeulement beſoin de chaud, mais auſſi de froid, & que ſelon leurs propriétés, elles doivent être plus ou moins affectées par le froid ou par le chaud; de plus, (ce qui demande une attention néceſſaire) qu'une pareille affectation doit ſe faire ſelon les Saiſons d'une manière diverſe dans chaque Climat, il eſt néceſſaire, quand on veut cultiver avec ſuccès des fruits de Climats plus chauds, ou bien avancer artificiellement les ſaiſons pour les prématurer, d'être inſtruit de cela, comme auſſi de la température de l'air quant au chaud & au froid, au tems pluvieux & ſec ſelon les ſaiſons, dans les endroits où ces Plantes viennent & produiſent des fruits en plein air. On peut être ſuffiſamment inſtruit ſur les tems pluvieux & ſecs, tels qu'il en fait ordinairement dans chaque ſaiſon dans des Climats étrangers, par ceux qui ont voyagé ſouvent dans ces Pais: mais c'eſt ce qui ne peut ſe faire, quant à la tem-

pé-

pérature du chaud & du froid, que lorsqu'on a fait là-dessus des obser-vations exactes par le moyen de Thermomètres: car nos corps ne sau-roient en juger d'une manière infaillible, parce qu'on en jugeroit tou-jours selon que ces corps sont plus ou moins accoutumés au chaud & au froid, & par cela même les jugemens qu'on en porteroit, seroient fort différens les uns des autres: c'est ce qui oblige à abandonner cette voie, & à recourir aux Thermomètres pour savoir peu à peu par des ob-servations fondées sur l'expérience, quels degrés de chaud & de froid les Plantes étrangères doivent avoir, comme aussi quelle est selon les Sai-sons, la température de l'air extérieur pour faire grossir & meurir les fruits; ce qui peut être pratiqué assez facilement.

Ceux dont qui, dans ce Païs, veulent cultiver des fruits étrangers, ou bien tâcher d'avancer les Saisons pour faire meurir les fruits d'Eté dans l'Autonne, & des fruits d'Autonne en Eté, ou même plutôt encore, doi-vent (comme nous l'avons dit dans l'Introduction) avoir plusieurs Ser-res vitrées,& pendre dans chacune un Thermomètre d'une même fabrique: lesquels Thermomètres doivent être tels que, par une égale affectation de chaud & de froid, ils passent par degrés les mêmes indications, par l'élévation ou l'abaissement de la liqueur.

J'indiquerai ici de quelle manière on peut fabriquer ces Thermomè-tres, qui agissent uniformément, faisant par degrés des indications, quand la liqueur descend ou monte.

Je suppose d'abord, que les Thermomètres à Phiole sont meilleurs pour la culture des Plantes dont je traite uniquement, que ceux qui ont par dessous des Cilindres; parce qu'un Cilindre qui contient autant de li-queur qu'une Phiole, raccourcit trop le tuyau par sa longueur; ce qui fait qu'on ne peut pas rendre les divisions de pareils Thermomètres aussi distinctes, que de ceux à Phiole, dont par cela même les tuyaux sont plus longs: outre qu'on ne sauroit vuider ces grands Cilindres ni si bien ni aussi également que les Phioles; ni les rechaufer si facilement avec la bouche, ce dont il sera parlé ci-après.

Il faut encore que ces Thermomètres ne soient ni trop longs ni trop courts: on a déja dit pourquoi il ne faut pas qu'ils soient trop courts: quand ils sont trop longs, ils embarassent, & on ne peut pas les pla-cer dans les couches vitrées. Ainsi je crois qu'un Thermomètre dont le tuyau a quinze pouces de long, qui a une cavité égale à celle que j'indique ici par cette figure (O), & qui a à ce tuyau une petite Phiole d'un ver-re extrêmement mince, dont le diamètre est d'un pouce & de deux lignes

me-

mesure de Rhinlande, est comme il faut, pour observer par son moyen le plus grand froid & la plus grande chaleur: quand on l'a rempli d'esprit de Vin très fort dans un tel tuyau, la liqueur ne montera pas assez haut, pour que l'air supérieur lui résiste beaucoup, & principalement quand le tuyau est un peu plus large vers le haut; car si l'air supérieur résiste trop, il faut nécessairement que la Phiole crève: il faut pourtant qu'il y ait au dessus de la liqueur un air commun dans le tuyau, afin que la liqueur reste rassemblé sans aucune division, laquelle se sépareroit autrement bientôt si la chaleur venoit à l'affecter trop subitement. Cette Phiole est aussi fort sujette à se rompre, quand elle est tant soit peu comprimée, ou quand la planche à laquelle elle est ajustée, se gonfle ou se resserre: c'est-pourquoi je ne sache rien de meilleur qu'une petite planche de bouis, sur laquelle, après l'avoir peinte en blanc, on marque les degrés par de petites lignes noires, lesquelles on numérote ensuite de cinq à cinq au côté avec de grands chiffres noirs: il faut de plus qu'il y ait dans cette planche une cavité ample & profonde pour la Phiole, & une rainure pour le tuyau; par en-haut un trou, pour pouvoir la pendre à un clou: sa largeur doit être d'un peu plus de deux pouces.

Si on pouvoit faire fabriquer par un habile Soufleur de verre les tuyaux d'une même largeur, & les Phioles proportionnellement à la cavité des tuyaux, on pourroit aussi alors selon la vertu élastique de la liqueur, prescrire une longueur déterminée pour ces Thermomètres: mais cela n'étant pas possible, il est nécessaire qu'on fasse tirer les tuyaux de la longueur d'un peu plus de dix-sept pouces, pour en rogner après cela à proportion qu'on trouvera que la Phiole est ou trop grande ou trop petite.

La liqueur de ces Thermomètres doit se montrer d'une manière fort sensible, afin que par dehors on puisse découvrir au travers des vitres la température de l'air intérieur de la Serre. C'est pour cette raison que les tuyaux doivent avoir une telle largeur, & que la liqueur doit être aussi fort colorée & avoir une vertu élastique. C'est pour cela que dans ce cas l'argent vif, qui est d'ailleurs ce qu'il y a de meilleur, est très peu convenable: la meilleure liqueur pour ces Thermomètres doit être d'un bleu, ou d'un rouge fort foncés: je préfère la dernière de ces couleurs, parce qu'on la peut faire en peu de tems, & qu'elle est fort élastique: on prend, pour la faire, une demi-pinte du plus fort esprit de Vin, sur lequel on met trois onces de bayes de Sureau bien séchées & pulvérisées, lesquelles doivent infuser dans cette liqueur, après quoi on la tire doucement au clair; &

Ii 3

après

après l'avoir fait repofer ainfi encore quelque tems pour lui donner le tems de fe défaire de toute fa craffe, on la tire de nouveau au clair, quand on veut s'en fervir: pour lors fa couleur fera d'un rouge fort foncé.

C'eft de cette liqueur élaftique ainfi colorée dont on doit fe fervir pour remplir les Thermomètres en queftion, lorfqu'on fe propofe d'avoir des fruits précoces.

On met la Phiole qui eft vuide fur un charbon de feu, & on la laiffe chaufer, jufqu'à ce que l'air groffier en forte, de même que du tuyau, après quoi, tenant la Phiole en haut, on trempe l'ouverture du tuyau dans l'efprit de vin coloré, & on en remplit la fixième partie de la Phiole: après cela on pofe de nouveau fur le feu la Phiole pour chaffer par la grande chaleur, tout l'air: cela fait, on trempe encore fubitement comme ci-devant le tuyau dans la liqueur, qui remplit ainfi pour l'ordinaire, en une feule fois, & le tuyau & la Phiole: ce qui ne fauroit fe faire quand la prémière fois on introduit trop de liqueur dans la Phiole, parce qu'alors la grande chaleur en chaffe la liqueur & l'air également.

Le Thermomètre ainfi rempli, on laiffe d'abord cette liqueur chaude fe condenfer lorfqu'il gele légerement, peu ou point, comme on le dira, ci-après; & l'on examine pour lors s'il y a le moindre air parmi la liqueur; & s'il n'y en a point, on regarde enfuite s'il n'y pas, ou trop ou trop peu de liqueur dans le tuyau, pour pouvoir monter ou defcendre, à la hauteur ou profondeur requife des degrés. S'il y en a trop, on remet la Phiole fur le feu, afin que la liqueur monte doucement jufques pres de l'orifice fupérieur du tuyau, par lequel on tire alors au travers d'un petit tuyau extrêmement fin ce qu'il y a de trop: s'il y en a trop peu, on introduit ce qui y manque, en renverfant tout à coup le tuyau dans l'efprit de vin: mais c'eft ce qui ne fauroit fe faire fans que l'air fe gliffe entre la liqueur fupérieure & inférieure, lequel doit être inceffamment expulfé par le haut, en le pompant & en introduifant un petit fil d'archal dans l'orifice du tuyau: ce qui fe pratique auffi, quand dès le commencement on apperçoit qu'il y a de l'air parmi la liqueur.

Après avoir ainfi rempli comme il faut le Thermomètre, on bouche l'orifice par en-haut avec un peu de cire, après y avoir laiffé entrer un peu d'air, pour conferver la vertu élaftique de l'efprit de vin: enfuite on marque fur la planche de bouis peinte en blanc par de plus grandes ou de plus petites divifions, les degrés, à proportion de la vertu élaftique de la liqueur qui eft dans la Phiole & dans le tuyau: fuivant cette même proportion on racourcit auffi plus ou moins le tuyau, & l'on fe fert d'une

plan-

planche plus courte ou plus longue. Pour être assuré de son fait, quand
on marque les degrés de ces Thermomètres destinés à la culture des Plantes, j'ai appris par expérience que des corps sains qui ont depuis trente
jusques à soixante-dix ans font monter dans le tuyau la liqueur à une même hauteur, quand ils tiennent la Phiole dans leur bouche fermée entre la langue & le palais, aussi longtems qu'il est nécessaire pour que la
liqueur aquière le même degré de chaleur qu'a leur sang: les liqueurs qui
ont moins de vertu élastique, ou qui sont renfermées dans des tuyaux
plus larges, quand les Phioles sont d'une même grandeur, monteront
bien moins que celles qui ont plus d'élasticité & des tuyaux moins larges; cependant toujours d'une manière uniforme, par le moyen de divers corps sains: c'est donc en observant ces proportions qu'on fait les
divisions plus ou moins grandes.

Ceci posé comme une chose incontestable, il s'agit maintenant & principalement d'observer quand il fait la plus petite gelée dans un air bien
ouvert, pour en placer la marque sur la planche.

Pour y réussir comme il faut on prendra pour fabriquer de pareils
Thermomètres comme le tems le plus convenable, le Printems ou l'Autonne, quand dans un air libre on peut s'attendre le matin à une petite
gelée, pas assez forte cependant pour faire prendre l'eau des fossés: a-
lors le Thermomètre baissera à quinze degrés; car quand l'eau des fossés extérieurs commence à se glacer il baissera jusqu'à 14: ayant marqué
15 par un petit trait de craion sur la planche, on ôte le Thermomètre
de dessus la planche, & l'on tient, comme il a été dit, la Phiole dans
la bouche, jusqu'à ce que la liqueur ait la même chaleur du sang; mais
comme il faut plus d'un quart d'heure pour cela, on y remédiera en ré-
chaufant peu à peu la Phiole sur un charbon de feu, jusqu'à ce qu'on ait
lieu de croire que la liqueur sera montée dans le tuyau à trente degrés
au-dessus de la gelée, par où l'on abrège le tems qu'il faudroit le tenir
renfermé dans la bouche.

Quand donc la liqueur est parvenue aussi haut que la chaleur de la bouche pourroit la pousser, il faut remettre très subitement le Thermomètre
sur la planche, & y marquer pareillement cette hauteur; après quoi il
faut diviser l'intervalle qu'il y a entre la gelée, & cette chaleur rehaus-
sée en trente degrés égaux, & compter ensuite encore quinze autre degrés égaux vers le bas; auquel cas on trouvera la dernière division (d'O)
auprès de la Phiole: au dessus du quarante-cinquième degré on fait aussi
cinq divisions égales, jusques à cinquante: ceci fait on marquera tout de

bon

bon ces diviſions ſur la planche par des traits ou des lignes, & on y peindra de noir les chifres. Enſuite il faut racourcir le tuyau environ de trois pouces au-deſſus du 50ne. degré; ce qu'on fait ſans peine par le moyen d'une lime bien afilée au rond du tuyau; on fermera pour lors hermétiquement l'orifice du tuyau au travers d'une flamme vive & conique d'une meche de coton bien trempée dans l'huile, dans laquelle on tient le tuyau, contre l'orifice duquel on en fait fondre un autre, lequel on retire peu à peu lorſqu'il a perdu de ſa chaleur.

En cas qu'on trouve dans le tuyau, que la liqueur à l'endroit où le plus bas degré (O) doit être marqué, n'eſt pas auprès de la Phiole, mais trop haut ou trop bas, il faut en tirer le ſuperflu, ou y ajouter ce qu'il y manque, de la façon qu'il a été dit ci-devant; en obſervant à chaque fois pendant ce changement la marque de gelée, & le rehauſſement par la chaleur de la bouche, & marquer & diviſer conformément les degrés ſur la planche, & enſuite racourcir le tuyau & le fermer hermétiquement.

Quand une fois on s'eſt procuré un pareil Thermomètre, on peut en fabriquer d'autres ſur ce modèle en tout tems, ſans avoir égard au Printems ou à l'Autonne. Je crois, que quelque froid qu'il faſſe en plein air, la liqueur ne deſcendra jamais dans la Phiole de pareils Thermomètres. Comme les Thermomètres placés dans des Serres pour des plantes de Climats plus chauds, ou pour prématurer nos fruits, ne doivent pas deſcendre juſqu'à la marque de gelée, ou bien monter plus haut que 50 degrés, on pourroit racourcir ceux qu'on deſtine a cet uſage, à la longueur de quatorze degrés; mais pour lors le peu de liqueur qu'il y a dans le tuyau, fera que la hauteur cauſée par la bouche ſera un peu moindre; différence qui ſera fort peu ſenſible ſur le tout, & de peu d'effet, n'étant pas non plus eſſentiel que le tuyau ſoit par-tout exactement d'une même largeur, pourvu que la différence ne ſoit pas aſſez grande, qu'on puiſſe la découvrir à l'œil; car il s'agit principalement des indices déterminés de gelée & de la plus grande chaleur, parce qu'il faut empêcher que les Thermomètres des Serres ne parviennent à l'une ou à l'autre de ces extrémités, mais obſerver toujours, autant qu'il eſt poſſible, la chaleur mitoyenne, comme on a ſoin de l'indiquer quand on traite de la culture des Ananas dans une Serre échaufée par des fourneaux, & de celle des Vignes échaufées pareillement par le feu.

On a beſoin en plein air de Thermomètres pour prendre ſes meſures, en empêchant la pénétration de la gelée par le moyen de la couverture extérieure; mais quand il s'agit de prévoir en quelque ſorte des tempê-

tes

tes furieuses, & de savoir quand il faut couvrir & non pas airer, il faut se servir d'un Baromètre, comme étant beaucoup plus propre à ces usages.

Par le secours d'un pareil Thermomètre, fait comme il a été dit, par divisions de degrés, & montrant le chaud & le froid, j'ai fait les expériences suivantes. Il est pendu à une muraille qui est au Nord, & qui ne sauroit recevoir aucun rayon solaire, à trois pieds & sept pouces de terre.

Il est aussi rempli (selon la description précédente qui en a été faite) avec de l'esprit de vin très fort, pour la culture des plantes & la prématuration des fruits: la longueur des degrés divisés étant depuis O jusqu'au 50me, neuf pouces trois lignes & un quart, mesure de Rhinlande; ayant trouvé le 45me degré, qui y est marqué, en faisant tenir la Phiole dans la bouche de différentes personnes: je dois cette observation à ce que m'en a communiqué un Naturaliste très expérimenté.

50 La plus excessive chaleur pour les Ananas pendant l'Eté dans les Couches vitrées où il y a du Tan.

47 Chaleur d'Eté pour les Ananas. Il faut alors leur donner de l'air.

45 Chaleur du sang, aquise par la bouche, & chaleur naturelle d'Eté pour les Ananas.

43 Chaleur tout-à-fait étoufante en plein air dans l'Eté: il en étoit ainsi le 4 d'Aout 1719.

41½ Chaleur pour les Ananas après les 14 prémiers jours, qu'ils ont été mis dans les Couches vitrées où il y a du Tan.

40 Chaleur pour les Ananas, pendant les prémiers 14 jours qu'ils sont dans ces Couches vitrées; & la plus grande chaleur, dans la Serre artificiellement échaufée. C'est une chaleur étoufante en plein air dans l'Eté.

37 Chaleur pour les Ananas dans la Serre artificiellement échaufée au mois de Février; & dans l'Eté, tems chaud avec des vents de Nord ou d'Ouest; mais étoufant quand c'est avec vent d'Est, Sud-est, ou Sud.

35 Tems d'Eté tempéré; cependant très étoufant au commencement de Mai & de Septembre.

32 Tems d'Eté jusqu'à la mi-Mai: c'est le tems qu'il fit en plein air pendant plusieurs nuits des années 1718 & 1719.

30 Chaleur pour les Ananas jusqu'au 20 de Janvier. Chaleur d'Eté en Avril & en Septembre.

Partie II. Kk 27½ Frai-

$27\frac{1}{2}$ Fraîcheur ordinaire de la nuit pendant l'Eté en plein air.

26 Fraîcheur pour les Ananas dans la Serre artificiellement échauffée après le mois de Janvier. Chaleur de Printems & d'Autonne. Chose remarquable, que ceci causé par le moyen du feu une chaleur insuportable, quand il gele en plein air, & que le tems est à $3\frac{1}{2}$.

25 Extrême chaleur pour les Caves & pour les endroits où l'on garde les provisions.

23 Extrême froid pour les Manges Tanges: pendant l'Eté il fait un froid à trembler.

21 Le plus chaud tems d'Eté à la hauteur du Pôle de 80 degrés & 30 minutes; & pendant l'Eté très froid dans ce Païs.

20 Tems d'Hiver chaud; & tems d'Eté très chaud (a) à 76 degrés.

19 Extrême froid d'Hiver pour les Ananas.

$17\frac{1}{2}$ Tems d'Hiver tempéré; & chaleur naturelle dans la Maison, quand en plein air il est à 10.

15 A peine de la gelée, comme d'un linge mouillé très légerement gelé; & par le moyen du feu une chaleur naturelle dans la Maison, quand en plein air le tems est à 4 ou $4\frac{1}{2}$.

14 Givre fort, desorte qu'il y a de la glace dans les Fossés: il en fait encore souvent en Avril, & quelquefois en Mai & en Juin: cela étoit ainsi le 15 de Juin 1733.

$12\frac{1}{2}$ Dans l'Autonne forte gelée.

9 Quand il gele ainsi pendant trois jours de suite, la glace est assez forte pour porter des Chevaux.

$4\frac{1}{2}$ C'est le tems qu'il fit chez nous le 21 de Janvier 1716, & qui causa un froid fort piquant.

$3\frac{1}{2}$ C'est le tems qu'il fit chez nous le 11 Janvier 1729.

2 Doit causer chez nous un froid presque insuportable.

o Il n'est pas à présumer, que naturellement il en viendra à ce point. Je n'ai pas seulement observé pendant vingt années la pluie, le vent, la grele, la neige, le brouillard, la rosée, &c. mais aussi remarqué le chaud & le froid par le moyen de mon Thermomètre: par où j'ai trouvé:

Que pendant l'Eté, dans le Printems & au commencement de l'Autonne, il fait le plus grand froid, quand le Soleil est à une demi-lieue

au

(a) *Il paroitra peut-être extraordinaire au Lecteur, qu'à 76 degrés hauteur du Pole, il fasse plus froid qu'à 80; cependant cela m'a été assuré par un Commandeur de la pêche à la Baleine, sur des observations très exactes, qu'il en a faites sur Mer pendant trois années, par le moyen de mon Thermomètre que je lui avois donné pour cela.*

au deſſus de l'horiſon : qu'enſuite la chaleur augmente ordinairement d'heure en heure, juſqu'à une heure ou midi & demi ; quelquefois auſſi, mais rarement, juſqu'à une heure & demi ; après quoi la chaleur du jour perd ordinairement de ſa force.

Qu'en Hiver il fait le plus grand froid, quand le Soleil ſe lève, ou un peu auparavant.

Qu'un air d'Eté du Sud, du Sud-eſt ou de l'Eſt, quand les Thermomètres ſont au Nord depuis 34 à 35, nous paroit auſſi chaud, qu'avec un vent de Nord depuis 38 à 38½.

Que lorſque ces Vents doux de Sud, de Sud-eſt & d'Eſt rendent l'air encore plus chaud, & que le Thermomètre eſt à 38 & même plus haut, pareille chaleur devient à proportion beaucoup plus inſuportable & étoufante ; que 38 du Sud paroit pour le moins auſſi chaud que 41 du Nord ; ces airs doux étant toujours nébuleux ou épais.

Que la roſée d'Eté, du Nord-eſt, de l'Eſt, & même du Sud-eſt, fait baiſſer davantage le Thermomètre, & indique plus de froid que ne feroit dans ce tems la pluie, un vent furieux, ou une tempête, quand même le vent ſeroit Nord.

Que des vents de Nord ou de Nord-eſt, ſecs & forts, nous paroiſſent plus froids en Eté que ne l'indiquent les Thermomètres ; mais que ces vents rendent ſouvent l'air plus froid, & affectent le Thermomètre de manière qu'il baiſſe quelquefois de deux degrés de plus, qu'un autre qui eſt à l'abri du vent ou expoſé au Couchant.

Que non ſeulement le Soleil, mais auſſi la reverbération de ſes rayons, quoiqu'éloignée, cauſe de grandes diverſités quant au rehauſſement.

Que lorſque le Thermomètre commence à monter l'après-midi (baiſſant autrement alors pour l'ordinaire), il fait ordinairement de la pluie le lendemain ; & plus cela arrive vers le ſoir, plus la choſe eſt certaine, car pour lors il fait ſouvent le lendemain un fort grand vent, ou bien de la tempête & de la pluie.

Quand après un jour où le Soleil à lui fort clairement, le vent tombe, & que le Thermomètre continue à baiſſer le ſoir, il fait ordinairement un beau jour le lendemain.

Que le vent n'affecte qu'à proportion de la température de l'air, deſorte que le vent pouſſé avec violence contre la Phiole par le moyen d'un ſouflet, ne cauſe pas la moindre diverſité, & ne fait pas retirer ou baiſſer en aucune manière la liqueur qu'elle contient.

Kk 2

Que

Que la chaleur est plus ou moins grande dans des Serres renfermées, non seulement à proportion qu'elles sont plus près du feu, ou quand il gele en plein air, mais aussi à proportion qu'elle est plus près de terre: c'est ainsi que le Soleil & le feu peuvent rendre la différence de la chaleur au dessous de 2, 3, 4, 5, & plus de degrés plus bas, que plus haut, dans la Serre échaufée artificiellement.

Dans la grande Serre nommée *Trek-kas*, décrite dans le prémier Chapitre de la seconde Partie, page 234, péndent perpendiculairement trois Thermomètres l'un au dessus de l'autre, le plus bas à trois pieds & quatre pouces de terre, le second à neuf pieds, & le troisième à douze pieds & six pouces: par ce moyen j'ai observé ce qui suit.

Le 15 de Juin avec un vent de Sud-est & un Soleil nébuleux, auquel tems le Thermomètre en plein air étoit à midi à 31, celui d'embas étoit à 38, le second à 42 & le plus haut à 47½.

Le 18 de Juillet, vent d'Est, Soleil fort luisant, nuages bleus; il étoit en plein air à midi 32½, celui d'embas dans la Serre aussi à 32½, le second à 40½, & celui d'en-haut à 47.

Le Thermomètre de la Serre artificiellement échaufée pend dans le milieu de la prémière division. Lorsqu'il ne gele pas & qu'on fait en dedans du feu, ce Thermomètre montre ordinairement un degré de chaleur de plus, que celui qui pend dans la seconde division à la même hauteur & à la même distance des vitres: mais quand il gele, la différence est considérablement plus grande, & encore plus quand la gelée est plus forté, principalement quand il a déja tant gelé, que la gelée ne peut plus pénétrer dans le terrain extérieur, ou bien quand ce dernier est couvert de neige.

Dans la Serre jonchée de Tan, & artificiellement échaufée pour les Ananas, dont on trouve le déscription dans le *I Chapitre de cette II Partie*, page 242, j'ai conservé pendant l'Hiver quelques Ananas dans du Tan fort chaud; il y avoit deux Thermomètres, l'un à l'Orient & l'autre à l'Occident: celui qui étoit à l'Occident, étant pendant le mois de Décembre avec des vents constans d'Est ou de Nord-est, toujours plus bas de deux ou trois degrés, que le Thermomètre à l'Orient jusqu'au 29 de Décembre, auquel tems le Thermomètre en plein air avec un vent tempétueux de Sud-est & des bourasques de neige, étoit à 15; ce froid & ce vent furieux accompagnés de neige, pressèrent si fort l'air intérieur de la Serre vers le Thermomètre qui étoit à l'Orient, qu'il étoit en cet endroit à 19, dans le tems que celui qui se trouvoit à l'Occi-

dent,

dent, étoit à 26½, & ainsi largement sept degrés plus haut : cela est d'autant plus remarquable, que ces vitres étoient couvertes de grosses nattes de paille, & celles-ci de grosses couvertures de poil, sur lesquelles il y avoit encore des volets de bois épais d'un pouce.

L'eau des Fossés & des Reservoirs au Nord, six pouces au dessous de la superficie, est ordinairement l'Eté le matin de bonne heure & le soir plus chaude de deux degrés, que l'air du Nord même : au-lieu qu'au Printems, la chaleur est communément égale, auquel tems aussi l'eau, quand l'air devient plus chaud, n'en est pas sitôt affectée ; & tout au contraire l'eau retient davantage sa chaleur, & elle est même quelquefois de 4, 5, & plus de degrés plus chaude que l'air, quand le tems devient tout à coup froid & rude, comme aussi lorsque l'air est refroidi par la rosée. Ordinairement c'est le matin que l'eau est la plus froide, & elle diffère le moins d'avec l'air du Nord, vers midi : cependant dans un Fossé où l'eau court toujours, & qui est plus ou moins couvert d'arbres, elle est ordinairement de deux degrés plus froide ; & encore plus dans un Reservoir de plomb au Nord qui est ombragé par des arbres.

Le Baromètre peut indiquer quand il faut munir les Serres contre le vent, en fermant les vitres ; ou bien en y passant par dessus des cordes, ou pour laisser entrer l'air en ouvrant un peu les vitres, ou pour les coucher plat, quand le Baromètre est fort bas ; mais il faut ôter tout-à-fait les vitres des plantes qui doivent être humectées, afin que la pluie puisse les arroser.

Les Pese-vapeurs ne m'ont jamais servi de rien pour la culture des plantes.

✦◦❀◦✦◦❀◦✦◦❀◦✦◦❀◦✦◦❀◦✦◦❀◦✦◦❀◦✦◦❀◦✦◦❀◦✦◦❀◦✦

CHAPITRE IV.

De l'Air, de la diversité avec laquelle il mêle les parties, & agit sur les Plantes ; comme aussi de la chaleur, du froid, des vents, de la pluie, de la neige, de la grele, des frimats, & de la rosée, &c.

L'Air, disent certains Naturalistes, est un corps fluide, glutineux, transparent & élastique, qui est susceptible de condensation & de raréfaction, mais non pas de se convertir comme l'eau en glace ; j'y ajoute, tel qu'il est avec les vapeurs & les exhalaisons, lesquelles sont extrêmement divisées.

Les exhalaisons sont des parties ignées, sulphureuses, minérales, mêlées

Kk 3

lées de falpêtre, & telles autres parties sèches.

Les Vapeurs font des parties unies, humides, contenant de l'eau ou de l'huile.

Les unes & les autres donnent par toute forte de caufes à l'air diverfes températures, felon qu'il fe mêle avec lui plus ou moins de vapeurs ou d'exhalaifons, formant ainfi enfemble l'air commun, dans lequel tous les Animaux & les Plantes font produits & croiffent. Comme donc l'air eft différent felon la fituation des Païs, les corps diffèrent auffi entre eux; car felon que le Soleil éclaire les Païs plus ou moins obliquement, ou bien perpendiculairement, les rayons font réfléchis, ou bien ils y reftent plus longtems, & y caufent plus ou moins d'agitation, d'où provient le chaud & le froid.

Si l'on penfe que dans de certains endroits il y a du feu fous la terre, ou feulement une matière fulphureufe, qui a été allumée, les vapeurs & les exhalaifons dans le voifinage du feu, y feront en plus grand nombre: outre que le Soleil par deffus, & ce feu par deffous, cauferont des vapeurs & de exhalaifons tout-à-fait différentes, & cela à proportion que les Païs feront élevés, fecs, montagneux, contenant des métaux & des minéraux, fulphureux, huileux, chargés de vitriol, de falpêtre, de fel & de bois, & qu'ils font éloignés de la Mer; à proportion auffi qu'ils font habités près à près par un grand nombre d'hommes; de même que felon qu'ils font bas, unis, ayant des rivières, des marais, des lacs; que la terre en eft legère; qu'ils font dans le voifinage de la Mer, & habités par peu de perfonnes, & cela loin à loin.

Quand même on feroit bien inftruit de toutes ces circonftances, il nous manqueroit encore la connoiffance de l'air convenable pour l'entretien des Plantes; car nous ignorons de quelles parties l'air eft compofé, quand les Plantes en font incommodées; ni comment il doit être pour les faire croître vigoureufement. Nous favons en général, que l'air le plus fain devient très malfain & mortel pour nous, quand il refte fort longtems autour de nous & que nous le refpirons après qu'il a été corrompu par les mauvaifes vapeurs & les exhalaifons de nos corps, & de leurs excrémens fujets à la pourriture; deforte que rien de ce qui a vie ne peut fubfifter fi l'air n'eft pas continuellement rafraichi: tous les Animaux même, faute de ce rafraichiffement, cefferont de refpirer: mais autant qu'un air rafraichi eft d'une néceffité indifpenfable pour tous les corps, dont le mouvement tend à l'accroiffement; autant eft-il nuifible à tous les corps, qui ne font plus fufceptibles d'accroiffement & que l'on veut conferver

pendant

pendant quelque tems dans le même état : c'eſt-pourquoi on communi-
quera continuellement un air frais & pur à toutes les Plantes qui croiſſent, & on empêchera d'un autre côté qu'il n'approche des fruits.

Un air chargé de trop de parties ſeches & ignées, ou d'exhalaiſons,
eſt auſſi nuiſible aux Plantes, que lorſqu'il eſt chargé de trop de vapeurs :
c'eſt ce qu'on obſerve l'Hiver à l'égard de nos corps, quand on fait grand
feu dans des chambres renfermées, dans leſquelles le Thermomètre étant
à 26 degrés (faiſant dans un plein air de Nord une chaleur de Printems),
car il nous incommodera plus dans ces endroits, que ne feroit celui
qui ſeroit plus chaud, chargé de vapeurs voltigeantes, à l'égard des
Plantes de la Serre artificiellement échaufée.

Il faut traiter les tendres Plantes, qui ne réſiſtent pas à l'air rude qu'il
fait chez nous dans l'Autonne, l'Hiver ou le Printems, comme les perſonnes foibles & délicates, & les munir contre le froid ; mais il ne faut
jamais les laiſſer longtems dans un air, qui n'eſt pas continuellement rafraichi par un air pur, car autrement ces Plantes périroient, de même
que les Animaux ; & comme on s'apperçoit aiſément dans des chambres
renfermées, quoique occupées par pluſieurs perſonnes ſaines, de la corruption de l'air, & mieux encore dans des chambres de Malades ; il en eſt
de même dans les Orangeries & les Serres vitrées, qui ont été longtems
fermées, & cela à proportion qu'elles contiennent beaucoup de plantes
raſſemblées, & à proportion auſſi que ces plantes croiſſent vigoureuſement : on s'apperçoit même en plein air, quoique toujours plus vite dans
des lieux renfermés, d'un mauvais air ſulphureux, ou bien d'un air qui eſt
chargé de parties trop pénétrantes, ignées, contenant du ſalpêtre, de l'huile, du vitriol ; comme on le remarque ſouvent aux Mineurs où à ceux
qui entrent dans des caveaux profonds, qui ont été fort longtems fermés.

Quand il fait pendant longtems du calme & ſur-tout pendant des Etés
chauds, nos corps de même que les Plantes, ſe reſſentent, mais non pas
ſi ſubitement, de la mauvaiſe température de l'air, arrivant très ſouvent
qu'une chaleur ſi longue eſt ſuivie en Autonne de maladies mortelles ;
au-lieu qu'on trouve l'air très pur & très ſain, lorſqu'en Eté il fait beaucoup & de grands vents, & qu'il tombe des pluies froides.

Le meilleur & le plus promt remède pour purifier les Orangeries fermées & les Serres vitrées, d'un air mauvais & corrompu, & de rejouïr
les plantes par l'intromiſſion d'un air frais, eſt de donner un libre paſſage à l'air par des ouvertures pratiquées des deux côtés : cependant quand
l'air extérieur eſt trop froid, & que ce paſſage pourroit nuire, on aro-

fe légerement avec de l'eau de pluie pure, le fond de l'Orangerie, &c.
la plus froide eſt la meilleure, après quoi on augmente la chaleur, d'où
il arrive que les parties de l'eau ſe ſéparent & ſe répandent; & lorſqu'elles ſont raréfiées & mêlées avec les mauvaiſes exhalaiſons, elles ſont
pouſſées alors ou par la cheminée, ou vers un autre appartement par
l'ouverture de la porte.

Pour ce qui regarde encore la température de l'air, quant au chaud
& au froid, l'une & l'autre de ces qualités ſont également néceſſaires
tant pour la vie & la conſervation des plantes, que pour les corps des
animaux: car comme ces corps ne ſauroient ſubſiſter ſans la chaleur qui
par ſon agitation raréfie & repand les humeurs, de même le froid eſt auſſi
plus ou moins néceſſaire, ſelon l'état des corps, ſelon la ſituation des
Païs qu'ils habitent, & cela pour condenſer, quand il le faut, les humeurs, & les coaguler en quelque manière: c'eſt ce dont les Païs les
plus chauds nous fourniſſent des preuves, puiſqu'on y a la bonne, la douteuſe & la mauvaiſe Mouſſon, tout comme chez nous la chaleur d'Eté,
& le froid d'Autonne, d'Hiver & de Printems. Les Plantes, & tous les
corps des animaux ont auſſi leurs propriétés particulières, non ſeulement
à proportion de la grandeur de cette chaleur ou de ce froid, eu égard à
un air ſec ou humide, mais auſſi à proportion des manières différentes
dont ils doivent en être affectés: delà vient que les Saiſons produiſent
ſous un même Climat diverſes eſpèces de fruits, comme ſont chez nous
les fruits de Printems, d'Eté, d'Autonne & d'Hiver, & ſous des Climats plus chauds, les fruits de la bonne, de la douteuſe & de la mauvaiſe
Mouſſon. De plus le froid de la nuit eſt très néceſſaire pour la pouſſe
& pour la nourriture des Plantes: étant remarquable que les nuits d'Eté
dans pluſieurs Païs fort chauds, ſont ordinairement plus froides que
chez nous, ou dans tels autres Païs peuplés du Nord; deſorte qu'il paroit que le froid de la nuit leur tient en quelque façon lieu du froid
qu'il fait chez nous l'Hiver: on a de ces nuits froides principalement en
Afrique, où il fait pendant le jour une chaleur inſupportable, & où il
pleut fort peu ou point du tout; car quand il y pleut, ce ſont de petites pluies menues, qui ſont pour l'ordinaire les avant-coureurs d'une maladie contagieuſe.

On éprouve auſſi de pareilles variations entre la chaleur du jour & le
froid de la nuit, dans les vallées des Païs ſitués ſous ou près de la Ligne,
dans le voiſinage de la Mer, & couverts par derrière par de hautes montagnes, où les vapeurs que la Mer exhale, ſont pouſſées continuellement

ment pendant le jour par les vents de Mer contre les Montagnes, & a-
près s'y être condenfées & converties en brouillards, elles s'en retour-
nent la nuit avec les vents de terre, fur laquelle terre elles fe répandent
comme une épaiffe rofée.   C'eft ainfi que dans les Païs bas & humides,
les plus froides nuits font précédées par une grande chaleur du jour,
fur-tout vers l'Autonne, quand les nuits s'allongent : ce froid eft
caufé par la rofée, qui fuit pour l'ordinaire.   Les Païs du Nord, au
contraire, ont dans l'Eté moins de froid pendant la nuit : deforte que la
Nature montre encore de quelle manière elle remédie au grand froid de
l'Hiver.   L'expérience nous apprend outre cela, que comme les Païs du
Nord qui font habités, produifent des hommes plus grands, plus vigoureux, plus robuftes, mais moins agiles de corps & d'efprit, de même
les Plantes, qui réfiftent à un grand froid d'Hiver ou d'Autonne, ont
des tuyaux plus fermes, & deviennent meilleures pour produire continuellement en abondance des fruits mieux nourris, ce qui fe remarque
le plus vifiblement dans ces Climats, au Bled d'Hiver & d'Eté, comme
auffi aux Pois des Jardins, aux Fêves & telles autres herbes potagères,
quoiqu'il y en a qui croient que la plus grande fertilité vient de ce que les
Plantes pouffent des racines fort profondes en rerre ; mais ce n'eft rien
moins que cela, puifque leurs racines croiffent moins en profondeur qu'horizontalement, ce que prouvent les Fêves tranfplantées, dont on raccourcit avant que de les tranfplanter, les racines droites, afin qu'elles en
pouffent plus par les côtés ; elles chargent auffi davantage, quand le froid
du Printems les retarde dans leur crue, car alors elles pouffent plus de
rejettons & ont des tuyaux plus fermes.   La pluie froide eft auffi communément meilleure & plus avantageufe pour la pouffe & la fertilité que
la chaude ; & c'eft là la raifon pourquoi les pluies de la nuit font préférables à celles du jour.

On donne différens noms à la fraicheur ou au froid, felon que les
corps en font affectés : c'eft pour cela qu'en Hiver nous appellons chaud
un air, qui nous paroit fort froid, & rude en Eté ; ce qu'on peut éprouver alors le plus fenfiblement dans des caveaux fouterrains fort profonds,
car quoique dans ces endroits l'air nous paroiffe froid en Eté & chaud
en Hiver, il en eft tout autrement de cet air renfermé, felon le Thermomètre : cependant nos corps accoutumés en Eté à une grande chaleur, & en Hiver à un plus grand froid, fentiroient bientôt cette étrange
variation.   Par la même raifon, on dira que de l'eau tiède eft froide,
quand on y plonge la main, dans le tems même que l'on fent de l'eau

Partie II.   L l   fort

fort chaude; il en est de même de pareilles autres variations. Mais que tout ce qui est fortement agité soit chaud, & que ce qui n'a que peu de mouvement soit froid, c'est ce qui n'arrive pas également à tous les corps: car on voit tout le contraire à l'air & à l'eau agités par le vent, puisque cette agitation les rend froids.

Il est donc certain, comme je l'ai dit, que le froid est aussi nécessaire pour la vie des Animaux & des Plantes que le chaud, & que chaque Plante demande d'être plus ou moins affectée par la chaleur, & cela en différentes manières, comme le prouvent les Cerises, les Pêches, & les Raisins; car les Cerises & les Pêches fleurissent & se nouent au Printems, quand il fait ordinairement encore frais, & quelquefois froid, même lorsqu'il gele: au-lieu que cela n'arrive aux Raisins qu'au milieu de l'Eté, quand on a les nuits & les jours les plus chauds. Les Cerises meurissent aussi de même quand la chaleur augmente encore, & les Raisins & les Pêches quand elle diminue; c'est-pourquoi il faut penser, quant à la culture de ces fruits & autres de cette sorte, sur-tout pour les prématurer, de les placer sous des vitres & de les faire venir sans ou par le moyen du feu, par un soin extrême, & par une imitation de la Nature; cette imitation d'un air chaud pouvant être faite avec un grand succès, pour peu que le Soleil intervienne; & cela non seulement afin de prématurer les fruits d'Eté & d'Autonne, mais aussi pour faire croître naturellement & meurir parfaitement chez nous les fruits de Climats plus chauds. L'Art jusques ici n'a trouvé aucun moyen, pour faire croître, produire des fruits, ou pour cultiver en Eté des fruits d'Hiver, dans des Païs chauds, à l'aide des Plantes de Climats plus froids, par lesquels moyens ces Plantes pourroient aquerir la faculté requise & nécessaire de se resserrer.

Un changement subit est non seulement nuisible, mais même souvent mortel à toute sorte de corps: il en est de même des Plantes; c'est ce qui doit engager à en avoir grand soin, sur-tout de celles qui sont dans des Serres; car quoique les Plantes de Climats plus chauds aient certainement besoin d'une très grande chaleur, & que les nôtres puissent résister à un très grand froid, un pareil changement, quoique consistant en beaucoup moins de degrés de chaud ou de froid, ne laisse pas souvent que d'être mortel pour elles: le succès de toutes les Plantes étrangères & tout ce qui regarde la prématuration, dependant presque entierement, de ce qu'en imitant la Nature, on leur communique peu à peu le plus grand froid & la chaleur dont elles ont besoin, ce dont on a traité amplement dans le *Chapitre* précédent.

Com-

Comme un air chaud & froid, où froid & chaud, ne se mêlent pas tout à coup, pour faire un air doux & tempére, pas même dans des endroits renfermés; mais que cela doit se faire insensiblement, parce qu'au commencement de ce changement le plus fort des deux repousse celui qui l'est moins, & ne produit qu'un changement de lieu; on gâte ainsi par ignorance, par le feu, quantité de Plantes dans les endroits renfermés comme dans les Serres & les Orangeries : le changement subit étant la prémière cause de ce dégat; & d'un autre côté, lorsqu'il s'y est glissé trop de froid, il s'attache aux Plantes qui sont le plus près des vitres à terre, comme aussi à leurs troncs, à leurs branches, & à leurs feuilles, ce froid étant poussé par la trop subite chaleur jusques aux racines & aux envelopes intérieures des Plantes, & même se répandant par tout l'appartement, il est comprimé dans un seul coin, où le froid fait encore de plus grands ravages. Pour prévenir autant qu'il est possible cet inconvénient, il ne faut pas seulement faire un feu modéré, mais aussi faire, le plus loin qu'il se peut du feu, une ouverture, par où le froid sorte.

Comme donc l'air ne se mêle pas subitement dans des endroits renfermés, sur-tout quand il y a une pression extérieure, quoiqu'il soit comprimé par en haut & par embas; il en est de même en plein air, où l'on rassemble & conserve les rayons solaires par des cloisons ou par l'ombrage des arbres; cet air chaud pouvant dans de pareils endroits séparés, ou bien plantés des deux côtés, rester fort longtems sans mélange, quoiqu'il passe par devant & par dessus lui un air plus froid: ce qu'on peut voir par différentes preuves, & cela se démontre aussi par le Thermomètre, sur-tout dans les mois d'Avril, Mai, Septembre & Octobre, quand avec un Soleil qui luit tous les jours, & avec un vent de Nord ou de Nord-est, il fait des nuits si froides, que dans un terrain uni en plein air le Thermomètre montre gelée, étant à 15 & même encore moins, & que la glace elle-même indique aussi un pareil froid; auquel tems cependant le Thermomètre sera à 17, 18, 19, & 19½ dans des endroits séparés par des brise-vents.

Que le froid, comprimé & ramassé dans le coin d'une Couche vitrée, s'y manifeste par des effets plus sensibles, c'est de quoi on s'appercevra toujours en Hiver, lorsqu'après l'avoir un peu ouverte il vient à y pénétrer: ainsi quand on ouvre ces Couches pendant qu'il fait une petite gelée, on trouvera que ce qui a été d'abord gelé, est au bout de la Couche au Sud-ouest, si l'air extérieur vient du Nord-est: au contraire le froid

fe

ſe fixera au coin qui eſt au bout de la Serre au Nord-eſt, ou bien à l'Eſt, quand l'air extérieur vient du Sud-oueſt ou de l'Oueſt; & ce qui ſe remarque à l'égard du froid, arrive auſſi aux vapeurs & aux exhalaiſons, qui ſe raſſemblent pareillement dans les coins des endroits renfermés.

Il paroit auſſi de ce qui précède, que le plus froid du jour au deſſus de l'horizon eſt quand le Soleil ſe lève & une demi-heure après, car alors cette chaleur du Soleil chaſſe le froid vers les coins où le Soleil ne pénètre pas.

De même qu'en Eté l'air devient de jour en jour plus chaud par le moyen du Soleil, à moins que le vent qui fait faire diverſion à ſes rayons n'apporte quelque variation à cet égard; de même auſſi le froid devient plus grand & plus ſenſible, quand il gele, ſur-tout avec un air couvert, & bien plus encore quand la terre eſt fermée ou couverte de neige, de manière que la gelée ne ſauroit y pénétrer.

Les Vapeurs, qui ne trouvent pas ſi bas près de nous un aſſez grand froid, pour ſe convertir en brouillards, montent plus haut, ſe condenſent & ſe convertiſſent en nuages, leſquels reſtent ſuſpendus auſſi long-tems qu'il ne s'y en eſt pas raſſemblé une trop grande quantité: ce qui empêche ces nuages de tomber c'eſt l'étendue de leur volume, la peſanteur de l'air qui eſt ſous eux, ou quelque vent fort: mais quand ils ſont tellement compoſés, que leurs goutes ſont aſſez groſſes, & tombent par leur propre poids, alors cela forme une pluie médiocre, laquelle, quand il fait grand froid, ſe change en neige lorſqu'elle approche de la terre, au-lieu que cela cauſe une groſſe pluie, de la grêle ou de la neige, quand ce nuage eſt pouſſé en-bas par la peſanteur de l'air qui eſt au deſſus; &, quand le nuage n'eſt pas ſi fort condenſé par le haut, ou bien quand les goutes n'en ſont pas ſi groſſes, & quand l'air qui eſt au deſſous cède, il en provient un brouillard mince, ou du verglas opaque.

La plupart des gens s'imaginent qu'une pluie chaude, ſuivie immédiatement d'un air chaud, eſt une choſe fort avantageuſe pour faire pouſſer & pour rafraichir les Plantes. C'eſt une erreur; cela eſt extrêmement nuiſible puiſque par-là les Plantes ſe chanciſſent. Mais les pluies froides du Nord, & ſur-tout les pluies de la nuit en Eté ſont toujours bonnes & avantageuſes à cauſe de leur fraicheur, même quand il ne ſuit pas de chaleur, qu'après qu'elles ont pénétré en terre juſques aux racines: il en eſt de même de la forte neige & des fortes pluies de l'Hiver ou du Printems.

La *Neige* ſe charge, parce qu'elle eſt anguleuſe, des parties de ſou-
phre

phre & de salpêtre qui font dans l'air, les fait descendre avec elle & pénétrer jusques dans la terre : c'est ce que font aussi les fortes pluies, & les pluies froides, dont les goutes font plus compactes, & moins polies, que celles d'une pluie douce & chaude ; & c'est pour cela que, même en Eté, pourvu qu'il ne suive pas subitement un tems chaud, la neige, la grele, les pluies fortes & les froides fertilisent la terre , & aident considérablement à la pousse. Mais quand ces pluies fortes tombent sur les fleurs épanouies des fruitiers, ces fleurs tombent avant que de se nouer, ou bien causent une espèce de rouille qui empêche la plupart de ces fleurs de réussir. Ces pluies fortes font aussi pernicieuses, quand les Arbres poussent au Printems de tendres rejettons, & quand elles font suivies d'un froid rude : de plus elles font souvent nuisibles aux tendres herbes, & au blé, parce qu'elles multiplient considérablement les mauvaises herbes. Du reste avec un air froid les fortes pluies font toujours bonnes & désirables : au-lieu que les petites pluies fines & chaudes d'Eté font toujours funestes aux Plantes.

La *Grele* fertilise à cause de son eau nitreuse, mais elle cause souvent un grand dommage, en ce que pendant l'Eté elle est fort grosse, dure, & qu'elle est poussée par des vents violens contre & sur les Plantes.

Quand il fait des *Brouillards*, ou des *Bruines*, il fait aussi calme, ce qui, comme il a été dit, quand cela dure longtems, rend l'air mal-sain, & fait rouiller, moisir & pourrir les Plantes. D'un autre côté, un tems froid en Hiver & beaucoup de neige, font le fondement de l'espérance d'une année fertile : aussi les années dans lesquelles il tombe des pluies froides font-elles toujours avantageuses pour les Plantes, & saines pour les Hommes & les Bêtes.

Le *Verglas* opaque ou qui n'est point transparent, est, comme je l'ai dit, un brouillard, ou une bruine qui se gele près de terre.

Le *Verglas* transparent se forme, quand l'air supérieur n'est pas assez froid pour changer les gouttes en grele ou en neige ; mais ces gouttes venant à tomber en pluie, se convertissent en glace par le froid des corps auxquels elles s'attachent. Ce Verglas dure rarement longtems, parce que l'air le dissolvant, le change en eau, ce qui fait qu'il est rarement ou point nuisible ; mais il en seroit tout autrement, s'il ne suivoit pas d'abord du degel, si les vapeurs des Plantes ainsi renfermées comme dans un verre ne pouvoient pas s'exhaler, & recevoir un air frais.

Le *Tonnerre* avec un air noir chargé de nuages cause des pluies fortes, rarement accompagnées d'une grosse grele : au-lieu qu'on a souvent à attendre une pareille grele , quand il tonne fort & que l'air eſt clair.

La *Roſée* ſe forme des vapeurs qui ſe ſont élevées, leſquelles, après a-voir été encore plus dilatées par la chaleur du Soleil, deſcendent enſuite conjointement enſemble. Quand cette conjonction ſe fait le ſoir par un petit vent chaud, alors la Roſée n'eſt pas également ſur toutes les terres, mais quand elle ſe condenſe peu à peu après le Soleil couché, elle tombe dans la nuit vers le matin, alors elle ſe répand également & humecte tou-tes les terres voiſines. Que les matinées dans leſquelles il fait de fortes Roſées ſoient les plus froides, & que la Roſée procure aux Plantes une humectation froide & une très vigoureuſe pouſſe, c'eſt une vérité con-nue; & c'eſt ce qui n'eſt nulle part plus ſenſible que dans ces Païs, où la Roſée eſt le ſeul moyen par lequel les Plantes ſont humectées pendant l'Eté, parce qu'elles y croiſſent comme il faut, qu'elles y produiſent des fruits, quoiqu'il y pleuve rarement. Cela confirme en même tems, que les Plantes ne ſe nourriſſent pas ſeulement par le moyen de leurs racines, mais auſſi en partie au deſſus de terre par le moyen des pores de leurs feuilles, puiſque la Roſée n'humecte jamais aſſez chez nous, pour qu'el-le puiſſe pénétrer juſques aux racines.

Cela démontre encore, qu'une humidité froide eſt avantageuſe & fer-tile, ce qui ſe voit le mieux dans les pluies du Printems & de l'Autonne, auquel tems ces matières fluides montant dans les petits tuyaux des Plantes, & ſe condenſant par le froid de la nuit, cauſent pour lors une vigoureuſe pouſſe. Quand au contraire en Eté la chaleur eſt grande & longue & que les nuits ſont moins froides, ce qui empêche les vapeurs de ſe joindre ou de ſe condenſer ſi fort & de produire un mêlange ſi con-venable de la ſève, alors ces vapeurs reſtent raréfiées, elles s'exhalent continuellement & ne font croître que très peu les Plantes. Il faut en-core ajouter à ceci, que la terre étant très peu humectée, les pores des Plantes ſe reſſerrent davantage par la chaleur, & parce qu'il y paſſe moins de ſève, ce qui rend les Plantes plus grêles & moins vigoureuſes.

Je laiſſe aux Naturaliſtes à décider ſi le Vent eſt une choſe qui ſubſiſte par elle-même, ou ſi c'eſt une preſſion de l'air, qui fait plus ou moins de ravage, à proportion qu'étant comprimé il pénètre dans des endroits plus renfermés: il eſt cependant certain que rien ne purifie davantage & ne rend l'air plus ſain, qu'un vent de Nord froid & violent, parce qu'il diſſipe toutes les mauvaiſes vapeurs & les exhalaiſons de la terre, de même que celles de tous les Animaux & de leurs excrémens qu'il empêche de ſe pourrir: leſquelles vapeurs reſtant autrement comme ſuſpendues autour

de

de nous, on les avale par la respiration, ce qui est extrêmement funeste
à tous les corps, tant des Animaux que des Plantes. Il est bien vrai que
ces vents violens dispersent extrêmement les rayons du Soleil, ce qui ne prive pas seulement de la chaleur, mais fait même mourir quelquefois les
tendres Plantes, à cause de la violence avec laquelle ils compriment l'air;
delà vient que les grains souffrent & se gâtent par les parties déliées de
la terre qu'ils charient: de plus la forte commotion qu'ils causent, dégarnit de terre les racines supérieures des Arbres ou autres grandes Plantes,
auquel cas l'air extérieur empêche la circulation de la sève, ce qui retarde la pousse & quelquefois aussi l'empêche pour toujours. Mais on prévient tout cela, quand on a soin de munir nos corps contre ces vents, &
d'en garantir les Plantes par de grands brize-vents: auquel cas on retire-
ra les avantages nécessaires de ces vents forts, sans en avoir les inconvéniens.

Les vents sont froids, chauds, humides ou secs, non seulement selon
qu'ils viennent des endroits plus froids ou plus chauds, mais aussi selon
qu'ils souflent avec force ou doucement, & qu'ils passent avant que de
parvenir jusqués à nous par dessus beaucoup d'eau, des Païs plus secs ou
plus humides: ainsi;

Le vent de Nord, qui vient à nous du plus froid climat, n'est pas si
froid chez nous pendant l'Hiver, que le Nord-est, & encore moins que
l'Est: c'est pour cela même qu'en Hiver il fait rarement une forte gelée
par le vent de Nord, mais beaucoup de brouillards, de verglas, ou de la
neige: ce vent passant, en venant à nous par dessus la Mer, apporte a-
vec soi les vapeurs & les exhalaisons de la Mer: ce qui fait aussi qu'il cause en Eté des jours fort froids: quoique souvent tout le monde se plai-
gne de ce vent de Nord, il est cependant le plus à désirer à tous égards;
mais on le verra rarement soufler pendant un certain tems, sans avoir u-
ne ligne du Nord-ouest ou de l'Est.

Le Vent de Nord-est ne passe pas avant que de venir chez nous par
dessus tant d'eau que celui de Nord; mais par dessus des Païs plus secs,
apportant conséquemment avec soi des parties plus solides, qui causent
en Eté une grande ardeur, & en Hiver un froid sec & rude.

Le Vent d'Est avant que de venir chez nous, passe par dessus des Païs
plus secs encore, & par conséquent il nous apporte avec soi des parties
encore plus solides, ce qui cause en Hiver un froid sec encore plus grand,
& en Eté une plus grande ardeur. Le vent d'Est, au contraire, est
ordinairement rude & froid, aux environs des Côtes d'Angleterre situées

tuées vis-à-vis de nous, comme chez nous les vents de Nord & de Nord-ouest: parce que ce vent d'Est passe la Mer avant que de parvenir là, apportant ainsi avec soi les vapeurs de la Mer: c'est delà que vient le Proverbe Anglois. *The Wind of East is never good for Man or Beast:* c'est-à-dire, *le vent d'Est n'est jamais bon ni pour les Hommes, ni pour les Bêtes.*

Le Vent de Sud-est cause ordinairement en Hiver chez nous le froid le plus rude, parce qu'il passe encore par dessus des Païs plus secs, d'où il nous apporte ces parties; & c'est aussi pour cela qu'il cause en Eté la plus extrême ardeur; mais comme le vent soufle alors toujours fort doucement, les exhalaisons restent suspendues en-bas, causant souvent par-là un air fort couvert, & comme pour lors ces petites parties ignées se mêlent avec les parties molles de l'air, il en naît ordinairement du tonnerre, de la grele & de fortes pluies: après quoi ce vent de Sud-est se tournant quelquefois au Sud-ouest, mais communément au Nord-ouest, calme le tems, purifiant ainsi l'air des mauvaises exhalaisons, dont il étoit resté chargé, pendant tout le tems que le vent étoit Sud-est: rafraichissant les Hommes, les Bêtes, & les Plantes, qui contenoient quantité de ces mauvaises parties aériennes. C'est un bonheur au reste que le vent de Sud-est ne soufle rarement plus longtems que trois jours, sans changer ainsi en mieux au Nord-ouest; car aussi longtems que cela n'arrive pas, il continue ordinairement à tonner.

Le Vent de Sud vient chez nous du Païs le plus chaud, & soufle rarement bien fort; desorte que toutes les vapeurs de la terre & les autres exhalaisons restent suspendues en-bas autour de nous, lesquelles se mêlant alors avec les particules ignées de ce vent de Sud-est causent en Eté une chaleur étoufante, laquelle, lorsqu'elle dure peu, avance visiblement la pousse de l'herbe, mais passe autrement pour très mal-saine, sur-tout quand il fait alors de petites pluies menues, comme cela arrive souvent; car cela cause fréquemment dans l'Autonne des maladies très malignes. En Hiver ce vent cause moins de froid; mais comme les vapeurs de l'eau & les exhalaisons ne peuvent pas pour lors être si fort raréfiées, elles restent pareillement suspendues autour de nous, causant dans cet endroit un air épais.

Le Vent de Sud-ouest cause communément chez nous au Printems & en Autonne les plus violentes tempêtes, jusqu'à renverser plus qu'aucun autre les arbres, mais il n'est pas si froid que

Le Vent d'Ouest, qui passe plus de Mers en venant chez nous: celui-

ci

ci caufe auffi quelquefois de violentes tempêtes, purifie encore davantage l'air & le rend plus fain que le Sud-eft: ces deux vents tempétueux
fe calmant pour l'ordinaire dans le Nord-oueft, tout comme on dit que
les bourafques de tonnerre en Eté s'appaifent dans le Sud-eft.
   Le Vent de Nord-oueft caufe quelquefois de furieufes tempêtes, mais
rarement autant que l'Oueft, & encore moins que le Sud-eft: mais,
quand il foufle fort, il eft accompagné de beaucoup de bourafques, &
de grele ou de neige, au Printems & en Autonne; deforte qu'il rend l'air
fort froid & rude, & la Mer fort groffe; il charie jufques à nous les vapeurs falées de la Mer, ce qui nuit extrêmement à nos Plantes, parce
que les Arbres, dont les hautes cimes en font affectées, ne font jamais
des couronnes hautes & rondes, mais obliquement tondues, comme ce-
dant à ces vents impétueux: ils purifient cependant davantage l'air de
mauvaifes vapeurs & d'exhalaifons, que les vents d'Oueft ou de Sud-
oueft, faifant par conféquent grand bien à toutes les Plantes qui font à
l'abri de leur violence & de leurs vapeurs falées.
   Selon le récit de Voyageurs exacts on ne remarque nulle part plus fenfiblement, le grand changement & le bien que les vents font aux Plantes & aux corps des Animaux, que dans les Païs qui font aux environs ou fous la Ligne, & où le Soleil luit tous les jours également pendant douze heures; car dans ces endroits ils font la bonne & la mauvaife
Mouffon, ou bien l'Hiver & l'Eté: quoiqu'on entende très mal-à-propos par
la bonne Mouffon, le tems où la chaleur eft fort grande, où il fait fec & peu
de vent; & qu'on appelle mauvaife Mouffon, lorfque les vents & les fortes
pluies rafraichiffent l'air, humectent la terre, & font pouffer les Plantes: il eft bien vrai que les vents fouflent fouvent pour lors avec violence, & que les fortes pluies tombent trop abondamment, ce qui fait un
tort extrême à quantité de Plantes; mais cela n'empêche pas que l'on ne
recueille de meilleurs fruits, & que l'on n'ait de plus vigoureufes Plantes, que dans la bonne Mouffon ainfi nommée, quand dans plufieurs
Païs, les Arbres qui naturellement ne verdiffent pas en tout tems, font,
grêles, fans feuilles, & fans pouffe, comme chez nous en Hiver: les
meilleures Saifons au refte pour la pouffe & pour les fruits font dans ces
endroits les Mois douteux, que l'on peut comparer à notre Printems & à
notre Autonne, étant le tems où les vents tempétueux font prêts à fou-
fler & à finir, les vents & les pluies étant alors plus modérés. Dans ces
Païs on voit dans certains endroits fort peu éloignés les uns des autres
en même tems l'Hiver & l'Eté, ou comme on le nomme là, la bon-

ne & la mauvaiſe Mouſſon, ſelon que le vent vient d'un côté ou d'un autre, & qu'il eſt arrêté dans ſa violence par les montagnes : car ces vents,
chariant les vapeurs qui s'élèvent juſques aux montagnes, s'y condeu-
ſent, & tombent enſuite en fortes plüies : tandis que dans le même
tems, il fait dans certains endroits, de l'autre côté des montagnes, une
chaleur ſeche ſans vent.

CHAPITRE V.

De la terre : comment on doit la mêler le plus utilement ſelon la proprié-
té des Plantes, & ſelon le tems & la manière dont on s'en ſert.

ON appelle communément terre les Fonds qu'on peut labourer, pour
les diſtinguer ainſi de ceux qui ſont pierreux on montagneux.
Mais j'appelle ici terre, quand un Fond a été ſouvent briſé, ou tellement
mêlé avec d'autres ſortes de terre, comme ſi ce n'en étoit plus qu'une
ſeule, quoique les parties s'en ſéparent aiſément.

Les Fonds naturels ont différentes qualités en profondeur, & ſouvent
auſſi des couleurs différentes. La couleur au reſte ne fait rien quant à ſa
fertilité, excepté la terre qui eſt tout-à-fait rouge, laquelle n'eſt jamais
ou rarement fertile; la noire, au contraire, eſt communément la meilleure; elle nous paroîtra ſouvent à la vûe plus ou moins noire, d'un
brun-foncé, claire ou plus blanche, ſelon qu'elle eſt plus ou moins humide, tout comme les nuages épais & condenſés paroiſſent noirs, & que
ce qui a été fort deſſéché par le feu eſt blanc.

On mêle non ſeulement le plus convenablement ſelon leur nature les
Fonds avec de la terre graſſe, du ſable, du limon ou autres ſortes de fumier, converti ainſi en terre, mais auſſi ſelon les propriétés des Plantes
que l'on veut qu'elle produiſe, ſelon encore que l'on veut l'employer en
plein air ou dans des vaſes & des Couches vitrées, comme auſſi ſelon
qu'on a deſſein de s'en ſervir au Printems, en Eté, en Autonne, ou en
Hiver, ou bien par la chaleur du fumier de Cheval, par le moyen du
feu, ou tels autres moyens, ou bien uniquement par celui des vitres. Selon toutes ces circonſtances connues, ou ſelon celles que nous pourrons
encore apprendre avec le tems, la terre doit être diverſement mêlée;
car ſuivant cette proportion elle doit être plus compacte, ou plus molle

&

& plus poreuſe, & chargée de plus ou de moins de parties ſitreuſes, ſulphureuſes, huileuſes ou acides.

La meilleure terre pour toutes les Plantes, celle qu'on doit préférer à toutes les autres, eſt en général celle qui n'a jamais été cultivée: la plus mauvaiſe, au contraire, eſt celle qui pour avoir été cultivée continuellement, eſt uſée, ſans être rafraîchie par de nouvelles parties nitreuſes, ſulphureuſes, huileuſes ou acides. En particulier, la moins bonne terre eſt celle qui a produit pendant un grand nombre d'années les mêmes ſortes de fruits: car on voit pour lors que d'année en année ces fruits deviennent plus petits & plus inſipides, la pouſſe des Plantes diminue ſi fort, que cette terre ne peut plus dans la ſuite produire de pareils fruits: tandis qu'une plante dont les propriétés ſont tout-à-fait différentes, y croîtra à ſouhait. Je crois que cet inconvénient peut naître de deux cauſes: prémierement de ce que la terre peut être entierement ou en partie privée des parties néceſſaires pour la pouſſe & pour la production des fruits. Secondement, de ce que toute pourvue qu'elle puiſſe être de ces parties requiſes, ces parties ne peuvent pas parvenir comme il faut à la Plante ou être attirées par ſes racines, parce que les pores de la terre étant plus ou moins profonds & ſe trouvant affectés toujours de la même manière, par le paſſage continuel de la ſève, ont perdu leurs qualités requiſes; ce à quoi on doit s'attendre plus ou moins, quand on cultive ſouvent l'une ou l'autre Plante: deſorte que je crois que les Plantes qui croiſſent ainſi comme il faut pendant pluſieurs années de ſuite dans une même terre, demandent pour leur nourriture des parties plus rondes & moins tranchantes: & les autres des parties plus anguleuſes, plus tranchantes, bleſſant davantage & élargiſſant beaucoup les pores. Afin donc de réuſſir comme il faut dans la culture des Plantes, quand on ne peut pas leur donner de la terre qui n'a jamais été cultivée, il faut du moins avoir ſoin que l'on cultive chaque année les Fonds avec de toute autre ſorte de Plantes; & plus l'entervalle que l'on met entre la culture des mêmes fruits eſt long, mieux on s'en trouvera.

On prendra de la terre qui n'a jamais été cultivée quand on veut planter dans des Pots, ou dans des Couches vitrées, comme auſſi quand on remplace des Arbres morts, dont les foſſes doivent être faites fort profondément. On ne doit non plus jamais mettre de la terre qui ait déja ſervi, dans des Caiſſes vitrées où l'on cultive de belles Fleurs, des Melons & des Légumes hâtives. On peut préparer en fort peu de tems & à fort peu de fraix, une pareille terre neuve, ſelon les propriétés des

Mm 2

Plan-

Plantes & la manière de les cultiver, quand on a provifion de vieux fumier pourri de Vache, de Cheval ou de Mouton, du vieux Tan pourri,
des feuilles d'arbres, du limon gelé ou frais, & du fable doux fort grifâtre. Mais de toutes ces efpèces mêlées il fuffit d'en avoir en referve
autant qu'il en faut chaque année, parce que l'air en diminue la vertu;
ce qui arrive encore plus, quand on laiffe croître fur ces monceaux de
mauvaifes herbes.

Les Fleuriftes où les Curieux, en fait de Jardinage, qui n'ont befoin
pour leur plaifir & pour leur Potager que d'un petit terrain, doivent faire enforte que ces terres aient en profondeur trois coups de bêche, pour
pouvoir fournir aux herbes qu'on y plante ou qu'on y feme annuellement, une terre qui n'ait pas été cultivée les deux années précédentes: il faut cependant que le Soleil ait dardé fur cette terre avant qu'on
la feme.

Il faut donner autant qu'il eft poffible à toutes fortes de plantes un
terrain fpacieux, où elles puiffent étendre de tous côtés fans aucune gêne
leurs racines, quand elles ne font pas fujettes à l'incertitude de leur humectation naturelle & néceffaire, comme le requièrent fouvent toutes celles qui font cultivées, même par le Jardinier le plus expert, dans des Pots
ou dans des Caiffes. Ajoutez à cela, que l'eau de pluie eft la nourriture la plus naturelle par en-haut pour les Plantes, & par embas l'eau
qu'elles attirent; que leurs racines dans un terrain fpacieux font auffi
moins fecouées par les vents & moins dégarnies de terre, que celles
qui font plantées dans des Caiffes: deforte qu'on ne plantera jamais dans
des Pots ou dans des Caiffes aucune Plante, qui étant plantée en pleine
terre peut réfifter au froid de l'hiver; ainfi il convient mieux de planter
en terre des Pains de pourceau d'Hiver, Renoncules, Anémones, Jonquilles, Narciffes, Hyacinthes, Tubéreufes, &c. comme auffi plufieurs efpèces d'Arbres, qui ne réfiftent point au froid de nos Hivers, mais
qu'on en garantit en les tranfportant avant l'Hiver dans un endroit renfermé: ce que j'ai trouvé fur-tout être bon à l'égard de ceux, qui ont
des racines fort entrelacées, & qui par conféquent peuvent être enlevées facilement avec une grande motte de terre, avec laquelle on les
plante de nouveau en pleine terre au Printems fuivant: cette terre doit
être pour cela graffe, & non pas fablonneufe, ni fort divifible.

J'ai appris de plus par expérience, que toutes les Plantes, qui font
d'abord de petites racines glutineufes & chevelues, & fur-tout celles qui
ont peu de feve, doivent être femées on plantées dans des terres fort fa-
blon-

blonneufes & molles; car leurs petites nouvelles racines trouvent, en germant, moins de réfiſtance dans une pareille terre, parce qu'elle a de larges pores, & qu'elle n'eſt pas trop chargée de parties ſalées, acides ou autres, ni même de parties trop huileuſes, comme eſt celle qui eſt plus fumée; outre que cette terre molle laiſſe plus facilement paſſer l'eau ſuperflue: on peut cependant rendre la terre plus compacte, à meſure que les Plantes pouſſent vigoureuſement, & donnent des preuves de la vigueur de leurs racines; on pourvoit la prémière terre fort ſablonneuſe, de vieux fumier, de limon, ou de terre graſſe. On ſemera dans de pareilles terres ſablonneuſes ſans aucune diſtinction, toutes ſortes de Plantes, qui doivent être tranſplantées deux fois ou plus, comme des Melons, des Concombres, des Ananas, &c. toutes les boutures de Plantes qui croiſſent dans des Pots; des Arbres qui doivent être plantés jeunes; & tout ce qu'on cultive ſous des vitres pendant l'Hiver ou au commencement du Printems: comme auſſi des Laitues pommées, & non pommées, du Creſſon, & des Carottes jaunes, leſquelles ne viendront pas ſi bien dans une terre extrêmement fumée: les Laitues pommées outre cela s'y chanciſſent, leurs racines ne veulent pas entrer en terre, & font des moignons. Dans une terre extrêmement fumée, & pourtant ſablonneuſe, viennent à ſouhait les Hyacinthes & les Aſperges.

Les Ananas tranſplantés, qui portent fruit, & toutes les Plantes formées, que l'on conſerve par le moyen de la chaleur dans des Serres artificiellement échauffées, & dont on excite ainſi la pouſſe, doivent être plantés dans une terre ſablonneuſe, fort diviſible, afin que la circulation & l'extenſion de la ſève, cauſées par la chaleur, puiſſent s'évaporer d'autant plus abondamment, ce qui ne peut pas ſe faire ſi bien dans une terre plus graſſe, parce que la terre graſſe & molle, étant compoſée de parties qui ſe joignent trop ſubtilement, devient de nouveau trop compacte, & empêche ainſi par la ſuperficie la pénétration des rayons ſolaires; outre que les petites racines, glutineuſes & chevelues, n'ont pas aſſez de force pour percer une pareille dure terre, & encore moins pour réſiſter à la trop grande abondance de l'eau.

CHA-

CHAPITRE VI.

De l'Eau; laquelle est la meilleure pour arroser les Plantes; qu'il ne faut jamais les arroser qu'avec de l'eau froide, & non pas avec de l'eau tiède.

L'Eau consiste en parties oblongues, fléxibles, unies & fluides, lesquelles sont mêlées avec d'autres parties nourrissantes, qui s'étendent davantage, & qui ne peuvent être séparées, par quelque moyen que ce soit, des parties aqueuses; desorte qu'il n'y a dans la Nature aucune sorte d'eau, qui consiste uniquement dans des parties oblongues, fléxibles, unies & fluides.

Quoique l'eau de pluie soit mêlée avec beaucoup de parties terrestres qu'on en peut séparer, je la nommerai cependant ainsi pure, comme étant la plus utile pour la culture des Plantes: après celle-là vient l'eau douce des Rivières courantes; & en troisième lieu celle qu'on tire hors de larges Fossés, dont l'eau est dans un continuel mouvement en haussant & baissant, & dont on a soin de purifier les fonds.

L'eau des petits Fossés ou de Marais, où elle croupit, est très souvent funeste, sur-tout quand on en arrose les Plantes d'abord après l'avoir puisée; car outre qu'elle est naturellement (& pour lors encore davantage) chargée de trop de parties nitreuses & huileuses, elle est aussi la plupart du tems trop chaude; mais elle ne fera aucun mal si l'on s'en sert pour arroser la terre dans le tems qu'on seme: aussi ne nuit-elle nullement aux racines des Arbres.

L'eau saumache est très nuisible, & encore plus l'eau salée; desorte qu'on ne se servira d'aucune des deux.

L'eau de source est très souvent funeste, parce qu'elle est quelquefois chargée de parties contraires aux Plantes, & salées, quoique cela échape au goût.

Il est certain & incontestable que l'eau, après que l'air voisin & les autres parties nourrissantes se sont mêlées avec elle, se change en toutes sortes d'autres corps; delà vient que nous voyons de l'eau de pluie pure se changer en bois, en feuilles, en fleurs & en fruits. Afin donc de se servir utilement, pour arroser les Plantes, de cette eau de pluie pure, ou bien, à son défaut, de celle qui la suit immédiatement, il faut faire

at-

attention à la manière dont ces Plantes croissent naturellement : étant fort remarquable que certaines Plantes sortent d'une grande profondeur du fond de l'eau ; que d'autres croissent sur l'eau ; d'autres dans des fonds forts légers & mous; d'autres dans une terre plus seche & plus ferme, & d'autres enfin sur des rochers & des montagnes fort élevées, où l'on ne voit que très peu de terre, & où même elle n'est quelquefois pas visible.

Quelques efforts qu'on fasse pour imiter la Nature en arrosant, rien cependant n'est plus convenable pour la pousse que la pluie; il faut que les Plantes soient humectées, en attirant elles-mêmes du fond l'humidité : car outre que par ce moyen les Plantes se nourrissent comme il faut insensiblement, cette eau est aussi mêlée, ainsi qu'il convient, avec d'autres parties nourrissantes nécessaires; l'air, quand il pleut, est aussi rafraichi de même que l'eau, sur-tout en Eté quand il pleut la nuit: ces pluies par cela même qu'elles sont plus froides, sont aussi plus fertiles, que les pluies qui tombent pendant le jour. Il est de plus incontestable que la pluie & l'eau froides sont les plus fertiles, sur-tout quand après les pluies d'Eté il survient un air froid, quoique nos Ecrivains modernes soutiennent le contraire, voulant qu'on arrose les Plantes qui sont dans des Pots ou dans des Caisses l'Hiver, avec de l'eau un peu tiède, & l'Eté avec de l'eau rechaufée pendant le jour par le Soleil ; ce qui n'est pas seulement contraire à mon expérience, mais aussi à celle des Anciens (a); desorte que je suis surpris, qu'on n'ait pas pris garde à cela, d'autant plus qu'on remarquera d'une manière sensible, que ces Plantes ainsi arrosées, auront une pousse bien moins vigoureuse : l'eau tiède, ou chaufée par le Soleil, étant sur-tout funeste quand on s'en sert par aspersion, c'est-à-dire, quand on la répand sur les branches & sur les feuilles des Plantes: desorte qu'on ne doit pas seulement y employer de l'eau froide, mais aussi de l'eau de pluie pure; & pour être d'autant plus assuré d'un bon succès, on le fera même quand il fait un tems couvert. Afin donc de pouvoir en tout tems pendant l'Eté employer une telle eau froide, on fera construire des Reservoirs bien fermés, sous terre, ou l'on rassemble autant d'eau de pluie qu'il en faut, du moins pour l'aspersion; ou bien, au défaut d'eau de pluie, on doit rendre fraiche d'autre

eau

______

(a) Pline Liv. 19. *Histoire Natur.* Chap. 11. Théophraste *de la cause des Plantes*, Liv. II. Chap. 8 & Liv. VII. *Histoire des Plantes*, Chap. 5. Voyez aussi Bodeus cité ci-dessus.

eau bien pure dans des Reſervoirs de plomb, & la laiſſer là pendant quelque tems pour lui laiſſer perdre le ſuperflu des parties huileuſes, nitreuſes ou ſulphureuſes, dont elle eſt chargée: ces Reſervoirs doivent être
placés au Nord, afin que le Soleil n'en approche jamais, & ne puiſſe échaufer l'eau qu'ils contiennent. On n'arroſera du reſte jamais pendant le chaud du jour, bien moins encore quand le Soleil luit; car cela
eſt ſur-tout fort nuiſible, & afin que les fonds & les Plantes ſoient arroſées naturellement & inſenſiblement comme par la pluie, on ſe ſervira
pour cet uſage d'un Arroſoir, dont le gouleau ſoit garni au bout d'un
pommeau percé à jour par de petits trous, par où l'eau paſſe en guiſe de
pluie; mais on arroſera, pour gagner du tems, les Plantes qui ſont dans
des Pots ou dans des Caiſſes, & dont il ne faut pas humeéter les branches & les feuilles par le moyen d'un Arroſoir ſans pommeau; & de peur
que les Plantes ne ſoient trop ou trop peu arroſées, il faut continuellement faire attention à la température de l'air, & voir ſi le Soleil a attiré
beaucoup de vapeurs, & ſi les plantes ont beſoin de plus ou de moins
d'eau pour leur pouſſe: ce à quoi il faut prendre garde tous les ſoirs a-
vant le Soleil couchant, & en conſéquence de cela arroſer les Plantes,
ſelon le beſoin, plus ou moins.

Les Plantes qui ſont dans des Pots ou dans des Caiſſes ne ſauroient
recevoir beaucoup d'eau des pluies d'Eté, excepté de ces pluies qui
accompagnent ſouvent le tonnerre; ceux-là ſe trompent qui s'imaginent qu'elles ſuffiſent pour la pouſſe des Plantes.

C'eſt une loi conſtante qu'il faut arroſer plus que les autres, les Arbres
qui ont été tranſportés, ou trop ſecoués par des tempêtes, pour faire
joindre exaétement tout autour de leurs racines, la terre qui s'étoit détachée par les violentes ſecouſſes. Cependant trop d'eau eſt nuiſible,
& ſur-tout quand les Plantes ſont trop deſſéchées, car alors les petites racines tendres perdent pour jamais la faculté d'attirer à elles l'eau, & de
la mettre à profit.

Quand la ſuperficie de la terre ne boit pas d'abord l'eau dont on l'a ar-
roſée, mais qu'elle y reſte ſans mêlange comme ſur de la graiſſe, c'eſt
une marque d'une trop grande ſéchereſſe, les parties fines & ſablonneuſes de la ſuperficie étant extrêmement ſerrées: cette croute une fois percée, l'eau paſſe vite au travers des cavités, ce qui fait qu'elle ne produit
que peu ou point de bien. Pour prévenir cet inconvénient, il faut arroſer
peu à peu la ſuperficie, & cela à pluſieurs repriſes conſécutives, afin de
la réduire inſenſiblement au point néceſſaire pour pouvoir être humeétée.

On

On peut voir aux Arbres qu'ils ont befoin d'eau, quand leurs feuilles commencent à fe retirer : il faut dans ce cas les arrofer beaucoup plus, car alors leurs feuilles viendront uniment & fans rides.

CHAPITRE VII.

De la Chaleur artificielle, fur-tout de celle qui provient du feu.

DAns l'*Avertiffement &* dans le I *Chap.* de cette *feconde Partie*, j'ai indiqué les moyens artificiels ordinaires d'augmenter la chaleur, parmi laquelle j'ai rangé auffi celle qu'on obtient par la réverbération des murailles ou des Cloifons, comme auffi celle qu'on fe procure, en renfermant les rayons du Soleil dans des Serres, dans des Caiffes vitrées & autres, dont l'air intérieur eft mêlé de beaucoup plus de vapeurs, que l'air extérieur ordinaire, quoiqu'à un même degré de chaleur, fur-tout quand la chaleur eft caufée par rechaufement, ce qui fe fait par l'extenfion des fucs renfermés, qui ne peuvent pas s'exhaler affez vite par le mouvement de corps plus petits & plus compactes, & fait ainfi place aux plus petites particules ignées. On dit de plus qu'un pareil air chargé de vapeurs provient immanquablement de rechaufement, & que ne pouvant les exhaler comme il faut en Hiver, il eft mortel pour la plupart des Plantes, ce qui rend néceffaire l'ufage du feu, qui eft le feul moyen à l'aide duquel on peut rechaufer un air intérieur fpacieux. On peut auffi imiter, en augmentant ou en diminuant le feu, les intervalles de la nature entre la chaleur du jour & entre la fraicheur de la nuit: ce qui ne fe peut par rechaufement, parce que la chaleur eft pour lors toujours égale fans intervalle.

Pour entretenir le feu avec fuccès, on ne doit pas feulement avoir des matières combuftibles convenables, & les connoiffances requifes, pour les employer de manière, que d'une chaleur tempérée on ne laiffe rien perdre, mais on doit examiner auffi continuellement la manière dont brule un Fourneau, où les tourbes entaffées près à près jufques au haut, peuvent caufer des effets terribles, fi on ne les modère par devant par le moyen d'une ouverture où paffent les cendres, & par laquelle on lui donne de l'air plus ou moins, ou fi on ne les prévient pas entierement en le garniffant d'une quantité fuffifante de fable, comme auffi en tenant

Partie II. N n tou-

toujours le Fourneau fermé par en-haut par le moyen d'une plaque convenable de fer battu, couverte d'une juste quantité de fable.

Le Chaufage le plus convenable pour rechaufer les Orangeries, les Serres à Vignes & autres, les Caisses vitrées, &c. font de grandes tourbes quarrées, connues chez nous fous le nom de tourbes de Boulanger, lesquelles étant pêtries d'autant de terre bitumineuse qu'il faut, & du meilleur limon pour bruler, donnent une grande, égale & durable chaleur, & ne s'éteignent pas aifément, quoiqu'on laiffe fermé pendant vingt-quatre heures le trou aux cendres.

La manière de faire le feu par le moyen d'un Fourneau, felon la figure ci-jointe, eft, felon ce que m'a appris mon expérience, la plus naturelle & la plus égale pour rechaufer, même pendant la plus rude gelée, un air fpacieux intérieur; & quoique ce deffein fuffife pour pouvoir s'en former une idée, j'ajoute cependant pour une plus grande clarté, que le Fourneau eft placé dans une petite chambre à part, laquelle eft fituée au Nord, à l'Orient de la Serre. Il y a au deffus & à côté du Fourneau dans la muraille qui fépare la Serre, le long de la petite chambre, deux ouvertures, lefquelles on ferme avec des volets de bois, quand on remplit le Fourneau & quand il brule, pour prévenir la pouffière & la fumée. A côté du Fourneau il y a une porte, laquelle étant ouverte, la chaleur qui provient du haut du Fourneau, fe communique auffi au travers d'elle à la Serre voifine nommée *Trek-kas*.

La petite chambre a à l'Orient une porte (*a*), par laquelle on peut introduire de l'air pur, auquel cas on ouvre auffi les fenêtres qui font au deffus & à côté du Fourneau, & qui donnent dans la Serre, afin que cet air frais puiffe paffer par la porte intérieure de la Serre (*b*), & par celle de la Serre nommée *Trek-kas*, qui eft derrière l'autre dont on fait voir une partie dans le Portail fitué au Couchant. L'ouverture du Fourneau, dans la figure ci-jointe (*Fig.* 3), marquée de ce chiffre (1), laquelle eft faite en quarré de l'épaiffeur d'une brique, eft intérieurement en longueur d'un pied dix pouces & demi, & en largeur de quatre pouces & demi: fa profondeur eft depuis le haut jufques à la grille de deux pieds. La grille eft faite de gros barreaux de fer quarrés & lâches, couchés fur deux gros barreaux de fer maçonnés dans les côtés; au deffous defquels (2) eft le trou aux cendres & pour donner de l'air, dont la hauteur jufqu'aux barreaux qui foutiennent la grille, eft de huit pouces. Un peu au-deffus de ces barreaux eft en forme d'arc, l'entrée (3) du Fourneau, ou du paffage du feu aux conduits, fait pour cela de briques de Four, pouvant réfifter à une extrême

cha-

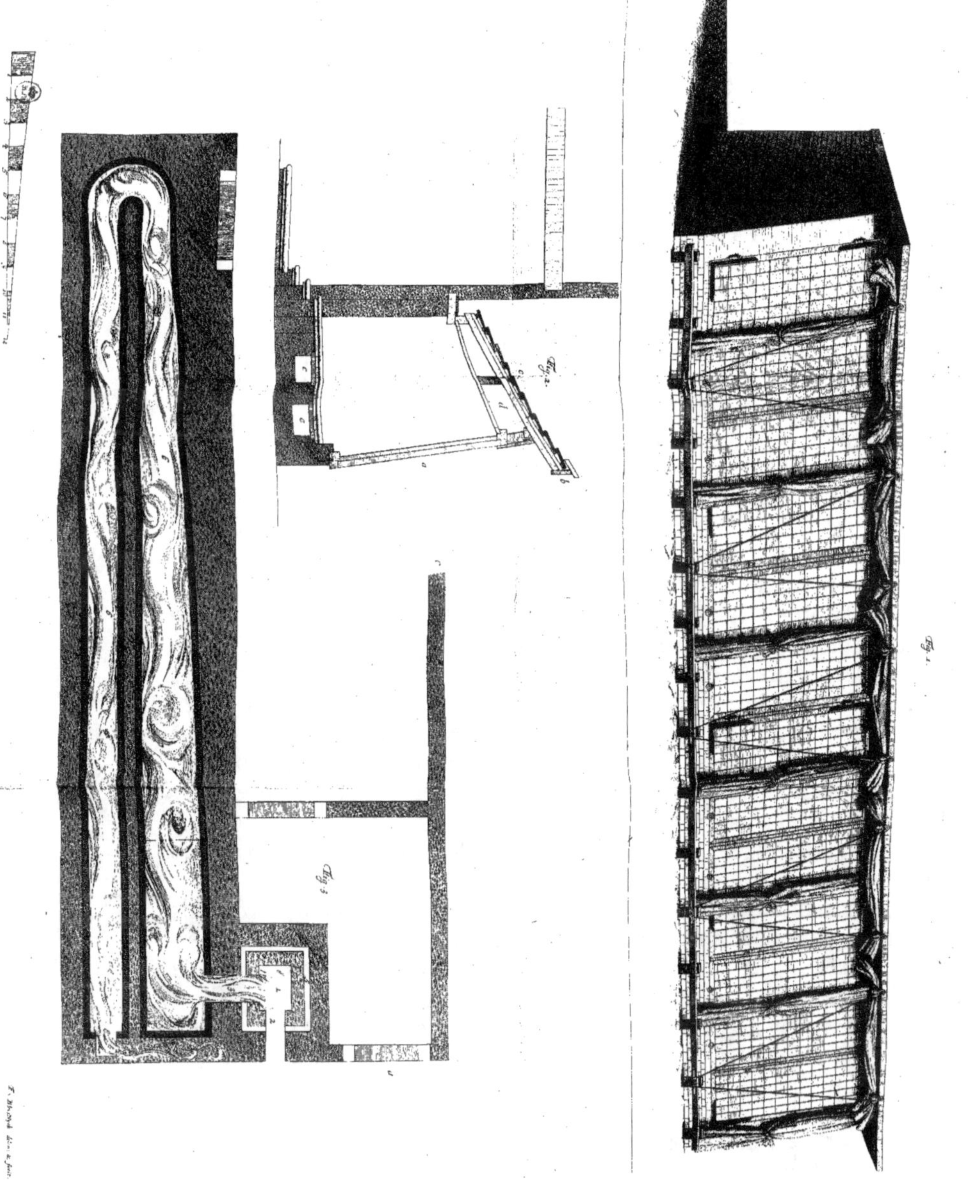

chaleur. Autour du Fourneau il y a (4) un endroit qui le renferme, ma-
çonné en quarré, avec une muraille épaiſſe d'une brique & demi, garni de
liens de fer, ayant un eſpace mitoyen d'un pouce (5), lequel, quand tout
l'ouvrage eſt bien ſéché, on remplit de ſable. Ce Fourneau & les conduits
du feu (6) ont un pied & neuf pouces, & le deſſous du trou à cendres un
pied au deſſus du fond extérieur, pour donner ainſi moins de froid.

Le fond des conduits du feu doit ſur la longueur de trente-neuf ou
quarante pieds, être rehauſſé en talus du moins de deux pouces, afin
que la fumée puiſſe d'autant mieux paſſer; les conduits du feu ſont couverts par deſſus de plaques de fer qui joignent exactement: les jointures
ſont auſſi couvertes d'une petite plaque de fer, & joignent de plus fort
juſte par le moyen de carreaux de terre dans un peu de ſable; les carreaux forment le fond ſupérieur dans la Serre: ces carreaux de terre doivent être encore couverts d'un pouce d'épaiſſeur de ſable, pour empêcher l'entrée de la fumée. Les murailles mitoyennes des conduits du
feu (7) ſur leſquelles repoſent les plaques, ſont maçonnées de deux briques; car autrement l'ardeur du feu les fait dabord fendre, ſur-tout par
devant: à l'extrémité du ſecond conduit du feu paſſe la Cheminée (8)
obliquement par la muraille du côté juſques près du Four, où enſuite elle
continue en montant droit.

Comme la prémière plaque éprouve une furieuſe ardeur du feu, elle
devroit du moins être épaiſſe de deux pouces, large de trois pieds & de
deux ou trois pouces, & longue de neuf pieds (a). Les deux plaques
ſuivantes doivent du moins être épaiſſes d'un pouce, & longues de ſix
pieds. Après cette longueur de vingt-un pieds que forment les trois
plaques preſcrites, & juſqu'à l'endroit qu'elles couvrent les conduits du
feu, la plus grande ardeur du feu qui fait lever les plaques, eſt modérée;
deſorte qu'il n'eſt pas néceſſaire que les plaques ſuivantes ſoient auſſi
épaiſſes & auſſi longues: cependant pour qu'il y ait d'autant moins de
jointures, les plus longues ſont les meilleures.

Comme les conduits du feu ou de la fumée deviennent moins profonds
par derrière par le rehauſſement du fond, elles vont auſſi peu à peu en
ſe rétréciſſant. Les conduits de la Cheminée, à force de faire du feu, ſe
rempliſſent de ſuie, de manière que la fumée ne ſauroit y paſſer ſi on
n'a pas ſoin de les nettoyer; deſorte qu'il faut dans ce cas avoir ſoin de
purifier généralement le tout, en ouvrant les conduits & en laiſſant à la
Cheminée un paſſage libre.

Nn 2

II

(a) On pourroit, au-lieu de cette prémière grande plaque, faire conſtruire une voûte juſqu'à la ſeconde.

Il est nécessaire, pour pouvoir se servir avec succès du Fourneau prescrit, qu'on y fasse le prémier feu avec beaucoup de charbons allumés, & sans serrer beaucoup les tourbes, afin que l'humidité qui se trouve ordinairement dans l'intérieur des conduits se puisse sécher; parce que cette humidité empêchant le passage de la fumée, la fait passer par devant, au travers de l'ouverture faite pour donner de l'air. On est encore quelquefois exposé à ce dernier inconvénient, quand on allume le Fourneau pendant un tems calme & humide, auquel cas il ne faut pas oublier, de mettre plus de feu allumé par devant auprès de l'ouverture: on a aussi pour ces tems-là des paravents qui y conduisent le vent, & lui donnent ainsi un passage libre. Il en est tout autrement pendant de rudes gelées, sur-tout quand le vent est fort, & principalement encore quand le vent donne sur le trou aux cendres; car ce vent fort passe alors si rapidement, que le Fourneau brule d'une manière terrible, que l'ardeur fait lever les plaques, sur-tout celles qui sont par devant, & que la fumée pénètre par les ouvertures jusques dans la Serre. Dans de pareils cas on ne sauroit trop prendre garde au feu, & que le trou aux cendres ne soit pas ouvert plus qu'il ne faut, pour que le feu continue à bruler d'une manière modérée; pour cela il est nécessaire de mettre du sable bien entassé aux jointures de la plaque de fer qui est devant le trou aux cendres: l'air rude accompagné d'un vent fort, étant si subtil, que le feu, quoique le trou aux cendres soit ainsi bouché, continue pourtant à bruler. Il ne faut pas cependant faire si peu de feu dans le Fourneau, qu'il n'échaufe pas assez, puisqu'alors le feu s'en va presque tout en fumée, sans rendre aucun service.

Le Thermomètre qui est dans la Serre, indique le degré de chaleur. C'est selon cela qu'on doit se conduire à l'égard du Fourneau, & quand on veut faire des rechaufemens par le moyen du feu plus ou moins grands; & comme on l'a dit déja plus d'une fois, qu'il est nécessaire de découvrir pendant le jour la Serre, autant que cela est possible sans nuire aux Plantes, il arrive quelquefois qu'on ne peut se procurer pendant le jour avec des vitres découvertes autant de chaleur qu'il faut; c'est-pourquoi on tâche alors de se la procurer la nuit avec des vitres bien couvertes, & alors le jour, comme un intervalle de moins de chaleur, ce qui est autrement la nuit, est suivi d'un rechaufement par le moyen du feu.

Il peut arriver encore que, pour se procurer comme il faut de la chaleur, le Fourneau brule avec trop d'ardeur, ce qui fait lever les plaques de de-

vant,

vant, à moins qu'elles ne soient comprimées vers le bas; auquel cas il est nécessaire d'appuier les deux prémières plaques sur deux ou trois appuis, lesquels étant posés à terre sur une plaque de plomb, viennent par l'autre bout au revêtement du plancher d'en-haut; de manière cependant, qu'étant munis au haut de trois côtés de petits crampons de bois, ils soient à peu près libres, desorte qu'il y ait entre l'extrémité de l'appui & entre le plancher d'en-haut un espace d'un quart de pouce; auquel cas, étant ainsi fixés, on s'apercevra d'abord si les plaques levent: il faut alors fermer pour un certain tems le trou aux cendres.

Ayant ainsi montré l'usage d'un Fourneau, lequel cesse ordinairement de bruler en Hiver le quatrième jour, & doit de nouveau alors être rempli, suit présentement la manière ordinaire de rechaufer les Caisses vitrées pour avancer la maturité des fruits. Dans celles-ci la manière de faire le feu en Hiver, quand il ne gele pas fort, est d'y allumer deux fois dans les vingt-quatre heures, aux deux côtés d'une Caisse vitrée qui a cinq fenêtres vitrées, un petit feu de quatre tourbes en quarré, lequel contienne intérieurement des charbons allumés, & soit couvert de deux tourbes par le haut; après quoi on bouche exactement le trou aux cendres avec une petite plaque de fonte: ce rechaufement se faisant de bonne heure le matin, se renouvelle aussi le soir tard. Quand il gele plus fort, ou qu'il fait un air couvert & rude, on renouvelle souvent le feu à midi, on diminue aussi de même le feu selon l'indication du Thermomètre, en le réduisant à quatre tourbes & une par dessus, quelquefois même à trois, en forme de triangle & une par dessus.

CHAPITRE VIII.

De la chaleur que produit le fumier de Cheval & le Tan; de quelle manière on doit faire les Couches élevées pour prématurer les fruits, & pour donner passage aux vapeurs & aux exhalaisons.

ENtre les divers rechaufemens, la Chaux vive, le fumier de Cheval & le Tan, qui a servi à préparer les peaux, sont le plus en usage. La Chaux vive, à cause de la grande quantité de parties ignées qu'elle contient, produit à l'égard de la maturité des fruits une pousse fort rapide, mais en même tems peu naturelle, qui donne aussi la mort

aux Arbres & aux Plantes; c'est pour cette raison qu'au-lieu de Chaux vive pour avancer la maturité des fruits, on employe bien plus naturellement, comme il a été dit dans le *Chap. précédent*, le secours du feu, &
qu'on rejette la Chaux vive, considérée en elle-même.

Le fumier de Cheval est le rechaufement le plus commun & le plus à
préférer, pour rechaufer la terre en Hiver & au Printems, sous des vitres
couchées, & lui faire produire par ce moyen des Plantes & des fruits
de semence; il contient une infinité de parties ignées, lesquelles sont
suffisantes pour faire pénétrer chaudement les sucs jusqu'au dessus de la
terre, ce à quoi le Tan n'est pas si propre: desorte qu'on ne l'emploie
que pour un rechaufement en Eté, parce qu'en Hiver & au Printems il
perd sa vertu en le couvrant de terre; à moins qu'on ne lui communique
par dessous, par le moyen du feu, plus de force, pour faire circuler la
chaleur.

On a dit dans l'*Avertissement de cette seconde Partie*, que le rechaufement de fumier de Cheval réussit rarement ou point dans les Mois de
Novembre, de Décembre, & de Janvier, parce que les vapeurs trop a-
bondantes ne peuvent pas en sortir dans ce tems-là, & qu'elles font moisir
les Plantes renfermées sous les vitres; desorte qu'on ne commencera
point à employer du fumier de Cheval qu'au mois de Février, auquel
tems il faut encore avoir tout le soin possible de ne rien négliger de ce
qui peut servir à l'augmentation des rayons solaires, car la chaleur du
Soleil est la plus naturelle, & réjouit les Plantes; sans ces rayons solaires, plus ou moins, toutes pareilles cultures réussissent mal.

Les Couches, pour avancer la maturité des fruits en Hiver, doivent
être très peu en terre, & pour ainsi dire sur le fond même: leur largeur
doit être telle que les Couches vitrées puissent être posées par dessus le fumier, & en être garnies de tous côtés: les vitres doivent être posées
sur ces Couches obliquement en montant, de manière qu'elles puissent
recevoir les rayons du Soleil à peu près en angles droits.

Le fumier de Cheval de l'épaisseur de deux pieds & demi ou de trois
pieds rechaufe le plus, quand il est frais, & tel qu'on l'a indiqué dans
le 10 *Chap. du prémier Livre de la prémière Partie.*

Lorsqu'on a bonne provision de ce fumier, bien humecté par du pissat, & mêlé avec des crottes, on le répandra légerement en l'éparpil-
lant, quand on élevera des Couches, & on le mêlera également; après
quoi on le foulera autant qu'il faut, & au cas qu'il ne soit pas assez humecté, on y répandra de l'eau, parce que s'il n'est pas suffisamment humecté,

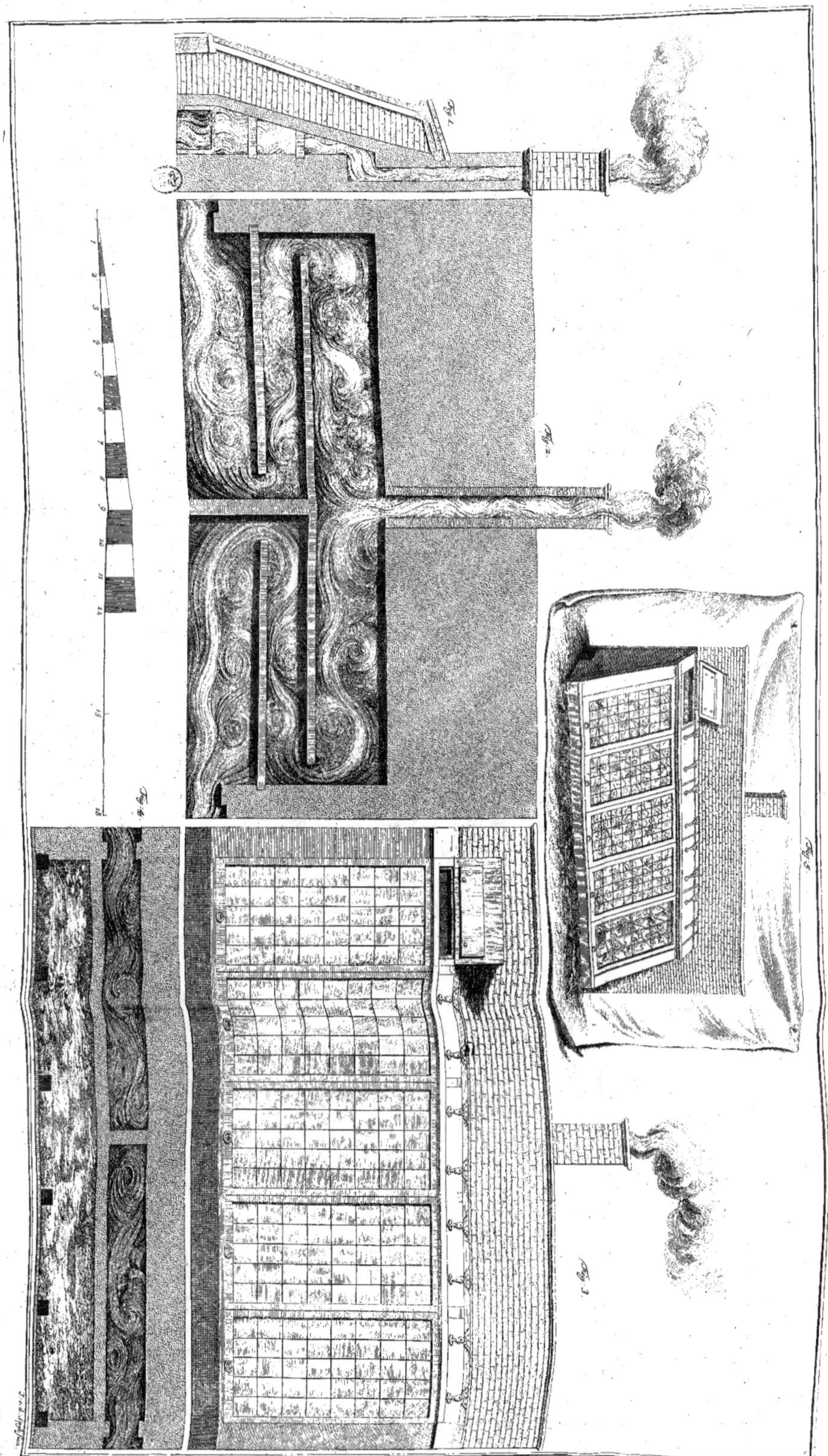

mecté, les parties ignées passent fort vite, & le fumier se moisit. Quant à cette humectation par le moyen de l'eau, il faut pourtant savoir, que l'eau ne contenant point de parties ignées, lorsqu'on en prend trop copieusement (sur-tout en Hiver, lorsque les rayons solaires n'augmentent pas si fort ces parties ignées), éteint ou amortit ces parties dans le fumier, desorte qu'il faut employer moins d'eau pour ce tems-là, & plus à mesure qu'on approche de l'Eté.

On fait aussi des Couches avec les feuilles qui sont tombées des arbres, un peu plus épaisses que celles de fumier de Cheval. On cultive beaucoup mieux les Plantes en Hiver sur de pareilles Couches, parce que ces Couches exhalent moins de parties ignées & nitreuses, & donnent une chaleur plus égale & plus durable. On ne doit pas non plus couvrir d'abord les Couches élévées d'autant de terre, que le demande la pousse des Plantes qu'on y doit semer ou planter, car cela empêcheroit le rechaufement, principalement en Hiver; il vaut mieux couvrir d'abord le fumier avec les vitres; mais comme l'acide & le nitre du fumier consument en peu de tems le plomb des vitres, on ne peut que desapprouver cette méthode, & on doit plutôt le couvrir d'abord de terre, de l'épaisseur d'un pouce, & ensuite avec des vitres, afin que les exhalaisons s'y puissent rassembler. Quand le fumier est rechaufé, on ajoute peu à peu de la terre autant qu'il en faut pour y pouvoir semer ou planter.

Il faut cultiver aussi peu sur des Couches trop rechaufées que sur celles qui ne le font pas assez; les prémières brulent les semences & les Plantes, & les autres ne font pas assez circuler les sucs; desorte qu'il faut avoir un soin extrême pour les bien élever: on y employera l'Hiver plus de fumier, & moins ensuite, à mesure qu'on approche de l'Eté. On peut aussi alors mettre le fumier plus profondément en terre, parce que les rayons du Soleil augmentent beaucoup le rechaufement, & même au point que la moitié d'une certaine quantité de fumier donne plus de chaleur vers la mi-Avril, que n'en donne le double dans le mois de Février. Quand la chaleur, par la vertu du fumier, peut pénétrer, on ne sauroit mieux faire que de couvrir de terre le fumier, de douze pouces, ou même plus, non seulement afin que la Plante jouisse d'une chaleur plus égale, mais aussi qu'elle pousse de plus profondes racines, sans recevoir aucun dommage de la chaleur du fumier; d'autant plus qu'une telle épaisseur de terre retiendra mieux l'eau, & diminuera le risque que court la Plante de se dessécher: & pour faciliter la pénétration du rechaufement, il faut sur des

Cou-

Couches languiſſantes faire des trous juſques dans le fumier, ce qui leur donne de la vigueur; mais on couvre communément de moins de terre le fumier, pendant une rude gelée, lorſque les rayons du Soleil ne peuvent pas faciliter le rechaufement; car n'ayant pas aſſez de force pour pénétrer, il s'amortiroit ſous une telle épaiſſeur de terre entierement & ſans produire aucun effet. C'eſt pour cette raiſon qu'on couvre de ſix, ſept ou huit pouces de terre, toutes les Couches qu'on élève en Février, pour y ſemer de petites Laitues, du Creſſon, ou des Concombres précoces; mais la ſaiſon étant plus avancée, quand on y ſeme des Carottes, ou qu'on y tranſplante des Laitues pommées, il faut les couvrir du moins de douze pouces de terre, comme auſſi lorſqu'on y ſeme des Melons vers la mi-Mars.

Les Couches ſur leſquelles on doit mettre des Oignons de Tubereuſe, ou tranſplanter des Melons, doivent avoir quinze ou ſeize pouces d'épaiſſeur par deſſus le fumier; & ſi on avoit lieu de craindre que le fumier ne rechauferoit pas aſſez dans le commencement, on plante les Melons dans les Caiſſes vitrées, ſur de petites Couches plus élevées, & quand le fumier a aquis la chaleur qui lui eſt néceſſaire, on ajoute le reſte de la terre qui manque entre les Plantes.

Les rigoles dans leſquelles il faut répandre le fumier, doivent être en haut larges de trois pieds, & aller en talus des deux côtés; celles des Couches où l'on a tranſplanté les prémiers Melons, dans leſquelles le fumier eſt en plus grande quantité & plus épais, ſont fort peu avant en terre, & par conſéquent leur ſuperficie eſt fort élevée au-deſſus du fond; les Plantes doivent du moins être plantées à treize pieds de diſtance les unes des autres; mais approchant davantage de l'Eté, on fait les rigoles plus avant en terre, & comme alors les Couches ne ſont pas ſi fort élevées au-deſſus du fond, les Plantes n'ont pas beſoin d'un ſi grand intervalle pour être butées comme il faut; cependant on ne devroit jamais les planter plus près qu'à onze pieds, pour conſerver par ce moyen un pétit ſentier quand les branches viennent à s'étendre.

Pour que les Couches ſoufrent moins quand il fait un froid rude, on les couvrira non ſeulement par deſſus, mais auſſi tout autour, & même le fond qui eſt devant elles, par derrière & aux côtés, juſqu'à la diſtance de deux ou trois pieds, avec de la paille, pour empêcher de cette manière que la gelée n'y pénètre.

On a dit dans l'*Avertiſſement de cette ſeconde Partie*, qu'à l'égard de la culture des fruits précoces, il faut avoir un ſoin extrême de détour-

ner

ner les vapeurs qui voltigent autour des Plantes, ce qui eft fur-tout néceffaire à l'égard de celles, qu'on cultive par le moyen du fumier de Cheval, parce que ce rechaufement exhale plus qu'aucun autre en abondance, des vapeurs nuifibles qui rongent les Plantes: pour prévenir cet
inconvénient il ne faut jamais fermer par derrière exactement fur-tout
les Couches de Concombres & de Melons, mais laiffer toujours plus ou
moins une fente au haut, d'un côté ou de l'autre, felon le vent qu'il fait
(c'eft-à-dire à l'Oueft quand le vent eft Eft, & à l'Eft quand le vent eft
Oueft), pour que les vapeurs puiffent paffer; couvrant la fente, quand
il fait froid ou quand il gele, avec une double ou fimple couverte de
poil; dans ce cas les vapeurs & les exhalaifons pourront paffer au travers,
& on empêchera par-là le froid de pénétrer. Il faut favoir cependant
qu'à caufe de cette couverture, les parties ignées fe diffipent extrêmement, deforte qu'il la faut faire bien petite quand le tems eft froid: cependant cette manière de rafraichir l'air eft fi néceffaire, que j'ai cru devoir la recommander diverfes fois, pour qu'on ne la néglige point.

Les Plantes qui font dans des Pots, & qui ont befoin en Eté par deffous d'une plus grande chaleur que celle qu'il fait dans notre Climat,
doivent être rechaufées avec du Tan, qui a fervi avec la chaux à préparer des peaux, ce Tan ayant tiré de la chaux prefque toutes fes parties
ignées: plus ce Tan eft frais & nouvellement forti de la cuve, plus il
eft chaud, & plus longtems il rechaufera: il peut communiquer aux
Plantes pendant fix mois entiers une chaleur égale & naturelle, pourvu
que ces Plantes foient placées avec leurs Pots jufques au bord, dans une
épaiffeur de deux pieds de pareil Tan: pourvu auffi qu'étant fous des vitres, on les humecte comme il faut, & que le Soleil les réjouïffe. Mais
ce Tan couvert de trop de terre n'a pas affez de force, pour faire paffer
au travers d'elle fes parties ignées; auquel cas fa chaleur fe perd dans le
fond.

LIVRE SECOND.

De la culture des Herbes potagères selon les Saisons.

CHAPITRE I.

Amusement du Jardinage pendant chaque mois, selon le cours de l'année. Des fleurs & des fruits, tant naturels que cultivés, qu'on peut avoir dans les Jardins.

JANVIER.

COmme pendant ce mois le Soleil est fort bas, la terre reste aussi chargée en-bas de beaucoup de vapeurs: outre qu'on est sujet à des vents forts froids, qui condensent encore davantage les sucs, & font mourir les grains. Pour prévenir, autant qu'il est possible, cet inconvénient, on tâchera de rassembler les rayons du Soleil & de les conserver. Dans cette vue, il faut découvrir toutes les vitres dressées, qui sont au Soleil depuis dix heures du matin jusqu'à deux de l'après-midi; mais quand on avance plus dans ce mois, on découvre avant dix heures & on couvre après deux. Dans les Orangeries & dans les Caisses couchées on voit à l'obscurcissement des vitres, quand il est tems de les couvrir & de les découvrir, lorsque la couverte réchauffée par les rayons du Soleil commence à se dégeler, ensorte que les vapeurs qui s'y étoient condensées se raréfient en fumant: avant ce signe visible il ne faut jamais ôter la couverte. Il faut de plus avoir grand soin de prévenir par le moyen de la couverture la pénétration du froid & des vents de bize; ce qui est préférable à la manière de le faire par le moyen du feu; mais cela est impraticable, quand il gele très fort avec un air couvert, principalement dans des endroits fort vastes, où, selon l'indication du Thermomètre, il faut à l'aide du feu augmenter la chaleur autant que les Plantes en ont besoin; mais pas davantage.

On commence à faire du feu le prémier de Janvier dans les Serres artificielles à vignes & autres à fruit, devant lesquelles on pose les vitres le quinze de Décembre. On augmente aussi un peu la chaleur pour les Ananas.   On

On met dans les Caiſſes des groſſes Fêves ou Fêves de marais & des Pois, qu'on place dans l'Orangerie ou bien ſous des vitres, pour germer & pour être tranſplantés en Février ou en Mars.

S'il ne gele pas, on s'occupe pendant tout ce mois à faire le labour des terres graſſes, où l'on a deſſein de planter au Printems, afin que la terre graſſe devienne molle en ſe gelant: on expoſe pareillement à la gelée, du limon, dont on veut ſe ſervir pour amender la terre.

Le tems le plus propre pour la taille, ſur-tout des groſſes branches, commence à la mi-Janvier, parce que le bois, tant au-deſſus qu'au-deſ-ſous de la terre, ceſſe de groſſir avec la fin de ce mois, & que la ſève commence ordinairement avec le mois de Février à monter, & à gonfler les boutons à feuilles & à fruits. On émonde auſſi les arbres fruitiers du bois grêle & noué, de même que les arbres nouvellement greffés. De plus, s'il y a de la glace, on taillera les arbres qui ſont au bord des foſſés, & les branches qui s'étendent par deſſus.

On ôte des arbres les nids à Chenilles.

On a dans ce mois les fruits & les fleurs ſuivantes.

Des *Poires de table*, des Bergamottes Kraſane, des Poires St. Germain: *des Pommes de table*, des Courpendus, des Renettes d'Angleter-re, & autres Renettes.

Des Raiſins, qu'on a conſervés par art.

Des *Poires pour la Cuiſine*, comme pluſieurs ſortes de Poires d'Hiver.

Des *Pommes pour la Cuiſine*, des Courpendus, & autres Pommes aigres & douces.

Des *Herbes potagères*; de petites Carottes ſous des vitres; de toutes les autres ſortes de Carottes & Navets, de même que des Choux, comme Choux-fleurs, Cabus, friſés blancs, &c.; des Oignons, des Porreaux, de la Chicorée, des Epinars, du Cerfeuil, de la Poirée, de l'Ozeille, du Céleri, du Perſil.

Fleurs. Du Jaſmin blanc & jaune dans l'Orangerie: ſouvent auſſi des fleurs d'Orange; des Ciclamens d'Hiver, des Anémones, des Narciſſes, de petites Tulipes, des Jacinthes; mais elles doivent toutes venir ſous des vitres ou par le moyen d'une chaleur encore plus grande.

FEVRIER.

Un Jardinier diligent commence dès-lors à ſemer des Herbes potagè-res hâtives, leſquelles on cultive ſous des vitres, ou bien qu'on met à l'abri de la gelée & des vents de bize, puisqu'elles périroient toutes si el-les étoient en plein air exposées au vent. Il est même encore trop de bon-ne heure pour cultiver avec un succès assuré dans le commencement de ce mois, des Concombres & des Laitues pommées par le secours du fu-mier de Cheval; de pareilles Couches s'apprêtant le plus convenablement le dix ou le douze, parce que le tems ordinaire d'y transplanter les Lai-tues, qui ont été semées avant l'Hiver, est la mi-Février.   On seme aus-si alors les prémiers Concombres.

Pour avoir des Asperges hâtives, comme celles qui croissent naturelle-ment, il faut les cultiver par de simples rangées sur des Couches de trois pieds de large, ayant entre-deux des sentiers d'un peu plus d'un pied, lesquels sentiers ayant été profondément creusés, doivent être remplis des deux côtés de fumier bien chaud; & même les Couches doivent ê-tre couvertes avec des vitres, après quoi il faut munir & le fumier & les vitres contre la gelée.

On seme de huit en huit jours sur des Couches fumées de petites Lai-tues hâtives & du Cresson; cependant ce dernier est bien meilleur, vient plus naturellement, quoique plus lentement, sans le secours du fumier sous des vitres: on peut aussi alors le semer de cette manière.

On seme à tout hazard en plein air sur des Carreaux bien exposés au Soleil.

On transplante les Choux-fleurs, si on a une cloche de verre pour chaque Plante; car ils ne valent pas la peine d'être cultivés sous des vi-tres.

On seme aussi sous des vitres, sans le secours du fumier, du Céleri d'E-té, des Choux-fleurs, du Basilic, du Pourpier, des Violettes.

Quand il a gelé fort jusques en Février, on transplante les Pois & les Fêves qu'on veut avancer sur des Carreaux au pied des Cloisons, où sur des Couches qui n'en sont pas éloignées; mais quand il n'a pas gelé, il est à craindre qu'il ne gele assez fort pour les faire périr; c'est pourquoi quand il n'a pas gelé l'Hiver, on attend jusqu'au mois de Mars: après tout ils viennent si peu avant les autres, qu'il n'est pas nécessaire de commencer plutôt; outre que les Pois & les Fêves chargent moins étant plantés au pied des Cloisons.

On pose dès le commencement de ce mois les vitres devant les Serres artificielles à Vignes sans feu.

On apprête alors tout ce qu'il faut pour pouvoir se servir utilement des Serres chaudes & autres, on examine les arbres & les Plantes vertes,

on remplace les Pots dont les fleurs ont manqué ou font déja flêtries, &
on examine les arbres qui doivent faire de nouvelles Couronnes ou des
fleurs hâtives, pour favoir s'il eft néceffaire de les tranfplanter; ce qui fe
fait alors : on émonde de plus leurs Couronnes, & l'on coupe entierement
celles des arbres qui doivent en former de plus belles, après quoi on les
met dans la Serre.

On communique alors à la Serre où font les Ananas, par le fecours
du feu & du Soleil, la chaleur d'Eté; deforte que les plantes ont befoin
d'être plus arrofées, & pour cela il faut répandre quelquefois de l'eau par-
deffus; les prémiers fruits devant paroître le dix ou le douze de ce mois.

Il en eft de même de la Serre à Vignes artificiellement rechaufée. On
aura grand foin de la munir en particulier, & généralement tout contre
une forte gelée; &, quand le Soleil luit, il faut en découvrir toujours
les vitres.

Quand après une forte gelée, le tems fe met au dégele, on ôte la
plus épaiffe couverture, comme les nattes de paille, & les fortes couvertes de poil, avant qu'elles ne fe mouillent, ou bien, fi elles font déja
mouillées, il ne faut pas négliger de les faire bien fécher. Il faut avoir
prêtes les nattes de rofeau, pour pouvoir couvrir tout ce qui eft fous des
vitres, ou fur des Careaux bien expofées au Soleil: il faut auffi coucher
des rameaux fur les Careaux ou autres Couches, qui font enfemencées ou
plantées.

On met de la graine de Perfil germer, pour la femer quinze jours
après au commencement de Mars, comme auffi de la graine de Laitues
pommées & de Carottes jaunes.

Quand il ne gele pas, enforte qu'on peut fouiller la terre, il n'y a
point de meilleur tems que le commencement de ce mois pour planter
des Arbres. On fouille auffi alors les champs potagers, & on fume ceux
qui en ont befoin.

On a encore les mêmes fruits qu'au Mois de Janvier, comme auffi les
mêmes Herbes potagères; de petites Laitues à couper, du Creffon &
des Raves.

On a auffi les mêmes fleurs qu'en Janvier par le fecours du feu; fouvent auffi en terre fous des vitres, des Narciffes, des Anémones, des
Cyclamens & des Tulipes hâtives.

MARS.

Ce mois occupe le plus de tous, parce que la rigueur de la gelée est pour l'ordinaire alors passée, & que le Soleil a plus de force pour rechauffer la terre: il fait cependant encore assez souvent des jours froids pendant lesquels on a de la gelée, de la grele, de la néige, ce qui oblige encore à en préserver les Plantes par le moyen de la couverture. Il faut aussi faire plus d'attention qu'en tout autre mois, au changement de tems, tant pour prévenir les bourasques de grele, que pour découvrir les Plantes quand le tems change en mieux, & quand il fait du Soleil.

On continue à faire le labour à la terre, & à fumer celles qui en ont besoin.

Il faut profiter des vents froids de Nord & de Nord-est pour sarcler & pour ratisser les allées, parce que les mauvaises herbes se dessèchent alors, & que la terre se purifie mieux dans ce tems-là que dans tout autre.

On grefe des Pommes & des Poires, & l'on grefe en approche des Cerises & des Prunes.

Les Orangers dont a coupé la Couronne au commencement de Février, & qui ont été serrés avec les autres pour fleurir de bonne heure, poussent sensiblement. Paroissent aussi les Roses de Provins, & les Jonquilles; les Oeillets montent, & les Ananas sont déja chargés de leurs fruits; il faut continuer à aider leur pousse par le feu; car quoique le Soleil ait plus de force, & qu'il suffise, quand il luit fort, pour rechaufer, on ne peut pas cependant compter sûrement sur lui.

On fait dès le commencement de ce Mois des Couches élevées pour des Tubereuses: au-lieu que pour les Melons, qui sont plus tendres, on attend, pour en avoir de bons & sûrement, jusques à la mi-Mars.

On seme encore au commencement du mois, de la Salade, du Cresson & des Raves sous des vitrés, comme aussi en plein air sur des Couches bien exposées au Soleil; de même que de la Laitue pommée, des Carottes jaunes, des Choux-fleurs, pele-mêle: outre cela encore des Oignons, des Epinars, du Persil hâtif; il faut cependant avoir soin de couvrir avec des branches toutes ces Couches ensemencées contre les vents de bize, & quand il gele pendant la nuit avec des nattes de roseau.

Quand on couvre d'une cloche de verre les Choux-fleurs hâtifs pendant la nuit ou pendant les jours froids, on les transplante au commencement du mois, autrement pour le plutôt à la moitié.

On

On transplante tout au commencement du mois, si on ne l'a pas fait à la fin de Février, des Choux sur des Carreaux, & des Laitues pommées semées avant l'Hiver, sur des Planches bien exposées au Soleil contre une Cloison.

On transplante les grosses Fêves ou Fêves de marais hâtives, les Pois à écossés & autres, & l'on seme dans les intervalles des Epinars, du Cerfeuil, & des Raves: on pose aussi souvent au dos des Fêves & des Pois transplantés une planche, laquelle appuiant par devant sur de petits piquets, rechaufe considérablement le fond, en arrêtant les rayons du Soleil, & défend du vent, du froid & de la gelée.

On met en terre le fumier qui a servi pendant l'Hiver de couverture aux Planches d'Asperges.

On remplit les Caisses vitrées des Ananas de Tan frais, lequel en retenant les rayons du Soleil commence à s'échaufer; au-lieu que dans des Caisses de brique cela se fait par dessous par le moyen du feu : ce qui fait que dès le commencement de ce mois on peut les garnir de Tan, & y placer les Ananas cinq ou six jours après lorsque le Tan est échaufé: mais dans les Caisses qu'on ne peut pas rechaufer par dessous par le moyen du feu, on n'y place pour le plutôt les Ananas qu'à la mi-Mars, encore vaut-il mieux, (à cause de l'inconstance des jours de Mars), que cela ne se fasse qu'après le vingtième, pourvu que le Tan soit convenablement échaufé: ayant soin de couvrir, quand il fait froid, les vitres comme celles des Melons.

Quand il a gelé bien fort, on découvre la Serre à la mi-Mars; mais si la gelée n'a pas été rude, on attend jusques vers le mois d'Avril: c'est pareillement la règle qu'il faut suivre à l'égard de la couverture des Caisses à fleurs.

On taille les Abricotiers, les Pêchers, les Pruniers.

On seme à la mi-Mars des Scorsonères, des Salsifix, des Carottes d'Eté de toutes sortes, & encore des Laitues pommées, des Raves, des Oignons & du Persil.

On met vers le vingtième du mois en terre sous des vitres, des Haricots, afin de les transplanter vers la fin d'Avril.

On ôte le terreau dont les Plantes d'Artichaux ont été couvertes contre la gelée, & on les purifie.

Quoique les Légumes & les fruits diminuent, que plusieurs deviennent insipides & coriaces, on a cependant encore des *Poires de table*, de St. Germain, & des bons-Chrétiens: pour la table, des Renettes d'Anglegleterre, & des grifes, les Courpendus ayant perdu leur goût: on a pareillement encore des Raifins au commencement du mois.

Pour la Cuifine on a des Poires de livre, & des Pommes que nous nommons *Guldelingen* & *Pieterfelie-appelen.*

On a encore des Choux rouges, & au commencement du Mois des Choux frifes blancs, de vieilles & de nouvelles Carottes, des Panais, des Scorfonères, des Salfifix, de la petite Laitue, du Creffon, des Raves, de vieux Epinars, du Cerfeuil, du Perfil, & de l'Ozeille.

Les couches couvertes de vitres fourniffent pendant tout le mois toutes fortes de Laitues pommées, & des Afperges.

Dans des Serres chaudes, ou fous des vitres, on a des Rofes, des Jacinthes doubles, des Narciffes, des Jonquilles doubles, des Renoncules, des Anémones, des Cyclamens.

AVRIL.

On tient encore prêtes les Nattes de Rofeau pour en couvrir les Melons & telles autres Plantes tendres, qui font fous les vitres; comme auffi pour munir contre la gelée, la neige & la grele, les Légumes qui font en plein air.

On tranfplante encore dans le commencement de ce mois des Pois & des Fêves: il faut cependant les laiffer où elles font, quand on approche davantage du milieu ou de la fin du mois.

On élève ordinairement vers la mi-Avril, les Couches de Melons fur lefquelles on a tranfplanté.

On tranfporte dans la maifon les Caiffes à fleurs; & l'on remet les Figuiers en terre.

On tranfplante les Légumes fins & autres, comme auffi les Choux-fleurs, & les Haricots hâtifs.

On fépare les Plantes d'Artichaux, & après cela on les tranfplante.

On en fait de même à l'égard de toutes les Plantes qu'on ne fème pas, comme Primevère, Auricules, fruits de Damaft, Conftantinoples, *flos cardinalis,* Gentinelles & Oeillets.

Les *Poires pour la table* font les bons-Chrétiens; & les *Pommes de table,* les Renettes.

Il eft fort extraordinaire d'avoir des Raifins dans les Serres artificiellement rechaufées.

On a des Fraizes fous des vitres.

Comme auffi des Laitues pommées, & des Concombres.

En

En plein air de petites Laitues, des Raves, du Creſſon, de l'Ozeille, du Perſil, du Cerfeuil, de la Poirée, des Epinars, des Oignons plantés, des Porreaux, de petites Carottes, & des rejettons de Choux. On a auſſi, à force de ſoin, des Choux rouges, des Carottes jaunes & autres, & des Panais.

Les *Fleurs* qui viennent en plein air, ſont les Jacinthes, les Narciſſes, les Tulipes hâtives, les Cyclamens, & la plupart des fleurs qui ſe plantent: on a auſſi ſous des vitres par le moyen d'une plus grande chaleur, des Anémones, des Renoncules, des Jonquilles doubles, des Roſes, & des fleurs d'Orange.

MAI.

Pendant tout ce mois on plante encore des Fèves de marais & des Pois, leſquels ne doivent jamais être tranſplantés.

On rame les Haricots dès le commencement du mois.

De huit en huit jours on ſeme des Laitues, la plus convenable pour cela étant celle qui eſt rougeâtre, parce qu'elle ſe pomme le mieux.

A la prémière pluie on tond le Bouis des Parterres.

Le huit ou le dixième de Mai on ſeme les Carottes jaunes d'Hiver, & vers ce même tems on ſort les Orangers.

On tranſplante vers la mi-Mai les Choux-fleurs d'Eté ordinaires, & le Céleri. On ſeme des Choux-fleurs d'Autonne juſqu'à la fin du mois.

On fauche à la mi-Mai pour la prémière fois les gaſons d'herbe.

On commence ordinairement vers la fin de Mai la prémière taille d'Eté aux Vignes.

Il y a encore pour la table quelques bons-Chrétiens, lorſqu'on les a bien conſervés, & des Renettes, leſquelles ſont ordinairement ſans goût.

Pendant tout le mois on a des Raiſins de la Serre artificielle.

Pour la cuiſine on a des Pommes douces nommées *Zoete Holaarts*, & la Pomme aigre appellée *Spiegel-appel* aquiert un bon goût.

On a ſous des vitres toutes ſortes de Laitues & des Concombres.

En plein air des Aſperges, des Raves, des Epinars, du Cerfeuil, de petites Carottes, & des Pois hâtifs.

Les *fleurs* en plein air ſont les Jacinthes, les Tulipes, les Narciſſes de toutes les ſortes, les Jonquilles doubles, les Renoncules, les Anémones, les Violettes, les Gentinelles, le Syringa, le Jasmin Perſique & le Millepertuis.

Partie II.   P p   JUIN.

JUIN.

On peut encore pendant tout ce mois planter des Fèves de marais & des Pois, cependant ils chargent moins, & le fruit n'en est pas si tendre.

On plante au commencement de la Poirée venue de semence.

De huit en huit jours on seme encore des Laitues pommées & on transplante du Céleri.

A la mi-Juin on transplante des Choux rouges, & pendant tout le mois des Choux frisés blancs & des Choux-fleurs.

Vers la fin du mois ou commence à semer la Chicorée d'Autonne.

On serre les vitres qui ont servi à couvrir les Melons.

On fauche pour la seconde fois les gazons d'herbe.

On tond pour la prémière fois les haies d'Ormes & d'Aulnes, quand elles sont garnies de feuilles par le bas.

On fait la taille aux jeunes Orangers qui poussent.

On sort de terre les Fleurs à Oignons.

On suit ordinairement dans ce mois la règle pour la taille d'Eté des Vignes.

On plante pour la dernière fois des Haricots pour saler, contre les rames des Pois.

J'ai mangé de très excellens bon-Chrétiens le quinze de Juin; cependant c'est le tems où finissent les Poires & les Pommes de table, de même que celles de cuisine; mais la Pomme nommée *Spiegel-appel* est alors meilleure que jamais.

On a des Raisins comme dans le mois précédent: on a aussi des Fraises, des Cerises hâtives sans art, & quelquefois des Melons.

On a pareillement les mêmes Légumes que dans le mois de Mai, des Laitues pommées, des Raves, des Épinars, de l'Oseille, du Cerfeuil, de la Poirée, de petites Carottes, du Pourpier, des Pois en cosse & en grains, des Fèves de marais, des Concombres, des Oignons, de la Chicorée d'Eté, du Céleri, des Artichaux, des Choux-fleurs, & des Asperges; on ne coupera jamais ces dernières après la mi-Juin.

Quant aux *Fleurs* on a encore des Jacinthes tardives, des Tulipes, des Narcisses, des Jonquilles, des Renoncules, des Anémones, des Tubéreuses, des Lis de France, des Lis jaunes & blancs, des Giroflées, des Fleurs de Damast, & des Roses.

JUILLET.

re au mois de Juillet, on le fait inceſſamment, dans l'attente d'une Autonne favorable.

On ſeme encore des Laitues pommées & de la Chicorée, depuis le
commencement juſqu'à la mi-Aout : tout ce qu'on ſeme au-delà de ce
tems-là réuſſit rarement. La Chicorée doit de plus être ſemée ſur une terre extrêmement fumée & n'être jamais tranſplantée, parce qu'elle ne ſeroit alors que trés médiocre.

On tranſplante juſqu'au 20 du Céleri d'Hiver, & pendant tout le
mois, de la Chicorée & des Laitues pommées.

A la moitié de ce mois on ſeme des Carottes, qu'on a deſſein de cultiver pendant l'Hiver ſous des vitres, comme auſſi des Choux-fleurs pour
mettre ſous les vitres au Printems : ce n'eſt pas trop tôt pour les Carottes ; mais quand en Autonne il fait un tems doux, les Choux deviennent trop grands ; c'eſt-pourquoi on en ſemera à la fin de ce mois. On
ſeme de plus de l'Ozeille d'Hiver, des Epinars, du Cerfeuil, des Raves,
pourvu qu'on en ſeme de huit en huit jours une petite quantité, ſuffiſante pour l'uſage journalier.

On a encore dans ce mois des Abricots, des Griotes, des Grozeilles, des Meures ſauvages, des Meures, des Figues, des Prunes, des
Pêches, & vers la fin du mois des Raiſins hâtifs nommés *Paerel-druy-
ven*, des Poires-Madame & ſucrées, toutes ſortes de Pommes d'Eté,
des Ananas & des Melons.

Toutes ſortes de Légumes comme en Juillet, des Concombres, des
Pois en coſſe & autres, des Fêves de marais, des Haricots, des Choux-
fleurs & autres, des Artichaux, des Carottes jaunes, des Panais, des racines de Perſil & de la Poivrée, des Laitues pommées, de la Chicorée,
du Céleri, des Epinars, de l'Ozeille, du Cerfeuil, du Perſil, de la Poirée, du Pourpier, & de toutes les autres fournitures.

On a les Fleurs ſuivantes, des Tubéreuſes, des Oeillets, des fleurs de
la Paſſion, des Giroflées, des Roſes, des fleurs d'Orange aux arbres
qui ont une pouſſe tardive, du Jaſmin, des Oléandres, & des Gui-
mauves.

SEPTEMBRE.

On tranſplante encore juſqu'au 20 de ce mois de la Chicorée, mais il
faut pour cela que ce ſoient de grandes plantes, ſur une terre extrêmement fumée, comme ſont les Couches de Melons ou telle autre terre,

re; & elle devient même raisonnablement bonne pour être enterrée.

Dans le commencement de ce mois on seme encore sur des terres fortes, des Epinars d'Autonne, du Cerfeuil & des Raves; & vers le milieu de l'année, des Epinars d'Hiver, du Cerfeuil, des Carottes, des Chouxfleurs, des Laitues pommées, des Raves; pour ces deux dernières il faut une Autonne très favorable.

On met en terre des Narcisses, des Renoncules, des Anémones, des Jacinthes, pour les faire venir pendant l'Hiver sous des vitres.

On tond pour la seconde fois vers le 7 de Septémbre, les Haies d'Ormes & d'Aulnes, qui sont garnies par dessous de branches.

On tond les grands Ormes à Couronnes, ce qui ne se fait qu'une seule fois par an; on pourroit attendre à le faire, à l'égard de ces arbres comme à l'égard des Tilleuls, jusques en Octobre, en cas que les rejettons vigoureux fussent aussi faciles à couper: mais on est obligé de le faire plutôt, parce que le bois est plus dur, & qu'on ne sauroit par conséquent le couper si uniment avec les Ciseaux.

On fauche pour la troisième & la dernière fois les Gazons d'Herbe.

On sort de terre à la fin du mois, les Tubéreuses qui ont fleuri sur du fumier, & après en avoir coupé la fane, les avoir bien lavées dans de l'eau, on les met sécher tout près des vitres dans la Serre chaude, ou tels autres endroits chauds.

Au commencement de ce mois on a encore des Grozeilles, des Prunes, des Pêches, des Figues, des Poires-Madame, des Bergamottes & autres; plusieurs sortes de Pommes; des Raisins nommés *Watcrzoete*, de l'Epine-vinette, des grosses Noix & des Noizettes.

On a encore la plupart des Légumes des mois de Juin, Juillet & Aout.

Les Melons perdent à cause du froid leur bon goût, & ne sont plus recherchés. Les grosses Fêves ne sont plus fort bonnes, elles sont rares & n'ont plus un si bon goût; mais on a des Epinars nouveaux, du Cerfeuil, des Raves, de la Poirée.

On a naturellement en plein air des Tubéreuses, & encore des Oeillets & des Giroflées.

OCTOBRE.

Il est tems de conserver les tendres Plantes & les Légumes par le moyen de la couverture contre la rigueur de l'Hiver, & cela dans la mai-

 son.

Fig. 1.
J. Wandelaar fecit.

JUILLET.

Dès le commencemt du mois on tire de terre les Oignons de fleurs, en cas que cela n'ait pas encore été fait; & après avoir nettoyé ceux des Jonquilles & des Cyclamens on les remet en terre.

On seme pendant tout le mois, comme ci-devant, des Laitues pommées, de la Chicorée, des Oignons d'Autonne, & du Persil d'Hiver pour être cultivé sous des vitres. On transplante aussi du Céleri, de la Chicorée, des Choux frisés blancs, jusqu'à la moitié du mois, & des Choux-fleurs jusqu'à la St. Jaques.

On seme encore jusqu'au 10 ou 12 de Juillet, & pas au-delà, des Pois germés: après la St. Jean on ne plante plus de Haricots, puisqu'ils viendroient rarement à bien.

On retranche pendant tout le mois de la Vigne, les tendres & petits sarmens.

Après le 26 de Juillet on fait aux fruits à noyau la taille d'Eté, comme aussi aux Meuriers plantés contre des cloisons ou des murailles; cela ne se pratique cependant qu'aux branches gourmandes.

On sépare les Marcottes d'Oeillets.

On a dans ce mois toutes sortes de Cerises, des Griotes, des Grozeilles, des Meures sauvages, vers la moitié du mois des Fraises, & vers la fin des Meures, des Abricots & des Avant-pêches.

Dans les Serres artificielles on a des Raisins sans le secours du feu, des Ananas, des Melons, des Poires-Madame, des Poires sucrées, des Pommes nommées *Tarw-appelen, Lourisjens* & *Kruyd-appelen.*

De la Salade, des Concombres, des Choux-fleurs, des Choux blancs, rouges, & pommés, des Pois en cosse & à égrainer, des Fêves de marais, des Haricots, du Cerfeuil, du Persil, & autres fines fournitures.

Quant aux *Fleurs,* on a des Tubereuses, des Giroflées, des Oeillets, des Lis blancs, des Martagons, des Constantinoples, des *Flos Cardinalis,* des piés d'Alouette, des Roses, des Fleurs d'Orange, du Jasmin, & des *Oléandres* doubles & odoriférantes, &c.

A O U T.

En cas que la terre soit humide, & qu'on n'ait pas encore transplanté des Pois tant en cosse qu'à égrainer, qu'on avoit mis pêle-mêle en ter-

re

son, ou dans l'Orangerie & autres Serres chaudes ; desorte qu'il faut commencer par examiner si toutes les choses requises pour cela sont en bon état, & faire réparer ce qu'il y manque.

Aussitôt que les fruits d'Hiver commencent, pendant qu'il fait calme, à tomber, c'est une marque qu'il est tems de les cueillir, car les fruits trop mûrs ont moins de goût & durent moins que d'autres.

On peut transplanter les Arbres fruitiers d'abord après la chute de leurs feuilles.

Le tems ordinaire de transporter les Ananas des Caisses garnies de Tan dans la Serre artificiellement échaufée, est le 10 ou le 12 d'Octobre, à moins qu'il n'y ait eu de continuelles & de fortes pluies & peu de Soleil, auquel cas cela doit se faire plutôt, quelquefois même en Septembre ; il en est de même des Orangers.

Le tems le plus convenable pour mettre en terre, quand le fond n'est pas trop mouillé, des Renoncules, des Anémones, des Jacinthes, des Narcisses & des Tulipes, qu'on ne couvre pas de vitres pendant l'Hiver, est le milieu du mois d'Octobre.

Dans de certaines années on a encore au commencement de ce mois, des Grozeilles, quelques espèces de Pêches, Prunes, Figues, Raisins, tels que sont ceux de Catalogne, de Frontignac, de Tokai, &c. ces derniers ne meurissent que difficilement, & s'ils ne sont pas mùrs avant le milieu du mois ils ne le feront jamais. On a aussi encore des Poires bénites, des Bergamottes, des Gisamberts, des Beurées & des Poires Signor ; des Pommes de plusieurs espèces ; des grosses Noix, des Noizettes, dont les écales sont déja sèches.

On a encore des Pois en cosse & sans cosse, savoir des jaunes, des blancs, des sucrés ; des Scorsonères, des Salsifix, de la Poirée, du Persil, de la Poivrée, des Choux-fleurs, des Choux rouges, & autres ; du Céleri, de la Chicorée, des Epinars nouveaux, du Cerfeuil & de l'Ozeille.

NOVEMBRE.

On fait dès le commencement de ce mois la taille aux Vignes dans les Serres artificielles, & à celles qui sont en plein air d'abord après la chute de leurs feuilles.

On met dans les Caisses les semences pour l'Hiver & les fleurs hâtives ; & s'il commence à geler on y ajoute les vitres. On pend aussi les rideaux devant les Serres réchaufées par le feu.

Quand

Quand il commence à faire une assez forte gelée pour que les Légumes puissent en être endommagés, on coupe les Choux rouges, les Choux-fleurs & la Chicorée, & l'on tire aussi de terre les grandes plantes de Céleri, de même que toutes les espèces différentes de Carottes d'Hiver, excepté les Panais. La meilleure méthode pour conserver les Choux-fleurs, le Céleri & la Chicorée, c'est de les pendre haut, chacun séparément; on enterre en plein air dans des Fosses, les Choux rouges & les Carottes d'Hiver, au-lieu qu'on conserve dans la maison ceux dont on a besoin pour l'usage journalier; les Choux rouges par monceaux sans sable & sans couverture; les Carottes & les Navets dans du sable bien sec: c'est cependant ce qu'il n'est pas nécessaire de faire sitôt, car les Choux rouges, le Céleri & la Chicorée, résistent à une petite gelée, mais non pas à une forte ou à celle qui est de durée: outre qu'on peut préserver longtems le Céleri de la gelée, en ayant soin de le buter comme il faut jusqu'au haut.

On répand sur les Carreaux à fleurs qui ne sont pas couverts de vitres, du vieux Tan, de l'épaisseur d'un demi-doigt de large, & quand la gelée continue, on les couvre encore avec des branches.

On laisse les Figuiers en terre aussi longtems qu'on ne craint pas qu'ils s'y gelent; mais il est tems de les serrer, avant qu'on ne puisse plus les tirer avec une bêche, puisqu'autrement la dureté du fond y mettroit obstacle.

Les Poires de table sont le Gisambert, le Doyenné, le St. Germain. Les *Pommes de table* sont les Courpendus; les Renettes d'Angleterre commencent à être bonnes à manger.

Des Raisins.

Pour *la Cuisine* il y a toutes sortes de Poires auxquelles on procure la maturité par le moyen du feu.

Pour la *Cuisine*, toutes sortes de Pommes.

Des *Légumes*; au commencement du mois, des Pois en cosse & hors de cosse, de jeunes Haricots, des Laitues; pendant tout le mois, des Epinars, du Cerfeuil, de la Poirée, de l'Ozeille, du Céleri, de la Chicorée, des Choux & des Carottes de toutes les sortes.

Des *Fleurs*: les Anémones commencent à venir sous des vitres, de même que les Cyclamens & les Narcisses qui sont restées en terre. Dans l'Orangerie, du Jasmin de Catalogne blanc & jaune; quelquefois aussi des fleurs d'Orange. En plein air souvent des Oeillets abâtardis.

DE-

DECEMBRE.

Quoique pendant ce mois le Soleil foit plus bas qu'en Novembre, & que par conféquent la terre devroit être chargée de plus de vapeurs, & moins rechaufée par le Soleil, il en eft pourtant pour l'ordinaire tout autrement, car pendant ce mois on a un air plus ferein & plus de Soleil que dans le précédent: c'eft-pourquoi on ne négligera jamais, comme on l'a recommandé dans le mois de Janvier, de tout découvrir jufqu'aux vitres lorfque le Soleil luit clairement, quand même il geleroit très fort.

S'il ne gele pas au mois de Novembre, & que les Légumes foient reftés en terre, on a foin de tout, comme on l'a dit en Novembre: on tire alors de terre, & point plutôt, le Céleri & la Chicorée, pour être enterrés dans du fable bien fec.

On tire rarement de terre les Figuiers avant ou après le milieu de Décembre. Vers ce tems-là on met fur la Serre la couverture d'Hiver.

A la mi-Décembre on met tremper dans l'eau les groffes Fêves & les Pois pour les faire enfuite germer; après quoi on les met dans des Caiffes qu'on place dans l'Orangerie pour pouffer.

On fait dans ce Mois des Couches de feuilles d'arbres.

Poires de table, Bergamotes Crafane, Poires St. Germain. *Pommes de table*, Courpendus, Renettes d'Angleterre, Renettes, Raifins confervés par art.

Des *Légumes*, Choux & Carottes de toutes les fortes, Oignons, Porreaux, Echalottes, Navets, du Céleri, de la Chicorée, des Raves, des Epinars, du Cerfeuil, de la Poirée, de l'Ozeille, du Perfil.

Des *Fleurs* dans des Pots, comme Jacinthes, Narciffes, petites Tulipes : dans des Caiffes vitrées, des Jacinthes hâtives, des Anémones, des Cyclamens d'Hiver; dans l'Orangerie du Jafmin.

Plan

Plan d'un Jardin potager, avec ses Cloisons, pour y cultiver des fruits fins & délicats; entouré d'un Fossé profond, portant batteau, dont l'eau a dix piés de large en Eté.

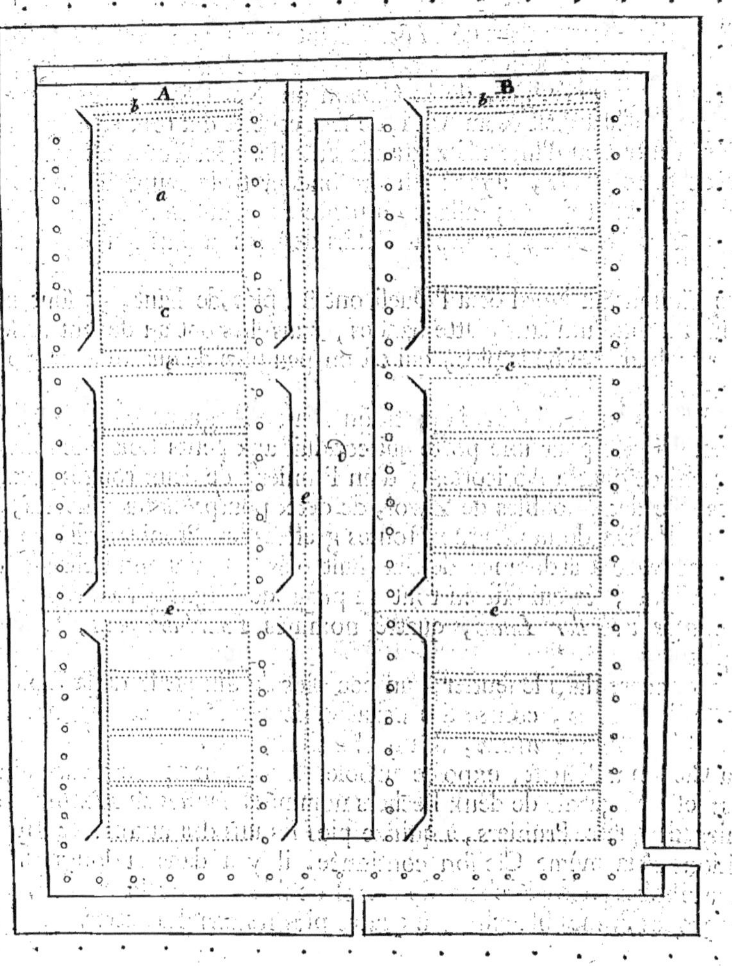

W
A
B
Z
Z
a
c
c
e
e
e
1 2 3 4 5 6 7 8 9 10 11 12
O

CHAPITRE II.

Explication du Potager & de ses Arbres.

LE Jardin potager marqué *A* & *B* étant couvert au Nord, à l'Est & à l'Ouest par des arbres, & au Midi par une basse Haye tondue, est dans l'intérieur de l'angle, de la Cloison au Nord & à l'Ouest & des bords des Fossés à l'Est & au Midi, de sept cent & dix toises, ce qui suffit pour l'entretien d'une assez grande Famille. Le Fond est naturellement de terre grasse, ayant en profondeur trois coups de bêche de bonne terre bien fumée; allant en pente & étant élevé à l'endroit le plus bas d'un pié & dix pouces au-dessus de l'eau la plus haute pendant l'Hiver.

Les Cloisons au Nord & à l'Ouest ont 8 ½ piés de haut, & sont placées sur un fond uni sans platte-bandes, mais elles ont au devant un sentier large de douze bons piés, qui est un peu plus de quatre pouces plus bas que les Carreaux.

La Cloison au Midi dans la partition *B* a en longueur 43 toises, dont on prend 6 piés pour une porte qui conduit aux petits Bois, le reste étant garni de quatre Abricotiers, d'un Prunier, de deux rouges Avant-pêches, de deux doubles de Zwol, de deux pourprées ou vineuses, & de deux doubles de montagne, toutes greffées sur Prunier; chaque arbre étant placé à la distance de dix-huit piés. Il y a entre chacun un pié de Vigne, ce qui fait en tout 12 pieds de Vigne, savoir 6 nommés *vroege van der Laan*, quatre nommés *Paarl-druyven*, & deux musqués.

Il y a encore dans le sentier à un peu plus de dix pieds de la Cloison, 21 piés de Vignes, contre des échalas, savoir douze *vroege van der Laan*, huit *Paarl-druyven*, & un *Frankendaelder*.

La Cloison à l'Ouest, exposée au Soleil levant, a en longueur quinze toises: elle est garnie de deux Pêchers nommées *doubles de Montagne* sur Prunier, de quatre Pruniers, à quinze piés les uns des autres: & dans la partition *A* la même Cloison continuée, il y a dans la longueur de quatorze toises, cinq Pêchers de Zwol doubles, & un Prunier qui porte de grosses Prunes blanches, à quatre piés les uns des autres.

Il

Il y a dans la partition *A* trois brize-vents de la même hauteur que ci-devant; le dernier qui n'a pas tout-à-fait sept piés de long, est garni de sept piés de Vigne, savoir deux Muscats blancs & deux pâles, deux de Catalogne & un *Frankendaelder*: la Cloison mitoyenne, longue de neuf toises deux piés, est garnie de 6 piés de Vigne, à un peu plus de neuf piés de distance les uns des autres; savoir quatre Muscats: ces piés doivent être un peu plus éloignés que les deux suivans nommés *vroege van der Laan*; les aîles sont garnies au Midi à l'opposite de l'Orient, d'un Raisin nommé *Paarl-druyf*, & au Midi à l'opposite du Couchant, d'un *vroege van der Laan*: la première Cloison au Midi, longue de dix toises, est garnie d'une Avant-Pêche rouge sur Prunier, & de cinq piés de Vigne, savoir trois Muscats & deux *Frankendaelders*, qui garnissent pareillement des deux côtés les aîles. Il y a au devant de ces trois brize-vents des Plattes-bandes pour y cultiver des Légumes hâtives. Viennent ensuite dans le sentier qui est pour le moins quatre pouces plus bas que les Carreaux, à la distance de dix piés, vingt-trois Pêchers nains gréfés sur Abricots, savoir huit Pêches vineuses ou pourprées, huit de Zwol & sept de Montagne, toutes doubles & de la plus grosse espèce.

Il y a dans les deux partitions au devant près du Vivier & du Fossé du Midi, de petites Cloisons basses partagées chacune en trois. Celle de la partition *B* est haute de quatre piés & demi, & la dernière est longue d'onze toises & garnie de sept Pêchers sur Abricots, savoir trois de Montagne, deux vineux ou pourprés, & deux de Zwol. Les deux autres Cloisons sont garnies de 14 piés de Vigne, savoir dix *vroege van der Laan* & quatre *Paerl-druyven*.

Il y a au devant de ces petites Cloisons, à un peu plus de distance de douze piés le long du Vivier, vingt-quatre Cerisiers ou Griottiers nains; comme aussi le long du Fossé du Midi: cependant dans la partition *A* les petites Cloisons n'ont que trois piés & demi de haut, & ne sont pas garnies d'arbres, mais elles ont des Plattes-bandes pour y cultiver des Légumes hâtives, & contre les Cloisons mêmes, des Pois.

Il y a au bord du Fossé de l'Est dix-sept Coignassiers nains. De plus le Jardin potager est divisé par un Vivier mitoyen, marqué par la figure (*d*), qui sert à l'écoulement des eaux, à côté duquel il y a une Haie tondue (*e*). Il y a aussi dans les partitions *A* & *B* quatre Haies tondues d'Aulne (*eeee*).

Il y a encore dans la partition *A* des Couches d'Asperges (*a*), &

un

un Carreau de Fraises (*c*), & dans chaque partition deux Couches pour des fournitures & autres herbes (*b b*). De plus vingt Carreaux pour toutes sortes de Légumes & d'Herbes potagères (y compris aussi les Couces de Melons), lesquels peuvent avoir chaque année une terre franche, qui n'ait pas servi pendant deux ans, parce que tout le fond du Potager n'a, qu'à trois coups de bêche en profondeur, une pareille terre franche bien fumée; c'est ainsi qu'on peut semer ou planter sur les Carreaux, des fruits différens de la manière suivante.

Un grand Carreau pour de grosses Féves hatives, à doubles rangs, à huit pouces l'une de l'autre, & pour lors avec un intervalle de 4½ piés; mais lorsqu'on plante à simple rang, de 2½ piés: dans cet intervalle on seme des Epinars hâtifs, du Cerfeuil, des Raves ou de la Salade: cela fini, on plante sur le même Carreau, entre les Fêves, des Choux rouges, lesquels venant à manquer, on les remplace par des Choux blancs frisés, &, si ceux-ci manquent, par des Choux-fleurs, parce que trois ou quatre semaines après on arrache les racines des Fêves.

On peut aussi remplacer sur le même fond ces racines de Fêves, par des Pois, cependant il ne faut pas semer ces derniers après le commencement de Juillet, pas même des Pois sucrés. On peut aussi semer sur une partie de ce terrain, du Céleri, du Persil d'Hiver ou des Porreaux: on peut même semer parmi ces derniers un peu de Laitues pommées & de Persil; car on coupe les Laitues avant que le Persil ne soit grand, & le Persil qui reste est alors garanti par les Porreaux, du froid d'hiver. Entre les rangs de Céleri il faut semer de la Chicorée, & de la Laitue pommée; sur les Carreaux des Fêves, des Epinars hâtifs d'Autonne, des Laitues pommées, du Cerfeuil, des Chicorées: &, quand la saison est encore plus avancée, des Epinars d'Hiver, de l'Ozeille, de la Poirée, &c.

Un Carreau de Pois hâtifs. Il faut faire les rangs & le tout, comme à l'égard du Carreau de Fêves.

Quand les Pois sont à peu près formés, on plante contre les rames des Haricots pour saler. Les Pois peuvent rester en terre quinze jours jusqu'à ce que les Haricots soient levés; mais après ce tems il faut en tirer la moitié avec leurs rames. On peut planter entre les rangs de ces Haricots, & entre ceux des Pois tardifs, des Laitues pommées ou de la Chicorée.

Un Carreau de Haricots. Il faut placer entre les rangs, de la Chicorée d'Eté hâtive, ou de la Salade; les hâtifs que l'on couvre dans le mois

d'Avril,

d'Avril parviennent ordinairement de bonne heure à leur maturité, deforte qu'on peut femer à leur place des Epinars, du Cerfeuil, des Choux,
des Laitues pommées, & autre Salade pour l'Hiver.

Un Carreau avec des Choux: après quoi des Epinars hâtifs, de la Chicorée, du Céleri d'Autonne, de la Salade, de l'Ozeille d'Hiver, des
Pois, & tels autres Légumes d'Autonne ou d'Hiver, comme de la Poirée, du Cerfeuil, &c.

Un Carreau des Carottes que nous nommons *Utrechts-Hoorns*, parmi
lefquelles on mêle des Laitues pommées blanches; quand elles font en
vigueur & qu'elles montent, on y plante parmi des Artichaux, mais
quand ces derniers pouffent trop vigoureufement, on les rogne, & de
cette manière chaque chofe viendra à bien; après quoi on peut femer fur
le même Carreau, de la petite Salade d'Hiver.

Un Carreau avec des Carottes d'Eté, parmi lefquelles on met de la Salade & des Choux-fleurs, enfuite du Céleri, & dans les intervalles ex-
hauffés, de la Chicorée ou des Laitues pommées, avec des Pois tardifs,
parmi lefquels on feme d'abord des Laitues pommées.

Un Carreau avec des Choux-fleurs d'Eté; enfuite des Pois tardifs, ou
du Céleri d'Autonne: fur les élévations, de la Chicorée, ou des Oignons
d'Autonne, parmi lefquels on feme des Laitues pommées, du Perfil
d'Hiver, ou des racines de Perfil.

Un demi-Carreau avec du Perfil; quand la terre eft bien fumée on
peut couper de ce Perfil jufques à cinq fois dans une année.

Un Carreau avec des Scorfonnères & du Chervi, parmi lefquelles on
feme des Porreaux, mais encore mieux des Oignons, & cela non feulement pour comprimer un peu plus leur montant, mais auffi pour que les
racines pénètrent plus avant en terre.

Un Carreau avec du Céleri d'Eté, fur lequel on cultive enfuite toutes
fortes de Légumes d'Autonne & d'Hiver.

Un Carreau avec des Panais, parmi lefquels on met des Laitues pommées & quelques racines de Perfil.

Un Carreau fur lequel on a femé en Eté des Oignons d'Autonne &
du Perfil d'Hiver, & fur lequel on peut femer l'Eté d'après des Carottes
jaunes d'Autonne; parmi lefquelles on place des Laitues pommées, ou
des racines de Chicorée.

Des Couches d'Afperges, deux rangées fur chaque couche & un fentier entre chacune: on peut chaque année y femer des Carottes ou des
Oignons hâtifs, parmi lefquels il y ait des Laitues pommées blanches:

Q q 3

mais

mais dans ce cas il faut extrêmement fumer ces Couches dans l'Autonne avec du fumier de Cheval, afin que la force y pénètre par le moyen de la pluie, la paille de ce fumier fervant pendant l'Hiver de couverture, on la met fous terre dès le commencement du Printems : on y emploie aufli l'engrais de fumier de Vache, ce qui eft encore infiniment meilleur.   Quand on a coupé le montant des Afperges, on peut encore y planter de la Chicorée d'Hiver.   Il eft bien vrai que tout cela épuife fort la terre, mais on y remédie par l'engrais de chaque année.

Des Couches de Melons : on peut cultiver fur celles qui ont produit de bonne heure, des Choux-fleurs tardifs ou d'Hiver : ou bien, quand il eft plus tard, des Epinars d'Hiver, du Cerfeuil, de la Chicorée & des Raves d'Hiver.

Des Fraifes, qu'on plante au Printems : on feme fur le fond des Oignons & des Choux-fleurs d'Eté, quand on les arrache dans l'Autonne ; & encore dans cette même Autonne, du Céleri & fur les élévations de la Chicorée.

Du Pourpier précoce : il doit être femé au commencement de Février fur du fumier de Cheval fous des vitres : il finit avec le mois de Juin, & alors on le remplace par toutes fortes de Légumes d'Autonne.

CHAPITRE III.

De la Semence : fa vertu, la manière de la recueillir, & ce qu'on doit faire & obferver avant & après avoir femé.

AUtant que tout ce qui a vie a un befoin extrême d'un air continuellement rafraichi pour croître fans interruption, autant cet air eft nuifible aux fruits & aux femences ; puifqu'il fait que les fruits durent moins longtems, & qu'il ôte plutôt aux femences la vertu de produire d'autres fruits, ce qui doit nous engager à les garantir de l'air autant qu'il eft poffible avant que de les femer.

Les femences ont plus ou moins de vertu de produire beaucoup & de meilleurs, ou en moindre quantité & de plus mauvais fruits, felon la température de l'air & la nature des Fonds, fous & dans lefquels elles ont été produites.

On éprouve prefque à l'égard de toutes les femences qu'on feme,

qu'elles

qu'elles aiment autant le changement d'air que celui de terre. Cela fe
remarque fur-tout à l'égard de la graine de Lin & de Chanvre, laquelle les gens entendus ne femeront jamais l'année fuivante dans le même
Fond qui l'a produite, mais ils y en employeront toujours de celle qui a
été produite fous un autre Climat. Delà vient qu'on feme dans ce Païs
de la graine de Lin & de Chanvre, qui a été recueillie dans le voifinage de la Mer Baltique: en Ecoffe on feme de la graine de ce Païs; &
près de la Mer Baltique de celle qui vient d'Ecoffe, ce qui eft la bonne
méthode.

Les femences meuries fous des Climats froids & qui ont le moins de
montant, produiront ordinairement beaucoup de fruits & bien nourris;
au-lieu que celles des Climats plus chauds produiront de mauvais fruits
& en moindre quantité, mais ils monteront beaucoup; & plus le Climat
diffère, plus la variété eft grande. Cependant elles s'amendent d'année
en année, à mefure qu'elles s'accoutument aux Climats qui les ont produites; c'eft ce que j'ai éprouvé très fouvent à l'égard des Plantes d'A-
nanas d'Amérique, des Figues de Lisbonne, & des Coignaffiers, lefquels ne devinrent féconds qu'après un efpace de tems fort confidérable:
les Sauvageons de Souche même n'en étoient pas fi féconds, que ceux
qui venoient enfuite de ces mêmes Sauvageons. Il en eft de même de
la femence de Melon, laquelle nous vient d'Efpagne & d'Italie.

La meilleure femence eft celle qui eft venue en plein air; elle produit
des fruits meilleurs & plus agréables, que celle qui eft venue dans des
endroits plus renfermés, à l'ombre, à l'ardeur du Soleil, fur des plattes-
bandes, au pié des Cloifons ou des murailles: c'eft ce qu'on peut éprouver à l'égard de toutes fortes de femences, & fur-tout des Pois & des
Fêves, puifqu'on trouvera que ceux qui font crus fur des plattes-bandes
feront beaucoup inférieurs à ceux qui font venus fur des Carreaux. Mais
on m'objectera peut-être que les Pois des Jardins & les Haricots ramés,
qui font dans un air moins libre que les Pois & les Haricots des champs,
font cependant beaucoup meilleurs. Cette objection confirme ce qui a
été dit, car les Pois & les Haricots ramés reçoivent l'air & le vent de
tous côtés, au-lieu que ceux des champs fe trouvant afaiffés fous leur
montant jouiffent beaucoup moins du fecours de l'air & du vent.

Ayant obfervé le changement de l'air, on tâchera auffi de fe procurer
des femences qui viennent de Fonds de différente nature; il faut donc
femer celles qui viennent de Fonds fablonneux dans des Fonds de terre
graffe, & celles de terre graffe dans des Fonds fablonneux; mais on n'en
fe-

femera jamais, si la nécessité ne le demande de celle qui est venue dans des Fonds bitumineux.

Un Fond pur, qui depuis plusieurs années n'a point produit de fruits pareils à ceux qu'on a dessein d'y semer, est le meilleur pour produire des semences bien nourries, lesquelles étant ensuite semées dans d'autres pareils Fonds, produiront en grande quantité de bons & d'agréables fruits.

Parmi les semences huileuses, les plus grosses, les mieux nourries & qui contiennent le plus d'huile, comme aussi celles qu'a produites le milieu du fruit, sont estimées les meilleures. Cette règle n'est pourtant pas générale, parce que parmi les semences de cette espèce, il y en a beaucoup qui font des plantes trop sauvages, produisant des fruits moins bons, & en moindre quantité, que celles qui ont une pousse plus modérée. Les Jardiniers entendus trouvent que la semence de Choux-pommés, qui vient du tronc du Chou, est meilleure que celle qui vient du Chou même.

On met la plupart des semences, avant qu'on les seme, tremper plus ou moins dans de l'eau, on en fait germer d'autres dans du sable mouillé, & puis on les seme, quelquefois même sans avoir germé : il y en a au contraire qu'il faut semer sèches, sans les faire tremper.

Toutes les semences qui ont l'écorce dure, qui ne se joignent pas en forme de coquille, doivent, avant qu'on les seme, être un peu fendues dans leur écorce, de manière qu'on ne blesse pas le dedans : cette fente fait que les sucs pénètrent mieux & font mieux gonfler la semence ; après quoi on la met germer dans du sable mouillé, & on la seme : c'est ce qu'on fait à l'égard de la semence de l'Acacia, du Houx & de l'If, &c. Mais les semences dures qui se joignent en forme de coquille, s'ouvrent aisément, quand elles sont mises par couches dans du sable mouillé ; desorte qu'il n'est nullement nécessaire de les fendre. C'est ainsi qu'on met germer les Noyaux de Prunes, d'Amandes, de Cerises, de Merises, de même que ceux de Pêches & d'Abricots : cela ne se pratique cependant pas si fréquemment, parce que les Pêchers & les Abricotiers venus de Noyaux meurent en peu de tems. On met encore les Noix & les Noizettes tremper & germer dans le sable au mois de Novembre, de même que les semences qui ont l'écorce plus molle, comme les Glands, les Faines & les Chateignes.

On seme aussi dans le mois de Novembre des Pepins de Poires d'Eté ou du commencement de l'Autonne ; mais il ne faut pas mettre tremper

nij

ni germer les Pepins de Poires tardives, que dans le mois de Décembre avec ceux de Pommes.

En général, il ne faut jamais laisser dans le sable aucune des semences qui doivent croître sans être transplantées, & principalement celles des Plantes ligneuses, jusqu'à ce qu'elles y poussent des racines; car il faudroit couper court les tendres bouts de ces petites racines, comme n'ayant point assez de force pour prendre, ce qui seroit par raport à elles une espèce de transplantation: il en est de même de la semence des Herbages, dont les petites racines germées ne prennent point en terre, sortent par les côtés, au-lieu de pousser vers le bas, & font ainsi des Plantes ratatinées, comme cela se voit souvent à la semence des racines.

On met tremper & germer la semence des Herbages pendant moins de tems, à quoi la bonté de la saison sert plus ou moins; car il faut que la semence de Persil trempe au Printems pendant trois semaines dans du sable mouillé, & plus tard pendant quinze jours; ce qui en Eté ne se fait que pendant vingt-quatre heures, comme à l'égard de toutes les autres, après quoi en ayant versé l'eau, on la laisse encore mouillée, pour germer pendant quelques jours; mais on ne fait point germer la semence des racines de Persil, il suffit de la faire tremper jusqu'à ce qu'elle se gonfle. On fait aussi tremper de la même manière dans de l'eau, jusqu'à ce qu'elle se gonfle (même au commencement du Printems lorsqu'il gele, bien entendu qu'on ait soin ensuite de la couvrir contre la gelée quand elle est semée) la semence de Laitues à couper, de Céleri, de Carottes, d'Epinars, de Cerfeuil, de Poirée, de Pois, de grosses Fêves, dont on tire l'eau superflue lorsqu'elle est gonflée, & ensuite après l'avoir conservée encore pendant quelques jours mouillée & rassemblée pour germer, on la seme ou on la plante. On ne laisse pas ainsi germer les semences de Melons & de Concombres; mais quand elles sont gonflées & un peu sechées, on les met aussitôt en terre.

Les semences en question doivent donc être trempées dans de l'eau, mais il y en a d'autres qui soufriroient beaucoup par-là, & même qui périroient, sur-tout les Haricots, lesquels ne doivent pas seulement être secs quand on les plante, mais la terre même ne doit pas être trop mouillée, sur-tout quand la chaleur n'a pas encore rendu autant qu'il faut la terre féconde, car ils périront alors infailliblement; ce qui arrive presque toujours, lorsqu'on les plante quelque tems avant le mois de Mai.

On plante certaines semences par allignement, & on ne les seme pas: c'est ce qui se fait à l'égard des semences de Cardons, à trois piés de distance, trois ou quatre grains enſemble: comme auſſi de la Poirée, pour la ſemence de ſes racines, à huit pouces de diſtance.

Les ſemences ne ſauroient prendre ni germer dans une terre trop altérée, parce que ſouvent le vent les emporte. Une terre trop mouillée, comme elle l'eſt ſouvent au Printems & dans l'Autonne, eſt trop froide, ce qui fait que les ſemences reſtant longtems ſans pouſſer, ſe pourriſſent. Comme, outre les cauſes dont on a parlé, qui engagent à différer la ſemaille, il y en a encore d'autres, on ne ſauroit en fixer le tems au juſte, parce que ſelon les propriétés des Plantes, elles viennent en différentes ſaiſons, & qu'une ſemence doit être ſemée au commencement du Printems, l'autre un peu plus tard, & de cette manière ſucceſſivement juſques dans l'Eté & dans l'Autonne: il faut que l'air & la terre au tems de la ſemaille, ſoient dans un bon état, quoiqu'il arrive que la gelée, une grande ſéchereſſe, des pluies fortes, &c. empêchent pendant quelque tems que cela ne réuſſiſſe.

La terre humectée comme il faut, doit, avant qu'on y ſeme, être bêchée plus ou moins légerement, ſelon la propriété des Plantes, & ſelon la bonté des Saiſons; car comme nos terres potagères ſont naturellement, mais plus par une culture continuelle & par l'engrais, très ouvertes & légères, de même que les Fonds de terre graſſe mêlée avec du ſable; il ne faut pas les fouiller après leur prémière production, en Eté, lorſqu'il fait de grandes chaleurs pour y ſemer pour la ſeconde ou troiſième fois; mais après en avoir tiré les mauvaiſes herbes & l'avoir égaliſée avec un rateau, on y ſeme ou on y plante; & on mêle enſuite la ſemence avec la terre par le moyen d'un rateau à larges dents. On plante pareillement ainſi dans une terre non fouillée, des Pois, des Fêves, de la Salade, des Choux, de la Chicorée, du Céleri. En général il faut, pour ſemer, une terre légère qui ſoit humectée raiſonnablement, & un air qui ne ſoit pas trop ardent: c'eſt pour cela auſſi qu'il vaut mieux faire le labour aux Carreaux des Jardins potagers au Printems, que dans l'Autonne; car les pluies froides de l'Autonne, & l'eau de Neige en Hiver refroidiſſent beaucoup trop la terre & la convertiſſent en boue. Il faut pourtant à cet égard agir avec prudence, puiſqu'il y a des ſemences qui ne viennent pas comme il faut dans une terre légère, mais beaucoup mieux dans des Fonds qui ont été labourés dans l'Autonne, comme les Oignons & les Scorſonnères.

Il ne faut pas ſeulement ſemer dru & clair, ſelon que les Fonds ſont ſecs ou humides, & qu'ils ont plus ou moins de force, mais auſſi ſelon

la

la bonté des femences & la propriété des Plantes: cependant il vaut mieux femer trop dru que trop clair; car on peut & on doit arracher le fuperflu tout comme les mauvaifes herbes; auquel cas on ne perd que la femence; au-lieu que les terres où l'on a femé trop clair, ne produiront pas feulement pour cette raifon même moins de fruits, mais encore le vent fort bat d'autant plus les tendres Plantes, qu'elles ne peuvent pas fe garantir comme il faut les unes les autres. Il faut auffi quand il s'agit de femer plus ou moins dru, avoir égard à ce que la terre a produit l'année d'auparavant, & à la maturité de la femence; car outre que parmi les femences d'une mauvaife crue, on trouve, parmi celles qu'on juge être bonnes, plufieurs grains gâtés qui ne monteront jamais; ceux qui les vendent trompent fouvent dans de pareils cas, en mêlant de la vieille femence gâtée avec de la bonne nouvelle: deforte qu'il faut après de telles années femer beaucoup plus dru, ce qu'on néglige fouvent de faire dans ces tems-là à caufe de la cherté de la femence.

Dans les Fonds humides il faut femer ou planter plus clair que dans les fecs : il faut auffi femer les prémiers fruits du Printems plus clair que ceux d'Eté & d'Autonne.

Pour avancer le tems de la maturité des fruits, on femera la femence qui a meuri la prémière; c'eft-pourquoi il faut bien prendre garde en la recueillant, de ne pas permettre qu'on coupe pour manger les prémiers fruits, fur-tout quant aux Pois hâtifs & aux Fêves, parce que la femence de ces Légumes plus tardives recule dans les Saifons le tems de la maturité : excepté pourtant les Haricots, car leurs prémiers fruits étant en bas près de terre, ne meuriroient pas autant qu'il faut, outre qu'en reftant là, ils feroient un obftacle à la crue de quantité d'autres.

On ne doit jamais femer ou planter près à près des fruits de la même nature, mais toujours de ceux qui ont des propriétés différentes, & fur-tout quand on a deffein d'en recueillir de la femence & de la femer dans la fuite; car la femence s'abâtardit fouvent fi fort par ce moyen, que la crue d'après ne procure plus de pareils fruits; ce qu'on éprouvera à l'égard de la femence de Choux, dont les différens troncs font plantés près les uns des autres : cela fe remarque même d'une manière fi fenfible, que les Choux-fleurs, les Choux frifés blancs, les Choux rouges & blancs pommés, dont les troncs portant femence font près les uns des autres, produifent plufieurs fortes bâtardes: cependant un Curieux m'a foutenu le contraire, mais je n'ai jamais pu l'obferver. Il en eft de même des Melons dans leurs efpèces, des Concombres verds & blancs.

Il faut avoir égard, quant à la manière de femer ou tranfplanter des fruits d'Autonne, que cela fe faffe dans l'expofition au Soleil, & cela de façon, que les Arbres des environs ne les énombrent avant & après-midi, car alors ce qu'on a femé ou tranfplanté n'auroit pas affez de chaleur, le Soleil étant dans ce tems-là plus bas; ce qui eft très nuifible aux Laitues pommées, à la Chicorée, au Céleri, &c.

Pour femer la femence fans que le vent puiffe la chaffer, & d'une manière égale, il faut mêler la femence menue avec une jufte quantité de fable, qui ne foit ni trop fec ni trop mouillé, & la femer enfuite; après quoi on la couvrira de terre comme il faut par le moyen d'un rateau deftiné à cet ufage, afin qu'elle prenne mieux, & que les Oifeaux la découvrent moins, lefquels s'y rendent autrement en foule pour la manger.

Il eft indifférent pour la pouffe dans quel fens la femence tombe en terre, de côté, renverfée, ou droit près du germe; car elle fe tourne d'elle-même, & autrement le rejetton de la racine fe détermine vers le bas, & le rejetton ligneux vers le haut, fans caufer enfuite à la pouffe le moindre changement.

Il y a des Plantes qui, lorfqu'elles paroiffent, doivent être tranfplantées, mais la plupart doivent refter où elles naiffent, fans qu'il faille les tranfplanter.

En général, on ne doit pas tranfplanter les Légumes, fi ce n'eft les Oignons précoces & les Navets de femence; car fans cela il y en auroit beaucoup de ceux qui viennent de femence qui ne pommeroient pas: il en eft de même des Carottes d'Hiver, du Céleri, de la Chicorée, dont on recueille la femence. De plus, il ne faut pas tranfplanter les Plantes qui ont une racine droite; c'eft pour cela qu'il faut laiffer pouffer aux groffes Fêves qu'on met en terre vers ou dans l'Eté, une telle racine droite fort profondément en terre, parce que la terre étant trop feche par deffus, ne peut pas fournir affez de fucs aux petites racines des côtés. Mais toutes les Plantes qui n'ont pas beaucoup de montant au-deffus de terre, ou dont on doit racourcir la racine droite, afin qu'elles pouffent plus de racines latérales en-bas, & par conféquent plus de rejettons latéraux en-haut, doivent être tranfplantées quand elles paroiffent, afin que par cette tranfplantation, la circulation de la fève étant interrompue, elles croiffent moins, & deviennent ainfi plus fécondes: on tranfplante pareillement toutes les Plantes dont les fruits bons à manger viennent par deffus terre à des Epines, des Rejettons, des Chardons, à des Plantes rampantes & autres. A l'égard de cette tranfplantation, il eft très remar-

qua-

quable que les Plantes venues de leur ſemence en peu de tems, & qui avant qu'on les tranſplante continuent ainſi & grandiſſent extrêmement, produiſent auſſi preſque toujours de plus mauvais fruits, que celles qui ne ſont pas venues de leur ſemence en ſi peu de tems, & qui dans la ſuite avant que d'être tranſplantées, ont fait une pouſſe plus modérée : c'eſt pour cette raiſon qu'on préférera toujours, quand il s'agit de tranſplanter, les dernières aux prémières, ſur-tout en fait de Choux-fleurs.

Il faut, quand on tranſplante, ſe conduire ſelon les qualités des Fonds & les propriétés des Plantes ; puiſqu'étant tranſplantées une fois par alignement, on ne peut plus en retrancher ſans que cela ne défigure ; c'eſt-pourquoi on tranſplante dans des Fonds mouillés & gras, à une plus grande diſtance que dans des Fonds grêles, arides & ſecs : car ſi on plante dru dans ces prémiers, on aura beaucoup de montant & peu de fruit, parce que dans ces terres fortes les Plantes ſe forcent les unes les autres à monter, à cauſe de leur proximité. Ainſi on tranſplante les groſſes Fèves dans des terres fortes & très fumées par alignement, à trois piés de diſtance : au-lieu que dans les terres plus légères, on ſe contente de faire les rangées à la diſtance de deux piés & demi, & que dans les rangées mêmes on raproche un peu plus les Fèves ; on tranſplante les Choux de la même manière.

On ſe ſert ordinairement pour tranſplanter du Plantoir pour faire joindre d'autant mieux par compreſſion la terre autour des racines : cela ſe fait plus vite ainſi qu'avec la main, mais cela n'eſt pas ſi bon, ſur-tout quand les terres ne ſont pas fort humectées ; c'eſt pour cela qu'en tout tems, pour peu qu'on ait de loiſir, on y employera la main.

Il ne faut pas laiſſer expoſés aux yeux des Oiſeaux ſur la terre des Pois ou des Fèves, qu'on croit ne rien valoir, quand on les plante, ou qu'on les tranſplante, car cela eſt une amorce pour les Pies & les Corbeaux, parce que cela leur fournit l'occaſion d'arracher même ceux qui ſont en terre ; ainſi on aura grand ſoin de cela, & on ne manquera pas d'ôter de ces endroits ceux qui ſont de rebut. La meilleure méthode pour chaſſer, autant qu'il eſt poſſible, les Oiſeaux des endroits enſemencés, eſt de tendre en divers endroits ſur les Pois ou ſur les Fèves, des cordes forts minces, & d'y attacher quelques Oiſeaux morts.

On aura ſoin de nettoyer toutes les terres enſemencées ou plantées, & d'arracher les mauvaiſes herbes quand elles ſont encore tendres, afin qu'elles n'ayent pas le tems ni de fleurir, ni de porter graine, car cette ſemence venant à tomber, ne croîtra pas ſeulement pendant une année, mais

Rr 3

con-

continuellement pendant plufieurs années de fuite, ce qui caufe enfuite bien de l'embaras pour défricher ce terrain. Cependant en nettoyant la terre, il faut ufer de prudence, foit qu'on éclairciffe les bonnes Plantes, foit qu'on arrache les mauvaifes herbes, afin de ne pas endommager les bonnes en-haut à leur montant, ou en-bas à leurs racines. Ainfi il eft fur-tout né-ceffaire que l'on faffe cet ouvrage dans un tems convenable, lorfque la ter-re n'eft ni trop fèche ni trop humide, la prémière de ces chofes étant plus nuifible que l'autre; puifque dans ce cas les fommités des Plantes ne fe flê-triffent pas feulement, mais encore la terre fine & légère pénétrant alors juf-ques aux racines, ne manque pas d'y caufer un très grand dommage. Il faut auffi y employer des Gens entendus, qui connoiffent bien les mauvaifes herbes, & qui fachent à quelle diftance les Plantes doivent être les unes des autres, pour s'en aquiter comme il faut, en moins de tems, en ar-rachant les mauvaifes herbes, foit par poignées ou en moindre quantité; car ceux qui ne s'y entendent pas fi bien, employeront plus de tems, ar-racheront dans certains endroits les mauvaifes Plantes une à une, & ne feront rien qui vaille.

Tout ce qui a été femé de bonne heure, & qui, foit par le froid ou par quelques autres accidens, ne commence à croître qu'avec peine, mon-tera facilement en graine, deforte qu'il en viendra rarement de bons fruits: c'eft ce qui arrive fouvent aux Melons hâtifs, dont, à caufe de la langueur des Plantes, les fruits meuriffent rarement, & ne méritent pas de porter le nom de Melons mûrs.

On recueille les femences des Plantes, d'une ou de plufieurs années, felon les propriétés des Plantes mêmes; mais en général il faut fe garder de recueillir la femence de certains fruits d'Autonne, fur-tout des Lai-tues pommées, car la femence qui en vient deviendra d'année en année plus mauvaife, fi vous en exceptez le Cerfeuil & la Poirée d'Hiver.

Il ne faut pas oublier, quant à la manière de recueillir la femence, que certaines loges à femence s'ouvrent, & la laiffent tomber quand elle eft mûre. On coupera de celles-ci les hâtives, comme on a coutume de faire à l'égard de la femence de Carottes: d'autres femences, au contrai-re, fe tiennent renfermées dans leurs loges ou dans leurs Coffes: toutes les femences d'un même tronc ne meuriffent pas auffi à la fois, mais les unes après les autres, on coupe celles-ci, de même que celles qui fe tien-nent plus renfermées encore quand les prémières font mûres; après quoi on pend encore pendant quelque tems fans deffus deffous en plein air la Plante, afin que le refte meuriffe auffi comme il faut, & que les loges à femence reſtent d'autant mieux fermées; c'eſt ainſi qu'on le pratique à l'égard de la femence de Poirée, de Chicorée, de Choux, de Navets, de Raves, &c. Mais on ne pend pas fans deſſus deſſous en plein air la femence des Laitues pommées, quoiqu'elle ne meuriſſe pas auſſi tout à la fois, car elle tomberoit auſſitôt qu'elle feroit mûre; outre qu'elle ne peut pas réſiſter ſi bien à la pluie fans ſe pourrir; c'eſt-pourquoi on en dreſſe les Plantes dans des paniers, qu'on expoſe chaque jour en plein air quand il fait beau, les tenant à couvert pendant les tems pluvieux.

Quand les femences ont été recueillies feches, comme elles doivent l'être, il ne faut pas qu'elles ſe deſſèchent trop, parce qu'elles ne pour-roient pas germer, fur-tout les fruits à Noyaux, comme Pêches, Pru-nes, Abricots, Cériſes, Mériſes, &c. car leurs Noyaux perdent par-là leur vertu. Il ne faut pas non plus que les Pepins de Poires & de Pom-mes ſe deſſèchent trop. Afin de pouvoir les conſerver plus longtems & d'en être pourvu dans des années de peu de produit, on aura ſoin de les renfermer & de les conſerver fecs dans de petites bouteilles de verre é-pais, & on enduira le bouchon de bourre bien pure, trempée dans un peu d'huile de Navette.

On conſerve les Pois & les Fêves dans un endroit paſſablement ſec dans leurs coſſes, afin de pourvoir en planter encore de bons la ſeconde année.

J'ai cru autrefois, ſelon la règle ordinaire, que la plus fraiche femen-ce étoit la meilleure, & qu'il ne falloit jamais ſe ſervir de femence qui eût plus de deux ans; mais depuis que j'ai négligé la manière ordinaire de la conſerver, & que j'ai eu grand ſoin de la mettre à l'abri de l'air dans des bouteilles, j'ai vu par expérience, qu'on peut conſerver & employer a-vec tout le ſuccès poſſible les femences pendant pluſieurs années de ſui-te; ainſi j'ai femé de la femence de Laitues pommées, qui avoit ſix ans, & qui avoit été conſervée dans une bouteille, dont le bouchon étoit ci-ré; elle vint à ſouhait, produiſit des Laitues pommées auſſi magnifiques que le pourroit faire de la femence d'une ou de deux années; j'en ai même cultivé d'une autre eſpèce, nommées *Laitues blanches de Prin-ce*, de femence qui avoit huit ans; mais celle de Laitues rougeâtres du même âge ne prit point. J'ai pareillement cultivé des Pois, que j'avois conſervés pendant quelques années dans des bouteilles.

C H A-

CHAPITRE IV.

Lifte des Fruits du Potager.

A

Ail.
Artichaux.
Afperges.

B

Bafilic.
Beteraves. Voyez Racines.
Bois de Reglifle.
Bourache.

C

Céleri.
Cerfeuil.
Champignons.
Chicorée. { tant frifée que celle qui ne l'eft pas.
Choux. { fleurs bâtards cabus rouges frifés blancs Chouxverds.
Ciboules. Voyez Ail.
Citrouilles.
Concombres.
Creffon.

E

Echalottes.

Epinars.
Eftragon.

F

Fenouil.
Fêves. { tant les groffes que les Haricots.
Fraifes.

H

Herbe aux Chats.
Herbe aux cuillers.
Hyffope.

L

Laitues. Voyez Salade.
Laurier.

M

Marjolaine.
Meliffe.
Melons. { cantaloupes. brodés. à côtes. liffes verds fucrés d'eau blancs.
Menthe.
Mille.

N

Navets.

O

Oignons.
Ozeille.

P

Panais. Voyez Racines.
Perfil.
Pimprenelle.
Poirée.
Pois.
Porreaux.
Pourpier.

R

Racines. { bete-raves. de Piffenlit. jaunes. de la Poirée ou Pafferage. de Perfil. Salfifix. Scorfonnères. de Chervi. des Panais.
Raves.
Reponces, ou gros Reforts.
Rhue.
Rocambole.
Romarin.
Roquette.

S. Sala-

Salade,	S { de Chicorée, de Piſſenlit, de Choux, petite verte, petites } Salade.	Laitues friſées & non friſées, Laitues pommées de pluſieurs fortes.	Sariette. Sauge. Scorſonères. **Voyez** Racines. **T** Thim. Tripe-madame.

De la manière de cultiver les fruits appartenans au Potager.

A I L.

Il y en a de pluſieurs fortes. Des *Ciboules* ou *Appétits*, qui appartiennent aux herbes potagères & aux fournitures; on en mange le verd: on les multiplie de petits cayeux qu'on ſépare & qu'on met en terre: ils croiſſent vigoureuſement dans une terre qui n'eſt pas trop graſſe, & ne veulent pas trop de Soleil: ils continuent à croître pendant pluſieurs années dans les endroits où l'on en a une fois planté, & on peut en couper ſouvent le verd. De la *Joubarbe*; c'eſt un Arbiſſeau qui ſe multiplie de bouture. L'*Ail* ſe multiplie de Cayeux.

A R T I C H A U X.

C'eſt un Cardon: il y en a de francs & de ſauvages. On multiplie les prémiers d'Oeilletons qu'on ſépare du pié après la gelée & qu'on plante de nouveau.

On multiplie les ſauvages de ſemence, mais elle ne réſiſte pas à un grand froid; c'eſt pour cela qu'il ne faut point la ſemer que vers la fin d'Avril ou au commencement de Mai, en la couvrant d'un pouce de terre, & en plaçant chaque grain à trois piés de diſtance l'un de l'autre. Il faut en mettre trois grains enſemble, dont on ne doit cependant conſerver qu'une plante, en arrachant les deux autres, pour empêcher que ces Cardes dont on mange les rejettons des feuilles, ne produiſe du fruit dans le cœur, auquel cas elles pouſſent des tuyaux ligneux & font moins de rejettons. On bute de plus leurs rejettons de feuilles qu'on lie enſemble, ou bien on les entoure de paille, afin qu'étant devenus blancs & tendres dans l'Autonne & dans l'Hiver, on en puiſſe faire de bonne foupe à la viande : ce qui eſt commun en France, mais dans ce Païs ils ne méritent pas qu'on les cultive.

Les Artichaux aiment un fond de terre graſſe bien fumée ; ils ne ſauroient réſiſter à un froid violent, & encore moins à l'eau de neige, c'eſt-pourquoi on les tire de terre ordinairement au commencement de l'Hiver ; & après en avoir coupé les côtes ligneuſes, on les plante pendant l'Hiver dans des Foſſes faites exprès, dont le fond ſoit parfaitement quarré, & qui ſoient ſuffiſamment élevées au deſſus de l'eau : ils doivent être près à près & à côté les uns des autres ; & pour les préſerver de la gelée, on les couvre de planches, leſquelles, quand la gelée eſt fort rude, on couvre encore avec du long fumier de Cheval, des feuilles d'arbres ou telles autres choſes : mais parce qu'étant ainſi renfermés ils ſont fort ſujets à ſe chancir, il ne faut jamais négliger de les découvrir au moindre changement de tems, afin de leur donner de l'air.

Pour avoir des Artichaux de bonne heure, on laiſſe les plantes au même lieu où elles ſont pendant l'Eté ; on les y couvre de fumier de Cheval, chacun en particulier, & on les découvre chaque fois que le tems change. Quand au Printems on n'a plus à craindre de fortes gelées, on ſépare des plantes les rejettons ſurnuméraires, & on fouille tout autour la terre, en prenant grand ſoin de ne pas bleſſer les racines.

D'abord qu'on a coupé les prémiers fruits, il faut arracher les feuilles des tiges qui portent fruit : par ce moyen les plantes deviendront plus grandes, plus vigoureuſes, & elles réſiſteront mieux au froid & à tels autres accidens.

Outre les ſauvages qui ſont petits, pointus, piquans, peu charnus, tant aux feuilles qu'aux fonds, il y en a encore de deux ſortes, ſavoir les ordinaires & ceux d'Angleterre. Les ordinaires ne ſont pas ſi gros ni ſi ronds, mais plus hauts, & ont des feuilles plus droites garnies de plus longs & de plus forts piquans : leurs feuilles, mais non pas leurs fonds, ſont auſſi plus charnus que ceux d'Angleterre. Ceux-ci ſont plus gros & plus ronds par le bas, leurs feuilles ſont auſſi par le haut plus rondes autour du fruit ; les piquans ſont plus enfoncés dans les feuilles & ne ſont pas ſi afilés.

Les Artichaux de Zélande diffèrent uniquement de ceux d'Angleterre, en ce que les prémiers ne ſont pas ſi gros par le bas.

Les Artichaux ſont une nourriture groſſière ; & les Cardons valent encore moins : on ſe ſert des fonds ou cus dans des Ragouts, dans des tourtes de Poulets & autres.

En 1723 il fit ſi doux pendant l'Hiver, que les Artichaux ne reſtè-
rent

rent pas feulement à découvert, mais auffi qu'ils continuèrent tellement leur pouffe qu'on en coupa le 24 de Janvier plufieurs vigoureux fruits, d'une groffeur fuffifante pour les mettre en ragouts.

ASPERGES.

Les Afperges font de plufieurs efpèces; ce qui les diftingue le mieux, c'eft que les unes ont la tête comme par écailles, & les autres l'ont unie. De ces prémières il y en a une forte d'une groffeur extraordinaire, & dont la tête n'eft pas plus groffe que celle d'une Afperge commune; les Curieux les appellent en Hollandois *Bobbe-koppen*; c'eft une efpèce bâtarde, qui eft coriace, aqueufe & defagréable. La meilleure forte a la tête unie, & un peu moins groffe que le haut de l'Afperge: elle eft de la groffeur d'environ un doigt; il y en a auffi parmi ces dernières, de moins groffes, qui ont plus de fubftance & font même meilleures que les autres.

Elles fe multiplient toutes de graine, qu'on recueille des plus groffes Afperges & de celles qui ont la tête la plus unie. On laiffe pendant tout l'Hiver cette graine renfermée dans leurs bayes rouges, dont l'ayant tirée & nétoyée vers le tems de la femaille, (ordinairement après la gelée à la fin du mois de Mars ou au commencement d'Avril) on la feme enfuite à une telle diftance, que chaque graine puiffe pouffer librement fes racines, & qu'on puiffe les tranfplanter, fans que l'une endommage l'autre: deforte qu'il faut les arracher quand elles croiffent trop dru.

On plante la feconde année par ordre les prémières de ces Afperges venues de femence, ce qu'on croit être meilleur que de fe fervir pour cela de celles qui ont deux ans, & encore mieux quand au tems de la femaille, on met enfemble en terre trois graines féparées dans le même ordre de la tranfplantation dans de petits trous, & en ne confervant dans la fuite dans la même place que celles qui croiffent avec plus de vigueur: les racines de ces Afperges étant alors plus comprimées, entreront plus profondément en terre.

Les Afperges aiment une terre raifonnablement élevée au-deffus de l'eau, légère, fablonneufe & extrêmement fumée, qu'on partage en couches larges de trois piés & en fentiers larges d'un pié: on plante au commencement d'Avril fur les Couches, pendant un tems fec, fur de petites élevations, les prémières Afperges d'un an, à un pié & demi de diftance, après avoir foigneufement coupé tout ce qu'il y a de gâté ou

d'end'endommagé à leurs racines, & les avoir tant soit peu rognées: cependant on ne les rognera que le moins qu'il se pourra, & on aura soin en les transplantant de les écarter comme il faut, & de les couvrir ensuite de trois pouces en largeur, de terre légère, sablonneuse & bien fumée: il faut les tenir nettes pendant cette année, n'y laisser croître aucune sorte de mauvaises herbes; & ne pas couper le montant qu'à la fin de Septembre; mais on marquera auparavant les endroits où il en manque, pour les remplacer de la même manière au Printems suivant: après cela on rend les sentiers plus profonds, afin que la trop abondante eau de pluie, qui endommageroit les racines, puisse s'écouler, ce dont il faut avoir grand soin.

De plus on couvre tout-à-fait les Couches contre la gelée, de fumier de Cheval, ce qui sert aussi d'engrais pour les sommités des Plants; au Printems suivant on bat bien la longue paille de ce fumier, & on couvre encore le terreau qui reste de deux pouces de terre, & par-là elles sont en terre à la profondeur d'environ cinq pouces.

Ayant encore marqué les Plants qui manquent, ou ceux qui viennent mal, on coupe le montant vers la fin de Septembre de l'année suivante, on fouille les sentiers en droite ligne à la profondeur d'un bon pié, & on répand la terre qui en vient sur les Carreaux: après quoi on remplit de nouveau les sentiers, de fumier de Cheval bien foulé, & on en couvre aussi les Couches comme l'année d'auparavant.

La troisième année, après avoir ôté toute la grosse paille qui se trouve mêlé avec le fumier de Cheval, on le mêle le mieux qu'on peut & sans blesser les sommités, avec la superficie de la terre (il faut prendre garde au reste, quand on fouille la terre, ou quand on coupe les Asperges, de ne jamais toucher les sommités, car cela cause infailliblement de la pourriture); après cela on couvre encore les Plants de trois bons pouces de terre, & alors elles sont en terre presque à la profondeur de neuf pouces; ensuite on les cueille, excepté celles qui sont mal venues, jusqu'au 20 de Mai.

On continue la quatrième année & les suivantes, de fouiller les sentiers & de les remplir de nouveau de fumier comme ci-devant, ce qui fournit chaque année l'engrais aux Carreaux: alors on coupe les Asperges jusques à la mi-Juillet, & jamais au-delà : on coupe le montant vers le 20 de Septembre, & on ramasse soigneusement la graine mûre qui est tombée à terre, & s'il en reste encore dans la suite, on ne doit pas négliger de l'ôter. On rehausse aussi les Carreaux, afin que les sommités des Plants soient couvertes d'onze pouces de terre.   La

La première couche du fumier des Asperges est entierement consumée au bout de douze ans, auquel tems les Plants devroient être renouvellés & plantés sur une terre neuve. Cependant si on les fume chaque année par dessus, elles dureront plus longtems, sur-tout quand on le fait avec du fumier de Vache.

Quand les jeunes Asperges levent simples & épaisses, on ne les cueille qu'une seule fois la troisième année, afin qu'elles aquièrent de meilleures sommités, & qu'elles s'étendent davantage, car autrement elles périssent souvent dans le Plant même. C'est au reste une chose infaillible, qu'en cueillant en quantité & longtems des Asperges, on ne les rend pas seulement plus menues, mais aussi on en fait pousser beaucoup plus à la Plante.

Les Asperges croissent avec leurs sommités en haut, les racines vers le bas environ à deux pieds de profondeur; c'est-pourquoi il ne faut pas les planter si profondément, quoiqu'elles aiment l'humidité, que leurs racines atteignent l'eau: leurs sommités s'étendent rarement à plus d'un pié.

On prétend que les meilleures Asperges sont celles qui durent longtems, qui sont croquantes, sans filamens, qui ont la tête lisse, & sont d'une grosseur médiocre: elles sont aussi communément les moins aqueuses, les plus agréables au goût, & les plus fermes: plus elles sont fraichement cueillies, meilleures elles sont: c'est pour cela qu'on les cueille communément pour la table deux fois le jour, le matin de bonne heure & le soir tard; celles qui sont cueillies depuis longtems deviennent insipides & amères.

Au tems de la cueillette on égalise la superficie des Careaux, afin que les Asperges qui poussent, puissent être apperçues par la convéxité de la terre avant qu'elles paroissent par-dessus.

BASILIC.

Le Basilic appartient aux fines fournitures de Salade. Il y en a de plusieurs sortes dont on ne cultive dans nos Jardins potagers que la petite espèce; mais parce qu'elle ne résiste point au froid, & que cependant on la mange en fourniture sur-tout avec les Concombres, on la sème au commencement du Printems, dans une terre bien fumée, & bien exposée au Soleil, la couvrant de vitres & la préservant du froid. Quand on la sème de bonne heure, on recueille de la semence mûre, ce qui autrement arrive rarement ou point dans ce Païs.

Ss 3

BE-

BETERAVES. Voyez *Racines*.

REGLISSE.

La Reglisse est un Arbrisseau ligneux, dont les rejettons ligneux d'en-haut meurent chaque année: on les coupe au Printems suivant tout près de terre. C'est proprement la racine, qu'on appelle Reglisse, le reste n'étant d'aucun usage.

BOURACHE.

C'est une fourniture, qui produit de la semence mûre, laquelle ayant été semée, lève abondamment l'année suivante.

CELERI.

Le Céleri est un Légume qui vient en touse, & une espèce de Persil. Il y en a de plusieurs sortes, à tuyaux blancs & rouges; les uns plus toufus & les autres moins; il y en a aussi qui le font très peu. De toutes ces espèces on ne cultive dans nos Jardins potagers, que celles dont les tuyaux font blancs.

L'espèce la plus grosse & la plus toufue, que nous nommons Céleri de Brabant, a le pié plus gros & plus creux, peu ou point de rejettons latéraux; elle monte plutôt en graine, & est le plus sujet à se pourrir quand elle est butée. C'est cependant le meilleur Céleri d'Eté. Cette espèce comme il a déja été rémarqué, n'a souvent qu'une branche au milieu, mais comme cette branche est fort grosse, il y a plus à manger à elle seule, qu'au Céleri fin avec ses rejettons latéraux: outre que ce Céleri pour être venu en peu de tems, est plus tendre à la dent, & a une saveur plus forte, ressemblant pour le goût à la Livèche, ce qui le fait paroître beaucoup plus agréable à bien des gens, que l'espèce qui est plus fine. Il faut se souvenir, à l'égard de cette espèce, qu'elle est sujette à se pourrir plutôt, & que pour cela il ne faut pas qu'elle reste si longtems butée, sur-tout dans les tems humides & pluvieux. Le Céleri croît naturellement avec vigueur, haut & étendu; c'est pour cela qu'il en faut transplanter pour le moins à un pié de distance, des Plantes simples par rangs, à trois piés de distance, afin de pouvoir les buter

comme

comme il faut; mais ſi on ne veut buter qu'une ſeule rangée pour faire blanchir le Céleri, on peut alors les placer à la diſtance de deux piés & demi, & tranſplanter dans les tranchées les plantes à la diſtance de quinze pouces, ou plus. On plante plus près la plus groſſe eſpèce ſuivante, ſavoir à douze & à dix pouces.

Les Jardiniers ont coutume, en tranſplantant le Céleri, de mettre enſemble deux ou trois Plantes, leſquelles en croiſſant s'entrelaſſent ſi fort, qu'elles n'en paroiſſent qu'une ſeule très groſſe quand on les arrache. Cependant il y a moins à manger à un tel pié, qu'à un ſimple dont les branches ſont plus groſſes, quoique tout le pié ſoit moins gros, & qu'il ait été ſéparément planté. On met les Plantes, à plus ou moins de diſtance, auſſi bien que les rangs, non ſeulement à proportion que c'eſt du Céleri fin ou groſſier, mais auſſi à proportion que la ſaiſon eſt plus ou moins féconde.

Il ne faut jamais tranſplanter des Plantes qui ont été ſemées dans l'Autonne, car elles montent d'abord en graine. Le meilleur tems pour ſemer du Céleri d'Eté, c'eſt la mi-Février, ſous des vitres, ſur un peu de fumier chaud de Cheval, après que la graine a trempé pendant une nuit, & qu'on l'a miſe enſuite mouillée dans un lieu chaud juſqu'à ce qu'elle ſoit en germe, ce qui demande ordinairement deux ou trois ſemaines. On peut de plus ſemer dru ce Céleri, parce qu'on n'eſt pas aſſuré de la bonté de la graine; mais ſi elle monte fort dru, il faut éclaircir légerement les Plantes, afin que celles qui reſtent puiſſent croître & s'étendre comme il faut. Il ne faut pas non plus tranſplanter le Céleri trop jeune, parce que ces petites Plantes ne prennent pas aſſez vite, n'ayant que peu & de petites racines, ce qui reſſerre davantage les pores des petits bourgeons, & les empêche toujours de croître comme il faut.

Avant que de buter le Céleri, il faut qu'il ait ſa grandeur requiſe, parce qu'alors les rejettons qui ſont ſous terre ſeront moins ſujets à ſe pourrir. Il faut prendre garde auſſi, quand on le bute, de ne bleſſer aucun de ſes tuyaux, parce que cela fait pourrir les bourgeons. Il faut au reſte le buter avec du ſable pur, & non pas avec du terreau. En butant le Céleri il devient blanc, & tendre à la dent, ce qui eſt un commencement de pourriture; c'eſt-pourquoi il ne doit pas reſter trop longtems buté: le tems pour cela eſt, ſelon qu'il fait plus ou moins chaud dans la Saiſon, en Eté quinze jours, enſuite trois ſemaines, & vers l'Hiver plus encore, avant qu'on l'arrache pour manger. Cependant la
meil-

meilleure manière de conſerver le Céleri d'Hiver lorſqu'il gele, c'eſt de ne
le pas buter trop haut, parce qu'il eſt alors trop ſujet à ſe pourrir, la
gelée ne ſortant pas ſi bien hors des branches, que s'il avoit été moins buté. Il ne faut pas non plus que ce Céleri de Printems ſoit trop grand, parce qu'alors il continuera mieux à croître en plein air ſans ſoufrir, que celui qu'on conſerve dans la maiſon.

CERFEUIL.

Le Cerfeuil ſe multiplie de graine, dont la meilleure eſt celle qu'on
recueille du Cerfeuil d'Hiver. Il aime une terre légère, graſſe, bien
amendée : il épuiſe extrêmement la terre, parce qu'il fait beaucoup de
racines, ſur-tout celui d'Autonne : c'eſt pour cela que les Jardiniers ne
doivent jamais ſemer dans une terre, où il y a eu du Cerfeuil, des Carottes jaunes, les racines de Cerfeuil les empêchant de pénétrer, ce
qui fait que dans de pareils fonds elles ſont toutes nouées.

On peut ſemer du Cerfeuil de Printems entre les rangs des groſſes Fêves & des Pois, pourvu qu'on le coupe avant qu'il ait eu le tems de faire beaucoup de racines.

CHAMPIGNONS.

Ceux de cette eſpèce qu'on mange appartiennent au Jardin potager,
où, dans des terres ſablonneuſes extrêmement mêlées avec du fumier de
Cheval, ils viennent ſouvent ſans qu'on les ſeme, dans des Autonnes
pluvieuſes & chaudes. On les diſtingue en Champignons bons à manger & en ceux qui ne le ſont pas, & qui ſont même un poiſon. On
diſtingue encore les prémiers en Champignons de Printems & d'Autonne. Ceux du Printems s'appellent Morilles, leſquelles croiſſent ſur de
vieux arbres, & preſque toujours ſur de vieux Chênes. J'en ai vu auſſi
beaucoup ſur des Careaux de fleurs d'une terre légère, ſur leſquels on
avoit répandu du Tan d'un an. Ces Morilles ſont preſque toujours oblongues, de la figure d'un œuf, creuſes en dedans, & ont par deſſous un tuyau creux finiſſant en rond. Les Champignons d'Autonne
viennent en grande quantité quand il fait une ſaiſon pluvieuſe & chaude, dans les Prairies où paiſſent les Chevaux : ils ſont preſque tous
blancs par deſſus & ronds, creux en dedans & un peu plats : tant qu'ils
ſont jeunes, ils ſont fermés juſqu'à la queue ; mais quand ils groſſiſſent

la

la petite peau se crève, & paroit comme de petits filamens rougeâtres, lesquels, de même que les Champignons, s'ils restent trop longtems en terre, deviennent d'une noirceur extrême, la chair des Champignons se gâtant entierement, & devenant coriace. Leur convéxité disparoit aussi, & ils deviennent d'un rond presque plat. Les Champignons, qui viennent dans les Jardins potagers, sont de la même figure, d'abord creux, & aussi ronds qu'une petite boule, devenant ensuite plus plats par le haut, mais d'une couleur plus grise: ils ne sont pas non plus par dessous si clairs, ils sont cependant d'un brun rougeâtre, & la chair en est plus ferme & plus solide, que de ceux qu'on cueille dans les Prairies.

CHICORÉE ou ENDIVE.

L'Endive est une sorte de Chicorée franche. On en mange les feuilles sans être cuites, & elles sont aussi très saines étant étuvées & cuites dans du bouillon.

Il y en a de plusieurs sortes, comme de la grande, à feuilles plus ou moins larges, dentelées, & celle qui ne l'est pas, frisée & non frisée. De toutes ces espèces, celles à larges feuilles, & non crénelées, sont les meilleures, parce qu'elles font de plus longues & de plus grosses Plantes: on peut les lier aisément sans rompre les feuilles, & elles se pourrissent moins au dedans.

On multiplie la Chicorée de semence: on la transplante ensuite, afin qu'elle devienne plus toufue; mais il ne faut pas la transplanter trop petite, car elle ne prendroit que difficilement, & outre cela elle croitroit dans la suite avec moins de vigueur.

On recueille la semence de Chicorée, de celle qui a passé l'Hiver, ou bien des Plantes qui sont venues de semence, de bonne heure au Printems sous des vitres, & qui ont été ensuite transplantées; ce qui donne la meilleure semence. Quand les Plantes à graine ont à peu-près leur grandeur requise, on les rogne par le haut, afin de leur faire pousser plus de feuilles.

On seme de la Chicorée d'Eté, d'Autonne & d'Hiver. On seme celle d'Eté au commencement du Printems, & souvent on la couvre d'abord de vitres contre la gelée; elle monte bientôt en graine: c'est pour cela qu'il faut semer pour l'Eté de la Chicorée à larges feuilles & frisée, parce qu'elle monte le moins de toutes en graine. On seme la Chicorée d'Autonne au commencement de Juillet, & celle d'Hiver depuis le milieu jufqu'à la fin de ce mois, car celle qu'on feme plus tard n'eft guère bonne à manger ; & comme la graine pouffe diverfement, on trouve fouvent parmi la femaille d'Autonne, de plus petites Plantes pour de la Chicorée d'Hiver.

La graine la plus récente eft plus fujette à monter, que celle qui eft plus vieille ou qui a plufieurs années : on fe gardera donc bien de cultiver de la Chicorée d'Eté, de graine qui n'a qu'un an, mais on y employera, en général, de celle qui a trois ans.

Quand on tranfplante la Chicorée en tems fec il faut la tremper tout-à-fait dans l'eau après l'avoir rognée par le haut, & enfuite traîner fes racines par terre, pour les en couvrir ; elle prendra alors d'autant plus fûrement.

CHOUX.

Il y en a de plufieurs fortes, lefquelles fe multiplient toutes de femence. Les Choux aiment une terre fraiche qui n'ait point été cultivée, & qui ne foit ni trop légère, ni trop amendée, & l'engrais qu'on y emploie doit contenir des parties plutôt falées que huileufes ; deforte qu'il vaut mieux faire ufage de fumier de Cheval, que de celui de Vache ou de verdure pourrie ; car ce fel fera que les Choux feront plus doux & d'un goût plus agréable. Quand les champs aux Choux fe fèchent trop légerement, les Vers rongent d'autant plus leurs racines, ce qui les rend raboteufes & fujettes à fe pourrir. De plus les Choux aiment à changer tous les ans de place, & à croître dans des endroits, où l'on n'en ait point cultivé depuis plufieurs années, ils y croiffent avec vigueur ; au-lieu que les champs où l'on feme des Choux la feconde année produifent de mauvais fruits, & de plus mauvais encore dans la fuite, jufques au point qu'on peut empoifonner par ce moyen la terre, de manière qu'il n'y ait plus aucune autre Plante qui veuille y croître.

On diftingue les Choux en Choux-fleurs, & Choux pommés ou cabus, dont le fruit eft rond comme une boule : il y en a auffi une efpèce qui ne pomme pas & qui n'eft pas ronde, fon fruit confiftant dans fes feuilles.

Parmi les Choux-fleurs, il y en qui ont la fleur grande, les autres petite, auffi plus ou moins ferrée, blanche ou grifâtre : les grandes fleurs blanches fort ferrées, rondiffant fans fe partager, paffent pour être les meilleures, quoiqu'à cet égard les goûts varient fort, puifqu'il y en a

beau-

beaucoup qui préfèrent pour le goût celles qui font moins ferrées que les autres. Au refte c'eft le Climat & les fonds qui font les Choux-fleurs (plus que toute autre chofe) plus grands & plus ferrés. On ne les cultive nulle part mieux que dans l'Ile de Chipre & en Angleterre: cependant la graine que nous recevons de ces Iles, ne produit pas d'auffi bons Choux-fleurs: ceux qui viennent de femence recueillie dans ce Païs font meilleurs, pourvu qu'ils aient d'abord été produits par la graine de ceux de Chipre ou d'Angleterre; cette feconde culture leur eft avantageufe. On feme les Choux-fleurs en Autonne & pendant l'Hiver, & on les conferve auffi dans le commencement du Printems fous des vitres: après cela on les plante féparément, & on les préferve de la gelée.

Les plus mauvaifes Plantes, & celles qui produifent les plus mauvais fruits, font celles qui croiffent en peu de tems; il en eft fur-tout ainfi des Choux-fleurs. C'eft pour cela qu'en général il faut prendre les Choux qui font d'une pouffe médiocre, qui ont le pié court, & la tête groffe, & laiffer aux ignorans, comme les plus mauvais, ceux qui font flasques, telles que font les hâtifs. On fe fouviendra de plus, quand il s'agit en général de tranfplanter toutes fortes de Choux, qu'il faut mettre ceux qu'on tranfplante au commencement du Printems, en terre jufqu'à l'endroit d'où fortent leurs feuilles, c'eft-à-dire fort avant, mais non pas fi profondément les Choux d'Eté. Il faut auffi bien prendre garde que les Choux ayent des rejettons dans le cœur, fans lefquels ils ne fauroient produire des fleurs, ou fi par hazard ils en pouffent par les côtés qui viennent du cœur, ils ne deviendront jamais rien qui vaille. Il faut auffi arracher tous les jets furnuméraires, tant des Choux-fleurs que des pommés, afin qu'il n'en vienne pas de fruit, ce qui rendroit le Choux d'autant plus petit.

On feme des Choux-fleurs d'Eté plus tardifs, d'Autonne & d'Hiver, depuis Mars jufqu'à la fin de Mai, & on les tranfplante de tems en tems quand le tems eft bon jufqu'à la St. Jaques, ou jufqu'au 25 de Juillet, & quelquefois un peu plus tard; mais il en vient rarement de bonnes fleurs; le meilleur tems pour femer des Choux d'Autonne étant un peu plus tard que la mi-Mai. Quand il gele en Hiver, lorfque les Choux-fleurs, n'ont pas encore leur grandeur requife, on en rompt légerement les feuilles, & on en couvre les fleurs pour les préferver de la gelée, pouvant réfifter par ce moyen à une gelée médiocre, tandis que la fleur, quand il fait beau, continue encore à croître.

Les Choux-fleurs doivent avoir plus d'engrais, que les Choux rouges ou autres Choux pommés, & ces derniers plus que les Choux de Milan.

Pour conserver pendant l'Hiver jusqu'au Printems les Choux-fleurs, il faut les pendre dans un lieu sec au plancher avec la fleur en bas, où la gelée ne puisse parvenir.

Les Choux qui pomment, sont les rouges, les rouges bâtards, les cabus, les Choux blancs, & ceux de Milan. Il y en a de deux sortes de rouges, une grosse qui croît ronde & peu élevée sur le pié, dont les feuilles sont plus épaisses, moins serrées, & dont le pié est plus gros; ce sont ceux que les Jardiniers cultivent le plus. Il y en a une autre sorte plus petite; elle est fort élevée sur le pié, plus menue, a des feuilles unies & des côtes plus fines, outre qu'elle n'est pas si ronde, mais un peu plus pointue: elle est plus douce au goût, mais un peu petite; aussi arrive-t-il souvent, parce qu'elle est si élevée, qu'elle se renverse & se déracine, ce qui empêche les Jardiniers d'en cultiver pour vendre.

Choux-bâtards; c'est une sorte abâtardie qui vient de la semence des rouges.

Choux-cabus, en Hollandois *Kappertiens-kool*, ainsi nommé d'une feuille frisée qui en sort par le haut en guise de Chaperon.

On seme & on transplante quelquefois les Choux rouges pour en avoir de bonne heure dans l'Eté, mais le plus souvent pour l'Hiver, afin de pouvoir en manger jusques fort avant dans le Printems. Pour les conserver sains, il ne faut pas les semer de trop bonne heure, afin d'empêcher qu'étant trop mûrs, ils ne crèvent par la chaleur de l'Autonne. Le tems le plus convenable pour les semer est après la mi-Avril, & on les transplante au commencement de Juin. Quand ils ont leur grandeur requise, & que l'on craint que si le beau tems continue, ils ne viennent à crever, on les foulera tout doucement, pour tempérer un peu leur pousse. On foule de même les Choux qui sont trop élevés sur pié, de manière cependant qu'on ne les retarde pas dans leur pousse, mais que les têtes soient tournées au Soleil, afin de les empêcher de se redresser; on les bute aussi jusqu'au collet après les avoir ainsi foulés. De plus pour qu'ils durent plus longtems, on les laisse en plein champ sur pié, tant qu'il n'y a rien à craindre pour eux de la gelée: il faut cependant les couper en tems sec avant la forte gelée, & alors on les conserve mieux en plein air que dans la maison, en les entassant par monceaux de trois ou quatre Choux de haut, & en les couvrant de terre. Mais cela est plus le fait des Jardiniers, qui en retirent chaque fois plusieurs, que

pour

pour ceux qui n'en ont befoin que pour l'ufage journalier.

Les Choux pommés blancs font auffi de plufieurs fortes, mais on les diftingue ordináirement en Choux blancs communs, grands & petits; c'eft une efpèce de Choux de Mofcovie. On ne feme pas tant les Choux blancs pour avoir des Choux d'Hiver, mais plus pour avoir des Choux hâtifs d'Eté que l'on tranfplante au Printems. On peut les manger bien plutôt que les Choux rouges; on les feme ordinairement dans l'Autonne au commencement de Septembre.

Les Choux rouges auffi bien que les blancs aiment plus que tous les autres un engrais falé & fulphureux, étant ordinairement, dans de pareils fonds, plus doux au goût, tels que font les Choux dans les terres bitumineufes.

Choux de Savoye ou de Milan; il y en a de diverfes fortes, mais diftinguées chez nous en choux communs & en une autre forte bâtarde, plus ferrée, plus grande, & plus blanche, que les Choux blancs qui font plus petits & moins ferrés: ces derniers font bien plus agréables au goût. On ne cultive jamais ces Choux que pour l'Hiver, parce qu'alors ils ont meilleur goût, quand la gelée les a blanchis & rendus tendres: les petits & les moins ferrés font les plus agréables au goût. On les feme à la mi-Avril, ou un peu plus tard, & on les tranfplante depuis la St. Jean jufqu'à la mi-Juillet.

Il y a auffi plufieurs fortes de Choux frifés ou crépus, favoir des verts & à feuilles rondes, lefquelles font de différentes couleurs, & qu'on cultive plus pour orner les tables & les plats que pour toute autre chofe. Bien des gens eftiment comme un très bon mêts, les feuilles des Choux verts, après qu'ils ont été gelés.

Les Choux qu'on appelle en Hollande *Slooren*, ne pomment pas non plus: on en cultive peu dans ce Païs, mais beaucoup en Angleterre pour l'Eté, fous le nom de *Green Cabbage*, où on en mange les troncs avec les feuilles.

Pour buter les Choux il faut fe fervir d'un tems convenable, la terre ne devant être ni trop humide, ni l'air trop ardent, car autrement l'une ou l'autre de ces chofes pourroit aifément gâter la peau extérieure des troncs; c'eft-pourquoi on attendra à le faire, que la terre ne foit pas trop humide, & que le tems foit frais.

Les Choux font fort fujets à être rongés par les Chenilles, dont ils faut les purger continuellement avec un foin extrême. On dit que les Choux plantés dans le voifinage des Pois, font moins fujets aux Chenilles, parce que les Papillons se posent plus volontiers sur le montant des Pois, & qu'ils y pondent leurs œufs.

CIBOULES. Voyez AIL.

CITROUILLES.

Les Citrouilles, Plantes rampantes, sont des espèces de Courges de Turquie, mais plus longues & plus grosses : elles sont d'un mauvais goût, & une mauvaise nourriture, & ne méritent pas d'être cultivées dans des Jardins potagers bien ordonnés.

CONCOMBRES.

Ce sont des Plantes rampantes dont il y a plusieurs espèces plus ou moins longues, des jaunes, des blanches & des vertes. Nos Jardiniers n'en cultivent que pour vendre les blanches ; au-lieu que les François & les Anglois trouvent les vertes bien meilleures au goût que les jaunes & les blanches. Parmi les jaunes il y en a une sorte qui donne beaucoup de fruits, lorsqu'elle est cultivée sous des vitres, dont il ne faut pas négliger de recueillir la graine pour des Concombres hâtifs. On cultive les Concombres hâtifs précisément comme les Melons ; mais comme ils résistent mieux au froid & aux autres accidens, on peut préparer les Couches de meilleure heure, de manière que par le moyen du fumier de Cheval, on peut en manger d'une grandeur raisonnable dans le mois d'Avril, quand on fait la prémière Couche avant la mi-Février ; mais comme il fait ordinairement encore froid dans le Mois d'Avril, les Concombres ont souvent peu de goût dans ce tems-là, desorte qu'on s'en procurera de bien meilleurs & à moins de peine : on fait ensorte qu'ils soient en état d'être mangés au commencement de Mai, ce qui est bien plus sûr, quand on élève la prémière Couche peu après la mi-Février, & celle où l'on transplante après la mi-Mars. Ces Concombres hâtifs doivent être soignés comme les Melons sous des vitres couvertes, pour les défendre d'un trop grand froid.

La plus féconde espèce de ces Concombres hâtifs est la blanche, qui n'est ni des plus longues, ni des plus courtes, ayant beauconp de fleurs rassemblées, dont plusieurs ne laissent pas de croître, lors même que le mauvais tems empêche qu'on ne puisse leur donner de l'air & que les vitres doivent rester fermées. Ils aiment assez d'être arrosés ; cependant

ils

ils font fujets à fe pourrir, quand on les arrofe trop ; c'est-pourquoi les Couches doivent être fort élevées, afin que l'eau fuperflue puiffe s'écouler.

On coupe les Concombres avant qu'ils ne foient mûrs, & fi jeunes qu'ils n'ayent point encore de graine ; car auffitôt qu'ils font gros & en graine, ils font coriaces & pleins d'eau, outre que cela fait périr auffi quantité de Cornichons.

Pour avoir des Concombres propres à confire on met en Mai de la graine fèche en terre, à un bon demi-pié l'une de l'autre, mais toujours de Concombres verds, parce qu'ils plaifent plus à l'œil.

Les Concombres de femence doivent être tranfplantés, parce qu'ils deviennent par ce moyen plus féconds & moins fujets à fe gâter que ceux qui reftent en terre.

CRESSON.

C'eft une fourniture de Salade, qui fe multiplie de graine ; il y en a à feuilles frifées & unies : la frifée eft dure, & peu digne d'être cultivée pour la table, de même que le Creffon des Indes. Le Creffon n'aime pas une expofition au Soleil trop chaude ; c'eft-pourquoi il vient naturellement au Printems fans fumier de Cheval, fur des platte-bandes, bien expofées au Midi, dans une terre bien amendée & fous des vitres, étant ainfi bien plus vert & bien meilleur, que lorfqu'il vient par la chaleur du fumier de Cheval. On feme le Creffon hâtif fur du fable blanc égalifé, après quoi on le met en terre avec le plat d'une bêche. On le feme bien auffi fur de la terre égalifée, laquelle on couvre enfuite légerement de fable blanc, & on affermit auffi la graine avec le plat de la bêche ; de cette manière on peut couper le Creffon plus court & plus également.

Le Creffon d'eau vient fur l'eau, dans des foffés peu profonds, de manière que ce n'eft pas une plante de Jardins ; il n'aime pas non plus une trop grande ardeur du Soleil, auffi vient-il mieux dans des endroits à l'ombre.

ECHALOTTES.

Les Echalottes de même que les Rocamboles, font des efpèces d'Oignons. Elles fe multiplient de Cayeux qu'on met en terre au mois de

Mars,

Mars, & qu'on retire au mois d'Aout; mais quand on remarque que le verd commence à se pourrir, il faut les retirer plutôt, quand même elles n'auroient pas encore leur grosseur requise, parce que semblables à des corps pestiférés, elles corromproient les autres, & se pourriroient toutes ensemble en terre; de plus après les avoir tirées de terre il faut les laisser sécher en plein air & au Soleil, du moins pendant trois semaines: lorsqu'elles sont sèches, elles se conservent bien plus longtems saines.

EPINARS.

C'est un Légume qui se multiplie de graine. Il y en a de deux sortes, les uns plus grands à feuilles rondes, les autres plus petits à feuilles pointues. La prémière résiste mieux à la gelée, ce qui fait qu'on en seme communément pour l'Hiver sur des Careaux avec du Cerfeuil. Les pointus sont plus tendres, & on en seme au Printems entre les rangs des grosses Fêves.

La graine des Epinars pointus est pointue & piquante, celle des Epinars à feuille ronde est ronde aussi, & ne pique point; les prémiers montent plutôt en graine, & sont plus sujets à se gâter que les autres.

ESTRAGON.

C'est une fourniture de Salade, qui se multiplie de piés enracinés, & on le transplante toutes les deux, trois ou quatre années, dans une terre bien amendée. Ses petites branches meurent tous les ans vers l'Autonne; mais il ne faut jamais les couper qu'après l'Hiver, parce qu'elles préservent au Printems de froid les tendres rejettons, lesquels sans cela périssent très facilement.

FENOUIL.

Il vient en toufe comme le Céleri, & se multiplie de graine; mais c'est une Plante qui croît pendant plusieurs années à la même place, & qui produit annuellement de la graine: quoique la gelée en fasse mourir les tiges, ses racines restent cependant saines, & poussent de nouveau des rejettons tendres.

On distingue chez nous le Fenouil en Fenouil de Rome & commun. Celui de Rome, appellé aussi Fenouil d'Italie, est d'un goût plus doux

que

que l'autre : on en cultive beaucoup en Brabant; on le bute auffi comme le Céleri, & on le mange de même.

FEVES.

Ce font des Plantes dont le fruit vient dans des gouffes, & dont il y en a qui s'étendent ou qui montent; on appelle les unes groffes Fèves ou Fèves de Marais. Je n'en trouve aucune defcription chez les Anciens, étant venues vraifemblablement après eux de Fèves de Cheval: elles ont une peau épaiffe & blanche, quelques-unes l'ont rouge & rougeâtre; mais ce font des Fèves bâtardes produites des blanches: elles font dans des gouffes longues, coriaces, groffes & par dedans velues, deux, trois, quatre, quelquefois auffi cinq & fix dans une gouffe, on les multiplie de Fèves qu'on met en terre. On recueille ces Fèves à femer des plus fortes tiges, garnies des plus longues gouffes & qui contiennent le plus de Fèves, lefquelles meuriffent prémierement à la Plante même, fans la pincer, jufques à ce que les gouffes foient entierement fanées & noires: en attendant on n'en cueille aucune gouffe, car cela feroit non feulement que l'année fuivante les Fèves meuriroient plus tard, mais auffi que les Fèves tardives de la même Plante auroient l'écorce plus dure & ne viendroient pas fi bien: cela rend auffi les Fèves que l'on mange plus dures, quand on en coupe les tiges, ou qu'on en cueille les gouffes hâtives; c'eft pour cela que les Jardiniers entendus ne cueilliront jamais les hâtives, à moins qu'ils ne trouvent à les vendre auffi cher que la valeur de toutes les Fèves de la même Plante. Les Fèves les plus tendres & les plus exquifes au goût font celles qui viennent au Printems en peu de tems; les Fèves tardives, quoique plus petites, font cependant plus dures que les hâtives plus groffes. Il en eft de même des Fèves d'Eté, car plus l'Eté eft fec & chaud, moins il y a de gouffes, & ces gouffes contiennent auffi moins de Fèves, lefquelles font même plus dures & plus petites; c'eft-pourquoi quand on veut faire fécher des Fèves pour l'Hiver, il faut toujours prendre pour cela des prémières, & jamais de ces petites tardives.

Elles aiment une terre extrêmement amendée, & chargent beaucoup mieux quand étant encore tendres, elles ne pouffent pas fort vigoureufement au Printems, mais qu'une petite gelée en retarde un peu la pouffe, ce qui les engage à pouffer plufieurs tiges, lefquelles il faut buter des deux côtés lorfque les Fèves font en pleines fleurs.

 Les

Les prémières Fèves tranſplantées pouſſent ordinairement plus & de plus hautes tiges, fort ſerrées, même ſans avoir été pincées; ſur-tout quand entre les rangs il n'y a qu'un eſpace de deux piés & demi; c'eſt-pourquoi il y en a qui font de doubles rangées de ces prémières Fèves, à huit ou neuf pouces de diſtance, & laiſſent entre les rangs un eſpace de quatre piés & demi, & de quatre piés dans des terres moins bonnes. On peut ſemer ainſi entre les rangs des Légumes; mais j'eſtime qu'il vaut mieux faire de ſimples rangs. Il ne faut jamais faire de doubles rangs que des prémières Fèves, parce qu'en croiſſant vîte, non ſeulement elles s'étiolent, & chargent beaucoup moins, mais auſſi les Choux qui ſont entre les rangs, ſe trouvent alors trop à leur ombre; ainſi les Fèves dont les intervalles ſont plantés de fruits d'Autonne, doivent être à ſimples rangs, à 2½ piés de diſtance, & les Fèves à celle de huit pouces.

En Eté à cauſe de la ſéchereſſe de la ſuperficie des fonds, on recueille plus des Fèves qui reſtent en terre, que de celles qui ont été tranſplantées, parce que les racines des Fèves tranſplantées ſont plus haut en terre, & celles des autres à une plus grande profondeur, leſquelles ont par conſéquent plus d'humidité, & croiſſent mieux.

On trempe ordinairement les prémières Fèves pendant deux ou trois jours dans de l'eau, & après être ainſi gonflées on les met germer en terre pour les tranſplanter enſuite: cependant bien des gens croient qu'il vaut mieux les mettre en terre lorſqu'elles ſont encore ſeches, parce qu'elles produiſent alors une Plante plus vigoureuſe.

Les *Haricots, Fèves blanches* ou *Fèves de Rome*, ſont un fruit en gouſſe, dont la Plante monte ou s'étend. Ils ſe multiplient de leurs Fèves miſes en terre ſans avoir trempé. Ils aiment une terre médiocrement légère, c'eſt-à-dire pas extrêmement amendée, & d'être à couvert des vents forts. Ils ne peuvent ſouffrir beaucoup dans les commencemens, les pluies froides leur ſont ſur-tout nuiſibles; car les Fèves ſemées pourriſſent aiſément par-là; deſorte que le tems, pour les mettre en terre en plein air, dépend de celui que la terre eſt plus ou moins rechaufée, ce qui arrive ordinairement au commencement de Mai; mais pour en avoir de bonne heure & qui ſoient bien mûres, on met les Fèves enſemble dans une terre légère, ſur des plattes-bandes bien expoſées au Midi vers la fin de Mars ou au commencement d'Avril, ſous des vitres, que l'on couvre encore en cas d'un froid violent: on les y laiſſe juſqu'à la fin du mois, & alors on les tranſplante deux ou trois tout au plus enſemble autour des perches ou des échalats.

On

On met ces perches toutes droites & par alignement en terre à deux ou trois piés de diftance; mais il vaut bien mieux les mettre obliquement, enforte qu'elles fe croifent vers le milieu, où on les lie à une latte qui eft placée là tout du long, afin qu'elles foient immobiles; on les efpace tant en largeur qu'en longueur de trois piés par alignement, les fentiers qui font entre les rangs ayant quatre piés.

Les Haricots tranfplantés chargent beaucoup plus que ceux qui ne le font pas, & on cueillira plus de Fèves quand on n'en a mis que deux ou trois autour d'une perche, que quand il y en a quatre ou cinq. En général on tranfplante également, pour les rendre plus féconds, les Haricots hâtifs & les tardifs. Quand on met les Fèves en terre pour germer, il faut que ce foit dans un peu de fable blanc, ce qui fait qu'elles fe pourriffent moins dans la terre; cela eft fur-tout néceffaire quand au Printems il fait des tems froids & pluvieux.

Il y a plufieurs différentes fortes de Haricots, des blancs, des noirs, des rouges, des colorés, des jaunes & des tiquetés. Parmi les blancs il y en a auffi de fort gros & fort larges, & de moins gros & moins larges de gouffe: il y en a qu'on nomme en Hollande *Krom-bekken*; outre cela de gros & de petits Zélande qu'on nomme *Princeffes*. Les Haricots colorés, dont il y en a plufieurs qu'on appelle nains, parce qu'ils ne s'élèvent guère, ont des gouffes de meilleure heure, deforte qu'on en cultive fouvent pour les manger verds, mais comme la gouffe en eft plus dure & moins agréable au goût, défaut qu'ont auffi les Fèves mêmes lorfqu'elles font mûres, je les juge tout-à-fait indignes d'être cultivées dans des Jardins. Je dis la même chofe des Haricots de Zélande, qui ne s'élèvent pas fort haut, mais qui chargent beaucoup, qui font cependant moins agréables au goût que ceux qu'on appelle *Krom-bekken*. Les larges Haricots blancs font les plus tendres, ont la peau des gouffes plus fine, & font par conféquent les meilleurs pour être mangés des prémiers lorfqu'ils font verts, mais ils viennent beaucoup plus tard, chargent peu, & chaque gouffe contient moins de Fèves, auffi ces Fèves font-elles plus minces, plus petites & moins bonnes au goût. Les Haricots nommés *Baftert-flagswaarden*, qui fleuriffent par bouquets, font les meilleurs de tous, ils chargent de meilleure heure & davantage, les gouffes contiennent auffi plus de Fèves; c'eft-pourquoi ils font auffi beaucoup meilleurs que les autres pour être mangés verts & pour confire; outre qu'étant dans la faumure ils font beaucoup moins gluans, & beaucoup plus larges, que les Haricots de la même efpèce. Les

V v 2

Krom-

Krom-bekken ont des gousses moins larges, plus rondes & plus grosses, ce qui fait qu'ils ne sont guère propres à être mangés verts, mais ils meu-rissent de meilleure heure; & leurs gousses contiennent beaucoup de Fè-ves plus grosses & plus tendres, & en général ils chargent beaucoup; c'est-pourquoi je cultiverois ceux-ci pour en manger les Fèves, & les *Bastert-slagswaarden* pour confire.

Il faut, quant à la culture des Haricots, faire attention à la saison où l'on est, & prendre aussi, en conséquence, l'une ou l'autre sorte qui convienne le mieux; car comme les larges *Slagswaarden* ne croissent pas si vite, on n'en semera point pour des Haricots tardifs ou à confi-re, parce que leurs gousses deviennent par le retardement de la crûe en Autonne plus dures & plus coriaces, & qu'outre cela ils deviennent, comme il a déja été dit, plus gluans dans la saumure; desorte que je pré-fère pour les prémiers Haricots à manger verts, les larges *Slagswaarden*, pour des Haricots à confire de la même sorte, mais moins larges, qui ne se fendent pas quand on les coupe, & pour des Haricots dont on ne mange que les Fèves, les *Krom-bekken*.

FRAISES.

Elles se multiplient de Plants enracinés, qu'on transplante dans le mois de Mars ou d'Aout; elles aiment une terre grasse & bien amendée. Il y en a de beaucoup de sortes, des Fraises de Smirne d'une grosseur ex-traordinaire, connues dans ce Païs depuis très peu d'années, mais de fort peu de goût; ensuite viennent les Sauvages, aussi très peu ex-quises au goût; après celles-là les Angloises, lesquelles comme les Sau-vages sont très luisantes, point fondantes & très peu agréables au goût: on les cultive toutes sur souche. Les meilleures Fraises, qui sont les plus exquises au goût, sont d'un rouge foncé, luisantes, rondes, & par dessus un peu plattes, celles qui sont pointues par le haut étant moins bonnes: les bigarées sont pareillement moins agréables au goût; & les blanches sont des Fraises bâtardes, ce qui arrive sur-tout dans des fonds de terre fort grêles. Elles aiment un peu d'humidité, une chaleur tem-pérée, mais pas trop de Soleil; c'est-pourquoi elles viennent mieux dans des endroits qui sont un peu à l'ombre. Il faut en arracher les trai-nasses surnuméraires, & sur-tout les sarcler pour en tirer toutes les mau-vaises herbes; elles produisent alors de plus grosses Fraises & d'un goût plus exquis, & se pourrissent moins sous le montant, ce à quoi elles sont

au-

autrement fujettes dans des Etés froids & fort pluvieux.

On les couvre contre la gelée d'un peu de feuilles d'arbres, fur lef-quelles étant prefque pourries au Printems, on y répand un peu de fable pur, pour qu'on en puiffe faire la cueillette proprement.

Pour les cueillir comme il faut, fans les meurtrir, on les plante fur des Couches de trois piés de large, ayant un fentier de dix ou douze pouces. La prémière cueillette, l'année qui fuit celle qu'on les a plan-tées au mois de Mars, fera la plus abondante: l'année fuivante la fecon-de cueillette fera moindre; & elle fera encore moindre la troifième an-née. Il ne faut plus alors les laiffer plus longtems où elles font, mais les tranfplanter de nouveau fur une terre nouvellement fouillée & amen-dée; parce qu'autrement elles diminuent tous les ans en groffeur, en quantité & en qualité: le fucre en relève extrêmement le goût.

Il fit en 1723 un Eté très fec, une Autonne paffablement chaude & pluvieufe, & peu de gelée en Hiver: dans cet Eté les Fraifiers produi-firent très peu, mais ils commencèrent à la fin de Septembre, ayant re-pris leur pouffe, à donner du fruit tout comme en Eté, ce qu'ils conti-nuèrent de faire dans les mois d'Octobre, Novembre, Décembre, & mê-me en Janvier; mais toujours moins, ces fruits étant auffi d'une couleur plus pâle, moins agréables au goût, & même infipides à la fin.

HERBE *aux* CHATS.

On la multiplie de Plants enracinés, aimant une terre graffe: c'eft une fourniture de Salade; & comme les Chats en mangent volontiers, il faut l'entourer d'épines ou de quelque autre chofe pour les en écar-ter.

HERBE *aux* CUILLERS.

Il y a beaucoup de gens qui en cultivent dans leurs Jardins potagers à caufe des divers ufages qu'on en fait; elle réfifte à une très rude gelée, ce qui en emporte la grande acreté & la rend bonne à être mangée en Salade: c'eft une Salade délicieufe dans l'Ile de *Spits-bergen*, & la feule verdure avec une autre falade verte d'Hiver, qui y croiffe, & que les Hommes puiffent manger.

HYSSOPE.

C'est une fourniture très salutaire dans les maladies du Poumon, c'est-pourquoi je la place dans les Jardins potagers; elle n'aime pas une terre extrêmement amendée.

LAITUES. Voyez SALADE.

LAURIER.

C'est un Arbrisseau: il y en a de plusieurs sortes, parmi lesquelles on compte le Laurier-franc, qui se multiplie de marcottes, & appartient au Jardin potager: il résiste le mieux à nos Hivers froids, ce qu'il ne sauroit cependant faire que lorsqu'on a soin de le couvrir.

MARJOLAINE.

Elle appartient aux fines fournitures: il y en a à feuilles fines & à grosses feuilles, celle-ci est une Plante d'un an, qui se multiplie pendant longues années de Plants enracinés. On multiplie la fine espèce de graines; elle meurt vers l'Hiver.

MELISSE.

Elle appartient aux Herbes fines: on s'en sert en guise de fourniture: c'est de cette Plante que se fait l'Eau de Melisse, si fort en usage chez les Apoticaires, & qui a été inventée à Paris chez les Carmelites. Elle se prépare par le moyen de la distillation, & elle est devenue fameuse pour guérir plusieurs incommodités & blessures; elle est connue sous le nom d'Eau de Carmes. On met aussi, tant pour la santé que pour l'assaisonnement, de cette herbe par de petits bouquets avec d'autres herbes fines, dans plusieurs sauces; ce qui la rend très précieuse dans les Jardins potagers.

MELONS.

Les Melons aiment une chaleur de plus de durée, que ne l'est ordinairement
rement

rement celle de ce Climat, ce qui fait qu'ils meuriſſent rarement ou point ſi on ne les rechaufe pas par du fumier, & ſi on ne les tranſplante pas enſuite ſur des Couches neuves faites exprès, & ſi on n'en a pendant les mois de Mars, d'Avril & même ſouvent de Mai, un ſoin extrême, en les couvrant de vitres. Ils ne réſiſtent point au grand froid, ni aux vapeurs, ce qui fait qu'ils réuſſiſſent rarement, quand on en commence la culture par le moyen du fumier de Cheval avant la mi-Mars; parce qu'il arrive ſouvent alors qu'au mois d'Avril, quand il fait des jours froids, les vapeurs de la chaleur des Couches interrompent leur pouſſe, ce qui eſt extrêmement funeſte & empêche qu'on n'aquière de vigoureuſes Plantes propres à produire de bons fruits; deſorte que pour avoir de fort bonne heure de bons Melons, il faut au-lieu de fumier employer d'abord la chaleur des Serres, & continuer ainſi dans la ſuite en les tenant ſous des vitres.

Il y a diverſes ſortes de Melons, dont les uns ſont plus féconds que les autres, non ſeulement en ce qu'ils commencent à produire plutôt des fruits, ci qui leur a fait donner en Hollandois le nom de *Schepſels*; mais auſſi parce qu'on les voit croître & groſſir ſenſiblement, ce qui les a fait appeller *Klevers*.

Parmi ces diverſes ſortes il y en a de petits, d'une groſſeur médiocre, & d'une groſſeur extraordinaire, qui ſont ronds, ou plus ou moins oblongs, ayant l'écorce extérieurement liſſe, avec des côtes & ſans côtes: parmi ces deux dernières eſpèces il y en a auſſi qui ont l'écorce plus ou moins brodée, ou qui ont comme des boutons, dont la chair eſt intérieurement blanche, tirant ſur le verd, jaune & couleur d'Orange.

Les *Melons liſſes*, ou qui ont *l'écorce unie*, ne ſont que rarement ou jamais agréables au goût: il en eſt preſque toujours de même de ceux qui ſont fort gros, ſur-tout de ceux qui ſont plus ronds qu'oblongs. Les Melons à côtes, ſi vous en exceptez les *Cantaloupes*, ſont auſſi ordinairement moins ſucrins que ceux qui ſont ſans côtes & bien brodés.

On appelle en Hollande les Melons dont la chair eſt intérieurement blanche, *Spek-Meloenen* : je n'en ai jamais mangé de cette ſorte qui fuſſent bons; ils approchent trop des Concombres.

Les Melons qui ont la chair verdâtre, ont un goût fade, doux, aqueux, ſans ſaveur; ils ſont cependant meilleurs que les précédens; mais ils ne méritent pas d'être cultivés.

Les *Melons d'eau* ſont plus gros, verds, liſſes, un peu ronds, ayant une chair pleine d'eau, de couleur gris de lin rougeâtre: dans ce Païs

ils

ils font moins bons qu'ailleurs; auffi n'en élève-t-on point ou rarement.

Parmi les Melons nommés *Cantaloupes*, il y en a quelques-uns à côtes qui ont une écorce verdâtre, épaiffe & verreufe; les autres ont des écorces minces, & les uns & les autres ont par dedans une chair couleur d'Orange, fe féparant intérieurement du bord qui eft d'un verd obfcur: ceux-ci font prefque tous fort bons. On juge au refte extérieurement de la vertu des Melons, en ce qu'ils doivent être d'un rond ovale, de médiocre groffeur, fort brodés, avoir une groffe queue qui fe détache aifément, l'œil petit, & être pefans, fermes & pleins, fans que rien remue intérieurement: il faut auffi que, lorfqu'on les a entamés, ils ayent l'écorce mince, des bords d'un verd obfcur, & la chair couleur d'Orange; qu'ils ne foient ni trop fecs, ni trop pleins d'eau, non plus que le cœur où eft la graine; de pareils Melons feront fûrement fort agréables au goût.

C'eft de ces fortes de Melons favoureux & délicieux, dont les Plantes font en pleine vigueur, & dont aucun fruit n'a coulé, qu'il faut recueillir la graine, la laiffant cependant mitonner pendant quelques jours dans leurs loges couvertes de l'écorce, pour qu'elle meuriffe d'autant mieux; après quoi il faut laver la graine qui tombe au fond de l'eau, la fecher enfuite à l'abri du Soleil; &, lorfqu'elle eft bien fèche, on la garde dans une petite bouteille exactement bouchée jufqu'à la troifième année fuivante, auquel tems elle produira de meilleurs fruits que celle de l'année précédente ou qui feroit plus vieille; car la graine d'un an fait des Plantes plus vigoureufes & plus gourmandes, mais elle eft moins féconde: la graine étrangère eft encore moins féconde, ayant fouvent befoin de plufieurs années pour la faire pouffer avec moins de vigueur & l'accoutumer à notre Climat. D'un autre côté la graine de quatre ou de plus d'années produit fouvent des Plantes fi mauvaifes & fi foibles, qu'elles n'ont pas affez de force pour faire meurir leurs fruits jufqu'à leur maturité, mourant en partie avant ce tems-là de même que le fruit, & quelquefois même toutes les Plantes en entier. C'eft ainfi que périffent auffi toujours pour l'ordinaire les Plantes, dont la graine commence à germer en Février.

Il eft indifférent de quelle manière on met cette meilleure graine de trois ans en terre, de côté, à plat, la pointe en haut ou en bas; mais avant que de la femer, on la trempe pendant vingt-quatre heures dans de l'eau de pluie, ayant fait enfuite écouler l'eau, on la laiffe fécher toute raffemblée; & alors on la met dans une terre neuve paffablement

amendée,

amendée, mais non pas trop légère. Sur une Couche bien rechaufée
elle lève ordinairement trois jours après, mais deux ou trois jours plus
tard quand elle n'a point trempé, ce qui dépend beaucoup de la qualité de la terre & de la manière dont elle est humectée, car quand la
graine qui n'a point trempé ne lève pas avant le sixième jour, c'est une
marque que la terre est trop sèche, ou la Couche trop rechaufée, ce
qui fait périr la semence. En pareil cas on remet d'autre graine fraiche,
mais comme on perd huit jous par-là, il ne faut d'abord rien négliger
pour prévenir cet inconvénient.

J'ai indiqué dans l'*Avertissement* & dans le 2 & le 8 *Chapitre du prémier Livre*, la manière dont on doit faire les Couches de Melons, & ce
qu'on doit observer à cet égard; c'est la règle qu'il faut suivre. Afin que
les Plantes ne soufrent point, soit des vapeurs, des exhalaisons, du
chaud ou du froid, il faut les découvrir quand il fait beau, & les tenir
couvertes, toutes les fois qu'il fait un tems d'Hiver rude, qu'on a un
air chargé, de la neige, des bourasques, de la grêle. Du reste il faut
avoir soin que la terre soit entretenue dans une juste moiteur.

Selon qu'il y a aux Plantes cinq ou six feuilles, on en pincera le cœur,
afin qu'elles poussent plus par les côtés & moins droit en haut; mais cela
ne doit pas se faire plutôt, car les petites Plantes ont besoin de plus de
tems pour reprendre. Quand les Plantes poussent de trop longs bras &
haut montés, ce qui arrive quand on avance trop leur pousse, ou quand
le chassis de verre dont elles sont couvertes est trop éloigné de la terre,
on a coutume de les abaisser tout doucement, & de les assujettir sans la
moindre froissure, par le moyen d'un petit piquet crochu, & de les buter
jusques près de la feuille, afin qu'elles poussent des racines plus haut. Il
faut de plus avoir continuellement soin que les Plantes ne soient pas rongées par les Insectes, ou que le Soleil ne les brule. Pour empêcher les
Insectes, il n'y a pas d'autre remède que de les prendre, & à l'égard de
l'ardeur du Soleil, il faut donner de l'air aux Plantes: cependant quand
cela ne peut se pratiquer à cause des vents violens ou froids, on aura soin
de les mettre un peu à l'ombre.

Les Plantes, après que la graine a été pendant un mois en terre,
sont ordinairement assez grandes & assez vigoureuses, pour être transplantées. Dans cette vue on fait préparer cinq ou six jours d'avance,
les Couches sur lesquelles cela doit se faire, lesquelles couches, à compt-
ter du milieu de l'une au milieu de l'autre, doivent être espacées d'onze pieds, mesure de Rhinlande, afin que les Plantes soient plus au large

Partie II.   X x   &

& qu'il y ait des sentiers entre deux. Pour augmenter davantage le rechaufement de ces Couches, il faut couvrir peu à peu le fumier de douze ou de quatorze pouces de terre, quoique dès le commencement il soit couvert de vitres.

La terre rechaufée comme il faut par le moyen du fumier, on plante dans la Caisse au milieu de sa largeur les Plantes, espacées de trois piés, & pour y réussir, on tire d'abord par le moyen d'une terrière, précisément autant de terre qu'une égale quantité qui tient à la Plante qu'on a déplantée avec la même terrière, peut remplacer. Ayant ainsi transporté la Plante, on ouvre la terrière, & en la tournant doucement quand on la retire, on laisse glisser la terre, après quoi on bute de toutes parts la Plante avec la main.

Quelques précautions qu'on ait prises pendant la transplantation, les Plantes ne sauroient pourtant résister d'abord au Soleil. Pour les y disposer plutôt, il faut les transplanter le soir, & énombrer un peu chaque Plante, en mettant quelque chose au dessus sur les vitres, jusqu'à ce qu'elles puissent soufrir le Soleil: elles doivent pour lors pouvoir aussi transpirer comme il faut; & pour leur procurer une transpiration convenable, on ouvre les chassis vitrés, de manière qu'il y ait par derrière une ouverture d'un ou de deux pouces; par cette ouverture les vents de Nord auront peine à pénétrer, parce que la planche du dos de la Caisse est un peu plus élevée que le chassis des vitres, desorte que le trop de chaleur se tempère mieux par la pression des vapeurs vers le dehors, que par les froids qui surviennent du dehors vers l'intérieur.

On doit observer de plus, en transplantant, de ne pas placer ensemble des Plantes de différentes sortes, pour empêcher d'autant plus que les fruits ne s'abâtardissent, les diverses espèces devant être plantées sur des Couches séparées.

Le tems pour transplanter étant vers la mi-Avril, le froid de la nuit & encore moins celui du jour est rarement si rigoureux, qu'on ait besoin d'autre chose pour couvrir les vitres des Melons, que d'une simple natte de roseau, laquelle on retire au mois de Mai, comme n'étant plus nécessaire, les vitres suffisant alors pour empêcher le froid, à moins qu'il ne soit excessif, ce qu'on doit observer avec soin : on laissera les vitres sur les Melons, aussi longtems que le froid de la nuit est sans rosée, & que le Thermomètre au Nord est au dessous de vingt-un ou de vingt-deux. Je dis, sans rosée, parce qu'elle rend quelquefois l'air si froid, qu'au milieu de l'Eté le Thermomètre est par-là encore plus bas; cette rosée,

quel-

quelque froid qu'elle caufe, eft cependant très féconde, & dans ce cas on fait mieux de laiffer les Plantes expofées en plein air fans vitres, ainfi en tems de pluie, les Plantes ayant befoin d'être rafraichies, il ne faut jamais négliger d'en ôter les chaffis vitrés, pour qu'elles s'humeċtent, quand même le Thermomètre feroit à 21 ou 21½, parce que l'arrofement naturel eft préférable à tout autre.

Il faut repandre du vieux Tan fur la terre qui eft fous les Plantes pour que les arrofemens, quand ils font néceffaires, s'écoulent moins, & pénètrent mieux, pourvu qu'en arrofant on n'approche pas trop près de la tige du cœur.

Quand on veut ôter tout-à-fait des Plantes les chaffis, on le fera pendant un tems couvert, ou vers le foir; & tant qu'elles ne font pas faites au Soleil, on les recouvrira chaque fois de leurs vitres quand le Soleil luit fort, jufqu'à ce qu'elles foient en état d'y réfifter fans que leurs feuilles fe grillent, leur communiquant chaque fois un peu plus de Soleil. Il y a pourtant des gens qui ne les laiffent jamais tout-à-fait fans vitres; mais qui appuient par-devant & par derrière les chaffis fur des briques: par ce moyen le vent paffe au travers, & chaffe le peu de rayons folaires qui paffent au travers des vitres, ce qui fait mourir les Plantes, parce qu'elles n'ont d'autre chaleur que celle qui vient du fumier échaufé qui eft fous terre, lequel, quand il s'affoiblit, n'en donne que peu ou point du tout. J'ai toujours aquis avec beaucoup plus de fuccès de bons fruits en plein air, que fous des vitres qu'on ne déplace pas: fi cependant on ne veut pas découvrir tout-à-fait les Plantes, il faut que les chaffis repofent par devant fur des piquets, & leur donner ainfi de l'air.

On coupe aux Plantes qui croiffent avec trop de vigueur, les branches furnuméraires & très groffes, de même que celles qui font trop minces & trop grêles: celles qui font très groffes produifent rarement beaucoup, & celles qui font trop grêles ne fourniffent pas affez de fève pour produire de bons fruits; deforte que les Plantes qui croiffent modérément, font dans tous les cas les meilleures. Il faut cependant ufer de prudence quand on les coupe, & avoir grand foin de conferver les deux prémières branches des côtés & les bras qui en viennent, lefquels doivent enfemble former toute la Plante, ces deux prémières branches étant prefque toujours à fruit. On ôte les fauffes fleurs furnuméraires, mais non pas toutes, car elles ont fouvent la fine femence qui eft néceffaire pour que le fruit noue.

On pince & l'on retranche l'extrémité des bras à fruit, afin de les arrêter, & que le fruit profite plus de la fève. Quand ces petits Melons groffiffent dans le devant d'une fleur claire & bien fleurie, & que le coton en difparoit, c'eft un bon préfage qu'ils tiendront; cependant cela n'eft fûr qu'après qu'ils font unis, point cotonneux, & qu'ils font de la grof-feur d'une groffe noix. Il arrive cependant que ceux-ci, quoiqu'ils croif-fent jufqu'à ce qu'ils foient à peu près mûrs, périffent encore fouvent par le chancre qui vient aux bras; on ne fait que dire de ce chancre, ou, en général, de la mort des Plantes; celles qui y font le plus fujettes, font celles dont la pouffe dans le commencement a été un peu interrom-pue, ce qui fe voit fouvent à l'égard des Plantes qui ont été femées a-vant la mi-Mars, comme auffi à l'égard de celles qui ont été trop arro-fées, fur-tout quand avant ce tems-là elles ont été fort altérées. C'eft ainfi qu'on voit mourir la plupart des Plantes avec leurs fruits prefque mûrs, quand après des pluies fortes, il fuit une grande chaleur du Soleil. J'ai trouvé que le meilleur moyen de prévenir cela, eft de ne pas les tranf-planter dans une terre trop amendée, de ne pas les y laiffer trop deffé-cher, & de ne pas auffi les arrofer trop, ou de tenir la terre trop mouil-lée; étant beaucoup mieux de mouiller au commencement médiocrement le fumier par afperfion, & enfuite, quand il eft fort fec, de l'arrofer da-vantage avec de l'eau de pluie. Mais quand il fait de fortes pluies chau-des, il faut couvrir les Plantes, car autrement s'il fuit un Soleil chaud, elles fouffriront. Pour faire cette couverture de la façon la plus convena-ble, on place devant & derrière les Plantes de petits piquets, qui font tel-lement difpofés par le haut qu'on peut mettre dans les échancrures une double late, qui eft par deffus unie avec le bois de ces piquets, pour que les nattes de rofeau ne s'accrochent point en les pliant ou en les dé-pliant.

Quand les fruits ont la moitié de leur groffeur, on n'arrofera que mé-diocrement les Plantes, & on mouillera toujours le montant avec de l'eau de pluie, afin que dans la fuite, la pluie leur foit moins funefte (a). Il faut auffi avoir toujours foin d'arranger proprement les plantes, & de les affujettir en plufieurs endroits par le moyen d'une petite branche crochue, mais qui ne froiffe pas, pour empêcher que le vent n'ait fur elles trop de prife.

Les

______

(a) Plufieurs prétendent qu'on ne doit pas arrofer les Plantes, quoique en les cou-vrant ils les privent de leurs arrofemens naturels; ce qui eft contraire à la raifon & à mon expérience.

Les petits Melons, qui appartiennent à des Plantes dont le fruit est à moitié mûr, meurent souvent, sur-tout quand ils grossissent fort: mais quand les fruits sont tout-à-fait mûrs, il arrive souvent dans de beaux Etés, que ces petits Melons viennent à bien.

On ne peut rien dire de positif par raport au tems de leur maturité, car cela dépend, pour la plus grande partie, des espèces & du tems, de la vigueur avec laquelle les Plantes ont poussé, & de la chaleur féconde qu'elles ont eue. Les petits Melons sucrés meurissent des prémiers: on en a quelquefois quelques-uns de mûrs six semaines après qu'ils sont noués; leurs Plantes ont peu de feuilles & de bras. Les gros Melons ne meurissent pas sitôt, sur-tout ceux qui sont ronds & fort brodés; car cette sorte quitte difficilement la queue, ayant pour cela souvent besoin de huit semaines & plus, les Cantaloupes ordinairement de sept, la queue s'en détache visiblement, ils ont des bras vigoureux & assez de feuilles, ce qui, aussi bien que l'épaisseur de leur écorce, prolonge le tems de leur maturité. Les Plantes qui viennent mal produisent ordinairement de meilleure heure des fruits mûrs, mais moins agréables au goût; au-lieu que ceux-là sont beaucoup meilleurs, qui étant venus à des Plantes vigoureuses, ont eu besoin de plus de tems pour meurir.

Il en est des Melons comme de tous les autres fruits, en ce qu'ils aiment plus une chaleur journalière tempérée, qu'un Soleil trop chaud; c'est pour cela qu'il vaut mieux qu'ils viennent à l'ombre de leurs feuilles, étant alors meilleurs au goût; car ceux qui croissent à des Plantes peu garnies de feuilles & très exposées au Soleil, n'ont pas ou rarement un goût si exquis.

Quand les Melons sont de la grosseur d'un œuf de poule, on les met sur de petites tuiles ou sur des ardoises, afin qu'ils soient moins touchés par les vapeurs qui s'élèvent sous eux de la terre, & quand ils sont à peu près mûrs on les tourne prudemment, sans tordre en aucune manière la branche ou la queue comme font quelques-uns pour en avancer la maturité, car ces fruits sont souvent coriaces & d'un mauvais goût. On connoit à l'odeur quand le fruit est mûr, lorsque la queue commence tout autour à se détacher, quoiqu'il ne faille pas attendre à les cueillir que la queue soit entierement détachée; car ils sont alors trop mûrs, & ont perdu les parties les plus subtiles de leur substance: il vaut mieux les cueiller quand la queue commence un peu tout autour à se détacher, & qu'ils ont de l'odeur; ils seront alors beaucoup plus agréables au goût après les avoir conservés un ou deux jours. Le tems le plus convenable

X x 3

pour

pour cela, c'eſt dans la matinée, quand les fruits ont été rafraichis par la roſée ou par le froid de la nuit, ayant pour lors la chair plus ferme & plus agréable, que ceux qui ont été cueillis pendant le jour, leſquels ſont coriaces & d'un mauvais goût; cependant, pour remédier à cela, il faut les rafraichir dans de l'eau de ſource froide.

MENTE.

C'eſt une fine fourniture; il y en a de quatre ſortes. Elle ſe multiplie de plant enraciné, & n'aime pas une terre trop amendée; on la cueille avec la main, & on ne la coupe point.

MILLE.

C'eſt une herbe potagère d'un verd pâle, qu'on multiplie de graine; on la mange en guiſe d'Epinars, quand le tems des Epinars eſt paſſé.

NAVETS.

Fruits de terre qui ſont bien meilleurs & bien plus doux, lorſqu'ils ſont cultivés dans les champs ſablonneux dont on a coupé les blés, que dans les terres graſſes des Jardins potagers: c'eſt-pourquoi ils appartiennent moins à ces derniers qu'à la Campagne; car dans des terres graſſes ils aquièrent un goût amer, & les vers les mangent.

Les plus doux & les plus agréables ſont ceux qu'on ſeme dans des Champs en Autonne. Il y en a de diverſes ſortes, ſavoir, d'un rond plat, & d'autres qui ne ſont pas ſi plats, avec une peau noire & blanche; il y en a auſſi qui ont la peau jaune, & qui ſont jaunâtres par dedans. On en ſeme en Autonne ſur des terres en friche; cette ſorte eſt plus platte & plus groſſe, mais ils ont preſque tous un goût amer.

Les Navets longs, appellés en Hollande Navets de France, ſont longs, minces, reſſemblans à des racines approchans du Chervi, mais plus courts & plus gros; quant au goût ſemblables à nos Navets des Champs.

OIGNONS.

C'eſt un fruit de terre, rond, plat ou oblong, fort au goût & à l'o-

do-

dorat, jusqu'à faire pleurer les yeux. Les Porreaux, la Rocambole, &
les Echalottes font de la même efpèce, & l'Ail eft auſſi du même genre.

Il y a beaucoup de différentes fortes d'Oignons, des longs, des
ronds, des rougeâtres & des blancs: le rouge plat eft le plus fort de
tous, on le cultive rarement chez nous, mais prefque toujours le rougeâtre, parce que réſiſtant mieux aux injures de l'air, il fe grille moins, &
produit enſuite plus ſûrement du fruit que l'Oignon blanc; le blanc plat
a le goût & l'odeur plus forts que le rougeâtre.

On ne multiplie les Oignons que de graine bien mûre, & comme la
graine eft fujette à bien des inconvéniens qui la font mourir, quoiqu'elle
ait déja commencé à pouffer, il la faut femer dru, & ſi elle leve de même, arracher à tems ce qu'il y a de trop. Ils aiment une terre bien a-
mendée, dont le fumier doit contenir plus d'huile que de fel; deforte
que de la verdure d'eau, des herbes pourries & du fumier de Vache
font préférables au fumier falé & chaud de Pigeons, de Cheval, &c.
Ils n'aiment pas une terre trop légère, c'eft-pourquoi on fait mieux
de fouiller les terres légères des Potagers où l'on veut femer des Oignons en Autonne; de plus il vaut mieux les femer dans des terres
graffes que dans des terres fablonneufes, car ils font plus petits dans ces
dernières & plus gros dans les autres. Outre cela ils ne réſiſtent point
à de fortes pluies froides, car dans ce cas ils périffent aifément & on en
recueille rarement dans ces Etés pluvieux de la bonne graine, ce à quoi
on doit bien penfer au tems de la femaille de l'année d'après; parce que
ceux qui vendent de la graine mêlent le peu de bonne nouvelle femence
qu'ils ont avec quantité de vieille qui eft mauvaife; & comme on ne fauroit compter fur le tems qu'on aura, on plantera les Oignons, dont
on fe propofe de recueillir la graine, près à près, afin qu'on puiffe
tellement couvrir de vitres les têtes qui contiennent la femence, liées enfemble, contre de trop abondantes pluies que, quoiqu'elles jouiffent de
l'air de toutes parts, elles continuent pourtant à croître.

Le verd ou le montant des Oignons eft creux, & à tuyaux, ce qui
fait qu'on ne doit jamais le racourcir, puifque dans ce cas l'eau de pluie
entrant par-là gâteroit davantage l'Oignon: il ne faut pas non plus en
fouler les montans pour les arrêter, parce que cela bleffe fouvent les Oignons, & les fait ſûrement griller dans la fuite: il vaut mieux en froiffer
légerement avec la main les montans, & les arrêter ainſi, afin qu'ils
aient de plus groffes têtes.

L'Oignon felon l'ufage qu'on en fait, produit un effet balfamique,

ou

ou tient lieu de ſtimulant. Crud, il eſt ſalutaire pour les maux d'eſto-
mac; roti, pour les maux de Poitrine & de Poumons, & auſſi pour les
Asmatiques.

OZEILLE.

C'eſt une herbe potagère dont il y a pluſieurs eſpèces, parmi leſquelles on range auſſi les tendres feuilles de l'Epine-vinette, auxquelles on
attribue des qualités toutes ſemblables à l'Ozeille.

Nos Jardiniers ne cultivent rarement de toutes les diverſes eſpèces,
que l'Ozeille qu'on appelle en Hollande *Spaanſe en ſchapen Zuuring*.
La prémière a les plus grandes feuilles, leſquelles ſont oblongues; elle
pouſſe vers le haut quantité de feuilles, & on la multiplie de toufes é-
clatées.

On multiplie toujours l'autre de graine pour l'Ozeille d'Hiver, parce
qu'elle réſiſte mieux au froid qu'il fait alors; mais comme elle monte
fort vite en graine, elle ne vaut rien pour l'Ozeille d'Eté; outre qu'elle
eſt d'une aigreur plus rude & moins agréable: ſes feuilles ne croiſſent
pas ſi fort vers le haut, mais s'étendent davantage; c'eſt-pourquoi il en
faut arracher aux endroits où elle monte trop dru, afin qu'elle faſſe de
plus groſſes toufes.

PANAIS. Voyez RACINES.

PERSIL.

Il y en a de pluſieurs ſortes, leſquelles on diſtingue en *Perſil pour
les racines* & en *Perſil ordinaire* comme une fourniture, & en *Perſil
friſé* pour orner les plats & les mêts qu'on a ſervis.

Le *Perſil pour les racines* eſt grand, moins crénele, rude & d'un mauvais goût: il en eſt de même du *Perſil friſé*; ce qui fait que ces deux
ſortes ne ſont pas ſi bonnes à manger que la ſuivante.

Le *Perſil commun* étant le meilleur pour manger, eſt auſſi le plus
agréable & le plus tendre: ſes feuilles ſont petites, plus crénelées, les
queues plus minces, rondes, & plus ou moins rayées.

Le Perſil aime une terre graſſe, bien fumée, & bien expoſée au Midi, il veut auſſi beaucoup d'eau, c'eſt-pourquoi il ne faut pas en ſemer
ou tranſplanter ſur des fonds élevés. On en peut élever l'Hiver dans

des

des Caiſſes couvertes de volets de bois ou encore mieux de Chaſſis de verre, on doit dans ce cas le ſemer en Juin, afin qu'il ſoit raiſonnable-ment grand en Hiver, & qu'il réſiſte mieux à la gelée. Il ne faut pas dégarnir trop de feuilles les toufes, mais leur laiſſer pendant l'Hiver des branches bien vigoureuſes; & c'eſt pour cela auſſi qu'il doit être fort eſ-pacé. On ſeme au mois de Mars le Perſil d'Eté, & on fait germer dans l'eau la graine de l'un & de l'autre, ſavoir d'Eté & d'Hiver, afin qu'elle prenne plutôt dans la terre.

Le Perſil pour les racines, & le Perſil friſé doivent être fort clair ſe-més, & éclaircis encore dans la ſuite; le prémier doit être eſpacé du moins d'un demi-pied, & le ſecond d'un pied, ou plus encore; auquel cas les racines groſſiſſent bien davantage, & les Plantes du Perſil friſé produiſent bien plus, & pouſſent des feuilles bien plus belles & bien plus friſées: on peut ſemer parmi le Perſil pour des racines, des Choux-fleurs d'Eté. La graine de Perſil pour les racines de Hambourg produit dans ce Païs de meilleures racines que celle qu'on recueille ici.

PIMPERNELLE.

C'eſt une fourniture qui ſe multiplie de plant enraciné.

POIRE'E.

Et Beteraves (Voyez quant à celles-ci l'article des Racines) ſont du mê-me genre. Il y a parmi une ſorte de Poirée, dont les feuilles qu'on man-ge ſont rouges comme les Beteraves, & pouſſent auſſi en terre de longues & de grandes racines; il y en a auſſi de bigarrées, de blanches & de vertes. On appelle chez nous la dernière, Poirée Romaine, qui eſt la meilleure herbe potagère de toutes les autres ſortes.

On multiplie quelquefois la Poirée de brins éclatés, mais le plus ſou-vent de graine. Il eſt bon de remarquer que la ſemence mûre, qui a é-té recueillie de Poirée ſemée dans la même année, ne croît point ou ra-rement, mais qu'on recueille la meilleure graine de Poirée, qui a trois ans depuis qu'on l'a ſemée.

POIS.

Ce ſont des fruits qui montent ou s'étendent dans des coſſes, les coſ-ſes étant les loges de leur graine: de ces coſſes il y en a de bonnes à man-ger;

ger ; & même on mange plus ces Pois pour les coffes, que pour leur graine. Ces coffes font douces & tendres à la dent; au-lieu que les Pois qu'on cultive pour en manger la graine ou les grains, ont prefque tous les coffes plus épaiffes, plus reffemblant à du parchemin, & moins bonnes à manger. On appelle la prémière forte, des Pois qu'on mange verts, dont il y a quantité d'efpèces, comme plufieurs fortes de fucrés, parmi lefquelles il y en a une petite dont les coffes contiennent peu de grains, mais qui font bien plus hâtifs que les autres.

Les Pois appellés en Hollande *Krombekken* font de deux efpèces, dont la petite forte qui a peu de Pois meurit avant toutes les autres, même avant les Pois fucrés hâtifs: leurs coffes font un peu plus larges, mais moins douces & moins agréables, ce qui m'empêche d'en cultiver, au-lieu que les Jardiniers en cultivent beaucoup pour vendre, parce qu'ils font hâtifs. Les gros Pois de cette efpèce font longs & larges, ont des coffes courbées, & chargent raifonnablement.

Les Pois fans peau ne font pas fi bons que les Pois fucrés. Les *Baftert-Krombekken* font moins longs & moins larges, ils n'ont pas non plus de peau: ils chargent extraordinairement; c'eft-pourquoi je les eftime plus que tous les autres Pois verts, plufieurs coffes contenant fept ou huit grains, & plus encore : il eft bien vrai que les Friands peuvent trouver de la différence entre ceux-ci & d'autres pois à égrainer avec leurs peaux, foutenant qu'ils font moins doux; mais ils nous dédommagent bien de cela en ce qu'ils chargent extrêmement tant pour les coffes que pour les grains.

Les Pois appellés en Hollande *Erreten van gratie* ne montent pas fi haut, c'eft-pourquoi on ne les peut pas compter parmi les Pois à ramer.

Les Pois dont on ne mange pas les coffes font appellés en Hollande *dop-erreten of erreten met fchil*, c'eft-à-dire, Pois à écoffer ou fans peau ; il y en a encore de plus de fortes que des autres, mais il y a diverfes fortes de Pois verds avec la peau. Les *gros verts* font les doux & les plus agréables, & ont la plus fine peau; mais ils chargent extrêmement peu, tant pour les coffes que pour les grains; cependant ils montent fort haut. Les *petits Pois verts Anglois* ne montent pas fort haut, rarement plus haut que deux piés ou deux piés & demi : ils chargent extraordinairement; & les grains depuis le bas jufqu'au haut font extrêmement ferrés daus les coffes; ils font hâtifs, mais comme ils durciffent très vite, & qu'on a de la peine à connoître au jufte le tems convenable pour les manger verts, on en trouve fouvent parmi de très durs, ce qui eft leur plus grand défaut.   *Pois*

Pois à écosser, blancs ou jaunes: il y en a de plusieurs sortes, des grands & des petits, parmi lesquels il y en a une petite sorte, qui est mûre dans le même tems que les Pois sucrés hâtifs, & qui s'appelle pour cela en Hollandois *heete Erreten, Pois chauds*. Les gros Pois jaunes, nommés *Blaes-oppen* chargent moins, & suivent les précédens. Ceux qu'on appelle *Schokkers* sont encore plus ronds, & ont des cosses plus gonflées, montent fort haut, viennent des derniers, & sont les plus doux & les plus agréables.

Pois gris de diverses sortes; les *Capucins* sont ordinairement les plus gros, mais du reste ils sont, ou peu s'en faut, de la même espèce & de même goût que les gris.

Les Pois tant à manger verts qu'à écosser se multiplient de leurs grains ou Pois qui ont leur graine. On seme les hâtifs dans des caisses ou sous des vitres vers la fin de Décembre, ou au commencement de Janvier, pour les transplanter ensuite par petites troches ou bouquets de cinq ou six ensemble, espacés de quatre pouces, & cela par rayons ou rangs espacés de quatre pieds. Ils doivent être ramés à mesure qu'ils grandissent, on se sert des plus fortes & des plus hautes rames pour les gros Pois jaunes, verts, & sur-tout pour les gris & les Capucins; après quoi on rame les Pois crochus, les Pois bâtards de cette espèce, & les Pois sucrés avec de plus courtes rames, & les Pois Anglois à écosser a-vec les plus basses de toutes, & cela des deux côtés des rangs, où on a semé ou transplanté les Pois, afin qu'ils s'entrelassent dans les rames, & que le vent ait sur eux moins de prise pour les en détacher. Quand on craint pourtant encore qu'ils ne quittent leurs rames, on les munit des deux côtés de ficelle, sans rompre le moins du monde les montans, car cela les empêcheroit de croître; de plus on les butte avant qu'ils ne fleurissent, tout comme les grosses Fêves.

Pour manger sans interruption des Pois verts, on seme tout à la fois des Pois sucrés, des Pois à écosser, de ceux qu'on nomme *chauds*, des gros pois à écosser, & de ceux qu'on appelle *Slier-Peulen*; ceux-ci, dont la peau est bonne, sont les plus tardifs. Il faut cueillir tous ces fruits prudemment avec les deux mains, & même il vaut mieux les cou-per au couteau, ou avec des Ciseaux.

PORREAUX.

Légume, espèce d'Oignon, mais plus long, ayant la tête moins ronde,

com-

comme par écailles, & pareillement d'un goût fort. On les diftingue chez nous en trois efpèces, favoir en grands, petits & communs.

Ceux de la plus groffe efpèce aiment à être tranfplantés à claire voie, & à être efpacés du moins d'un demi-pied, devenant alors beaucoup plus grands & plus gros. La commune forte, quoique fort éclaircie ou tranfplantée, ne devient jamais fi groffe; l'une & l'autre de ces fortes deviennent bien meilleures quand on les a butées comme le Céleri, ou quand on les a laiffées mitonner dans du fable, ce qu'il faut faire plutôt en plein air, que dans des endroits renfermés, pourvu qu'on les y couvre contre les rudes gelées. La troifième ou petite forte fe multiplie auffi en terre par des cayeux oblongs, tout comme les Ciboulettes.

POURPIER.

Herbe potagère de deux fortes, à feuilles vertes & à feuilles dorées. Le Pourpier doré eft celui qu'on eftime & qu'on cultive le plus chez nous; au-lieu que les François préfèrent le vert, comme étant meilleur que l'autre.

Le Pourpier fe multiplie de graine, & quand on en a femé une fois, il croît abondamment dans la même place, & l'année fuivante & plufieurs autres. On le feme après la gelée, parce qu'il craint beaucoup un froid rude. Les tendres branches du Pourpier contiennent plus & de meilleurs fucs que les feuilles mêmes, ce qui fait auffi que bien des gens préfèrent les branches aux feuilles.

Le Pourpier ne réfifte point à la gelée; c'eft pour cela qu'il ne faut le femer qu'après les petites gelées du Printems, car autrement quand il gele dans cette faifon il arrive très facilement que fes tendres petits rejettons fe gelent. C'eft auffi pour cela qu'on feme le Pourpier hâtif fous des vitres ou fur du fumier.

Comme la plupart des fucs fe trouvent plus dans les vigoureufes branches que dans les feuilles, & que les plus épaiffes feuilles en contiennent plus auffi que celles qui font plus minces, il eft néceffaire que le Pourpier foit à claire voie, & qu'on en arrache quand il eft trop dru, chaque plante devant du moins être efpacée de quatre pouces ou plus encore.

RACINES.

Légumes, lesquels plus qu'aucun autre croiſſent fort en longueur vers en-bas. On pourroit mettre auſſi parmi les Racines les longs Navets de France; mais comme (excepté qu'ils ſont plus longs que nos Navets des Champs) ils leur reſſemblent très fort, on en a parlé à l'article des Navets.

Les Racines ſe multiplient de ſemence, excepté la Paſſerage qui ſe multiplie de ſes racines éclatées, les meilleurs éclats étant ceux de la tête; on peut multiplier de la même manière le Chervi, mais il vaut mieux le faire de graine.

En Hollande on comprend ſous le nom de Racines, ſans y rien ajouter, les Carottes, nommées autrement Carottes jaunes ou de Leide, parce que celles qui croiſſent aux environs de cette Ville dans des terres ſablonneuſes ſont les meilleures. Pour diſtinguer les autres Racines de celles-ci on les appelle *Beteraves*, *Racines de Piſſenlit*, *de Paſſerage*, *de Salſifix*, *de Scorſonères*, *de Perſil*, *de Chervi*, & *des Panais*, de toutes leſquelles on traite ici, en commençant par les Carottes de Leide ou de Horne, dont les dernières ſont plus courtes & de couleur plus orange.

Il y a ſix ſortes très diſtinctes de Carottes, trois longues & trois plus courtes, qui ne finiſſent pas ſi uniment, & qui n'ont pas une queue ſi longue & ſi mince.

Les meilleures Carottes jaunes ſont les longues de Leide; on les ſeme pour l'Eté à la mi-Avril, & jamais avant la mi-Mai pour l'Hiver, après qu'elles commencent à germer.

Les plus rougeâtres de ces Carottes deviennent les plus groſſes; elles ſont plus pleines d'eau & ont le goût moins bon; mais la plus mauvaiſe de ces trois ſortes a preſque la couleur des Panais; elles viennent plutôt que les autres, mais comme elles ſont fort mauvaiſes, elles ne méritent pas d'être cultivées, quoique les Carottes jaunes précédentes ſoient plus ou moins colorées & agréables au goût, ſelon leurs eſpèces: le fond de terre ne contribue pas peu à cette variation, car dans des fonds de terre graſſe on en élevera de plus colorées, de plus groſſes, mais auſſi de moins bonnes que dans des terres ſablonneuſes.

Les Carottes d'Hiver n'ont pas beſoin de fumier, parce que cela les rend ſujettes aux vers & à croître avec des tumeurs; mais on ſeme les Carottes hâtives d'Eté dans une terre bien amendée.

On appelle les Carottes courtes, des *Carottes de Horne*: il y en a aussi de trois sortes; il y en a une de couleur orange pâle, ressemblant plus à la couleur des Carottes jaunes de Leide: elle est un peu plus longue, moins pleine d'eau, que ne l'est l'espèce de ces Carottes de Horne. La seconde sorte a plus la couleur orange, c'est celle-là que nos Jardiniers sement ordinairement en Autonne pour en avoir de primeur, parce qu'elle résiste mieux au froid & qu'elle est plutôt bonne à manger, aussi est-elle avant sa crue entière très douce au goût, & même aussi bonne que les véritables Carottes jaunes de Leide; mais lorsqu'elle a sa crue entière elle est plus pleine d'eau: c'est-pourquoi on en seme toujours pour en avoir de hâtives ou de primeur, mais jamais pour l'Hiver. Il ne faut point cultiver les Carottes de Horne qui sont plus couleur d'orange.

Ceux de nos Curieux, qui aiment à prématurer, sement la petite sorte, parce que ces Carottes étant petites, sont meilleures pour pousser avec vigueur par le moyen d'un fumier fort chaud, parce que leurs petites racines chevelues ne pénètrent pas jusqu'au fumier au travers de la terre, & qu'elles sont par conséquent de meilleure heure bonnes à manger. On n'en semera point que sur du fumier fort chaud, plus pour contenter les ignorans, parce qu'elles sont fort hâtives, que pour toute autre chose, étant très mauvaises; car on trouve des gens, qui préfèrent (tant les goûts différent) des Carottes très minces, qui n'ont pas la moitié de leur crue, & qui les paient fort cher, & cela uniquement, à ce qu'il me paroit, parce qu'alors elles sont rares: au-lieu que les personnes entendues, trouvant celles qui ont leur crue entière sensiblement meilleures, ne cherchent jamais des Carottes hâtives, tant qu'ils en trouvent de vieilles d'Hiver bien conservées. Il faut de plus remarquer qu'on a pour l'ordinaire, dans des années fort pluvieuses, les plus sèches & les meilleures Carottes, quoiqu'il soit certain que les meilleures croissent dans les terres sablonneuses les plus élevées & les plus sèches; n'étant pas moins remarquable, outre cela, qu'on peut en semer pendant plusieurs années de suite dans les mêmes terres, sans que cela leur cause aucun dommage.

Quoique les Carottes croissent vers en-bas dans la terre, elles aiment cependant un air libre & dégagé de beaucoup d'ombrage, desorte qu'on ne semera point de Carottes d'Hiver sur des Careaux qui sont à l'ombre de Hayes tondues à l'Est ou à l'Ouest.

On

On seme au commencement du Mois de Mars des Carottes hâtives, qu'on mange à la moitié de leur crue dans une terre qui est très rechaufante par le moyen du fumier; se servant pour cela de la plus grosse forte appellée d'Utrecht ou de Horne, desquelles lorsqu'elles paroissent, on cueille d'abord les plus hâtives; ce qu'on ne fera point à l'égard des Carottes d'Hiver qui doivent croître entierement, car cela rend les autres plus sujettes aux piqûres des vers, parce que la terre sèche se jette autour des Carottes qui restent plantées, mais il faut les éclaircir jusqu'à deux fois, pour que les plus grosses étant bien espacées, puissent croître comme il faut; cet éclaircissement doit être fait à tems, cependant pas trop tôt, & pour faire le second on n'attendra point qu'elles tiennent trop fort, afin de ne pas trop remuer la terre, & cela pour la raison précédente, savoir que la terre sèche y tombant, rend les autres plus sujettes aux piqûres des vers.

On tire de terre immédiatement avant la gelée, les Carottes d'Hiver; ensuite on en coupe l'extrémité supérieure, afin de les empêcher de germer, comme aussi les extrémités déliées de leurs queues, après quoi on les lave & on les netoie, ensuite étant séchées, on les enterre dans du sable pur, & on peut les conserver ainsi pendant tout l'Hiver.

On ne semera jamais des Carottes sur une terre où il y a eu du Cerfeuil d'Autonne, parce qu'à cause de la grande quantité de racines de Cerfeuil qui s'y trouvent, & qui les empêchent de pénétrer en terre, elles y croissent toujours avec des excroissances.

Beteraves; il y en a de diverses sortes, dont les meilleures sont d'un rouge foncé, & longues à proportion de leur grosseur: les plus grosses qui ne sont pas à proportion si longues, sont moins bonnes. Elles aiment une terre grasse bien amendée & un plein air, plus qu'aucune autre racine. On les multiplie de graine, mais on ne les seme point de la même manière que les autres Plantes, car on met ensemble dans la terre trois ou quatre grains de semence, espacés d'environ huit ou neuf pouces, dont on arrache cependant les plus petites à différentes reprises, pour élever uniquement les autres.

Racines de Pissenlit, sauvages & franches. Il faut semer les dernières dans une terre légère, qui ne soit point trop amendée, où elles poussent de grandes & de longues racines: cependant la terre ne doit pas être trop légère, car elles pousseroient alors beaucoup de rejettons par les côtés: c'est pour cela qu'on les cultive avec plus de succès dans des terres grasses que dans des terres sablonneuses. On les multiplie de graine, que l'on seme après la mi-Mai : celles qu'on seme plutôt montent aussi plutôt en graine, & sont cordées & mauvaises.

Racines de Persil. Voyez PERSIL.

Salsifix; c'est une Racine peu connue des Jardiniers & ainsi peu cultivée chez eux : elle a presque le même goût & les mêmes qualités que les Scorsonères, mais sa peau extérieure est jaunâtre, & les feuilles en sont plus étroites : elle ne monte pas si vite en graine que les Scorsonères.

Scorsonères; il n'y a que peu d'années que les Jardiniers en cultivent, n'étant ci-devant en usage que chez les Apoticaires, qui en font une eau pour les remèdes ; mais actuellement presque tous les Jardiniers en vendent comme d'autres Légumes, & elles sont estimées & recherchées comme un très bon mêts. L'écorce extérieure en est noire, les feuilles plus larges que celle des Salsifix, elles montent fort vite en graine; mais elles ne se cordent pas si aisément, quand on laisse faner entierement sur les racines le montant, & qu'on en coupe les nouveaux rejettons.

On laisse aussi souvent pendant l'Hiver les Scorsonères en terre, pour ne les manger que la seconde année, étant alors plus grosses, mais moins tendres & moins délicates, que lorsqu'on les mange la prémière année. On les seme au mois de Mars, & il faut les éclaircir, de manière que du moins elles soient espacées de trois pouces. La graine qu'on seme doit être de racines de deux ans, auquel cas elles ne monteront pas sitôt en graine, que la semence de racines d'un an, outre qu'elles deviennent plus grosses; desorte qu'on ne semera jamais de la graine recueillie de racines d'un an.

Le Chervis; ce sont des racines de ce Païs, elles sont très balsamiques, & fortifient beaucoup, ce qui fait qu'elles sont très saines pour les personnes foibles & languissantes qui en mangent. Elles résistent au froid de nos Hivers, & c'est pour cela aussi qu'on ne les arrache souvent que la seconde année, comme les Scersonères, mais celles d'un an sont infiniment plus délicates & moins cordées ; on les multiplie de graine & de rejettons, qui viennent tout autour des sommités, après que le montant en est fané. Ayant ôté au mois de Février, ou au commencement de Mars, ces petits rejettons, on les plante chacun séparément, espacés d'environ quatre pouces, ou quelque chose de plus. Ces Racines n'aiment pas une terre nouvellement fumée; mais bien d'être plantées dans une terre qui l'année d'auparavant a été fort amendée. Elles montent vite en graine; cependant il n'en faut point couper le montant, mais le laisser faner,

faner, parce qu'elles font autrement trop cordées. Les racines grolliffent à mefure que le montant fe fane, & elles continuent à croître tant que la gelée ne les en empêche point; c'eft aulli pour cela qu'on ne les arrachera point, que lorfqu'une rude gelée pénètre trop dans la terre; mais comme elles font fort délicates, & que les Souris les mangent d'abord, il eft néceffaire de les arracher en Autonne.

Panais; ils font aulli balfamiques, mais d'un goût un peu plus fort & d'une nourriture plus groffière que le Chervis; ils aiment, tout comme le Chervis, à être femés dans des fonds de terre graffe bien fouillés, & fumés l'année d'auparavant. Les Jardiniers employent à cet ufage les fonds les plus grêles. On les feme communément au commencement d'Avril, & après que les Racines ont pris comme il faut, on les éclaircit de manière, qu'ils foient efpacés d'un demi-pied.

La gelée les rend plus tendres, plus doux & plus délicats; c'eft-pourquoi on ne les tire point ou rarement de terre pour les conferver pendant l'Hiver dans la Maifon avant la gelée; mais on arrache ordinairement par force de terre ceux dont on a befoin pendant la gelée.

R A V E S.

Il y a de plufieurs fortes des Raves: elles n'aiment pas une terre fort fumée & graffe. On les feme ordinairement au Printems avec les Laitues pommées fur des platte-bandes bien expofées au Midi: mais elles deviennent moins groffes & moins longues que celles qu'on feme en Juin ou en Juillet; pour en avoir de primeur on en feme dans l'Autonne. Parmi les Raves communes il y en a de deux fortes, à grandes & à petites feuilles, il ne faut cultiver que les dernières.

REPONCES *ou* GROS RAIFORTS.

Légume d'une grande & d'une petite forte, la dernière portant aulli le nom de *Rave*. La grande forte a une peau noire brunâtre, & produit une racine longue, reffemblant au Navet; elle eft plus piquante que la Rave, qui eft blanche par dehors, plus petite & plus ronde, à peu près comme les Navets.

On feme les Reponces au Mois de Juillet, quand on le fait plutôt elles montent en graine.

RHUE.

Elle eft fouvent très utile pour fortifier le cerveau, & pour en appai-
fer les vapeurs; ainfi quoiqu'on n'en mange pas, on la juge cependant
néceffaire dans les Jardins potagers. Elle fe multiplie de graine; il ne
faut pas lui couper avant l'Hiver les boutons qui contiennent la graine,
parce qu'ils tiennent lieu de défenfe contre la forte gelée.

ROCAMBOLE.

C'eft un fruit à cayeux, plus long & plus gros que les Echalottes; on
le multiplie de cayeux comme les Echalottes; cependant avec cette différence, qu'on le plante en Autonne, & qu'il le faut couvrir pendant
le froid de l'Hiver.

ROMARIN.

C'eft un Arbriffeau qui fe multiplie le plus fouvent de bouture; il ne
réfifte pas à un froid trop rude, ni à l'eau de neige; il n'aime pas non
plus d'être renfermé, mais d'être en plein air; c'eft-pourquoi on en
conferve difficilement pendant l'Hiver dans les Orangeries.

ROQUETTE.

C'eft une fourniture de Salade; on la feme au Printems.

SALADE.

On la mange ordinairement d'entrée, auffi comme accompagnant
d'autres mêts, pour mettre l'eftomac en train. Sous ce nom font
compris quantité de Légumes & d'herbages tant fauvages que francs ou
cultivés. Parmi ces derniers font l'Oignon, les Afperges, les Beteraves, les Racines de Piffenlit, les Concombres, & le Tendre-verd,
comme Chicorée, Salade verte des champs, Laitues pommées de plufieurs fortes, petites Laitues, Salade de Choux, du Céleri, des Haricots verds, &c. On compte parmi les fauvages, quantité de tendres
rejettons, comme du Piffenlit, &c. Mais on ne traite dans ce Chapitre

tre que des Laitues pommées, des petites Laitues, de la Salade verte
des champs; & de celle qu'on appelle en Hollande *Vette Kous*.

Laitues pommées, en Hollandois *Krop-Salade* ou *Sluit-Latouw*: il y
en a diverses sortes, à feuilles vertes, rougeâtres.

On distingue la plus commune, qui a les feuilles jaunâtres, en grande & en petite, & en une troisième sorte encore plus petite.

La grande appellée en Hollande *Kloofter-Krop*, ne monte pas sitôt
en graine, mais la pomme n'en est pas si ferme: elle prend beaucoup de
terrain à cause de l'extension de ses feuilles.

Après celle-là vient la petite jaune nommée *Prince-Krop*, qui a la
pomme plus ferme & est plus tendre que l'autre; de celles-ci il y en a
de deux sortes, la meilleure très jaune, & l'autre verdâtre; cette dernière est celle qu'on peut cultiver pendant l'Hiver sur des Couches de
feuilles d'arbres.

Vient après cela la plus petite jaune & la plus pommée des trois,
nommée *Blanke-Haegfe-Krop*, ayant peu de feuilles au dehors, ce qui,
à proportion de sa grandeur, fait que la pomme en est plus grande: outre que les feuilles en sont plus tendres & qu'elle a les qualités des précédentes, elle est aussi plutôt pommée; desorte qu'on doit lui donner la préférence sur les autres & en semer au Printems parmi d'autres Légumes,
puisqu'on peut les cueillir assez à tems, pour qu'elle ne porte aucun préjudice aux Légumes qui restent en terre. Après celle-ci vient la *Prince-
Krop*, qu'on peut semer parmi des Légumes qui ne sont pas si drus,
comme les Carottes jaunes: c'est la meilleure des deux sortes: après cela
vient la *Kloofter-Krop* pour la tendreur.

Parmi les *Laitues pommées vertes* il y en a de deux sortes; l'une
grande, mais moins bien pommée & plus dure que la petite sorte,
qui pourtant n'est pas aussi tendre que la *Princeffe*, la *Prince*, ni que
la *Kloofter-Krop*, cette meilleure sorte verte ayant une fort grande
touffe, parce qu'elle n'a pas une pomme fort ferme; elle a les feuilles rudes: cependant cette petite verdâtre ne monte pas sitôt en graine,
que celle qui est jaunâtre; c'est-pourquoi elle est admirable à cultiver en
Été; mais comme elle est moins pommée que la *Princeffe* & la *Prince-
Krop*, elle est meilleure pour étuver que pour être mangée crue.

Les *Laitues pommées* qui ont par dehors des feuilles rousses ou roussâtres, sont encore de deux sortes. La plus grande s'appelle *Laitue Romaine*, & est quelquefois aussi grande qu'un petit Chou blanc; mais
elle n'a pas une pomme fort ferme, & elle est dure: la plus peti-

te

te forte de ces Laitues rouffâtres n'a pas beaucoup de feuilles extérieures, mais elle eft d'ailleurs très pommée & très groffe, jaune & tendre:
elle réfifte auffi mieux que toute autre au froid d'Hiver, c'eft auffi pour
cela que ce font les meilleures qu'on puiffe femer au mois de Septembre
pour en avoir de primeur; mais nullement pour des Laiteus hâtives d'E-
té, parce qu'elles montent fort vite en graine & même d'une telle façon que dans des Printems chauds elles pomment fort difficilement.

La *Laitue rouffâtre*, ou *Rood-baerd*, ayant des feuilles jaunes dont
les extérieures font bordées de rouge: elle ne monte pas fitôt en graine,
& eft la meilleure Salade d'Eté: elle eft cependant moins tendre & moins
pommée que la *Princeffe* ou *Prince-Krop*, ce qui la rend auffi très propre à étuver, ayant une pomme ferme & bien ferrée.

Les *Laitues pommées* n'aiment pas une terre extrêmement fumée, car
cela fait périr (ce qu'on appelle fe chancir) quantité de Plantes. Auffitôt qu'on remarque la moindre interruption dans leur crue, il faut les
arracher inceffamment, en fouillant auffi la terre; ce qui étant négligé,
il arrive très fouvent qu'une Plante en infecte plufieurs autres, étant
comme la pefte parmi les hommes; & cela n'a pas feulement lieu à l'é-
gard des tendres Plantes, mais auffi à l'égard de celles qu'on conferve
pour la graine; car celles-ci infectent tellement les autres, que dans de
grands Careaux il en refte fouvent peu ou point du tout, fi l'on n'y met
pas ordre à tems.

Les *Laitues pommées* qu'on tranfplante en Autonne, ont par deffous
moins de feuilles, & ne font pas fi belles à l'œil que celles qui viennent
de femence, & croiffent au même endroit où on les a femées.

Jamais on ne recueillera de la graine des Laitues femées en Autonne,
parce que la Salade que cette graine produit ne pomme pas fi bien pour
l'ordinaire, & monte auffi bien plutôt en graine: la meilleure graine eft
celle que l'on recueille de la femaille du Printems, des prémières Laitues
les plus grandes & les mieux pommées, dont la graine de deux ans eft la
meilleure pour les Laitues d'Eté, & celle de trois pour les Laitues d'Hiver.

La terre où l'on feme en Eté & en Autonne des Laitues, ne doit pas
être trop légère, car elles y périffent plutôt, & pomment plus difficilement, fur-tout les Laitues d'Autonne, c'eft pour cela qu'on feme ces
dernières aux environs des fentiers où la terre eft plus ferme, de même
que fur des Carreaux où il y a du Cerfeuil & des Epinards d'Hiver, afin
que le montant de ces derniers les défende plus ou moins du froid de
l'Hiver: on les feme auffi près de quelque brize-vent, comme Haies ton-

dues,

dues, entre lefquelles ces tendres plantes fe confervent mieux quand l'Hiver eft rude.

On feme ordinairement les Laitues d'Autonne à la mi-Septembre, parce que dans des Autonnes chaudes & fécondes les Plantes femées de meilleure heure deviennent trop grandes, ne réfiftant pas alors fi bien que les petites à une rude gelée, ou à un vent furieux. La graine la plus convenable pour cela eft celle qui a deux ans & qui a été recueillie des petites Laitues nommées *Blanke Haeg fe-Kroppen*. On les tranfplantes d'abord après les gelées au Printems, fur des platte-bandes bien expofées au-Midi, ou fous des vitres, fur du fumier chaud de Cheval, ou bien auffi fans fumier. Le tems de cette tranfplantation commence pour le plus tard avec le mois de Février, & non pas plutôt; car les Laitues ne fauroient réfifter à beaucoup de vapeurs, fans fe chancir, ce qui arrive prefque toujours aux Plantes, que l'on tâche de conferver pendant l'Hiver fous des vitres.

On feme les *Laitues hâtives d'Eté* immédiatement après la gelée, de même que la graine des *Princeffe-Krop*, en la mêlant avec la graine d'Oignons & de Carottes hâtives; après quoi on feme la *Prince-Krop* féparément fur un Careau ou fur des Couches, & non pas en la mêlant avec des Carottes: cela fe fait auffi de la même manière en Autonne, mais en Eté on y femera de la Laitue rougeâtre, parce qu'elle monte moins en graine: alors on feme auffi la *Belle-bonne*, qui eft celle de *Brabant* à grandes feuilles frifées, qui ne pomme pas fort, & que l'on nomme *Montereyen*; mais elle eft dure, & a un goût de Chicorée comme la verte.

Les *Laitues pommées* nommées *Chavonfe-Krop-Salade*, fe lient tout comme la Chicorée, pour qu'elles blanchiffent intérieurement, & qu'elles deviennent plus tendres, fes feuilles étant plus dures que celles des Laitues pommées.

Laitues, en Hollandois *Latouw*, qui ne pomment point; il y en a de beaucoup de fortes, des communes, des frifées, &c.

Les Laitues qui ne pomment point, réfiftent mieux au froid que celles qui pomment; c'eft pour cela qu'on feme ordinairement les communes fur du fumier pour les manger petites au commencement du Printems: on les feme auffi quelquefois fans vitres, fur des plattes-bandes bien expofées au midi; mais elles ne font pas fi tendres que les jeunes Laitues pommés. Pour les cueillir plus proprement, on repand fur le fond, après avoir femé un peu de fable, lequel on aplanit avec le plat de la bêche ferrée: on fait germer la graine avant que de la femer.

Les *petites Laitues frifées* font plus dures que les communes, & par conféquent moins délicates; mais elles réfiftent mieux au froid; c'eft ce qui engage quantité de Jardiniers à en femer pour en avoir de primeur; de même que les Laitues nommées *Cornettes*, qui levent avec quatre feuilles, & font à peu près de la même grandeur que l'autre.

La *Salade des Blés*, ainfi nommée, parce qu'elle vient fouvent fans aucune culture dans des champs où on a coupé les Blés, eft verte, ronde, & a des feuilles courtes; c'eft une Salade d'Hiver à courtes feuilles comme la fuivante, mais fes feuilles reffemblent plus à celles des petites Laitues.

La *Salade* nommée en Hollandois *Vette-kous*, eft une Salade verte d'Hiver, qui a de plus grandes & de plus longues feuilles que la précédente: on les multiplie l'une & l'autre de femence. La *Vette-kous* réfifte à un froid violent, venant naturellement dans l'Ile de Spitz-bergen, où, avec l'herbe aux Cueilliers, elle eft la feule herbe qui foit bonne à manger.

S A R I E T T E.

C'eft une fourniture, elle fe multiplie de graine, on ne la feme pas ordinairement dans une terre fort graffe; le tems de la femer eft un peu avant que les groffes Fêves fleuriffent: elle vient abondamment dans les endroits où elle a produit l'année d'auparavant de la femence mûre, & elle croit avec vigueur fans qu'on y apporte aucun foin.

S A U G E.

C'eft un Plante ligneufe, dont il y a plufieurs efpèces: on la multiplie de bouture & de plants enracinés & éclatés.

S C O R S O N E R E S. Voyez R A C I N E S.

T H I M.

C'eft un petit Arbriffeau nain, qu'on multiplie de plants enracinés & de femence: il y en a de beaucoup de fortes, defquelles le *Thim commun* qu'on cultive dans nos Jardins potagers & qui a des feuilles vertes,

eft

eſt le ſeul connu: il n'aime pas d'avoir beaucoup d'engrais, & croît mieux dans des terres grêles; on s'en ſert comme d'une fine fourniture, en le mettant par petits bouquets dans les ſauces pour les aſſaiſonner.

TRIPE-MADAME.

C'eſt une eſpèce d'Ail ſauvage, qu'on multiplie de bouture: il prend d'abord, & fait une grande Plante, qui n'aime pas une expoſition trop chaude.

On confit la Tripe-Madame dans du Vinaigre, & auſſi dans du Vinaigre & de la Moutarde, & en étant bien pénétrée on s'en ſert dans des ſauces, pour exciter l'appétit.

LIVRE TROISIEME.

De certains Arbres étrangers, & sur-tout des Citronniers, Li-monniers & Orangers.

CHAPITRE I.

La manière de traiter les Arbres étrangers, de celle de les planter & de les transplanter; des Caisses, & des Pots; comme de la Terre & du Fumier.

LES Arbres que l'on reçoit de loin, ont ordinairement beaucoup soufert, sans compter que par le transport les sucs tant de leurs racines que de leurs branches sont beaucoup desséchés; desorte qu'on ne peut remettre qu'insensiblement les petites fibres ligneuses dans un état convenable pour recevoir la sève nécessaire, & pour la pousser plus loin. Pour réussir en cela on doit commencer, après avoir dépaqueté les Arbres, par faire en gros la taille de leurs racines gâtées & des branches de la couronne, & de mettre ensuite jusqu'à la couronne les troncs tremper pendant vingt-quatre heures dans de l'eau pure; après quoi il faut ôter des racines les mottes de terre, & les tailler comme il faut de même que les branches.

Cela fait, il faut couvrir les Arbres penchés jusques à la couronne, de sable gris des Falaises, médiocrement humecté, & cela dans une Caisse, qu'on couvre pour lors de chassis de vitres, pour les y conserver dans une chaleur tempérée: par ce moyen ils se remettront bien plutôt dans leur état naturel, ce qui paroitra par le bourgeonnement de vigoureux petits moignons supérieurs. Après cela il faut les planter, & non pas plutôt, droits dans une terre fort sablonneuse, & cela dans des Caisses ou dans des Pots, qui puissent contenir précisément les racines racourcies. Par ce moyen j'ai conservé & cultivé, sans en perdre un seul, cent & quatre Arbres, qui avoient été pendant plus de six mois en chemin, & qui me furent remis tout-à-fait hors de tems, savoir au commencement de Juin.

Il ne faut pas, au reste, comme il a déja été dit, employer pour cette tranſplantation, une terre graſſe, ou mêlée avec de l'engrais frais, mais une terre fort légère, grêle, ſablonneuſe, & la conſerver dans une chaleur & une humidité médiocres; il faut auſſi mouiller ſouvent les troncs par le moyen d'une éponge trempée dans de l'eau froide.

Quand ces Arbres nouvellement tranſplantés pouſſent trop de rejettons, on en retranchera quelques-uns, & on rognera ceux qui montent avec trop de vigueur. Après avoir été pendant deux années dans cette terre grêle & ſablonneuſe, on les tranſplante ordinairement dans une terre moins ſablonneuſe, & dans des Caiſſes ou dans des Pots un peu plus grands.

Les meilleurs Pots pour de petits Arbres doivent être minces, mais pas vernis, parce que les rayons du Soleil y pénètrent mieux, au-lieu que les Pots vernis les réfléchiſſent: ils doivent être percés au fond pour l'écoulement de l'eau de pluie ou de celle dont on arroſe les Arbres.

Pour les grands Arbres, les Pots ſont trop fragiles; c'eſt-pourquoi on les mettra dans des Caiſſes rondes, qui ſont incomparablement meilleures que les Caiſſes quarrées de bois de Chêne (quoique celles-ci puiſſent ſe paſſer de cercles de fer, & qu'elles ſervent plus longtems), d'un côté, parce que les Caiſſes quarrées devant être faites de bois plus épais, afin qu'elles réſiſtent davantage, empêchent plus la pénétration des rayons du Soleil; & de l'autre, parce que les racines en tranſplantant les Arbres ne ſe détachent pas ſi bien que dans des Caiſſes ou dans des Pots ronds: c'eſt pour cela auſſi qu'il faut qu'ils ſoient les uns & les autres un peu plus étroits par le bas, afin qu'on puiſſe mieux les vuider.

Quoique les Arbres croiſſent naturellement le mieux dans un terrain ſpacieux, où leurs racines s'étendent au long & au large, & que par conſéquent ces Arbres ſembleroient auſſi devoir être plantés dans de grandes Caiſſes ou de grands Pots; on voit cependant le contraire par l'expérience, puiſqu'étant plantés ainſi au large, rarement il en vient de bons Arbres, au-lieu qu'étant plus reſſerrés, pourvu qu'ils ne ſoient pas expoſés à l'ardeur du Soleil, & qu'on les arroſe raiſonnablement, ils croiſſent avec beaucoup plus de vigueur; deſorte qu'en les tranſplantant on n'agrandira les Caiſſes & les Pots, qu'autant qu'entre les racines de 'Arbre & la Caiſſe il y ait un intervalle d'un pouce, pour le remplir de terre, & même on ne les agrandira point du tout quand ce ſont de fort vieux & de fort grands Arbres, parce qu'on les tranſplante uniquement pour leur donner une terre neuve, & pour qu'ils retiennent mieux leur fève. De plus, pour conferver cette terre en bon état, on mêlera quelquefois avec l'eau dont on les arrofe un peu de fumier de Vache, dont les parties groffières font de plus en plus fur la fuperficie une croute vifible, laquelle on brife lorfqu'elle eft fèche, ce qui n'empêche pas feulement que la terre qui devient plus grêle par les arrofemens & par les fucs que les arbres en tirent, ne fe deffèche trop, mais auffi qu'il ne fe forme fur fa fuperficie une croute dure.

On ne peut pas fixer à un certain nombre d'années le tems de la tranf-plantation, parce que cela dépend de la manière dont les Arbres croif-fent, & des Caiffes plus ou moins grandes où ils font plantés; car comme toutes les Plantes tirent leur nourriture de l'eau, laquelle felon la conftitution des petites fibres, attire à foi d'autres parties nourriffantes: il eft très facile de comprendre qu'un petit monceau de terre, très fouvent ar-rofé, perd la faculté de retenir l'eau auffi longtems que cela eft nécef-faire; par conféquent plufieurs Plantes ne fe foutiennent que par l'eau qui paffe, d'où elles aquièrent des racines chevelues, minces & mauvai-fes, de manière qu'elles ne font pas en état de nourrir de bonnes Plan-tes & de bons fruits. C'eft ce que font voir les racines entrelaffées & empaquetées, le mauvais bois grêle & les petites feuilles très fouvent jaunes de pareils Arbres qui n'ont pas été tranfplantés depuis long-tems. Il faut par conféquent que les Arbres vigoureux, fur-tout quand ils font fort ferrés dans des Pots ou dans des Caiffes, foient tranfplantés de meilleure heure, afin que leur mauvaife crue ne donne pas à connoî-tre qu'on les a négligés. On tranfplante ordinairement les Arbres fains tous les quatre ou cinq ans, laiffant, autant qu'il eft poffible, les racines tout autour renfermées dans la terre; on n'agrandira, au refte, les Pots ou les Caiffes qu'autant que cela fera néceffaire; car quand cela ne l'eft point, on rafraichit par deffus & par deffous la terre, & un peu tout autour, taillant pour cela quelques-unes des racines chevelues, ce qui doit pourtant fe faire avec prudence, car il ne faut jamais racourcir en par-tie les racines tout autour, comme les Ignorans le font, parce que cela fait fouvent languir les Arbres, ou du moins interrompt leur crue ex-térieure, jufqu'au tems qu'ils ont pouffé de nouveau de bonnes racines. C'eft ainfi qu'on tranfplante les Arbres vigoureux, mais quant à ceux qui font languiffans, ou dont la terre eft moifie, il faut en les lavant, l'en ôter entierement, & en purger les Racines: il faut auffi leur faire la taille de toutes les racines empaquetées ou entrelaffées, qu'ils ont pouffées dans cette terre, & les traiter enfuite, en les tranfplantant,

com-

comme les Arbres fains qui viennent d'ailleurs, felon ce qui en a été dit.

Il faut élever plus ou moins dans les Caiffes les Arbres qu'on tranf-plante, felon qu'ils ont befoin de plus ou moins de terre neuve, afin que ces Caiffes après que la terre neuve eft devenue compacte, & que les Arbres fe font affaiffés autant qu'il eft poffible, ne retiennent plus de vui-de qu'un doigt ou qu'un pouce en hauteur pour les arrofemens; la terre devant au refte être traitée comme il a été dit ci-deffus.

Le tems le plus convenable pour tranfplanter les Arbres fains eft au commencement d'Avril, quand il paroit qu'ils commencent à pouffer; mais quand il s'agit d'Arbres languiffans, on les tranfplantera le plutôt qu'on pourra en tout tems; le meilleur tems pour tranfplanter ceux dont on a coupé la couronne, de même que ceux à qui on l'a laiffée, & qu'on met dans des Serres vitrées, eft en Février, ou en Octobre.

On peut auffi prendre pour une efpèce de tranfplantation, quand on tire la terre ufée, fans bleffer le moins qu'il eft poffible les racines tant foit peu ligneufes, tant d'enhaut que tout autour des côtés, & qu'on la remplace par une terre neuve, fans tirer entierement les Arbres hors des Pots ou des Caiffes, ce qui, fi on le fait chaque année ou tous les deux ans, peut prolonger pendant quelques années le tems de les tranfplanter; fur-tout quand il eft queftion de très grands Arbres qui font plantés dans de grandes Caiffes, car on a une peine infinie de les en tirer entie-rement, de les garnir par deffous d'une terre neuve, & de les tranf-planter.

La meilleure terre pour y tranfplanter des Arbres qui pouffent vigou-reufement, comme auffi pour le rafraichiffement en queftion, eft une terre fablonneufe bien amendée, étant beaucoup préférable pour cela à la terre graffe; j'entens une terre qui foit compofée de bon fable fin, mêlée en partie avec des feuilles pourries, & en partie avec du long fu-mier pourri de Cheval qui ait trois ans; ce mêlange de terre étant le plus convenable pour donner de la vigueur à toutes les Plantes étrangè-res, comme on l'a dit, & comme on le peut voir dans le *Chap. V. du I Livre de cette feconde Partie.*

CHA-

CHAPITRE II.

De la manière de cultiver les Citronniers, les Limonniers, & les Orangers.

QUoique tous ces Arbres femblent avoir plus de rapport enfemble, que nos Pommiers & nos Poiriers, parce qu'on grefe en fente, en écuffon & en approche, une efpèce fur l'autre, ils donnent cependant, quand on les cultive, des marques de difconvenance, puifque le bois & l'écorce ne fe réuniffent point ; car comme de ces trois fortes c'eft l'Oranger qui a les plus petites fibres, & par conféquent le bois le plus dur & le plus compacte, fe gonflant ou groffiffant moins que celui du Limonnier, & encore moins que celui du Citronnier ; de même le Citronnier devient plus gros que ces deux autres, mais fur-tout le tronc d'Oranger qui a beaucoup de boutons. Le Limonnier groffit pareillement plus que l'Oranger, mais moins que le précédent : deforte qu'il vaut mieux, felon moi, gréfer en écuffon chacun fur fa propre efpèce ; quoiqu'en Italie c'eft la coutume de gréfer en écuffon fans aucune diftinction, toutes les efpèces fur Oranger, parce que ce dernier réfifte mieux aux injures de l'air.

Dans ce Païs on choifit ordinairement des troncs de Limonniers, parce qu'ils groffiffent davantage, & que la couleur de ces troncs eft plus agréable ; ce que je ne faurois cependant approuver, à caufe de la difconvenance remarquable dont j'ai fait mention : bien plus, je crois qu'il faut gréfer foit en fente, foit en écuffon, foit en approche, chacune fur fa propre efpèce, laquelle groffit plus ou moins, & pour cette raifon jamais de l'aigre fur du doux, ou du doux fur de l'aigre.

On trouve ordinairement que dans chaque efpèce, l'une eft plus forte que l'autre, réfiftant mieux aux dérangemens des Saifons & à une mauvaife culture ; mais en général le Limonnier réfifte mieux tant au froid & aux pluies d'Autonne, que le Cédrat. Le Limonnier eft moins robufte que l'Oranger, & le Cormier eft le plus robufte de tous.

Le bois de Citronnier eft plus fpongieux que celui du Limonnier : c'eft pour cela qu'on le multiplie beaucoup mieux, & même en moins de tems, de bouture que de pepins ; & comme par la multiplication de bouture on aquiert le même fruit que produit l'Arbre dont on a pris les bou-

tu-

tures, & que le tronc groſſit alors uniment ſans bourlet, pouvant d'ailleurs être gréfé le plus convenablement en écuſſon ſur un petit ſauvageon
de Limonnier, on ne multipliera jamais autrement que de bouture les
Citronniers dans ce Païs-ci.

Il y a auſſi pluſieurs ſortes de Limonniers, qu'on reconnoit à leurs
branches ſpongieuſes & boufies, & qui étant multipliés de bouture croiſſent aiſément.

Le bois des Orangers eſt le plus compacte; c'eſt-pourquoi il n'eſt pas
ſi ſûr de réuſſir en les multipliant de bouture, cependant parmi les eſpèces où il ſe trouve du mêlange, il y en a quelques-unes qu'on peut à la
longue multiplier de cette manière, comme les *Bergamottes*, le *Biſarré*, l'Orange nommée *Engelſe Bonte*, & celle qui porte en Hollandois
le nom de *Naentjes Oranje*. Pour les autres il vaut mieux les multiplier
de pepins: on choiſit pour cela des pepins de bons Limons, qui croiſſent
beaucoup mieux que ceux d'Oranges, car on peut en bien moins de
tems les faire parvenir à une grandeur & une groſſeur convenables; ſur-
tout quand on rechaufe ces pepins dans une Caiſſe vitrée par le moyen
du fumier frais de Cheval, & plus encore quand on le rafraichit une
fois; car j'en ai vu qui par ce moyen avoient crû dans une année à la
hauteur de trois pieds, & étoient d'une groſſeur convenable pour être
gréfés en écuſſon, ces Plantes devant toujours être fort près des vitres;
deſorte qu'à meſure qu'ils croiſſent en hauteur on baiſſe les vitres de manière qu'il n'y ait entre elles & la plus haute ſommité des Sauvageons,
qu'un eſpace de la largeur de la main. Quand les pepins ſont crûs juſqu'à un pouce au deſſus de terre, il eſt tems de les tranſplanter, ayant
auparavant raccourci un peu la petite racine. Voyez *le IV. Chap. du
II. Livre de la I. Partie* & le *III. Chap. du II. Livre* de la *II. Partie*.

On fait prendre de bouture de la manière ſuivante. Au mois de Mars,
ou au commencement d'Avril on fiche en terre une petite branche d'un
bois vigoureux d'un an, longue de cinq pouces, à la profondeur d'environ
trois pouces, ſans en ôter les feuilles qui ſont au deſſus de terre, & cela
dans un petit Pot, qu'on met enſuite ſous des vitres dans une Caiſſe;
il vaudroit encore mieux de les mettre ſous des chaſſis de corne, comme ſont les Lanternes, au-lieu de les mettre ſous des vitres, la corne ne
donnant pas une chaleur trop ardente, & n'étant pas alors obligé de les
couvrir; car pendant le prémier mois il faut tenir les boutures à l'abri
des rayons du Soleil trop ardens, & les arroſer toujours raiſonnablement.

On les grefe tant en fente qu'en écuſſon & en approche, préciſément

A a a 3

de

de la même manière que nos Arbres fruitiers, dont on a traité fort amplement dans le *VII. Chap. du II. Liv.* de la *I. Partie*, n'ayant rien à a-
jouter, si ce n'est qu'on peut gréfer en écusson les plus gros troncs, selon la méthode prescrite dans cet endroit, même au mois de Mars, a-
près qu'ils ont été encaissés à peu près pendant un mois: suivant cette
méthode ils peuvent former la même année de petites couronnes d'assez
grosses branches.

La manière de les multiplier de Marcottes, est la même que celle qui
est indiquée dans le *IV. Chap.* du *II. Liv.* de la *I. Partie*.

CHAPITRE III.

De la Serre pour l'Hiver, & comment on y doit soigner les Arbres.

POur défendre du froid de nos Hivers toutes sortes d'Arbres, tant les
Citronniers que les Limonniers, les Orangers & autres Arbres délicats, on a besoin d'une Serre d'Hiver d'où l'on puisse chasser le froid
sans le secours du feu, & d'une autre encore où l'on puisse réchaufer les
Plantes par le moyen du feu.

On peut conserver dans la prémière presque toutes les espèces d'Orangers, & quelques espèces de Limonniers, de Mirthes & d'Oléandres; car
lorsque le Thermomètre est à 15½ ou 16, ces Arbres peuvent résister, &
ensuite on peut aussi donner de l'air à l'Orangerie.

Le Cédrat, le Citronnier, le Bisarré, & quelques Limonniers, ne
sauroient soufrir ce froid, sans perdre leurs feuilles, ou sans se décharger tous les ans de leurs fruits; c'est-pourquoi il leur faut pendant l'Hiver un endroit échaufé par le feu, où le Thermomètre ne doit jamais ê-
tre au-dessous de 17 ou 18, il faut aussi empêcher qu'il n'y ait dans les
environs qu'aussi peu de vapeurs qu'il est possible.

La manière la plus naturelle de conserver les Arbres, c'est quand par
une cloture exacte, on peut les défendre du froid sans le secours du feu,
mais il faut toujours avoir grand soin que la gelée ne pénètre jamais dans
une Serre d'Hiver, car on aura de la peine à l'en faire sortir, quand u-
ne fois elle y aura pénétré. Au reste, il est certain qu'on ne produit autre chose par le feu qu'une transpiration du froid, lequel, quand à cause d'une gelée de longue durée, on n'ose pas ouvrir les chassis des vitres,

tres, se rassemble davantage dans un coin, pénètre dans la terre, &
presse contre les troncs des Arbres leurs petites branches & leurs feuilles;
auquel cas trop de chaleur du feu est aussi mortel pour les Plantes, que
pour les hommes, qui morfondus à force d'avoir été longtems dans l'eau
ou dans la glace, viennent à s'exposer à un feu ardent, & meurent souvent parce que le feu chasse le froid extérieur intérieurement; ainsi ce
n'est point le feu dans une Serre, qui fait mourir les Arbres, mais l'effet du feu, qui est la pression du froid vers l'intérieur; desorte qu'on se
gardera bien de faire jamais du feu dans une Orangerie fermée, où la
gelée a pénétré; mais on peut le faire quand on la peut ouvrir, ou qu'il
y a par devant ou par derrière au haut assez de petites fenêtres pour faciliter peu à peu la sortie du froid.

J'ai fait voir dans le *I Chap.* du *I Livre de cette Partie*, comment
doit être faite une bonne Orangerie, Serre, &c. & ce qu'on doit observer à cet égard; desorte que j'y renvoye les Lecteurs.

Le meilleur tems pour porter les Arbres secs dans l'Orangerie, est à
la fin de Septembre, ou au commencement d'Octobre, car alors quand
le tems est clair, il fait la nuit de petites gelées, étant certain qu'on gâte quantité d'Arbres en les serrant trop tard, ou en les tirant de trop
bonne heure de la Serre pour les placer en plein air. Les Orangers restent en bon état, quand le Thermomètre est à 15½, 16 ou 16½.

On arrangera les Arbres en les plaçant dans l'Orangerie, de manière que le Soleil donne sur tous; il faut cependant que ceux qui en ont
le plus de besoin y soient aussi le plus exposés, comme les Orangers qui
aiment plus de chaleur & qui résistent moins aux vapeurs, sur-tout le
Cédrat, le Bisarré, le Bergamot, & quantité de Limonniers: après cela
les doubles Oléandres odoriférantes & les Mirthes: on transporte ensuite les Lauriers, les Philaréa, les Alaternes, & l'on met dans l'endroit
le plus réculé les Grénadiers.

Il faut beaucoup arroser les Arbres, après qu'on les a transportés dans
l'Orangerie: mais les Curieux ne sont pas de même avis sur la manière
de les arroser dans la suite: il y a d'ailleurs une grande différence quand
les Arbres sont plantés dans une terre grasse & lourde, ou bien dans une
terre légère. Mr. de la Quintinie qui plante les Arbres dans une terre
lourde, humecte rarement ou point, après ce prémier arrosement fait
dans l'Orangerie, il attend pour le faire jusqu'au mois d'Avril; mais j'ai
appris par mon expérience que dans ce cas les Arbres se déchargent de
leurs nouveaux fruits, à la reprise de leur pousse, parce que les pores de
leurs

leurs petites queues trop refferrés par la fécherefle, ne fauroient donner paffage à la quantité d'eau dont ces fruits ont befoin. Je trouve encore que le Limon ou telle autre terre plus ferme, rendue légère par la gelée, écoule bien plus vite fon eau, qu'une terre fablonneufe bien graffe & bien amendée. Les Curieux varient pareillement au fujet du plus ou moins d'air qu'il faut donner aux Arbres placés dans les Serres. On en trouve qui n'ouvrent prefque pas les fenêtres de tout l'Hiver, tant que les Arbres font ferrés, les laiffant croître autant qu'il eft poffible fans interruption, par le moyen de la chaleur qu'ils entretiennent dans l'Orangerie: mais c'eft ce que je ne faurois approuver, parce que dans ce cas la féve ne fe condenfe pas comme il faut; cette condenfation eft cependant néceffaire à toutes fortes de Plantes, car venant à manquer, les Arbres ne peuvent croître naturellement, ni produire de bons fruits: deforte que je m'étudie toujours à donner aux Arbres un air pareil à celui dont ils jouiffent dans leur Climat: le plus bas en Hiver, felon le Thermomètre, eft 17, au mois de Mars 19, & vers les mois d'Avril & de Mai 25 degrés.

Pour conferver les Arbres dans une Serre d'Hiver, je remarque en général qu'il faut toujours ouvrir les fenêtres en tems fec, tant qu'il ne gele pas, ou qu'il ne gele pas affez pour que la gelée puiffe pénétrer dans l'Orangerie, mais les laiffer toujours fermées quand il fait du brouillard, un tems humide, & un vent de bize; car ces vents froids de Nord, de Nord-eft & d'Eft font extrêmement nuifibles quand ils fouflent au Printems, parce que, malgré la chaleur d'un Soleil clair ils retardent beaucoup la pouffe des Arbres, fur-tout de ceux qui ont été encaiffés auparavant, ou qu'on a tenus très renfermés pendant le commencement & le fort de l'Hiver: cependant quelque forte que foit la gelée en Hiver, pourvu que le Soleil luife affez clairement pour que les vitres fe dégelent, on ouvrira toujours les volets du dedans, afin que le Soleil puiffe entrer dans l'Orangerie au travers des vitres, mais il faut les refermer auffitôt que les vitres recommencent à fe geler, car c'eft une marque que la chaleur intérieure s'oppofe au froid du dehors. D'un autre côté quand il gele pendant le jour, & que le Soleil ne luit pas, il faut laiffer toujours ces volets fermés; & quand la gelée dure & qu'elle eft rude, il faut que tout foit exactement fermé, tant extérieurement qu'intérieurement.

Quand la gelée eft fi rude qu'elle oblige à faire du feu, il faut avoir grand foin que tout foit exactement fermé, par ce rechaufement on raf-

fem-

ſemble toujours des vapeurs humides. Pour donc faire ſortir ces vapeurs, on ouvrira les fenêtres, lors même qu'on fait du feu, auſſitôt que
le tems le permettra en s'adouciſſant tant ſoit peu. Cependant, pour préſerver de tout accident les arbres voiſins, il faut mettre entre deux une
natte de roſeau ou bien un paravent de bois, & laiſſer les fenêtres ouvertes juſqu'à ce que la plus grande ardeur du feu ſoit paſſée, parce que
c'eſt alors que les vapeurs humides ſe ſèchent mieux.

CHAPITRE IV.

De la Place d'Été, & de quelle manière on y doit ſoigner les Arbres.

PLuſieurs choſes ſont requiſes pour une bonne place d'Eté ; prémierement que les Arbres ne ſoient pas trop expoſés à l'ardeur du Soleil, mais qu'ils jouiſſent d'une chaleur égale : en ſecond lieu qu'on puiſſe voir les ſommités des Arbres ; & en troiſième lieu que cette place ſoit
ſituée aux environs d'une eau pure & bonne pour les arroſemens journaliers. Pour ce qui regarde la prémière qualité, il faut qu'il y ait tout
autour de la place de grands & de bons Arbres, qui rompent les vents
violens, qui diviſent les rayons du Soleil : les meilleurs pour cela ſont de
fort hautes Haies uniment tondues, parce que les Orangers y ſont à l'abri &
ſans être ſujets à l'eau, que les branches diſtillent goute à goute, quoique
ces Haies tondues plantées près à près pour mettre à couvert des vents les
Citronniers, les Limonniers, les Orangers, ou pareils autres Arbres,
interceptent beaucoup le Soleil : les Arbres croiſſent cependant fort bien
dans ces petites partitions avec moins de Soleil ; au-lieu que ceux qui
ont pendant le jour le Soleil plus longtems, croiſſent moins bien & dé-
périſſent même d'année en année. Cela prouve démonſtrativement que
dans ce Païs les Orangers n'aiment pas un Soleil trop ardent ; ce qui eſt
cependant contraire à leur propre Climat, où ils viennent en plein air,
car en Portugal, à Goa, & ailleurs dans les Indes, ils jouiſſent d'une
chaleur plus grande, & auſſi plus égale & plus durable, qu'ils n'en ont
ordinairement chez nous, étant plantés pour la plupart dans ces Païs-là
dans des vallées ; deſorte qu'il me paroit que le retardement de leur
pouſſe provient chez nous d'une trop grande chaleur du Soleil. Cependant les Arbres n'ont pas dans ce Païs autant de chaleur qu'il le ſem-

Partie II.   Bbb   ble,

ble, le tems y étant fort inconſtant; & comme pendant que le Soleil luit
clairement, il fait un vent de bize fort qui donne aux Arbres qui ſont en-
caiſſés de telles ſecouſſes, que leurs racines en ſont dégarnies de [terre,
& que les branches de même que les feuilles ſe ſèchent, cela diviſe auſſi
tellement les rayons du Soleil, que, quoique les Arbres jouiſſent d'une
grande chaleur, ils n'ont pas celle qui eſt abſolument néceſſaire à la pouſſe, n'y ayant point de réverbération des rayons du Soleil d'où provient
la chaleur; il en eſt là comme ſur les Montagnes où il n'y a point d'a-
bri. Il en eſt tout autrement des Arbres qui ſont à l'abri de tous les
vents dans de petites partitions, car quoique le Soleil ne les éclaire pas
longtems, ils jouiſſent cependant dans ces endroits d'une chaleur féconde & égale, parce que les rayons du Soleil n'y ſont point du tout diviſés;
outre que les racines y étant immobiles tirent continuellement de l'humidité de terre, ce qui perpétue la pouſſe, ſans compter que le vent ne
peut point ſécher les branches ni les feuilles, ni en interrompre la pouſſe.

D'un autre côté, il faut pour un plus grand ornement qu'on puiſſe
voir les ſommités des Arbres; car comme le Soleil fait croître & réjouit
toute choſe, il eſt certain que les branches & les feuilles ſur leſquelles le
Soleil darde ſes rayons, qui jouiſſent d'un plein air, & que la roſée mouil-
le, ſont les plus vigoureuſes & les plus agréables à la vue, au-lieu que
les branches & les feuilles qui ont moins de Soleil, d'air & de roſée,
& qui reçoivent l'eau que les autres branches diſtillent, compoſent une
Plante mince & grêle, preſque toujours ſans feuilles, ou du moins point
colorées, ce qui déplaît extrêmement à l'œil, auſſi bien que les Arbres
qu'on ne voit que par deſſous.

La troiſième choſe requiſe dans une place pour l'Eté, c'eſt qu'elle ſoit
ſituée aux environs d'une eau pure & bonne pour les arroſemens; car il
eſt bien pénible d'aller chercher loin l'eau dont on a plus ou moins beſoin, ſelon qu'il fait un tems chaud ou ſec pour les arroſemens journaliers,
& ſur-tout quand on a beaucoup d'Arbres.

Voyez dans le *VI. Chap.* du *I. Liv.* de cette *II. Partie*, quelle eſt la
meilleure eau pour les arroſemens des Arbres, & comment on doit s'y
prendre; car on y traite particulierement de l'eau.

Il ne faut pourtant pas tranſporter tout-à-coup de la Serre d'Hiver les
Arbres dans une telle place d'Eté, mais il faut les accoutumer peu à peu
à l'air & au Soleil, en les plaçant pendant quelques jours dans des endroits un peu renfermés, comme ſous de hautes Haies tondues, où ils

ſoient

foient garantis de l'ardeur du Soleil; on les y laissera pendant huit ou dix jours.

Quelque beau que le tems nous paroisse, il ne faut pourtant jamais tirer hors de la Serre avant la mi-Mai, les Citronniers, les Limonniers, les Orangers, les Mirtes & tels autres Arbres; parce que nous apprenons par l'expérience, que même au commencement de Juin il fait un tems inconstant, froid, & même quelquefois accompagné de gelée; outre que lorsqu'il fait un tems d'Eté au Printems, il se change souvent au commencement de Mai en un mauvais tems accompagné d'un vent fort froid de grêle & de neige.

Quant aux Arbres qui ont été encaissés depuis le mois de Février, jusqu'au tems qu'on les tire de la Serre, on doit les mettre encore plus à l'abri, & les accoutumer ainsi insensiblement à la grande chaleur du Soleil; car les tendres jets qu'ils ont poussés dans la Serre ne sauroient résister à une grande chaleur ni à des vents forts; il faut encore y accoutumer plus insensiblement ceux qui ont poussé plus d'un seul jet dans la Serre, parce que plus ces jets sont longs, moins leurs feuilles résistent, ces feuilles devenant comme de la corne, le nombre prodigieux de pores qu'ont la plupart des feuilles d'Orangers se resserre trop, de manière que les rayons du Soleil au-lieu de passer au travers, grillent la superficie des feuilles, & les brulent même quelquefois entierement.

Il faut avoir soin, quand on sort les Arbres, que les Pots ou les Caisses ne reposent jamais sur terre; prémierement, parce que si le Jardinier négligeoit de les tourner par ordre quand il en est tems, il pourroit arriver que les racines ayant pénétré au travers des trous en terre, y tiendroient: or cela fait qu'on blesse ou qu'on rompt les racines quand on transporte les Arbres, ce qui n'en retarde pas seulement la pousse, mais cause aussi corruption aux endroits blessés ou rompus. En second lieu, pour empêcher que les Vers ne montent au travers des trous; puisque ces Vers n'absorbent pas seulement la graisse de la terre, mais font aussi des trous autour des racines, par lesquels l'eau des arrosemens s'écoule trop subitement. En troisième lieu, pour que les Pots ou les Caisses soient moins sujets par dessous à se salir, & afin de les mieux conserver. J'avoue cependant que les Pots ou les Caisses posées de plat à terre, n'ont pas besoin de tant d'arrosemens, parce que l'humidité de la terre y monte au travers des trous; c'est pour cela qu'il y a des Jardiniers qui les posent ainsi par paresse, prétextant que les Caisses ayant par dessous un rebord d'un pouce & demi ou de deux pouces,

&

& que le fond de ces Caiſſes étant bien encore à deux pouces du fond, ne touchent point à terre, on les poſera néanmoins ſur des planches pour les raiſons que je viens d'alléguer, & même les grandes Caiſſes ſur des ſoliveaux en croix faits à cet uſage, & élevés au-deſſus de terre du moins de l'épaiſſeur d'une brique.

Quelques précautions qu'on prenne en tranſportant les Arbres dans la Serre d'Hiver, ou en les en tirant, il arrivera pourtant toujours plus ou moins, que les racines ſeront dégarnies de terre, à proportion de la grandeur de leurs coüronnes; deſorte qu'on doit avoir ſur-tout d'abord grand ſoin, quand une fois ils ſont placés, de les arroſer beaucoup, de manière que l'on puiſſe voir que l'eau s'écoule plus ou moins par le bas, afin que la terre ſoit par-là en état de ſe joindre & de ſe reſſerrer de nouveau. On ne ſauroit donner des règles pour les autres arroſemens d'Eté; car cela doit ſe faire à proportion que la Saiſon eſt plus ou moins bonne, que les Arbres pouſſent vigoureuſement, qu'ils ont de grandes Couronnes, & qu'ils ſont chargés de fruits. J'ai dit déja ci-devant qu'on a traité cette matière dans le *Chap. VI.*

❦❧❦❧❦❧❦❧❦❧❦❧❦❧❦❧❦❧

CHAPITRE V.

De la manière de tailler les Citronniers, les Limonniers & les Orangers, tant dans l'endroit où ils ſont renfermés pendant l'Hiver, que dans celui où ils ſont pendant l'Eté.

LEs règles générales concernant la taille de ces Arbres ſont les mêmes que celles qui regardent nos Arbres fruitiers, dont il faut cependant excepter l'Oranger, parce qu'il en faut conſerver les plus vigoureuſes branches, plus que de tout autre Arbre, & qu'il en faut retrancher les rejettons trop abondans, de même que le bois grêle & mince, que l'Oranger produit naturellement; ces branches n'étant pas en état de produire des fleurs bien nourries, ni, par une ſuite néceſſaire, de bons fruits.

Le Limonnier, au contraire, pouſſe ordinairement de groſſes branches droites; c'eſt pour cela qu'il faut les racourcir davantage, & laiſſer intérieurement plus de petit bois, afin que l'Arbre ſoit garni de feuilles, & remédier ainſi au mauvais coup d'œil qu'offrent par-là ces branches ou bras tout dégarnis.

Le

Le Cédrat ne fait pas du bois fi tortu que l'Oranger, ni d'auffi groffes & d'auffi droites branches que le Limonnier : pour cette raifon il faut le racourcir plus que l'Oranger, moins que le Limonnier.

Le but de la taille eft principalement d'aquerir de belles Couronnes, & des fruits parfaitement beaux.

La beauté de la Couronne confifte en ce qu'elle ait la figure d'un cercle plat arrondi, fans qu'une branche paffe l'autre, & que les branches foient en état de produire de bons fruits, fe foutenant d'elles-mêmes fans être liées; que de plus elles foient bien garnies par-tout de feuilles, enforte qu'on n'y voie point de bras dégarnis. Pour leur donner cette forme il faut laiffer annuellement croître plus ou moins librement les Arbres, felon qu'ils croiffent avec vigueur, pour le plus cependant, quand il s'agit d'Arbres à couronne, fix pouces tout autour : de plus pour n'en pas perdre entierement la pouffe, & pour les engager à pouffer des jets vigoureux, on retranchera ou pincera tous les jets furnuméraires quand ils commencent à paroître, & on racourcira les autres; & on taillera toujours comme mauvais le bois mince & grêle. De plus, pour former la Couronne, il ne faut jamais que les branches d'un côté aident à la former de l'autre, deforte qu'on les retranchera toujours, puifque l'intérieur de la Couronne doit être formé de branches droites; outre qu'on peut tourner de tous côtés au Soleil ces Arbres encaiffés (ce qui doit auffi fe faire toutes les trois femaines), afin que la Couronne en foit partout égale.

En général il faut avoir foin de tailler fort uniment les branches & fur-tout les groffes, fans y laiffer aucuns moignons; après quoi il faut couvrir de cire préparée les endroits coupés des groffes branches.

Outre cette taille-là il s'en fait encore une autre; elle confifte dans l'abatis de la tête ou de la Couronne, ce qui fe fait pour empêcher que l'Arbre ne devienne tout-à-fait difforme, fa vieilleffe ne lui permettant pas de pouffer chaque année de bonnes branches & des feuilles bien nourries, & dépériffant ainfi d'année en année. Ou parce que la tête ayant été maltraitée, a été réduite dans un état, que, fans cette opération, elle ne fauroit avoir une belle figure, ou bien auffi parce que l'Arbre eft devenu languiffant, faute d'avoir été bien foigné, planté, tranfplanté, arrofé, préfervé du froid, &c. de manière qu'il eft néceffaire qu'on lui coupe la tête, & qu'on faffe en même tems la taille de fes racines.

Voyez pour ce qui regarde la taille des racines le *I. Chap.* du *II. Liv.*

 de

de la *I. Partie*, où l'on traite des Arbres en général.

Le tems le plus convenable pour couper la tête aux Arbres, & pour la taille des grosses branches, est la mi-Février, sur-tout quand on peut placer dans la Serre nommée *Trek-kas*, les Arbres auxquels on a fait cette opération. Il ne faut laisser aux branches des Arbres dont on a coupé la tête, que la largeur d'une main au plus, & si cela peut se faire sans inconvénient, trois ou quatre de ces branches ravalées au plus gros Arbre, toutes les autres devant être taillées uniment joignant le tronc, & être d'abord toutes couvertes de cire comme il a déja été dit: il ne faut pas laisser non plus les moindres petites branches minces aux branches ravalées, parce que ce sont ces moignons qui poussent des jets vigoureux, propres à former en peu de tems une belle tête. Les autres jets surnuméraires doivent être d'abord pincés de la main, dans le tems qu'on laisse croître les autres au point qu'il le faut pour pousser de nouvelles branches propres à former la Couronne: se conduisant alors, par raport à la taille & au ravalement, selon que la pousse & l'état de l'Arbre le demandent. Par ce pincement des nouveaux jets on empêche aussi que les vigoureuses branches ne deviennent des bras dégarnis, parce qu'alors elles crevent intérieurement, & poussent ainsi de jeunes branches bien nourries & bien garnies de feuilles, que l'on conserve soigneusement, retranchant pour lors les vieilles.

Pour avancer la maturité du fruit, on arrêtera la pousse des nouveaux jets, en les rognant lorsqu'ils commencent à bourgeonner, parce que la vigueur de l'Arbre passe alors mieux dans le fruit.

CHAPITRE VI.

De quelques Citronniers, Limonniers, & Orangers.

Ferrarius (*de cultura Malorum Aureorum Cap. VII*) donne divers noms au Citronnier, l'appellant aussi *Malum Cedrium*; on le connoît en Hollande sous le nom de *Cedraet*, & en François sous celui de *Cédrac*, ou *Cédrat*. A l'en croire le Cédrat & le Citronnier ont la même forme, mais comme la figure & la description du fruit qu'il donne ne ressemble nullement à notre Cédrat, il faut que ce soit une autre espèce: le Cédrat de ce Païs ayant une peau plus fine, mais plus

bou-

outonnée, de couleur jaune clair, comme la *1. Fig.* ci-jointe le démon-
re: il a, quand on l'a coupé en deux, dix pellicules sans pepins; il est
lein d'un jus aigrelet fort agréable; ses branches sont garnies de pi-
uans fort affilés. Ferrarius en indique dans son *prémier Livre* cinq es-
èces différentes, & Commelin dans son *Hesperides des Païs-Bas*, qua-
e, ajoutant que le Citron qui a une figure différente des autres est un
eu de la Nature.

Ferrarius compte jusqu'à cinquante-cinq espèces de Limonniers; mais
Commelin dit qu'il n'en connoit que sept, ajoutant que le Limon d'une
gure difforme est un jeu de la Nature, & précisément le même que ce-
li de Sbardonius.

Ferrarius dans son *IV. Livre* compte vingt différentes sortes d'Oran-
ers, & Commelin ne fait mention que de neuf: mais depuis eux j'ai
ppris à en connoître plusieurs autres sortes, quoique je convienne avec
errarius, qu'il y en a beaucoup qui ne sont qu'un jeu de la Nature.

Parmi ces espèces Ferrarius & Commelin mettent l'Orange douce de
isbonne, laquelle cependant je trouve être non seulement différente,
uant au fruit & à la feuille, mais qu'elle demande même une tout au-
e culture que l'Oranger.

Si le Lecteur est curieux d'en savoir davantage sur ce sujet, il n'a qu'à
onsulter Ferrarius & Commelin, ne trouvant nullement nécessaire de
opier ici ce qu'ils en disent, aimant mieux en décrire quelques autres sor-
es singulières ou bâtardes, qu'on a appris à connoître depuis Ferrarius.

Parmi celles-ci méritent le prémier rang plusieurs sortes de *Cédrat
Hermaphrodite*, connu sous le nom de Bisarré. Le Professeur Herman
appelle dans son *Horto Academiço Lugduno-Batavo*, *Malus Arantia
Hermaphrodita*, *fructu medio Citrio*, *medioque Arantio odoratissimo*;
our moi je ne le nomme point Orange, mais *Cédrat Hermaphrodite*,
arce que la moitié de la chair intérieure est toute blanche, & qu'il tient
ès peu du goût de l'Orange. Ces sortes n'ont pas été connues dans
e Païs ni de Ferrarius ni de Commelin, ce dernier n'en faisant point
ention: il paroit même qu'Herman ait ignoré, qu'outre les espèces bâ-
rdes, elles produisent aussi du Cédrat parfait, & de véritables Oranges.

J'ai eu non seulement à la même grefe, mais j'ai vu aussi sur une seu-
e petite branche, à deux Arbres de différentes sortes, trois fruits par-
itement nourris & mûrs, accompagnés de quantité d'autres, lesquels
ai fait parvenir par le moyen de ma grande Serre nommée *Trek-kas*, à
ne grosseur parfaite, & que j'ai cueillis le 12 de Décembre 1711, &
fait

fait deffiner : deux de ces fruits font entierement Cédrat, deux entiereme[nt]
Orange, & plufieurs autres mêlés, tant par moitié que plus ou moir[s]

La *Fig.* 2. repréfente le Cédrat (approchant du Limon) en fon enti[er]
avec fes feuilles, & auffi coupé par le milieu; l'écorce en eft un peu rud[e]
d'un beau jaune, & un peu plus haute en couleur que ne l'eft commun[é]
ment l'écorce du Limon doux. La moelle eft divifée par neuf pellicule[s]
pleine d'un jus agréable & fort, quoiqu'aigrelet, fans aucun pepin. L[a]
chair eft raifonnablement épaiffe, agréable au goût : elle a tout autou[r]
comme auffi dans la moelle, de petits trous ronds; les feuilles font pa[r]
faitement égales à celles du Cédrat.

La *Fig.* 3. repréfente l'Orange entière, & la *Fig.* 4. le *Bifarré* o[u]
l'*Hermaprodite*, coupé pareillement par le milieu, ayant neuf pellicul[es]
fans aucun pepin. L'Orange a une écorce liffe & amère, elle eft ext[é]
rieurement de la couleur d'une Orange commune, d'une figure un pe[u]
plus longue, quoique très ronde, ayant par deffous un petit cercle. L[a]
chair en eft fort mince, & d'un blanc tirant fur le jaune. La moel[le]
paroit être encore d'un rouge plus foncé que l'écorce; elle eft pleine d'u[n]
jus aigrelet fort, mais agréable. Les feuilles ont de petits cœurs, & fo[nt]
parfaitement femblables à celles des Orangers. Le Bifarré & tels autr[es]
fruits mêlés font par dehors les uns plus femblables à l'Orange, les autres fo[nt]
moitié Cédrat & moitié Orange, & d'autres extérieurement reffembler[t]
plus au Cédrat & moins à l'Orange; la plupart font crochus comme le b[ec]
d'un Perroquet. L'écorce du Cédrat Bifarré eft un peu rude, comme [le]
Cédrat pur, mais d'une couleur qui tire un peu plus fur le jaune, & qui e[ft]
moins divifée par moitié ou en plus petites partitions, mais par des rai[es]
plus ou moins larges, comme on en peut juger par le bourgeonnemen[t]
car quand le Cédrat fe trouve dans l'Orange, il bourgeonne davantag[e]
& l'Orange rentre davantage. Ce qui étoit Cédrat ou Bifarré avar[t]
que d'être parfaitement mûr, avoit la même odeur que la Tulipe jaur[e]
couronnée, mais un peu plus piquante, & à mefure qu'il meuriffoit d[a]
vantage, il avoit en même tems une odeur mêlée auffi agréable que ce[l]
le du Cédrat, de l'Orange & de la Tulipe en queftion. Cette Orar[n]
ge mêlée a la couleur un peu plus foncée que celle qui eft tout-à-fa[it]
pure, & que celle qui eft liffe & amère. L'écorce du Cédrat eft d'u[n]
goût auffi agréable que l'eft celui du meilleur Limon. La chair, quan[d]
il eft entamé, eft à l'endroit où fe trouve le Cédrat, d'un blanc tirar[t]
fur le bleu, & raifonnablement épaiffe, & moins blanche & moins é[?]
paiffe à l'endroit où eft l'Orange, mais tirant fur le jaune, étant auf[fi]

plu[s]

Fig. 6.
Fig. 5.

plus coloré tout comme l'écorce extérieure. La moelle eſt auſſi blanche, mais elle paroit plus ou moins jaune à l'endroit où eſt l'écorce d'Orange, d'un goût aigrelet fort agréable, ſemblable à celui du Citron. Quant au fruit où il y a le plus d'Orange, l'écorce en eſt d'une couleur beaucoup plus foncée & plus rude, plus relevée en boſſe. La chair intérieurement ſéparée, tout comme celle qui ſe trouve par moitié; le goût de l'écorce de la chair, de même que du jus, ſuivent la nature de chacun de ces fruits. Les feuilles ſuivent la nature des fruits, car à l'endroit où il y a le plus d'Orange, elles ont à leurs extrémités un petit cœur un peu long, & le verd foncé abſorbe auſſi celui qui eſt plus pâle. Là où il y a plus de Cédrat, les feuilles n'ont point de ces petits cœurs, & ſont auſſi plus ſemblables à celles du Cédrat, & le verd foncé ne s'y trouve pas tant. Les feuilles du Biſarré ſont d'abord rougeâtres, un peu longues, retirées, & quelques-unes anguleuſes. Le Cédrat vient à l'endroit où le bois, qui ſe trouve par-tout garni de piquans, eſt le plus mince; & les feuilles d'Orange, à l'endroit où le bois croît avec le plus de vigueur, & cela de manière qu'un Arbre fort vigoureux deviendra entierement Orange, ſi on ne lui taille point ce qui eſt Orange.

Les Arbres de cette eſpèce ſont plus délicats que les Limonniers, & ne ſauroient produire dans ce Païs du fruit mûr, ſi ce n'eſt par le moyen d'une prolongation artificielle de l'Eté dans la Serre. La fleur de cette Orange eſt blanche comme celle de l'Orange commune.

Celles du Cédrat ſont d'abord rougeâtres, comme celles du Citron; & celles du Biſarré ſont mêlées, & quand le fruit eſt encore petit, il paroit verd avec de petites élévations rouges. Le bois eſt un peu tortu, gris entre le tronc du Cédrat & de l'Orange.

J'ai encore vu croître à un même Arbre chez moi ces trois fruits différens ſavoir, l'*Hermaphrodite* repréſenté dans la *Fig.* 4. le *Limon Bergamot* dans la *Fig.* 5. & l'*Orange* dans la *Fig.* 6. leſquels étant coupés par le milieu, different très peu du Cédrat Biſarré repréſenté ci-devant, de même que l'Orange, excepté qu'ils ont par dedans dix pellicules.

Le *Pompelmoes*, *Fig.* 7. repréſenté au naturel, & dont la circonférence eſt de 20 pouces, meſure de Rhinlande, n'eſt pas connu ni de Ferrarius ni de Commelin: il a été tranſporté dans ce Païs de Suriname; & il y a été de tems en tems cultivé. Il y en a de deux ſortes, qui de même que les autres plantes qu'on cultive dans des Pots ou dans des Caiſſes, croiſſent vigoureuſement, & deviennent de beaux Arbres. Leur bois a la même couleur que celui du Limon; leurs branches ſont fortes &

Partie II. C cc gar-

garnies de piquans; leurs feuilles font d'un verd moins foncé que celle
d'Orange, mais plus grandes, un peu plus longues & un peu retirée
vers le milieu, & n'ont point par derrière de petits cœurs. Le fruit de
la plus grande forte eft ovale, rentrant un peu vers la fommité, & plu
mince dans de certains endroits comme une Poire. La couleur de l'é
corce eft d'un jaune clair, pareille à celle d'un Limon frais, & tique
tée comme elle: fa moelle a dix pellicules, & plufieurs pepins dans le
milieu. La chair en eft d'un blanc tirant fur le jaune: il a un goût dou
ceâtre un peu gras, mêlé d'une petite pointe d'amertume, à peu prè
comme celui d'une Enule-campane confite. Le jus a une couleur jaune
tirant fur le rouge. Le fruit de la plus petite forte eft rond, mais plat
plus reffemblant à l'Orange; ayant, au refte, la même circonféren
ce que l'autre: fa moelle eft moins amère, mais plus rougeâtre: fe
feuilles ont par derrière un grand cœur, mais elles reffemblent d'ailleur
à celles de l'autre efpèce dont on a donné la defcription.

Bergamote: il y en a de deux fortes, favoir le Limon & l'Orange
dont la prémière eft un peu longue, & l'autre, favoir l'Orange-Berga
mote, eft parfaitement ronde, confervant par deffous au milieu du
fruit, le centre de la fleur; elle a des feuilles retirées, telles que la *Fig*
8. les repréfente avec le fruit; la couleur & le goût de l'écorce & du ju
reffemblent à plufieurs égards au *Pompelmoes*, & n'en diffèrent d'ail
leurs guère que par la groffeur: elle a intérieurement onze pellicules
mais point de pepins.

L'Orange verte & douce rofat, en Hollandois *de Groene zoete geroof
de Oranje*, *Fig.* 9. eft un fruit fort connu à Batavia dans les Indes
c'eft un Arbre très vigoureux, dont les feuilles font d'un verd pâle
comme auffi l'écorce, laquelle eft un peu rude; le fruit a intérieuremen
huit pellicules, & un jus très agréable.

La *Fig.* 10 repréfente un fruit pareil, mais boutonné, & d'un ver
plus foncé, ayant intérieurement onze pellicules, pleines d'un jus dou
& auffi très agréable. La couleur intérieure de ces deux fruits eft com
me celle de l'Orange douce commune.

Orange Turque. Ses feuilles font vertes, mais elles ont des taches pâle
qui pénètrent au travers; elles font de plus un peu longues & étroites
& pour la plupart par-ci par-là anguleufes; quand pour avoir pouffé tro
vigoureufement, ces Arbres s'abâtardiffent, les feuilles deviennent plu
larges & font fans taches; & quand ils s'abâtardiffent faute de croître
les feuilles en deviennent encore plus étroites & plus tachetées, & alor

O

Fig. 7.

Fig. 8.

J. Waaddaar sc.

Fig.9.

Fig. 10.
J. Wandelaar fecit.

on les appelle Orangers à feuilles de Saule. Cet Arbre paroit être le même que Ferrarius nomme *Aurantium ſtriatum.*

REMARQUES EXACTES

Touchant la manière de cultiver les

VIGNES

Et d'avoir infailliblement des Raiſins dans des Serres artificiellement rechaufées.

IL faut que les Vignes, tant celles qu'on fait croître par le moyen du feu que par la chaleur du Soleil au travers des vitres, ſoient plantées dans la Serre même, mais de telle manière cependant que leurs racines puiſſent s'étendre au long & au large, & auſſi vers le bas dans la terre commune. Les Serres doivent être conſtruites, ſelon le deſſein indiqué dans la Planche ci-jointe. La *Fig.* 1. eſt la plaque droite, traverſée par le tuyau ou conduit de la fumée d'une Serre à vignes artificiellement rechaufée de cinq chaſſis de vitres, où l'on fait du feu de deux côtés.

La *Fig.* 2. eſt la plaque droite, traverſée par les trois conduits de la fumée (dont les deux inférieurs ſont couverts de Carreaux de brique), avec la muraille de derrière & la cheminée.

La *Fig.* 3. repréſente la même Serre droite par devant, ayant au haut cinq petits volets pour donner de l'air, & deſſous les vitres tout du long une planche clouée à de petits piquets, qui deſcend juſqu'à terre.

La *Fig.* 4. eſt le profil avec la muraille droite, & la petite muraille double, comme auſſi entre deux le prémier conduit de la fumée: ce qui paroit au devant c'eſt la terre qui eſt dans la Serre, qui ſe réunit avec le fond extérieur.

La *Fig* 5. eſt la même Serre en perſpective.

Suivant ce deſſein on peut auſſi conſtruire des Serres de quatre chaſſis de vitres & avec trois conduits pour la fumée, où l'on ne faſſe le feu que d'un ſeul côté; mais pour lors avec cette différence, que la cheminée ne doit pas être placée dans le milieu, mais au bout de la Serre.

Quant à ces Vignes il faut remarquer, que celles qu'on tâchera d'a-vancer par le secours du feu, doivent avoir crû l'année précédente en plein air, sans avoir été couvertes de vitres; parce que le bois de celles qui ont ainsi été sous des vitres, ne pousse pas assez vigoureusement dans les Serres; que plusieurs boutons s'en perdent, & que même quantité de grapes se changent en vrilles. De toutes les sortes de Raisins, qu'on cultive ainsi de primeur, les meilleurs sont ceux que nous nommons en Hollande *Water-zoeten*, & de ceux-ci encore les meilleurs de tous sont ceux que nous appellons *vroege van der Laan*. Pour faire encore mieux connoître cette culture, je joindrai ici quelques expériences curieuses.

A la mi-Novembre je fais la taille aux Vignes de la Serre; mais quant à cela il faut se souvenir, qu'on doit la faire au dessus d'un bouton, lequel cependant ne doit jamais être des plus gros, non seulement parce que croissant trop vigoureusement il pousseroit deux jets ou plus encore, mais aussi parce que cela feroit souvent changer les grapes en vrilles. Si cependant quelque ignorant l'avoit fait ainsi, & si on s'en apperçoit, on ne coupera jamais le jet surnuméraire, mais on le rognera au dessus de la dernière grape, (on ne doit y laisser que deux grapes), & l'on arrête-ra ainsi la pousse, & l'on empêchera souvent par ce moyen que la grape ne se change en vrilles.

Les Chassis de vitres furent mis devant la Serre le 15 de Décembre, le 7 de Janvier on commença dans une Serre de cinq chassis à faire de deux côtés un feu de quatre tourbes, au milieu desquelles on mit des charbons tout allumés ou à demi-allumés.

Cela fait on eut jusqu'au 8 de Février un tems d'Hiver doux avec peu de Soleil, cependant la Serre ne fut jamais couverte par devant. Le 9 de Février je la couvris pendant la nuit avec de simples nattes de ro-seaux, & ensuite avec des doubles jusqu'au 19; mais comme il commen-ça à geler plus fort, je pendis encore sous les nattes de roseaux, d'épais-ses couvertes de poil, & l'on couvrit aussi d'une couverte de poil les pe-tits volets d'en-haut.

Le 20, le 21 & sur-tout le 22 de Février il gela rudement, de maniè-re que le Thermomètre placé hors de la Serre étoit 8½: depuis le 20 de Février jusqu'au 17 de Mars, il gela le plus par un tems clair & un beau Soleil, & quoique l'air fût quelquefois couvert, la Serre avoit pourtant toujours été découverte pendant le jour. Pendant le plus rude froid je faisois des deux côtés un feu de quatre tourbes, avec deux par dessus,

sans.

fans le feu intérieur, lequel, quand l'air étoit couvert, je renouvellois trois fois, favoir le matin de fort bonne heure, vers midi, & le foir à neuf heures; mais quand le Soleil luit on ne fait que deux feux en 24 heures. Le 22 de Février après la nuit froide dont je viens de parler, le Thermomètre placé dans la Serre étoit le matin à 22; mais le 26, quoiqu'il fût à 10 hors la Serre, il étoit feulement à 20 dedans, parce que le Soleil n'avoit pas tant paru le jour précédent.

Jufqu'au Mois de Mars le Thermomètre étoit prefque toujours le matin a 24; & après le 10 ou le 12 de Mars à 25, & 26, & de jour, à mefure que la faifon devenoit plus belle, à 29, 30, & auffi à 35, & pour le plus à 37, fans Soleil. Après le 17 de Mars jufqu'au 27, & auffi le 29, il fit un très mauvais tems pour les Plantes ferrées; comme auffi depuis le 4 d'Avril, que je fis de nouveau foir & matin du feu, ce que depuis le mois d'Avril je n'avois fait que le foir. Le matin le Thermomètre ne fut jamais plus bas que 25, & quelquefois 27, 28, & rarement 30.

Je ne fis point du tout de feu le 12 d'Avril jufqu'au 18; mais alors il fit un tems pluvieux fi mauvais & fi froid, que je fis encore du feu foir & matin.

Depuis le 1 de Mai jufqu'au 11 je fis quelquefois deux feux, parce qu'il y avoit des jours très rudes; mais le plus fouvent je n'en fis qu'un par jour, ce que je fis même une fois le 22 de Mai.

Le 9 d'Avril le Thermomètre du dehors par un tems de pluie étoit à 26, & le 12 à 24 que j'otai les chaffis, pour que la pluie arrofât les Vignes, quoique le fond intérieur eût fouvent été arrofé avec de l'eau de pluie froide.

Auffi longtems qu'il ne parut point de feuilles aux Vignes, je ne donnai pas d'air par le haut, mais dans la fuite je lui donnai entrée en toute occafion; c'eft ce que je fis le 6 de Février en ouvrant entierement les cinq petits volets d'en-haut jufqu'à Midi, le Soleil luifant clairement & le vent étant Sud-oueft. En général je donne toujours de l'air quand le Thermomètre eft à 33 ou plus haut. La nuit je n'ouvre ordinairement pas tant les volets, & je pends par deffus des couvertes de laine.

Par cette pratique les boutons de la Vigne commencèrent le 25 de Janvier à fe gonfler fenfiblement, ils étoient ouverts le 2 de Février & le verd ayant paru fe trouva être déja le 5 de Février de la longueur du doigt. Le 12 de Mars je lui fis la prémière taille. Le 15 ils fleuriffoient tous,

Ccc 3

&

& le 27 de Mars ils avoient entierement achevé de fleurir.   J'en coupai les prémiers Raisins mûrs le 23 de Mai, & le 19 de Juin les dernières grapes plus tardives.   Je trouvai que je les avois trop couverts pendant la nuit, car le Thermomètre avoit souvent été le matin plus qu'à 25.

Après que ces piés de Vignes eurent fait l'Eté suivant de très mauvais bois, on les coupa au mois de Novembre à un bon demi-pié au dessus de terre, ces piés poussèrent l'année d'après en plein air des sarmens très vigoureux, dont je coupai l'Eté suivant (c'est-à-dire le troisième Eté après qu'ils eurent produit du fruit dans la Serre), quantité de très bons Raisins.

Leur pousse ayant continué jusqu'à la mi-Octobre, ils se dépouillèrent de leurs feuilles, ce qui m'engagea à leur faire la taille le 28.

Au commencement de Novembre il gela pendant cinq jours & autant de nuits, mais pas fort, le Thermomètre, quand il fit le plus froid, n'étant qu'à $14\frac{1}{2}$, après cela pendant sept jours de suite il ne gela point; mais au bout de ce tems-là il gela encore un peu plus fort, le Thermomètre étant depuis le 13 de Novembre jusqu'au 29, $14\frac{1}{2}$ 13, $12\frac{1}{2}$, $14\frac{1}{2}$, 13, $12\frac{1}{2}$, $11\frac{1}{2}$, $13\frac{1}{2}$, 13, 11, 11, 10, 12, 13, & $12\frac{1}{2}$, après quoi il dégela, excepté quelques nuits en Décembre.

Je mis le 19 de Décembre les vitres devant les Vignes, & je commençai le 1 de Janvier à faire des deux côtés de la Serre un feu de cinq tourbes, sans le feu du milieu, je veux dire quatre tourbes en quarré & une par dessus.

Pendant le mois de Janvier il gela si peu, que les petits Fossés ne furent que trois fois un peu gelés, le Soleil luisit peu, & il tomba beaucoup de pluie: on couvrit seulement la Serre pendant la nuit de simples nattes de roseaux; cependant on ne voyoit aucun changement aux boutons jusqu'au 14, mais après ce tems-là ils se gonflèrent si subitement, que le 17 ils étoient déja jaunâtres.   Jusques là je n'avois point donné d'air, mais je commençai alors à en donner, selon le tems qu'il faisoit, en ouvrant deux ou plus de petits volets, quelquefois tous les cinq, depuis dix ou onze heures, jusqu'à deux & demi ou trois heures.

Ces Vignes avoient déja poussé de fort longs jets le 26 de Janvier, sans qu'il y parût cependant aucune grape, desorte que craignant de les avoir trop précipitées, je ne les fis plus couvrir pendant la nuit de nattes de roseaux: malgré cela le matin le Thermomètre pour le plus bas étoit à 25, quelquefois aussi à 26 & 29, étant de jour en plein air à 16,

17,

17, 18, 19 & 19½, & dans la Serre sans Soleil, de jour ordinairement à 29, 30, & rarement à 33. Je vis quantité de petites grapes le 28 de Janvier; mais le 2 de Février je crus qu'elles croissoient avec trop de vigueur, le Thermomètre étant le soir en plein air à 17; desorte que je laissai pendant la nuit tous les petits volets ouverts de la largeur d'une main: par ce moyen le Thermomètre étoit le matin dans la Serre à 21, & dehors à 16, faisant quelquefois du brouillard & quelquefois un beau Soleil, le jour à 31 & 32; pendant ces mois le Thermomètre étoit,

	Dans la Serre.			Dans la Serre.	
Janvier.	bas.	haut.	Février.	bas.	haut.
1	19	23	1	26	29
2	19	24	2	21	32
3	19½	25	3	22	26
4	18	23	4	24	36
5	19	24	5	22½	30
6	20	24½	6	22½	25
7	20½	25	7	21½	30
8	21	26	8	22½	30
9	23	27	9	23	31
10	24	28	10	22	28
11	26	27	11	22½	27
12	26	28½	12	23	28
13	26	27	13	24	33
14	24	30	14	24	33
15	25	29	15	25	34
16	24	26	16	24	30
17	26	29	17	24	29
18	26½	30	18	24	28
19	26	29	19	23½	27
20	26½	30	20	23	27
21	26	28	21	25½	28
22	26	29	22	25½	27
23	27	28½	23	24	28
24	26	34	24	24	28
25	24	29	25	24	28
26	25	29	26	26	35
27	26	27½	27	26	35
					28

Janvier.	Dans la Serre.		Février.	Dans la Serre.	
	bas.	haut.		bas.	haut.
28	25	28	28	25	35
29	26	30			
30	26	31			
31	27	33			

Il fit le 1, 2, 3, 4, 6, 8, 9, 10, 14, 15, 16, 26, 27, & 28 de Janvier un beau tems, & accompagné d'un Soleil fort clair, très peu de vent & point du tout de pluie : jufqu'au prémier de Février je n'avois été qu'un jour fans donner de l'air, j'en donnois même tous les jours par un tems de gelée, froid & chargé de brouillard, tels qu'étoient le 17, 18, 19, 20, 21, 22, 23 & 24 de Janvier, en ouvrant à moitié un volet & en couvrant cette ouverture d'un fac à laine qui venoit jufqu'aux vitres, & la Serre pendant la nuit de fimples Nattes de Rofeaux, que j'otois le jour depuis onze heures, même quand il faifoit un air froid & chargé de brouillard ; le plus grand froid en plein air étant 12. Ce ne fut que le 21 que je fis trois petits feux de fix tourbes ; mais les autres jours je n'en fis que deux. Le 21 & le 22 je donnai de l'air par un petit volet & au travers d'un fac à laine, le Thermomètre étant en plein air à 12½ la nuit, & à 14 le jour.

Le 23 je n'employai plus la couverture de Nattes pendant la nuit, je ne fis auffi qu'un feu de cinq tourbes comme à l'ordinaire ; le Thermomètre en plein air étoit la nuit à 14, & le jour à 17½.

Le 8 de Février je pinçai le bout de quelques farmens, & taillai à deux yeux une branche qui n'avoit point de grapes ; le 24 il y avoit au milieu de la Caiffe en bas contre la petite muraille une grape de fleurie, laquelle fut coupée mûre le 16 d'Avril ; le 26 il y en avoit plufieurs autres de fleuries : ce jour là il fit auffi un tems fort doux, dont je profitai pour faire la taille d'Eté générale, & pour couper les vrilles ; pendant neuf jours l'air avoit été couvert, chargé de brouillard & difpofé à la gelée.

Le 10 de Mars en plein air le Thermomètre étoit à 21 ; je fis alors en tems de bourafques la feconde taille d'Eté.

Le 12 de Mars tous les Raifins avoient achevé de fleurir ; je découvris à trois ou quatre grapes des grains gros comme de gros pois verds. Le 16 & le 17 de Mars je craignis que pendant la nuit il ne gelât fort, le Thermomètre en plein air étant à 14 ; deforte que j'ordonnai qu'on

re-

remît la couverture de Nattes de roseaux, mais cela fut inutile, parce que le Thermomètre dans la Serre étoit le matin à 27, ce que je pense être trop haut. Depuis le 20 de Mars jusqu'au 27 il fit un tems extraordinairement clair & beau, desorte que le feu ordinaire étoit trop chaud; le Thermomètre sans Soleil, & avec les volets ouverts monta à 41: de manière que je fus obligé le 24 de faire mettre à onze heures & demi des Nattes de roseaux devant les vitres, & j'ordonnai qu'on ne mît au feu que trois tourbes & une par dessus: cependant il resta encore le matin à 26, (Je donne toujours de l'air, quand sans Soleil le Thermomètre est à 30, par un, deux, trois, quatre, ou tous les volets ensemble, le degré le plus convenable étant pour cela, 35, 36, 37, 38, & pas plus haut) le 28 de Mars il avoit assez gelé, étant à douze en plein air, & comme la Serre n'avoit pas été couverte jusques à cinq heures du matin, & que le feu n'avoit été que de quatre tourbes, il étoit dans la Serre même seulement à 23. Le 29 je ne donnai point d'air, parce que le vent souflant violemment de l'Est & du Nord, il faisoit extrêmement froid: j'ordonnai pour cela de couvrir avec des doubles Nattes, par ce moyen le Thermomètre étoit le matin à 25, & pendant le jour en plein air depuis 33 jusques à 35, & ensuite au commencement d'Avril pendant le jour & avec les volets ouverts, depuis 37 jusqu'à 39. Le 30 & le 31 de Mars, le 1, 2, 3, 4, de Mai, sur-tout le 5 d'Avril il gela fort (eu égard à la Saison) dans la matinée; j'employai la couverte de Nattes de roseaux simples, & ne fis qu'un feu de trois tourbes: malgré cela le Thermomètre étoit le matin à 25 & 26, & le 7 d'Avril à 27; desorte que je ne fis point de feu le matin, parce qu'il étoit si haut, sans que la Serre fût couverte par devant.

Je ne remarquai guère de changement dans la pousse jusqu'au 7 d'Avril, restant depuis trois semaines dans le même état, les Raisins s'égrainant sur ces entrefaites, ce qui se voit toujours, même aux Raisins qui viennent en plein air. Le 8 d'Avril il fit un jour d'Eté, desorte que je ne fis point du feu, mais le 9 le Soleil ne luisant point & le vent étant Nord, je fis du feu comme auparavant. Le 10 le Thermomètre étoit le matin à 29: on arrosa alors légerement, au travers des petits volets, les feuilles avec de l'eau des Fossés. A Midi le Thermomètre étoit, sans Soleil & avec les volets ouverts, à 39; c'est-pourquoi je fis encore mettre des Nattes de roseaux devant la Serre.

Le 11 d'Avril plusieurs feuilles avoient des taches blanches de Nitre, parce que contre mon ordre on les avoit arrosées avec de l'eau des Fossés, au-lieu de les arrofer avec de l'eau de pluie. Pour remédier à cela, on les arrofa d'eau de pluie, mais encore mal-à-propos, parce que lorsqu'on fit cet arrofement le Soleil donnoit fur la Serre : ce à quoi on doit bien prendre garde, quant aux arrofemens de toutes fortes de verdure, lefquels ne doivent jamais fe faire quand le Soleil luit, mais lorfque le tems eft couvert, ou bien il faut tenir la Serre couverte tant que les feuilles font mouillées. Le 12 d'Avril au matin le Thermomètre étoit à 23, & à Midi avec un volet ouvert, à 39; je mis encore alors devant la Serre pour un peu de tems des Nattes, de même que le 13, jour auquel je fis arrofer, & je ne fis point de feu. Le 15 le Thermomètre étoit en plein air & en tems pluvieux à 24 : j'otai tous les chaffis de vitres, & laiffai ainfi la pluie mouiller les Vignes; je comptai les grapes, j'en trouvai cinquante-deux, tant grandes que petites, à deux petits pieds de Vignes, y en ayant deux prêtes à meurir. Le 19 il fit froid & du brouillard; je fis un feu de quatre tourbes. Le 18 & le 19 je fis comme ci-devant des arrofemens d'eau de pluie.

Le 26 d'Avril je coupai la première grape mûre. Le 28 le Thermomètre dans la Serre n'étoit le matin qu'à 21, parce que je ne faifois plus de feu, & il refta à peu près de même jufqu'au 17 de Mai à caufe du tems rigoureux.

Le 21 de Mai tous les Raifins furent très mûrs, & je cueillis le 23 les derniers, qui étoient blancs à force d'être mûrs, & dont les pepins étoient auffi bruns & auffi vifibles que j'en aie vu de ma vie. Il eft bon de remarquer que, quoiqu'on ne parle pas ici des arrofemens du fond dans la Serre, cela s'eft pourtant fait fouvent, chaque fois avec deux grands arrofoirs pleins d'eau.

Je fis le 7 d'Aout la taille à ces Vignes; elles étoient tout comme fi nous avions été en Hiver : quoiqu'il fit une Autonne très froide & très pluvieufe, & que de plus on les eût couvertes pendant le jour de Nattes, elles commencèrent pourtant à la mi-Septembre à pouffer. Enfuite je les coupai encore comme ci-devant le 7 de Février tout près de terre, & cela pour la feconde fois : de ces fouches provinrent encore de très vigoureux farmens, qui produifirent l'année fuivante en plein air quantité de groffes grapes. Enfuite je fis à ces deux pieds la taille le 14 de Novembre. A Noël, je mis devant eux les vitres, ayant attendu un peu plus long-tems à le faire, efpérant qu'une gelée un peu plus forte arrêteroit leur pouffe; mais le Thermomètre ne fut qu'une feule fois à 11½, une fois à 12½, & deux fois à 13, le matin en plein air, par un tems fort pluvieux & fort couvert.

Je

Je commençai à faire du feu le 1 de Janvier de l'année fuivante, tout comme ci-devant: il faifoit du brouillard, peu de Soleil, & peu ou point de gelée. Le 25 de Janvier les boutons commencèrent à créver, jour auquel je donnai de l'air pour la prémière fois. Je découvris le 27 à un bouton d'en-haut deux petites grapes, ce qui me parut être trop précipité & m'engagea à donner plus d'air; le Thermomètre jufques au Mois de Février ne fut jamais plus haut que 30, & le matin 23 & 24.

Je fis le 10 de Février la taille à quelques farmens. Le 16 il fleurit une grape, comme cela étoit arrivé auparavant le 24 de Février, le 1, 2, 3 & le 5, le tems fut fort couvert, mais les autres jours le Soleil luifit clairement, & il gela fi fort que le Thermomètre en plein air étoit le matin à 11, 10½ & 10, &, ce qui eft extraordinaire, de jour en plein Soleil à 15, 16, auffi 17, cependant avec gelée; ce qui prouve, que les rayons du Soleil reftent renfermés dans le Jardin, & caufent plus de chaleur. Ce beau tems fit monter le Thermomètre, avec les volets ouverts & fans Soleil, à 31, 32, auffi à 33, 34 & 35. Le 17 de Février par un tems couvert, & fans avoir donné de l'air, il étoit à 30; & comme par le moyen de la couverture & du feu, il étoit le 18 de Février à 29, & que je vis une grape couler fans avoir fleuri, je craignis de les avoir trop rechaufés, deforte que je n'employai plus de Nattes de rofeaux: cependant il refta le matin, n'y ayant point de gelée en l'air, à 26, & même un peu au-delà de 25, deux petits volets couverts d'un fac à laine étant ouverts de deux doigts; mais quand il monta encore davantage, j'ouvris d'abord dès que le jour commença, plus de volets, jufques à ce qu'il baiffa à 24.

Jufqu'au 16 de Février il fit prefque toujours un mauvais tems pour les Plantes ferrées, deforte que le Thermomètre étoit quelquefois à 29, 30, & 31 au plus, & quand le Soleil luifoit clairement, à 35, 36, & 37. Le fond dans la Serre fut continuellement humecté comme de coutume par des arrofemens d'eau de pluie de deux & quelquefois auffi, mais rarement, de trois arrofoirs.

Le 5 de Mars toutes les grapes hâtives n'avoient pas feulement achevé de fleurir, mais auffi plufieurs autres à petits grains; alors parurent encore plufieurs petites grapes tardives; les grapes étoient auffi en général plus groffes & en plus grande quantité que les autres fois. Le 14 de Mars je fis feulement un feu de trois tourbes & une par deffus, & je continuai à donner de l'air, en me fervant la nuit d'un fac à laine, afin d'avoir le matin 25 & 26.

Ddd 2

Le

Le 15 & le 24 de Mars, de même que le 9 d'Avril, je mouillai avec de l'eau de pluie.

Le 25 & le 26 de Mars le Soleil luisit fort clairement, je ne fis point de feu, je trouvai cependant le matin 25, & de jour 35, 36, 37. Le 27 de Mars le tems changea, il devint pluvieux, accompagné de vent; desorte que je commençai de nouveau à faire du feu jusqu'au 9 d'Avril: pendant tout ce tems-là & encore au-delà, je ne vis point ou que peu de changement aux grapes, parce que c'étoit le tems que les pepins se formoient.

Le 9 d'Avril outre l'arrosement des Vignes, je les exposai aussi pendant un court espace de tems à la pluie, le Thermomètre en plein air n'étant qu'à 21½. Le 19 d'Avril à trois heures, il fit une pluie forte; d'abord le Thermomètre avoit été à 27 en plein air, & dans la Serre à 38 sans Soleil: pour lors j'exposai les Vignes à la pluie pendant deux heures, jusqu'à ce que le Thermomètre fût tant dehors que dans la Serre à 23 & à 22½, & alors je couvris: je ne vis à cause du mauvais tems qu'il fit au mois d'Avril, que très peu de changement; cependant je cueillis les deux prémières grapes mûres le 5 de Mai, & les autres consécutivement.

Manière de traiter les Vignes dans une Serre artificiellement rechaufée, à trois tuyaux pour conduire la fumée, & à quatre chassis de vitres, dans laquelle on ne peut faire du feu que d'un seul côté.

Ayant fait aux Vignes la taille le 29 d'Octobre, on les mit derrière les vitres le 13 de Décembre, & l'on cloua si bien sur la muraille par dessus les petits volets, un sac à laine bien épais, que l'on en pouvoit couvrir les volets pour empêcher le grand froid de pénétrer, ce sac devant être assez large pour qu'il puisse descendre jusques sur les vitres, quand les volets sont à moitié ouverts, afin que le vent, lorsque les vapeurs s'exhalent, n'y puisse point entrer; & afin qu'on puisse ouvrir ces petits volets sans aucune gêne, ce sac est partagé en trois, chaque partie débordant l'autre de la largeur d'une main.

Je commençai le 31 de Décembre à faire le prémier feu de six tourbes, & cela uniquement pour dessécher. Le 1 de Janvier j'en fis un, soir & matin, de sept tourbes: ajoutant cependant au feu du matin trois tourbes à midi. La nuit on couvrit la Serre de deux épaisses Nattes de roseaux; il gela fort, sur-tout le 10, le 11 & le 12, le Thermomètre étant plus bas que 10; néanmoins j'avois pendu le 9 au soir à de petits

tits

tits crampons fous des doubles Nattes de rofeaux, une épaiffe couverte de poil, & fait un feu de huit tourbes: la couverte qui étoit par deffus les petits volets, étoit couverte de neige. D'abord que les boutons commencèrent à jaunir, je donnai de l'air nuit & jour, même pendant la plus forte gelée, en ouvrant un volet de la largeur d'un doigt & plus: cependant le fac à laine y étoit toujours, lequel fut attaché la nuit, à l'endroit de l'ouverture, à la Natte de rofeaux, comme auffi le jour quand il geloit fort. Pendant la plus forte gelée je faifois encore à onze heures du matin un feu de quatre tourbes.

Le 11 & le 18 j'arrofai la terre pendant que le Soleil luifoit, avec quatre arrofoirs pleins d'eau.

Le tems changea; je réduifis encore le feu à 7 tourbes, & j'ôtai la couverte.

Le Thermomètre au plus bas étoit à 17, 18, 19, 20 & 21, & au plus haut à 29 & 30; Le 20, 21, 22, 23, le tems étoit couvert, & quoiqu'il dégeloit depuis le 20, le Thermomètre étoit cependant le matin du 24 à 21, & pendant le jour à 23 & 24 au plus haut.

Le 30 au matin on vit la prémière feuille, le 5 de Février des grapes. Tous les deux jours on arrofoit les Vignes avec deux arrofoirs pleins. Je faifois encore alors foir & matin un feu de fept tourbes, & l'après-midi à quatre heures, un de trois. Le 17, le Soleil luifant, je leur fis la taille.

Le 7 de Mars les Raifins fleurirent. Le 17 les grains étoient gros comme de petits pois. On mit rarement dans le mois d'Avril devant les vitres des Nattes de rofeaux: le 12 on ôta le fac à laine qui étoit au deffus des petits volets: je continuai pourtant à faire du feu jufqu'au mois de Mai. Le 4 de Mai le Thermomètre étoit dans la Serre fans feu à 24, & en plein air à 20. Je cueillis le 16 les prémiers Raifins mûrs: cependant depuis le 4 que j'avois ceffé de faire du feu, il avoit fait un tems froid & rude & peu de Soleil. Le 30 je cueillis des grapes extrêmement grandes & bien mûres.

Comme on peut avancer la pouffe, les fleurs & la maturité des Raifins dans des Serres artificiellement rechaufées, & autres fimplement vitrées; la même chofe eft auffi praticable à l'égard des autres fruits, pourvu qu'auparavant on obferve & qu'on note la température de l'air rélativement à leur manière naturelle de croître, celle de fleurir & de meurir, afin de fe régler dans la fuite fur cette connoiffance. De cette manière, j'ai cueilli d'un Cerifier nommé (*Praagfe Mufcadel*) qui étoit dans une Serre fimplement vitrée, repréfentée *pag.* 234, *& fuiv.* quantité

tité

tité de Cerifes mûres au commencement du mois d'Avril, & les dernières de ce même Arbre à la fin d'Avril & au commencement de Mai. Les
vitres avoient été pofées devant cette Serre au commencement de Janvier; les laiffant, autant qu'il fut poffible, expofées aux rayons du Soleil,
prenant foin de couvrir les Serres contre la gelée d'abord que les boutons
commencèrent à crever, & y confervant la chaleur, quand une fois les
fruits furent noüés, excepté quand le Soleil luifoit fort, ouvrant alors
tous les petits volets, de manière pourtant, que quand le Soleil ne luifoit pas fi fort, le Thermomètre ne pouvoit jamais defcendre plus bas
qu'à 34.

Manière de cultiver des Plantes & des fruits d'Ananas.

L'*Ananas*, chez les Americains *Pinhas*, eft auffi appellé *Pomme de
Pin*, à caufe de la figure extérieure du fruit, qui lui reffemble à bien
des égards; mais cet Ananas a au deffus de fon fruit une belle couronne verte. Il vient originairement des Indes Occidentales, d'où il a été
tranfporté aux Indes Orientales & dans ce Païs.

Les fruits d'Ananas font ordinairement aux Indes Occidentales plus
hauts, plus gros, plus longs par la pointe, ayant auffi plus d'écailles,
mais plus petites qu'aux Indes Orientales & que chez nous, où les fruits
font plus ronds & ont de plus groffes écailles, quoique j'en ai eu dans ce
Païs de la même groffeur & auffi en Piramide, que ceux qui viennent
des Indes Occidentales. Il y a des Auteurs qui les diftinguent en plufieurs fortes, comme plus ronds, plus petits, avec des écailles plus ou
moins groffes; mais j'ai appris par une expérience réitérée, que ces deux
fortes, favoir les ronds & les pyramidaux font venus l'un & l'autre de Mar-
cotes d'une feule, & même Plante, & même de celles qui m'ont été en-
voyées de diverfes régions & Iles des Indes Occidentales; ce changement
étant caufé par la manière de les traiter, & felon que la température de
l'air les fait croître plus ou moins modérément.

Je les diftingue en trois différentes fortes, la première & la meilleure
a des feuilles vertes, garnies de petits piquans affilés, comme on peut le
voir dans la planche ci-jointe: ce fruit qui eft repréfenté, a eu fept pouces de haut & treize de circonférence. Cette Plante après être grandie
& groffie, & fuivant que pendant l'Hiver on l'a confervée dans un endroit plus froid, avant que de pouffer fa tige, forme auffi lentement fon
fruit quand la chaleur eft plus grande, mais enfuite elle le fait plus gros

&

& plus pointu, comme celle qu'on a conservée plus chaudement dans le commencement de l'Hiver.

J'appelle la seconde sorte, Ananas rouge, parce que ses feuilles sont plus grandes, plus larges, & d'un vert plus foncé mêlé de quelque chose de roussâtre; son fruit n'est pas si gros, mais ses écailles sont plus larges, plus grosses, & plus plattes; quand le fruit n'est pas mûr, il est d'un brun tirant sur le roux, & quand il est mûr il est d'un jaune foncé avec des taches d'un brun jaune plus foncé sur les écailles; celui-ci est moins agréable au goût que la prémière sorte, qui est la meilleure, laquelle n'étant pas mûre est d'un verd plus foncé, & qui étant mûre a des écailles d'un jaune plus clair. A cause de ce défaut je n'en élève point, non plus que la suivante.

On appelle la troisième sorte, Ananas uni, ou lisse, parce que ses feuilles n'ont pas des piquans, mais parce qu'elles ont à leur extrémité des pointes plus fortes, & plus affilées: ses feuilles sont aussi plus longues, plus étroites & croissent plus en montant, mais le fruit en est plus petit.

L'Ananas croit de la même manière que l'Aloès, mais il n'est pas si grand, & il a des feuilles vertes moins épaisses, qui contiennent moins de moelle: ces feuilles ne sont pas non plus ni si grandes, ni si larges, mais à proportion de leur grandeur elles sont plus longues, & ont les bords garnis de piquans plus déliés & plus serrés: on le multiplie de sa tige ou de sa Couronne à fruit, mais encore plus d'éclats enracinés, lesquels croissent du fond ou autour de la Couronne, comme des rejettons de souche. Quand la plante porte fruit, alors viennent aussi les Sauvageons de souche, & cela en plus grande quantité, à proportion qu'on les a séparés de meilleure heure de la Plante mère. J'ai eu ainsi dans l'Eté plus de vingt Sauvageons de souche d'une seule Plante, tandis qu'on n'en a ordinairement que deux, trois, ou tout au plus quatre.

Les Ananas ne résistent point au froid de nos Hivers, & demandent pendant l'Eté une plus grande & une plus durable chaleur, & un tems moins variable qu'il n'en fait ordinairement dans ce Climat; c'est-pourquoi ils ne doivent pas seulement être mis pendant l'Hiver dans des Serres artificiellement rechaufées, mais même pendant l'Eté sous des vitres, & outre cela encore les Pots dans du Tan bien chaud. Cependant il en est de ces Plantes comme de toutes les autres qui viennent d'un Climat plus chaud, savoir que les jeunes, qu'on a élevées dans ce Païs, résistent mieux au grand froid & au changement de tems, & sont outre cela plus fécondes, que celles qu'on nous envoie de loin, & qui ont été éle-

vées

vées dans un Climat qui leur est naturel : on tâchera par conséquent d'avoir des Plantes élevées dans ce Païs, ou que l'on a élevées soi-même ; car de cette manière on peut élever ce fruit aisément & sans beaucoup de peine.

Le tems le plus convenable pour séparer les Sauvageons de souche, est depuis la mi-Juin jusqu'à la fin de ce Mois, auquel tems la souche est d'une grandeur & d'une grosseur requises pour la dégarnir un peu de feuilles & la planter ainsi, pouvant faire dans ce cas suffisamment des racines jusqu'au mois d'Octobre.

Quand on veut planter les Couronnes, il faut dégarnir de feuilles la souche par dessous, de la longueur d'un pouce. Comme il y a ordinairement en cet endroit des indices de petites feuilles naissantes, les racines auront moins de peine à percer.

Il faut planter ces tendres Sauvageons dans une terre sablonneuse, dans de petits Pots, parce qu'ils feront de meilleures racines ; mais quand ils sont devenus plus grands, il faut les transplanter l'année d'après dans une terre plus forte, moins sablonneuse, & dans de plus grands Pots, en ayant soin qu'en les transplantant ils conservent toute la motte de terre : le meilleur tems pour les transplanter, c'est au mois de Mars ; c'est alors qu'on se dispose à transporter les Plantes des Serres artificiellement échaufées dans les Caisses vitrées où il y a du Tan.

Quant à la manière de planter & de transplanter, il faut avoir soin que la terre soit bien affermie tout autour du pied de la Plante, & de l'arroser ensuite, afin qu'elle joigne mieux ; il ne faut pas non plus prendre pour cela de trop grands Pots, car outre qu'ils occupent plus de place & qu'ils sont moins maniables, les Plantes n'y croissent pas si bien, & elles n'y produisent pas de si gros fruits, que dans des Pots plus petits d'une grandeur médiocre : les meilleurs Pots sont ceux qui ont par le haut, intérieurement dix pouces de diamètre, & sept par le bas, & une profondeur depuis le bord d'en-haut jusqu'au fond de dix pouces & demi.

Les Plantes, lorsqu'elles poussent, ont ordinairement assez besoin d'eau, après la pousse encore plus, & encore davantage quand elles ont chargé leur fruit : alors on en arrose aussi souvent légerement les feuilles : il faut cependant être fort prudent à cet égard, & ne pas arroser lorsque cela porte préjudice à la maturité du fruit ; car s'il vient aux fruits des boutons pleins d'eau, transparens, verds, tirant sur le jaune, c'est une marque qu'on les a trop arrosés, & les fruits auront moins d'odeur & seront aussi moins agréables au goût : mais il ne faut pas, même

en

en Hiver, les laiſſer deſſécher au point que la moelle des feuilles périſ-
ſe: le commencement de ce mal, c’eſt quand examinant des feuilles vertes contre le jour, on y apperçoit des taches jaunâtres.

Pour avoir de bons fruits, il faut que la Plante ſoit venue d’un jeune
rejetton ou d’une petite couronne, qui pendant trois ans au moins ait
pouſſé & groſſi comme il faut. Le prémier indice de fruit qu’elle donnera, c’eſt que les feuilles commencent un peu à ſe relacher par le bas,
& que le cœur de la Plante s’ouvre tant ſoit peu; le fruit paroit alors
bientôt après, & paroit au milieu de la Plante, comme la ſuperficie
d’un gros ongle.

Quand le fruit & la tige montent, le fruit devient plus rond & a de
petites feuilles pointües, comme les glouterons, l’un portant de ces petites feuilles rougeâtres, & l’autre des blanches. Après que le fruit a crû
environ pendant un mois, & qu’il eſt de la groſſeur d’une noix, il ſort de
chaque écaille une petite fleur oblongue de trois feuilles finiſſant en pointe, d’un bleu pâle au fruit commun d’Ananas, d’un bleu plus foncé à
l’Ananas rouge & preſque violet à la troiſième ſorte, dont les feuilles ne
ſont pas garnies de piquans aux côtés: cette petite fleur ne tombe pas
à meſure que le fruit avance, mais ſe retire en ſe deſſéchant, & laiſſe au
fruit des marques viſibles quand il eſt parfaitement mûr.

On ne peut pas fixer à un certain nombre de jours ou de ſemaines le
tems qu’il faut depuis que le fruit paroit juſqu’à ſa parfaite maturité, parce que cela dépend d’un beau tems d’Eté conſtant & durable: & comme on peut procurer, dans le Printems, une pouſſe fort naturelle aux
Plantes, quand on les tient dans la Serre échaufée par le feu, le Soleil
donnant ſur les vitres perpendiculairement, & qu’on peut auſſi prolonger de cette manière l’Eté, ce qui ne ſauroit ſe faire en Autonne, par
le rechaufement du Tan ſous des vitres couchées, le Soleil donnant a-
lors ſur les vitres plus obliquement, & ne cauſant pas par conſéquent u-
ne chaleur convenable, ce que les pluies ordinaires de cette ſaiſon empêchent encore davantage; il faut à la fin de Décembre augmenter de
plus en plus par le moyen du feu la chaleur, afin qu’au commencement
de Février les Plantes ſoient tellement en ſève, que les fruits en paroiſſent vers le milieu de ce mois, ou vers la fin tout au plus tard, leſquels
fruits, quand dans la ſuite le tems eſt beau, & qu’on en a eu grand
ſoin, meuriſſent parfaitement au commencement de Juillet, & mettent
ainſi à meurir cinq mois, à compter depuis le tems qu’ils ſe ſont montrés.
Les fruits qui paroiſſent au commencement du mois de Mars, ont be-

<table>
<tr><td>Partie II.</td><td>E e e</td><td>ſoin</td></tr>
</table>

foin au moins, pour meurir, de quinze jours de plus; ceux qui paroiffent à la mi-Mars, d'un mois; ceux-ci par conféquent demandent en
tout fix mois, & ceux qui paroiffent au commencement d'Avril ont encore befoin de plus de tems: mais ceux qui paroiffent feulement vers la
mi-Avril meuriffent rarement au point qu'ils aient leur bon goût ordinaire.

L'odeur délicieufe qui vient des Ananas mûrs, quand on ouvre les fenêtres, eft la plus fûre marque que les fruits font mûrs, agréables &
bien foignés, étant alors d'un jaune foncé, tiquetés de brun fur les é-
cailles.

*Manière de traiter les Ananas & quelques autres Plantes dans les Ser-
res artificiellement échaufées, pendant l'Hiver & pendant l'Eté,
dans des Caiffes vitrées où il y a du Tan.*

On ne peut pas fixer le tems de tranfporter les Plantes des Caiffes vitrées où il y a du Tan, dans la Serre artificiellement échaufée, & de
cette dernière dans les autres; cela dépendant de la Saifon, & de la longueur de l'Eté ou de l'Hiver: ainfi j'ai été obligé dans de certaines années, de les tranfporter dans la Serre artificiellement échaufée vers la
fin de Septembre, & de les y laiffer jufques dans le mois d'Avril: mais
cela fe fait ordinairement vers le 10 ou le 12 d'Octobre, & au Printems
vers la mi-Mars dans la Serre artificiellement échaufée où il y a du
Tan, & 10 jours après dans l'autre, pourvu que le Tan qui eft dans les
Caiffes ait déja une chaleur convenable & requife. Avant que de tranfporter les Plantes dans la Serre artificiellement échaufée, les fourneaux en
doivent être auffi bien fechés par le moyen du feu, non feulement pour
en ôter les mauvaifes vapeurs, qui font humides & en plus grande quantité quand on commence à faire du feu, mais auffi pour découvrir s'il
n'y a point de fentes, au travers defquelles la fumée pourroit entrer; fi
l'on en trouve on les bouche avec du fable.

Dans la Serre artificiellement échaufée, dans les Caiffes vitrées où il
y a du Tan, & dans l'endroit où fe fait le feu, conftruit fuivant les
deffeins qui fe trouvent dans le I. & dans le VII *Chap. du I Livre de la II Partie*, on obferve fur le Thermomètre les degrés de
froid & de chaleur, lequel dans la Serre artificiellement échaufée pend
à quatre toifes & demi de la muraille des côtés près du fourneau; la phiole eft à un pié & fept pouces de terre, & des fenêtres de devant en é-
quier-

quierre; étant dans la seconde partition de la Serre pareillement à un pied & sept pouces. Dans la Caisse vitrée où il y a du Tan il pend derrière en haut vers le milieu.

La disposition des Plantes dans les Serres & dans les Caisses se fait de la manière suivante. On met dans la Serre à terre aussi près des vitres qu'il est possible, sons cependant que les feuilles les touchent, les Plantes qui ont les plus gros troncs, & les plus petites feuilles, afin de donner moins d'ombre aux Plantes qui sont placées plus loin; après celles-ci on met pareillement aussi près qu'il est possible, sans néanmoins se toucher ou du moins fort légerement, celles qui ont de gros troncs & de longues feuilles. A trois pieds & deux ou trois pouces de terre aussi près qu'il est possible des vitres, il y a une planche, sur laquelle on dispose pareillement les plus grosses Plantes d'Ananas portant fruit: l'endroit de cette planche qui approche le plus du fourneau étant le meilleur, & celui où les fruits viendront plutôt qu'ailleurs. A un pied plus haut plus vers le milieu de la Serre, il y a devant le fourneau une planche, posée de manière qu'entre elle & l'autre planche de dessous remplie de Pots il y ait un pouce d'intervalle: on y met la sorte de Plantes qui a les plus basses feuilles, toutefois portant fruit; ces dernières, quoique jouissant de plus de chaleur dans cet endroit que par tout ailleurs, n'y produisent jamais de si bons ni de si gros fruits, quand même les Plantes auroient d'aussi grosses tiges, que les meilleures: la plus plausible raison de cela, c'est l'éloignement où elles sont de l'air, & que le froid n'en tempère pas assez la pousse. On peut aussi les poser autrement dans la Serre sur un Théatre élevé & en talus, à trois rangs de hauteur, aussi près des vitres qu'il est possible, au-dessus des Plantes qui sont par devant à terre.

Ensuite un peu plus loin du fourneau dans la seconde partition de la Serre, il y a à même hauteur & à côté l'une de l'autre, deux semblables planches, sur lesquelles on pose deux rangées des plus petits Ananas, l'une devant l'autre.

On met à terre derrière la seconde rangée des Ananas portant fruit, les plus grandes Plantes dont on ne se propose de cueillir du fruit que l'année suivante: l'éloignement de l'air en est la cause; mais comme celles-ci sont les plus proches du fourneau, & jouissent de plus de chaleur que celles qui sont sur le devant, il faut avoir soin qu'elles ne se brulent pas par dessous à l'endroit du fourneau dans la première partition de la Serre; c'est pour cela qu'on les place sur une planche, posée sur des briques à un pouce & demi de terre, & derrière cette troisième rangée il

E e e 2

en

en vient encore une quatrième: cependant il vaudroit mieux placer celles qui ne doivent pas porter de fruit dans une Serre à part, où elles auroient moins de chaleur qu'il n'en faut à celles qui portent fruit, depuis la mi-Janvier jufqu'au tems qu'on les tranfporte dans les Caiffes vitrées où il y a du Tan.

J'ai dit dans le *VII. Chap. du I Liv. de la II Partie*, où l'on traite du fourneau, & de la manière d'y faire le feu, qu'on l'y allume ordinairement quand il ne gele pas le quatrième jour; cependant c'est ce qu'on ne fauroit fixer au jufte, le Thermomètre devant indiquer fi l'on a befoin de plus ou de moins de chaleur: on y a dit auffi qu'on eft fouvent obligé en Hiver de communiquer à la nuit la chaleur du jour, & au jour la fraîcheur de la nuit, parce qu'il faut, autant qu'il eft poffible, laiffer au dehors les vitres découvertes, afin que les Plantes puiffent jouïr de l'air. Il faut encore bannir fouvent des Serres le mauvais air, & y laiffer entrer un air frais: dans cette vue il faut avant tout augmenter un peu la chaleur, car à caufe du paffage du vent le Thermomètre baiffe un peu au deffous du degré de chaleur.

Cependant il n'eft pas poffible d'entretenir régulierement dans les Serres une chaleur & une fraîcheur convenables, parce qu'un froid inopiné, caufé par un vent pendant la nuit, & tels autres accidens, peuvent caufer de grandes variations à cet égard, & augmenter ainfi le froid ou le chaud: à quoi il faut remédier fur le champ, foit en donnant de l'air, ou bien en augmentant & en prolongeant la chaleur du feu.

Quand les Plantes ont été tranfportées des Caiffes où il y a du Tan & où elles ont reçu la chaleur au travers des Pots dans la Serre artificiellement échauffée, il ne faut pas leur faire éprouver trop tôt la rigueur de l'Hiver; c'eft-pourquoi il vaut mieux pendant les dix prémiers jours que le Thermomètre ne baiffe pas plus qu'à 22½ ou 22, & à 29 jufqu'à 26 de chaleur: mais il faut auffi avoir foin, que la gelée n'approche jamais des Plantes, deforte que dans la feconde partition de la Serre le Thermomètre ne doit jamais être plus bas que 19, même dans les mois d'Eté, qui commencent chez nous à la mi-Janvier, & enfuite depuis la mi-Février jufqu'au tems qu'on tranfporte les Plantes dans les Caiffes où il y a du Tan. Le froid de la nuit & la chaleur du jour doivent être à peu près toujours au même degré, fuivant le Thermomètre, de jour jamais plus haut qu'à 39 ou 40, & de nuit plus haut qu'à 27 ou 27½ pour le plus.

A la fin de Novembre, comme mois d'Hiver, le Thermomètre quand
il

il ne gele pas fort, doit être à 19; mais quand le froid accompagné de vent eſt rude, on court riſque que le froid ne pénètre; deſorte que dans de pareils cas on ſe verroit quelquefois trompé, & l'on doit ſe précautionner un peu davantage quand il fait un pareil tems rude: de plus pendant ces nuits ſi longues il peut arriver de grands changemens auxquels on ne peut remédier; mais comme l'on peut être aſſuré de l'effet de la couververture & du feu, il vaut mieux communiquer aux Plantes d'Ananas, depuis le 10 d'Octobre qu'on les ſerre, juſqu'au 10 ou 12 de Février qu'elles doivent montrer leur fruit, la fraicheur & la chaleur ſuivantes, ſelon le Thermomètre qui eſt dans la ſeconde partition.

OCTOBRE.

		Fraicheur de la nuit.	Chaleur du jour.
Depuis le 10 juſqu'au 20		22	27
— 21	— 28	21	25
— 29	— 31	20½	24

Il faut pendant ce mois-ci faire ordinairement deux ou trois fois du feu, & trois ou quatre arroſemens.

NOVEMBRE.

		Fraicheur de la nuit.	Chaleur du jour.
Depuis le 1 juſqu'au 10		19½	22¾
— 11	— 30	19	21

Il faut faire cinq ou ſix fois du feu ſelon le tems; & trois ou quatre arroſemens.

DECEMBRE.

		Fraicheur de la nuit.	Chaleur du jour.
Depuis le 1 juſqu'au 14		19	21
— 15	— 25	20	22½
— 26	— 31	22	24

Il faut dans ce mois-ci faire huit ou neuf fois du feu, & quatre ou cinq arroſemens.

Eee 3

JAN-

JANVIER.

		Fraicheur de la nuit.	Chaleur du jour.
Depuis le 1 jusqu'au 9		23	$25\frac{1}{2}$
- 10 - 15		$24\frac{1}{2}$	27
- 16 - 22		$25\frac{1}{2}$	$29\frac{1}{2}$
- 23 - 31		26	$32\frac{1}{2}$

Il faut ordinairement faire du feu dix fois, arroser dix ou douze fois la terre, & quelquefois légerement les Plantes mêmes.

FEVRIER.

		Fraicheur de la nuit.	Chaleur du jour.
Depuis le 1 jusqu'au 5		26	$34\frac{1}{2}$
- 6 - 12		27	36
- 13 - 18		27	$37\frac{1}{2}$
- 19 - 23		27	39
rester au reste dans la Serre artificiellement échaufée jusqu'à $27\frac{1}{2}$			

Il faut faire du feu selon le tems, arroser un peu plus qu'en Janvier la terre de même que les Plantes.

Les Plantes doivent rester ensuite au même degré de fraicheur & de chaleur jusqu'au tems qu'on les transporte dans les Caisses où il y a du Tan. Quand on fait du feu, de deux jours l'un, on peut ordinairement en tems de gelée se procurer cette chaleur: de plus, à mesure que les Plantes croissent, il faut les arroser davantage & souvent d'eau froide, pour les rafraichir.

Les Plantes qui viennent dans les Païs qui sont situés sous la Ligne ou aux environs, comme le *Manges Tanges*, ne résistent pas dans ce Païs à un si grand froid; c'est pour cela qu'il faut placer le *Manges Tanges* dans la Serre nommée *Trek-kas* sur la planche qui est à trois pieds & à deux ou trois pouces de terre, devant les vitres, le plus près du fourneau, cependant près de l'air; le fourneau devant être toujours rechaufé, de manière que le Thermomètre ne soit jamais plus bas qu'à 23, & la chaleur du jour au dessous de 25. On doit de plus lui communiquer une chaleur égale à celle des Ananas du 24 Décembre, mais le moins

ar-

arrofer. Ce *Manges Tanges* eſt un fruit des Indes Orientales, connu &
eſtimé dans ce Païs comme ayant après l'Ananas le meilleur goût, de
la groſſeur d'une Renette ordinaire avec une écorce brune tirant ſur le
pourpre, & ſpongieuſe : il a ſur ſa ſommité autant de marques qu'il y
a de fruits par deſſous, leſquels ſont ordinairement au nombre de 5
ou 6 & même de 7, & cela dans différentes partitions ou pellicules,
comme les Oranges douces, mais ces partitions ſont plus grandes les
unes que les autres : les fruits qui y ſont renfermés ſont de la blancheur
de la neige, d'un goût douceâtre fort relevé, meilleur même que celui de nos Pêches, parce qu'ils ont toujours la même douceur & ne ſont
jamais pâteux. L'écorce de cet Arbre, qui ſe multiplie de Sauvageons
de ſouche, eſt d'un brun rouſſâtre. Ses feuilles ſont d'un verd gai, rayées & pointues par devant, crénelées autour, reſſemblant à la feuille du
Limon Bergamotte, mais par le haut un peu moins larges & moins pointues.
Le *Piſang* qui ſe multiplie de rejettons, & dont il y a pluſieurs ſortes,
croiſſoit chez moi très vigoureuſement avec pareille chaleur, fraicheur &
humidité que les Ananas ; mais quand il fut parvenu à la hauteur d'un
peu plus de ſept pieds, & qu'à cauſe de cela il ne pouvoit plus reſter
dans ma Serre, je fus obligé de le mettre dans une autre plus haute, où
il mourut ne pouvant pas jouir d'une ſi grande chaleur requiſe. Je ne
doute cependant nullement qu'on ne puiſſe aiſément le porter à produire du fruit, pourvu qu'on lui communique le même degré de chaleur
qu'aux Ananas & qu'on lui faſſe les mêmes arroſémens : mais ayant appris de pluſieurs perſonnes de marque venues des Indes Orientales, que
c'eſt un fruit beaucoup moins bon que l'Ananas, qu'il a un goût douceâtre, fade, & peu de jus ; que, de plus, c'eſt un fruit oblong & d'une
groſſeur inégale, y ayant ordinairement à une ſeule tige 20 juſqu'à 30
& plus de fruits, dont on mange les plus gros, cuits au four comme nos
Poires de Livre, avec une beurée ; j'ai en conſéquence de ces avis négligé la culture de ce fruit, parce que mon ſeul & principal deſſein a toujours été de cultiver des fruits réellement bons, & non pas de mauvaiſes Plantes étrangères, uniquement parce qu'elles ſont rares dans ce Païs.

Le *Cédrat* ou *Cédrac* & autres *Citrons*, les *Bergamottes*, les *Oranges
douces* & pareils tendres *Limons*, *Plantes du Cap de Bonne Eſpérance*,
&c. réſiſtent plus au froid, deſorte que la chaleur dans la Serre peut aller à 17 pour le plus bas, & la chaleur du jour à 19 ou 20 ; leur Hiver
doit auſſi durer plus longtems, & la chaleur qu'il leur faut ne doit pas
être augmentée avant la mi-Janvier, encore cela doit-il ſe faire inſenſi-

ble-

blement, de manière qu'à la fin de Janvier le plus bas soit 21½ ou 22 & le plus haut 25 ou 26. Depuis le commencement de Février jusqu'à la moitié de ce mois, 22 ou 22½, & le plus haut 27 ou 28. Après le dernier de Février 23, & le plus haut 29 ou 30. Au mois de Mars 23½ ou 24, & le plus haut 31 ou 32, devant rester ainsi jusqu'à ce qu'on découvre la Serre, ce qui se fait ordinairement après le 20 de Mars.

On peut avancer par cette chaleur les fleurs de Roses & autres fleurs, de ce Climat; mais non pas quand on leur communique une chaleur égale à celle de l'Ananas, car alors ces Plantes font beaucoup de feuillage & peu de fleurs.

Au mois de Mars le Soleil est si haut, que vers le midi il darde ses rayons tout-à-fait obliquement sur les vitres presque droites de la Serre artificiellement échaufée, desorte qu'on aura soin alors, de transporter les Ananas qui peuvent être échaufés par du Tan bien chaud. Dans cette vue on fait ensorte, que les Caisses où il y a du Tan en soient remplies vers le 8 ou le 10 de Mars, & qu'elles soient couvertes de vitres: quand le Tan a aquis sa chaleur, on y met les Plantes dans leurs Pots & on les entoure de Tan jusqu'au bord ou un peu au-dessus. Le tems ordinaire pour cela, quand il s'agit de la Caisse masonnée, c'est vers la mi-Mars: dans cette Caisse on peut faire du feu, & la munir contre une gelée imprévue par le moyen de couvertes de poil & de volets de bois; mais dans celles qu'on ne peut pas échaufer à l'aide du feu, qu'après le 20 de Mars ou plus tard encore, selon que le tems est disposé à la gelée, ou qu'on en a eu de plus ou de moins rude, car s'il en a fait de forte, rarement il en fait encore de si rude qu'on ne puisse la bannir par le moyen de rideaux couverts de Nattes de roseaux.

Les Plantes éprouvent sous ces vitres penchées des Caisses, une extrême ardeur du Soleil, ce qui en grille facilement les feuilles, comme n'y étant point accoutumées. Pour prévenir cet inconvénient, il faut, quand le Soleil luit clairement, les couvrir & les découvrir souvent, jusqu'à ce que les Plantes soient accoutumées au Soleil: pour cela il leur faut ordinairement quinze jours ou un peu plus, le Thermomètre se ressentant alors plus ou moins du Soleil, ne doit pas monter plus haut qu'à 38 ou 39, ce qui est considérablement moins pour l'air supérieur que dans la Serre artificiellement échaufée, car il y fait encore plus chaud, à cause de la chaleur du Tan qui est autour des Pots.

Quand les feuilles sont accoutumées au Soleil, alors on les y laisse exposées sans couverture, & on leur donne de l'air en ôtant les vitres, d'a-

bord

bord à 40 ou 41 , & enfuite à 45 ou environ. Les Plantes étant tranfportées dans les Caiffes, on les arrofe peu d'abord , parce que le Tan
étant fort mouillé quand on l'y met, procure fuffifamment de l'humidité par deffous; mais enfuite on les arrofe médiocrement par manière d'afperfion ; & quand il pleut en Eté, on en ôte les vitres, pour rafraichir
par ce moyen les Plantes.

Manière de cultiver les *TUBEREUSES.*

Les Tubereufes aiment une terre forte & graffe , bien fumée, dans un
air plein , dégagé, chaud, & beaucoup d'eau. Quand on les plante &
qu'on les élève de cette manière, elles multiplient prodigieufement, &
pouffent de chaque Oignon diverfes tiges à fleurs: ce qui ne vient pas
tant de la groffeur de l'Oignon , que de ce qu'il a principalement par deffous une racine faine, folide & groffe, de laquelle proviennent quantité
de racines chevelues ou ligneufes, qui procurent à cet Oignon, quand
la chaleur & l'humidité continuent, une crûe non interrompue, par la
multiplication des cayeux , ce qui , autant qu'il m'eft connu , ne convient
pas tant à aucune autre Plante qui vient d'Oignon : c'eft ce que l'expérience m'a appris, quand j'ai planté une de ces groffes racines fans Oignon, donnant feulement aux côtés des indices de bourgeon grands comme des têtes d'épingles; car cette racine n'a pas feulement produit au
Mois d'Aout de la même année cinq tiges à fleurs, chacune de trente
ou quarante fleurs; mais l'ayant tirée de terre au mois d'Octobre, elle
s'étoit augmentée au point de former un gros volume compofé de dix
gros Oignons & de quantité de cayeux. C'eft ainfi que j'apperçus la
bévue que j'avois faite en taillant ou en arrachant cette racine ; &
qu'un gros Oignon pour avoir fleuri l'année précédente , ne pouffe
pas en moindre quantité, des tiges à fleurs, quand il a par deffous une
racine fuffifante; parce que ces tiges proviennent ordinairement de la
vertu de cette racine aux côtés de l'Oignon, & forment ainfi des tiges
à fleurs, comme j'ai vu un feul Oignon en pouffer par les côtés cinq pareilles.

Comme la chaleur & l'humidité qui viennent de deffous terre, les entretiennent dans une crûe non interrompue, le froid & les vapeurs au
contraire en font pourrir bientôt le montant, &, s'ils font de durée,
l'Oignon lui-même: une petite gelée d'Autonne arrêtera auffi leur crûe
& fera périr le montant, ce qui peut auffi être occafionné par les

vapeurs qui font ordinairement dans les Caiſſes vitrées & fermées en Au
tonne & en Hiver.

Quand il fait une Autonne chaude & fort pluvieuſe, les Tubereuſe
pouſſent des tiges extraordinairement groſſes & font quantité de fleurs
au-lieu que dans des Etés fort ardens & fort ſecs leurs tiges ſont minces
grêles, garnies de peu de fleurs : c'eſt-pourquoi il les faut arroſer copieu
ſement & ſouvent, quelquefois juſqu'à deux fois par ſemaine.

Il faut de plus s'y prendre de la manière ſuivante. On tire les Oig
nons de terre au commencement ou vers la mi-Octobre, avec leurs ca
yeux, d'abord qu'il commence un peu à geler en Autonne, quand l
montant eſt flasque, ou bien quand il fait des Autonnes très froides &
très pluvieuſes, après quoi on coupe le montant juſqu'à un pouce o
à un pouce & demi des Oignons, & on les trempe dans l'eau pour em
porter ainſi la terre qui eſt entre eux & entre les racines : enſuite o
les laiſſe ſécher en entier avec leurs racines, & on les conſerve dans u
endroit fort ſec & chaud, abſolument inacceſſible à la moindre gelée
je me ſers pour cela de la petite chambre du fourneau. Au mois de Fé
vrier on commence à couper près à près tout autour de la groſſe racine
les petites racines chevelues, à ſéparer pareillement tous les cayeux ſur
numéraires, qui ſe ſéparent aiſément, de même que tous les gros Oig
nons. De cette manière je ne plante que des Oignons ſimples, ave
leurs groſſes racines, à moins qu'il n'y en ait deux de réunis à une mê
me racine, qu'on ne pourroit ſéparer en deux ſans les bleſſer conſidéra
blement : dans ce cas, j'en plante deux enſemble. Cette ſéparation & cet
ce purge faites, on met de nouveau ſécher les Oignons juſqu'au com
mencement de Mars, & alors je plante les Oignons dans une Caiſſe
ou dans un Pot de huit pouces de haut, remplis du meilleur ſable blan
ou griſâtre, & cela près à près, de manière que leurs ſommités ſoient en
tierement ſous le ſable : après quoi il faut à ce ſable une chaleur convena
ble, & un peu d'eau. Huit ou dix jours après on élève la Couche, ſu
laquelle on doit planter les Oignons en germe, ſelon la longueur & l
largeur de la Caiſſe vitrée qu'on a deſſein d'y employer, laquelle on cou
vre alors de vitres & on la rechauffe de cette manière : on la rehauſſe auſſ
de terre peu à peu, de douze ou de quatorze pouces, enſuite le huit ou
le neuvième jour après qu'on a élevé les Couches, on y plante chaque
Oignon dans un petit monceau de ſable blanc, un peu élevé, couver
de deux pouces de terre, & on a ſoin de les garantir du froid, comme
cela ſe pratique à l'égard des Couches de Melons.

Quand

H
J.G.Philips fecit, 1737.

Quand les Oignons commencent à pouffer , & que la terre eft fèche, il faut l'entretenir par le moyen des arrofemens dans une médiocre
humidité. Les Tubereufes ont fur-tout grand befoin d'eau, quand él-
les ont des tiges à fleurs; & afin que la terre puiffe bien s'imbiber d'eau,
il faut qu'elle foit couverte de vieux Tan de l'épaiffeur d'un pouce.

Les Tubereufes ont cinq feuilles, & font fimples; mais les doubles
qui en font provenues ont neuf, douze, dix-huit feuilles, & plus encore: de cette dernière on peut voir la figure ci-jointe.

Des Fleurs en général.

C'eft ici que j'aurois un vafte champ, fi je voulois entrer dans les fe-
crets de la culture des Fleurs; mais le plaifir de les contempler pendant
cinq ou fix femaines, fans en retirer aucun autre avantage, n'a jamais été
té capable de me tenter. J'ai toujours été porté pour ces Plantes, qui
ne plaifent pas feulement à l'œil, mais qui chatouillent auffi le palais, &
nourriffent le corps: j'ai auffi aimé ces Plantations fauvages, qui procurent toutes fortes de bois de charpente & de chaufage, néceffaires à tout
le Genre-humain en général; deforte que pour conclurre cet Ouvrage,
je n'en dirai qu'un feul mot.

Je diftingue les Fleurs en trois différentes fortes. La prémière & la
principale eft celle des *Fleurs à Oignon*; la feconde des *Fleurs à planter*, &
la troifième des *Fleurs à femer*. Les deux prémières fortes fe multiplient
de Cayeux, de Plants enracinés, & de Marcottes, fouvent auffi de Semence, & cela pour en aquérir de plus belles. La troifième forte, qui
vient de Graine, produit une fleur tout-à-fait femblable à celle dont la
Graine eft venue; il y a cependant quelquefois un peu de variation.

On a dit dans le § *Chap.* du *I Liv. de cette II Partie* , quelles qualités doit avoir la terre où l'on cultive des Fleurs.

On apprendra dans le *I Chap.* du *II Liv. de cette Partie* , le tems
auquel il faut mettre les Fleurs en terre & les en retirer: c'eft-là qu'on
traite des Mois du Jardinier.

On met ordinairement toutes les Fleurs à Oignons en terre à la profondeur de deux pouces, & celles qu'on nomme en Hollandois *Klauw-
bloemen* à la profondeur d'un bon pouce, après quoi on les couvre encore de l'épaiffeur d'un doigt de vieux Tan, & de rameaux contre la gelée, fur lefquels, en cas d'une gelée plus rude encore, on peut mettre
de la paille. Il ne faut jamais tirer les Oignons de terre, que quand le

F ff 2

mon-

montant commence à paſſer. Il ne faut pas non plus ſéparer les Cayeux des Oignons d'abord après les avoir tirés de terre, mais attendre qu'ils ſoient ſéchés, puiſqu'alors ils tombent d'eux-mêmes ou que du moins il eſt très aiſé de les en ſéparer.

Les Fleurs qui ſe multiplient d'Oignons, ou de Plants enracinés, ſont les Anémones, le Pié de veau, la Bryone, la Colchique, la Couronne Impériale, le Pain de Pourceau, le Safran, le Dens Caninus, ou Dent de Chien, le Dipcadi, la Fraxinelle, la Flambe ou Glayeul, l'Hellebore, les Hyacinthes, les Jernſeyeres, les Jonquilles, les Iris, les Lis, la Fleur qu'on nomme en Hollandois Oeuf de Vanneau, les Martagons, les Narciſſes de toutes les ſortes, le Satyrion, les Pivoines, les Renoncules, la Serpentaire, les Tubereuſes, les Tulipes, & les Coucous.

Celles qui ſe multiplient en ſéparant les Plantes, ſont les Aunées ou Enules-Campanes, les Oreilles d'Ours, les Camomilles, les Giroflées blanches, l'Hépatique, les Clochettes, les Conſtantinoples, la Lavende, le Muguet, la Primerole ou Prime-vere, les Violettes.

Celles qui ſe multiplient de bouture ſont les Giroflées jaunes doubles & ſimples, les Conſtantinoples, la Fleur nommée Flos Cardinalis, les Fleurs de la Paſſion, les Violettes.

Celles qui ſe multiplient de Marcottes, les Oeillets.

La plupart de ces Fleurs peuvent auſſi être multipliées de graine.

F I N

TABLE

DES

MATIERES.

Arbres.

Ar·

C.

Partie II.

Cam-

Noms

G.

H.

te.

Mille

N.

l'A-

Dans

Re-

Rei.

Partie II.   Kkk

W.

Wit-

F A U T E S

A corriger.

Page. 11. ligne. 21. Après le mot de *grandes* il faut mettre ce renvoi (a) pour la Note fuivante qui doit être placée au bas de la page. (a) *Les grandes allées ont 72 pieds de largeur, mais les petites en ont moins.*

—— 19. ligne. 5. *enterrera,* lifez *entera.*

—— 48. —— 32. *doit être de,* lifez *doit être nétoyée de.*

—— 59. —— 1. *mais il ne fauroit fervir de nourriture,* lifez *puifqu'il fert de nourriture.*

—— 65. —— 36. *à prendre,* lifez *à reprendre.*

—— 74. —— 1. *de deux fortes,* lifez *de diverfes fortes.*

—— 74. —— 18. *ils croiffent cependant pour la plûpart les uns & les autres précifément de la même manière,* lifez *les uns & les autres croiffent cependant pour la plûpart ensemble dans un feul & même fruit.*

—— 86 —— 2. *cette Haie,* lifez *cette Pépinière.*

—— 93. —— 35. Après ces mots, *vingt-*

buit pieds, ajoutez, *& dans les fonds de fable les plus légers jamais plus près que de vingt-quatre pieds.*

—— 113. —— 13. *il arrive auffi quelquefois que les Figues viennent à du bois,* lifez *les Figues viennent auffi à du bois.*

—— 118 —— 33. *momme,* lifez *nomme.*

—— 123 —— 12, 13. *Ces derniers fe divifent,* lifez *On les divife.*

—— 124 —— 37. *page.* 365, lifez *page* 395.

—— 125. —— 7. *grandes feuilles rondes,* lifez *grandes feuilles rondes de fleurs.*

—— 125. —— 24. *Le Safran d'Autonne, que les Romains appelloient* Pyrum Nardinum, *eft une,* lifez *La Poire de Safran, que les Romains appelloient* Pyrum Nardinum, *que l'on nomme en France Safran d'Autonne, & en Brabant Zomer·Gratiool, eft une.*

—— 126 —— 5. *d'un Courtpendu,* lifez *d'une Poire fucrée.*